电气自动化技能型人才实训系列

汇川H5U系列PLC

应用技能实训

肖明耀　周保廷　张天洪　汤晓华　陈意平　编著

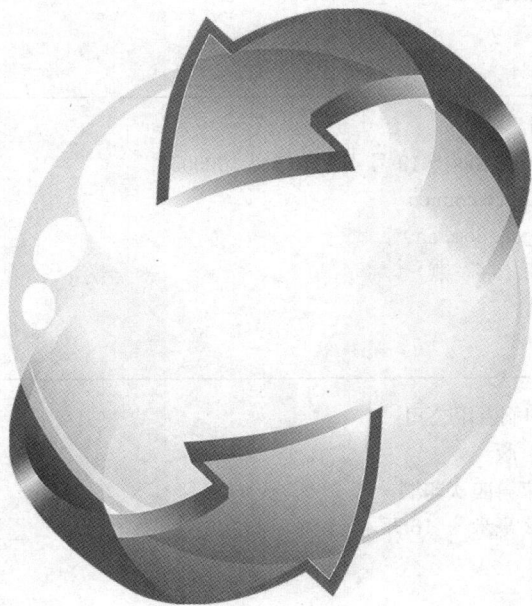

中国电力出版社

CHINA ELECTRIC POWER PRESS

内 容 提 要

PLC 应用技术是从事工业自动化、机电一体化的技术人员应掌握的实用技术之一。汇川 H5U 系列 PLC 是汇川公司首款支持 EtherCAT 通信总线的高性能小型 PLC，具备强大的运动控制和分布式 I/O 控制能力；H5U 使用全新版 AutoShop 编程，支持自定义变量和 FB/FC 功能，可实现工艺快速封装和复用，离线仿真功能，大大提高编程调试效率。

本书采用以工作任务驱动为导向的项目训练模式，分 17 个项目，每个项目设有 1～2 个训练任务，通过任务驱动技能训练，读者可快速掌握 H5U 系列 PLC 的基础知识以及 PLC 程序设计方法与技巧，全面提高读者 H5U 系列 PLC 的综合应用能力。

本书贴近教学实际，可作为电气类、机电类高技能人才的培训教材，也可作为大专院校、高职院校、技工院校工业自动化、机电一体化、机械设计、制造及自动化等相关专业的教材，还可作为工程技术人员、技术工人的参考学习资料。

图书在版编目（CIP）数据

汇川 H5U 系列 PLC 应用技能实训 / 肖明耀等编著 . —北京：中国电力出版社，2021.5（2025.1 重印）
（电气自动化技能型人才实训系列）
ISBN 978-7-5198-5419-5

Ⅰ . ①汇… Ⅱ . ①肖… Ⅲ . ① PLC 技术 Ⅳ . ① TM571.61

中国版本图书馆 CIP 数据核字（2021）第 035356 号

出版发行：中国电力出版社
地　　址：北京市东城区北京站西街 19 号（邮政编码 100005）
网　　址：http://www.cepp.sgcc.com.cn
责任编辑：杨　扬（y-y@sgcc.com.cn）
责任校对：黄　蓓　李　楠　郝军燕
装帧设计：赵姗姗
责任印制：杨晓东

印　　刷：北京雁林吉兆印刷有限公司
版　　次：2021 年 5 月第一版
印　　次：2025 年 1 月北京第四次印刷
开　　本：787 毫米 ×1092 毫米　16 开本
印　　张：23.5
字　　数：641 千字
定　　价：89.00 元

前　言

《电气自动化技能型人才实训系列》为电气类高技能人才的培训教材，以培养学生实际综合动手能力为核心，采取以工作任务为载体的项目教学方式，淡化理论，强化应用方法和技能的培养。本书为《电气自动化技能型人才实训系列》之一。

可编程控制器（PLC）是微电子技术、继电器控制技术和计算机及通信技术相结合的新型通用的自动控制装置。PLC 具有体积小、功能强、可靠性高、使用便利、易于编程控制、适用工业应用环境等一系列优点，便于应用于智能制造、电力、交通、轻工、食品加工等行业，既可应用于旧设备改造，也可用于新装备开发，在机电一体化、工业自动化方面的应用极其广泛。

PLC 是从事工业自动化、机电一体化专业的技术人员应掌握的重要实用技术之一。本书采用以工作任务驱动为导向的项目训练模式，介绍工作任务所需的 PLC 基础知识和完成任务的步骤与方法，通过完成工作任务的实际技能训练全面提高 PLC 综合应用的技巧和技能。

H5U 系列 PLC 是汇川首款支持 EtherCAT 通信总线的高性能小型 PLC，具备强大的运动控制和分布式 I/O 控制能力；运动控制功能编程符合 PLCopen 规范，可实现最大 32 个 EtherCAT 轴的运动控制。

H5U 支持 EtherCAT、以太网（Modbus-TCP、TCP/IP、UDP）、CAN 和 RS-485（Modbus、自由协议）接口，可实现多层次网络通信，能够满足多场景的应用需求。

H5U 使用全新版 AutoShop 编程，支持自定义变量和 FB/FC 功能，可实现工艺快速封装和复用；H5U 支持梯形图中插入图形块指令，具备智能输入提示功能，助力提升编程效率；H5U 自带图形化在线调试界面，可实现免编程伺服调试；H5U 配合汇川 IT7000 触摸屏可实现自定义变量直接通信。

本书分为认识 H5U 系列可编程控制器、学会使用 AutoShop 编程软件、用 PLC 控制三相交流异步电动机、定时控制及其应用、计数控制及其应用、步进顺序控制、交通灯控制、彩灯控制、电梯控制、串口通信、PLC 以太网通信、CAN 总线通信、EtherCAT 通信、运动控制、温度控制、模块化程序设计、电子凸轮控制共 17 个项目，每个项目设有 1～2 个训练任务，通过任务驱动技能训练，读者可掌握 PLC 的基础知识、PLC 程序设计方法与技巧，并全面提高 PLC 的综合应用能力。

在本书编写过程中，深圳市汇川技术股份有限公司提供了 H5U-1614MTD 的 PLC 及其 GL10 扩展模块 0016ETN、1600END、4DA、4AD，提供了 GR10-0808ETNE 的 EtherCAT 总线 I/O 模块，提供了总线伺服驱动器和伺服电动机，提供了 IT7070E 触摸屏等硬件支持，汇川公司的工程技术人员提供了技术支持，并认真审阅了书稿，给出了修改意见，在此表示衷心的感谢。

本书由肖明耀、周保廷、汤晓华、张天洪、陈意平编写。

由于编写时间仓促，加上作者水平有限，书中难免存在错误和不妥之处，恳请广大读者批评指正，请将意见发至 szxiaomingyao@163.com，不胜感谢。

编者

目 录

项目一 认识 H5U 系列可编程控制器

学习目标

(1) 认识汇川 H5U 系列可编程控制器硬件。

(2) 认识汇川 H5U 系列 PLC 的软元件。

(3) 学会识别与选择汇川 H5U 系列 PLC。

任务1 认识汇川 H5U 系列 PLC 的硬件

基础知识

一、H5U 系列可编程控制器

1. H5U 小型 PLC

H5U 是汇川首款支持 EtherCAT 通信总线高性能小型 PLC，具备强大的运动控制和分布式 I/O 控制能力；运动控制功能编程符合 PLCopen 规范，可实现最大 32EtherCAT 轴的运动控制。

H5U 支持 EtherCAT、以太网（Modbus-TCP、TCP/IP、UDP）、CAN 和 RS-485（Modbus、自由协议）接口，可实现多层次网络通信，能够满足多场景的应用需求。

H5U 本体自带 4 路 200kHz 高速脉冲输入和 4 路 200kHz 高速脉冲输出，最多 4 路编码器脉冲计数（支持 A/B、CW/CCW、脉冲＋方向和单相计数），4 轴脉冲输出，最多可控制 4 个本地脉冲轴的运行（支持 A/B、CW/CCW、脉冲＋方向等方式）。

H5U 使用全新版 AutoShop 编程，支持自定义变量和 FB/FC 功能，可实现工艺快速封装和复用；H5U 支持梯形图中插入图形块指令，具备智能输入提示功能，助力提升编程效率；H5U 自带图形化在线调试界面，可实现免编程伺服调试；H5U 配合汇川 IT7000 触摸屏可实现自定义变量直接通信。

H5U 系列 EtherCAT 总线高性能小型 PLC，特别适合于多轴点位控制，与视觉、机器人、扫码枪、MES 等有信息交互的场合。

(1) H5U 小型 PLC 特点。

1) 主机结构设计紧凑，采用按压式接线端子，免螺钉接线。

2) 自带 16 路输入和 14 路输出，含 8 路高速输入和 4 路高速输出，可实现 4 轴脉冲输出和 4 轴编码器计数。

3) 主机扩展接口最大可扩展 16 个本地模块，从而实现 I/O 或模拟量扩展。

4) 支持 LD 编程语言，可使用自定义变量，程序逻辑清晰；梯形图支持插入图形块指令，程序编辑实时智能提示，提升编程效率。

5) 图形化在线调试界面，可实现免编程伺服轴运动调试。

6) 基于 PLCopen 的运动控制指令，可实现最大 32 轴运动控制，支持 EtherCAT 总线和脉冲方式，满足不同控制方式的需求。

7) 主机支持 RS-485、CAN、以太网和 EtherCAT 接口，可实现多层次网络通信。

8) 以太网接口支持 ModbusTCP 协议和套接字通信，满足不同通信需求。

9) 通过 FB/FC 功能封装工艺指令，形成自定义工艺库，从而实现程序复用；封装库以程序不可见的方式复用，保护自主工艺。

（2）H5U 系列 PLC 的主要功能特性见表 1-1。

表 1-1 H5U 系列 PLC 的主要功能特性

项目	主要功能特性
程序数据容量	200K 步用户程序； 2MB 自定义变量，其中 256KB 支持掉电保持； 约 150KB 软元件，编号 1000 以后支持掉电保持
以太网	支持 ModbusTCP、Socket，程序上下载和固件升级； 支持 EtherCAT
可带轴数	多达 32 轴，含 EtherCAT 轴（最大 32 轴）与本地脉冲轴（最大 4 轴）
串行通信	1 路 RS-485
CAN 通信	支持 CANlink、CANopen
高速输入	4 路 200kHz 高速输入
高速输出	4 轴 200kHz 脉冲输出
扩展模块	16 个本地扩展模块，最大 72 个 EtherCAT 从站
程序语言	LD、SFC，支持 FB/FC 功能（LD）
USB	支持用户程序上下载
SD 卡	支持用户程序上下载和固件升级
工作温度	−10～55℃
IP 等级	IP20

2. H5U 可编程控制器系统应用架构

（1）H5U 电源连接。H5U 可编程控制器电源电压为 DC24V，需要外部开关电源提供 24V 输入。建议给控制器独立配置开关电源，避免与其他传感器或设备一起供电。H5U 电源连接如图 1-1 所示。

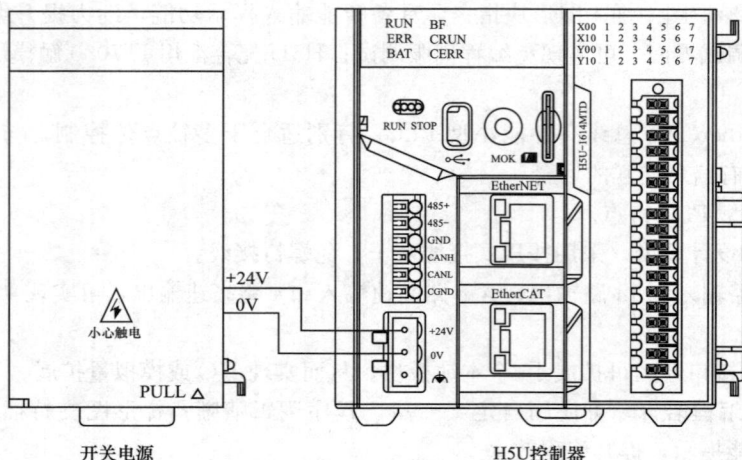

图 1-1 H5U 电源连接

（2）H5U 本地通信扩展。H5U 可编程控制器主机自带 30 点 I/O（16 点输入，14 点输出），可通过本地扩展方式扩展 I/O 或模拟量模块，系统支持最大 16 个 GL10 系列模块，本体输入/输出端口含高速 I/O，可支持编码器计数和脉冲定位控制。H5U 本地通信扩展如图 1-2 所示。

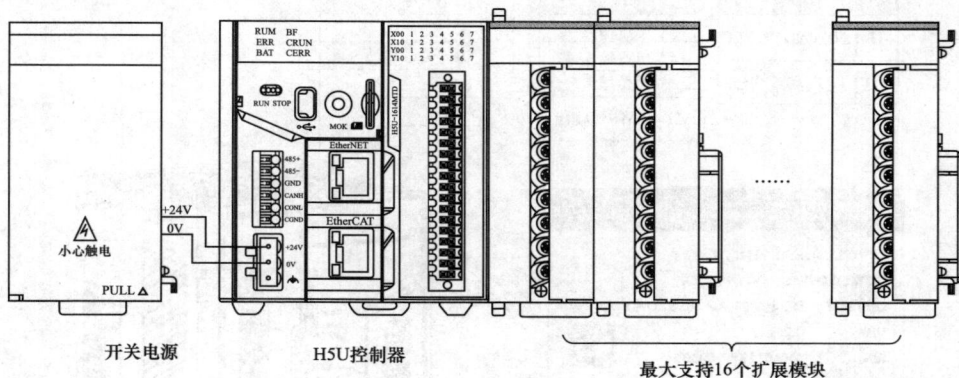

图 1-2 H5U 本地通信扩展

（3）一站式解决方案。H5U 可编程控制器具备 EtherCAT、CAN、以太网和 RS-485 接口，可实现多层次网络通信，能够满足多场景的应用需求；本体自带 4 路高速输入和 4 路高速输出，可实现 4 轴脉冲输出和 4 轴编码器计数。H5U 可编程控制器典型应用拓扑图如图 1-3 所示。

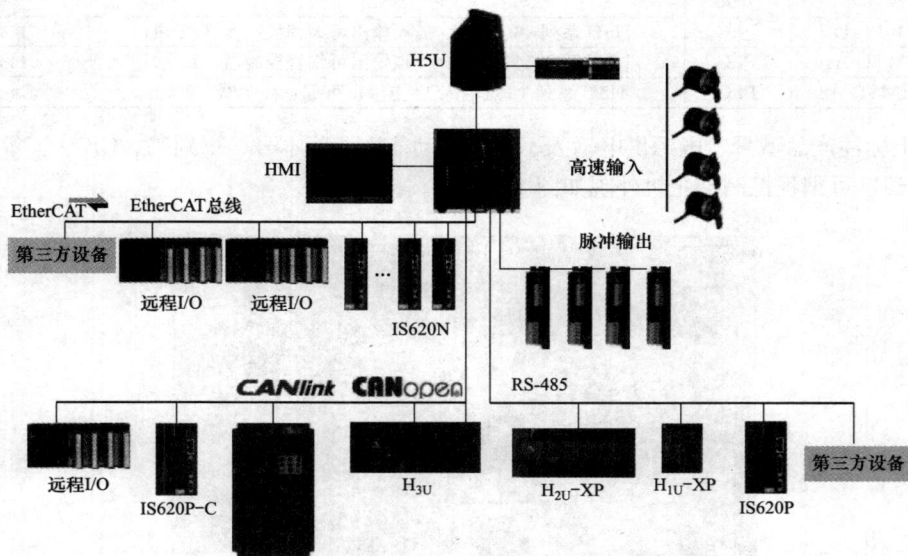

图 1-3 H5U 可编程控制器典型应用拓扑图

H5U 可编程控制器通过 USB 或以太网接口连接电脑、HMI 人机界面，通过以太网接口连接远程 I/O、其他 EtherCAT 设备，通过 CAN 总线接口连接具有 CANopen 接口的远程 I/O、变频器、伺服控制器、PLC 等设备，通过 RS-485 接口连接 PLC、伺服控制器等串口设备。

3. H5U 可编程控制器产品信息

（1）H5U 可编程控制器产品型号与铭牌如图 1-4 所示。

H5U 可编程控制器产品型号与铭牌说明见表 1-2。

H5U – 1614 MT D-A16

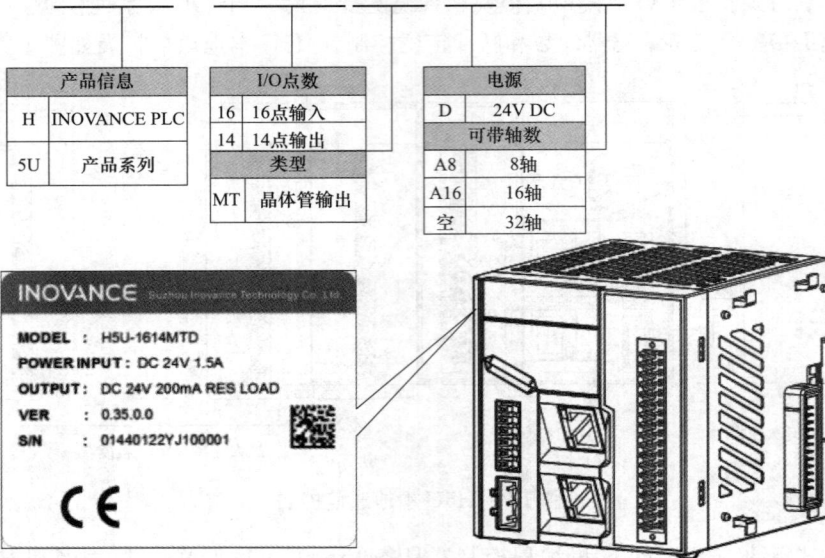

产品信息		I/O点数		电源	
H	INOVANCE PLC	16	16点输入	D	24V DC
5U	产品系列	14	14点输出		可带轴数
			类型	A8	8轴
		MT	晶体管输出	A16	16轴
				空	32轴

INOVANCE Suzhou Inovance Technology Co. Ltd.

MODEL : H5U-1614MTD
POWER INPUT : DC 24V 1.5A
OUTPUT : DC 24V 200mA RES LOAD
VER : 0.35.0.0
S/N : 01440122YJ100001

CE

图 1-4 H5U 可编程控制器产品型号与铭牌

表 1-2   H5U 可编程控制器产品型号与铭牌说明

型号	分类	描述	编码
H5U-1614MTD	PLC	H5U 系列 16 点输入 14 点输出可编程控制器（32 轴）	01440087
H5U-1614MTD-A16	PLC	H5U 系列 16 点输入 14 点输出可编程控制器（16 轴）	01440235
H5U-1614MTD-A8	PLC	H5U 系列 16 点输入 14 点输出可编程控制器（8 轴）	01440236

铭牌上标注产品型号、电源供电输入、输出驱动能力、版本号、识别码、CE 认证等。

（2）H5U 可编程控制器主机外观如图 1-5 所示。

图 1-5 H5U 可编程控制器主机外观

（3）H5U 可编程控制器外部接口。H5U 可编程控制器接口示意图，如图 1-6 所示。

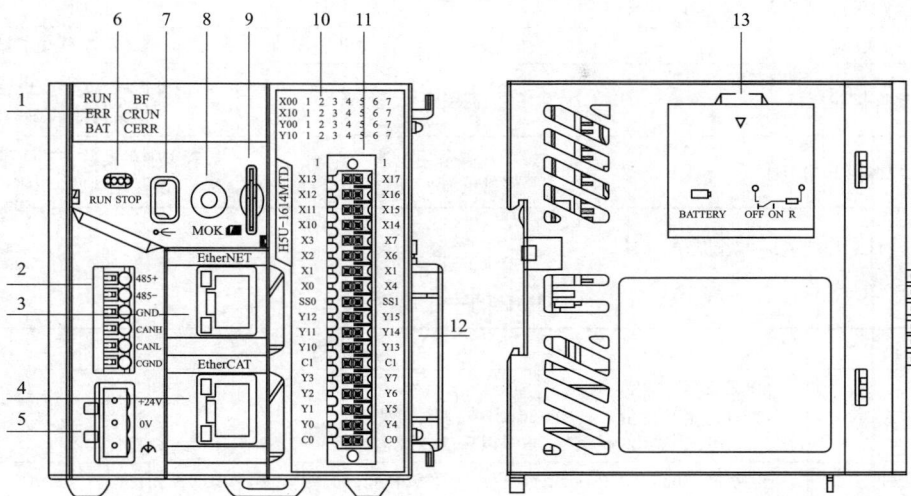

图 1-6　H5U 可编程控制器接口示意图

H5U 可编程控制器外部接口说明见表 1-3。

表 1-3 H5U 可编程控制器外部接口说明

编号	端口类型	接口标识	定义	说明
1	运行状态指示灯	RUN	系统当前运行状态	运行时灯亮，停机时灯灭
		ERR	PLC 系统故障	—
		BAT	电池错误	—
		BF	EtherCAT 总线错误	—
		CRUN	CAN 运行	—
		CERR	CAN 报错	—
2	RS-485/CAN 接口	485＋	485 通信信号＋	Modbus 485 协议和自由通信协议
		485-	485 通信信号-	
		GND	485 通信地	
		CANH	CAN 通信信号＋	CANopen/CANlink 协议
		CANL	CAN 通信信号-	
		CGND	CAN 通信地	
3	以太网口	EtherNET	以太网通信 RJ	ModBus TCP/IP 协议
4	EtherCAT 接口	EtherCAT	用于 EtherCAT 通信	
5	直流电源	24V	直流 24V DC 电源输入	直流 24V 电压输入
		0V	直流 24V DC 电源输入	
		⏚	PE	
6	拨码开关	RUN/STOP	控制主模块运行/停止	—
7	USB 接口	⌁	用于 USB 设备连接	—
8	多功能按键	MFK	PLC 的 IP 地址复位键	PLC 为 STOP 状态时有效
9	SD 卡插槽	SD	SD 卡座，用于插 SD 卡	用户程序下载
10	数码管显示	—	00—正常运行 88—系统故障	显示 PLC 运行和错误状态，配合 MFK 实现特殊功能

续表

编号	端口类型	接口标识	定义	说明
11	I/O 端子	—	16 点输入，14 点输出	详细定义请参见端子排列
12	模块扩展接口	—	后接扩展模块/设备	最多可扩展 16 个 I/O 模块，不支持热插拔
13	电池/拨码开关卡座	Battery	安装备用电池 设置终端匹配电阻	卡座中可安装备用电池和设置终端匹配电阻

（4）H5U 的一般规格见表 1-4。

表 1-4　　　　　　　　　　　　　　　　H5U 的一般规格

项目	规格描述
程序数据容量	200K 步用户程序； 2MB 自定义变量，其中 256KB 支持掉电保持； 约 150KB 软元件，编号 1000 以后支持掉电保持
以太网	支持 ModbusTCP、Socket，程序上下载和固件升级，支持 EtherCAT
可带轴数	H5U-1614MTD：32 轴，含 EtherCAT（最大 32 轴）和本地脉冲（最大 4 轴）；H5U-1614MTD-A16 16 轴，含 EtherCAT（最大 16 轴）和本地脉冲（最大 4 轴）；H5U-1614MTD-A8：8 轴，含 EtherCAT（最大 8 轴）和本地脉冲（最大 4 轴）
串行通信	1 路 RS-485
CAN 通信	支持 CANlink、CANopen
高速输入	4 路 200kHz 高速脉冲输入
高速输出	4 轴 200kHz 高速脉冲输出
扩展模块	16 个本地扩展模块，最大 72 个 EtherCAT 从站
程序语言	LD、SFC，支持 FB/FC 功能（LD）
USB、SD 卡	支持用户程序上下载和固件升级（USB 不支持固件升级）
工作温度	−10～55℃
IP 等级	IP20

（5）输入规格。输入信号可以为双极性电压，当输入信号电压绝对值在 5.0V 以下时，判断为断开状态（OFF）；当输入信号电压绝对值在 15.0V 以上时，判断为闭合状态（ON）；当输入信号电压绝对值为 5.0～15.0V 时，信号状态未定义。输入规格说明见表 1-5。

表 1-5　　　　　　　　　　　　　　　　输　入　规　格　说　明

项目		高速输入端（X0～X3）	中速输入（X4～X7）	普通输入端（X10～X17）
信号输入方式		漏型/源型方式： SS0/SS1 端子与 24V 短接时为漏型输入；SS0/SS1 端子与 0V 短接时为源型输入		
电气参数	输入电压等级	24VDC		
	输入阻抗	2kΩ	3.3kΩ	4.3kΩ
	输入为 ON	输入电流大于 7.5mA	输入电流大于 4.5mA	输入电流大于 3.5mA
	输入为 OFF	输入电流小于 2.5mA	输入电流小于 1.5mA	输入电流小于 1.5mA
滤波功能	数字滤波	高速输入（X0～X3）和中速输入（X4～X7）支持数字滤波设定		
	硬件滤波	普通输入（X10～X17）为硬件 RC 滤波，RC 时间约 15ms		
高速功能		X0～X3 可实现高速计数、中断等功能，频率 200kHz		
公共接线端		PLC 有 2 个公共端： SS0 适用于 X0～X3（高速输入）；SS1 适用于 X4～X17（中速、普通输入）		

1）当所有输入接 ON 时，不能使用超过 26.4V 的电源。

2）低速输入滤波时间概念为 RC 时间。

3）中速输入，输入 ON 响应时间约 4μs，输入 OFF 响应时间约 35μs。

（6）输出规格。输出端口为干接点输出方式，输出有效（状态"ON"）时为闭合状态；输出无效（状态"OFF"）时为断开状态。输出规格说明见表 1-6。

表 1-6　　　　　　　　　　　　输 出 规 格 说 明

项目		高速输出（Y0～Y7）	普通输出（Y10～Y15）
回路电源电压		DC 5～24V	DC 5～24V
输出类型		晶体管 NPN 输出	晶体管 NPN 输出
电路绝缘		光耦绝缘	光耦绝缘
开路时漏电流		小于 0.1mA/DC30V	小于 0.1mA/DC30V
最小负载		大于 10kHz 高速输出使用时 12mA	5mA
最大输出电流	电阻负载	0.8A/4 点	0.8A/4 点；1.6A/6 点
	感性负载	7.2W/DC24V	12W/DC24V
	电灯负载	0.9W/DC24V	1.5W/DC24V
ON 响应时间		高速输出（12mA 负载）：1μs	0.5ms
OFF 响应时间		高速输出（12mA 负载）：1μs	0.5ms
高速输出频率		每通道最高 200kHz	—
输出公共端		每一组共用一个公共端，组与组之间隔离	
熔断器保护		无	无

1）高速输出电路带短路保护功能，保护功能为自动锁定输出，当输出 OFF 时可以恢复。

2）保护中承受能量冲击不超过 100 次/s。故高速输出不要接大于 10μF 的容性负载。

4．电气设计参考

（1）PLC 端子排列如图 1-7 所示，其说明见表 1-7。

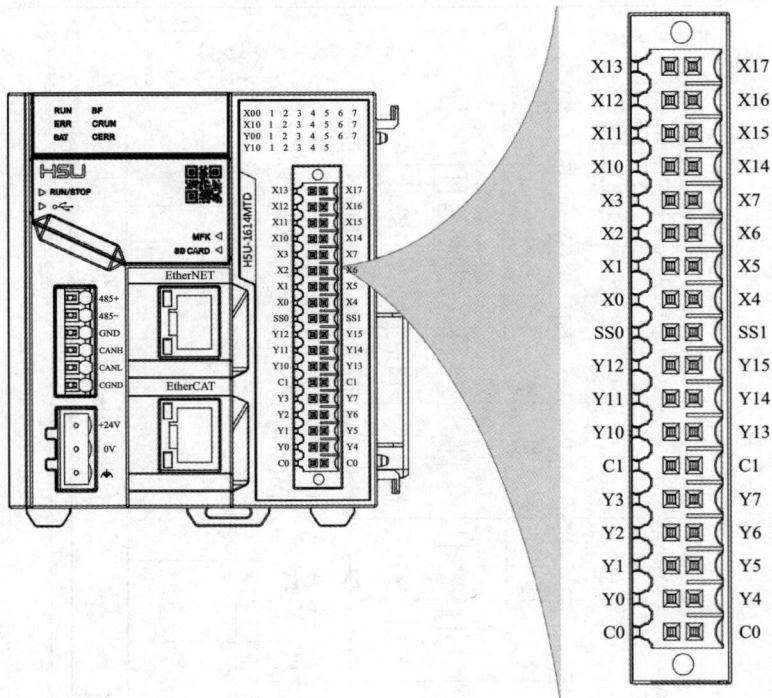

图 1-7　PLC 端子排列

表 1-7   PLC 端子说明

端子	定义	端子	定义
X13	普通输入	X17	普通输入
X12	普通输入	X16	普通输入
X11	普通输入	X15	普通输入
X10	普通输入	X14	普通输入
X3	高速输入	X7	中速输入
X2	高速输入	X6	中速输入
X1	高速输入	X5	中速输入
X0	高速输入	X4	中速输入
SS0	高速输入公共端	SS1	普通、中速输入公共端
Y12	普通输出	Y15	普通输出
Y11	普通输出	Y14	普通输出
Y10	普通输出	Y13	普通输出
C1	普通输出公共端	C1	普通输出公共端
Y3	高速输出	Y7	高速输出
Y2	高速输出	Y6	高速输出
Y1	高速输出	Y5	高速输出
Y0	高速输出	Y4	高速输出
C0	高速输出公共端	C0	高速输出公共端

（2）接线注意事项。

1）高速 I/O 接口扩展电缆的总延长距离应该在 3.0m 以内使用。

2）布线时，避免与动力线（高电压，大电流）等传输强干扰信号的电缆捆在一起，应该分开走线并且避免平行走线。

（3）输入电路。

1）漏型输入接线如图 1-8 所示。

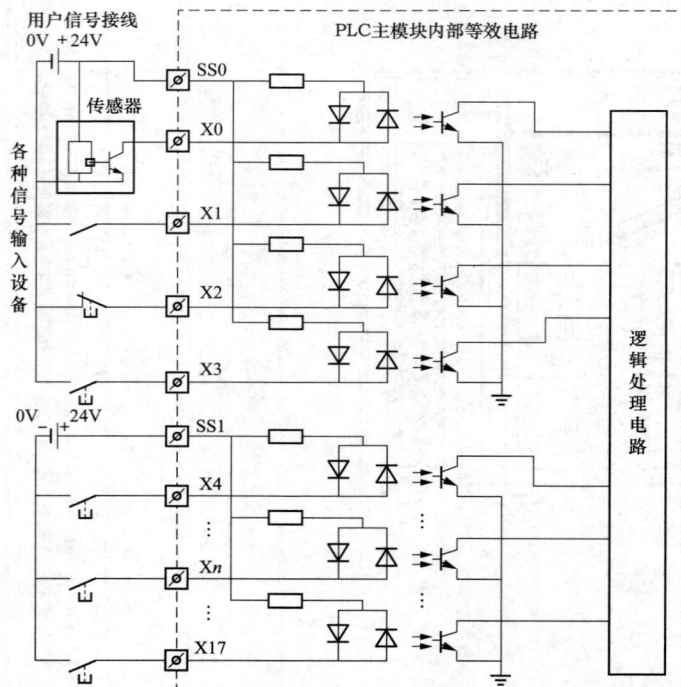

图 1-8 漏型输入接线

2）源型输入接线如图 1-9 所示。

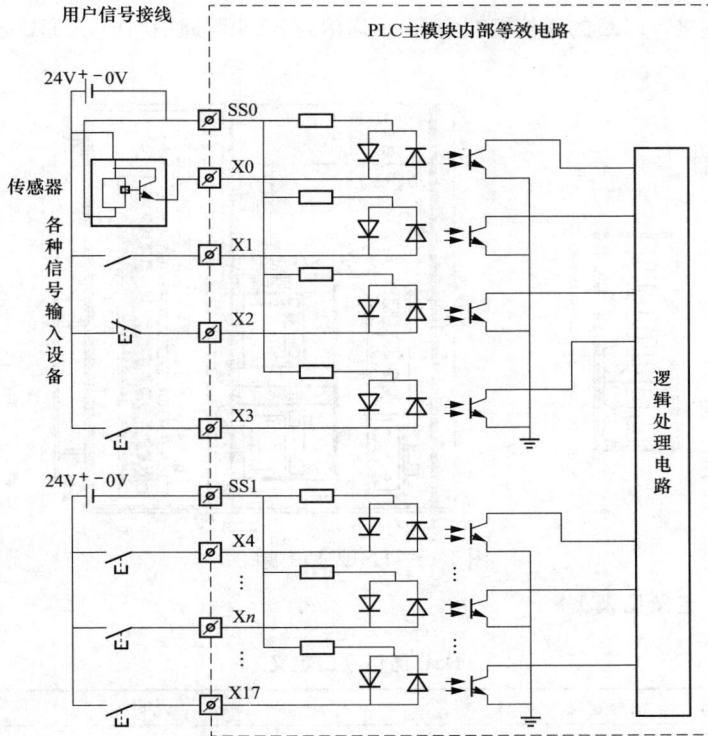

图 1-9　源型输入接线

（4）普通输出/高速输出晶体管等效电路如图 1-10 所示。

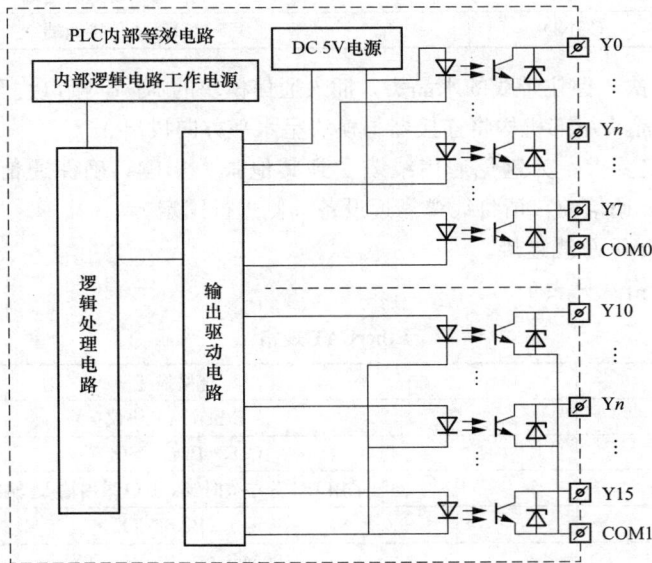

图 1-10　普通输出/高速输出晶体管等效电路

5. 通信连接

（1）PLC 线缆连接。

1）通信端口连接。PLC 的通信端口由 CAN 通信与 RS-485 通信组成，H5U 通信端口如图 1-11 所示。

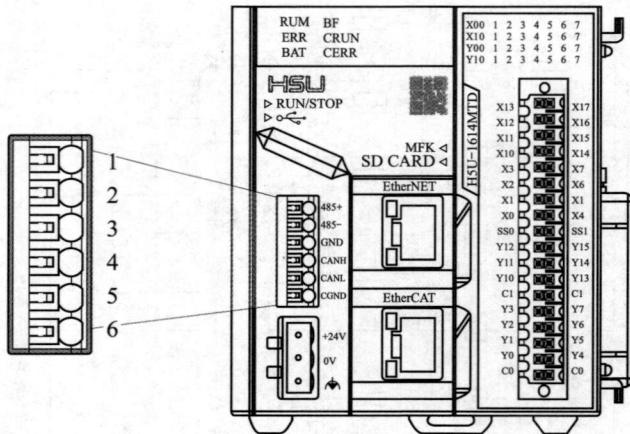

图 1-11　H5U 通信端口

H5U 通信端口定义见表 1-8。

表 1-8　　　　　　　　　　　　　　H5U 通信端口定义

引脚	信号定义	说明
1	485＋	COM0 的 RS-485 差分对正信号
2	485－	COM0 的 RS-485 差分对负信号
3	GND	COM0 的电源地
4	CANH	CAN 通信接收数据端
5	CANL	CAN 通信发送数据端
6	CGND	CAN 通信接地端

2）RJ-45 网线接法。握住带线的水晶头，插入通信模块的 RJ-45 接口直至发出"咔擦"声。拆卸时，按住水晶头尾部机构将连接器与模块呈水平方向拔出。

3）通信线缆固定要求。为避免通信线缆受到其他张力影响，确保通信的稳定性，在进行 EtherCAT、CANopen 通信前，请将线缆靠近设备一侧进行固定。

（2）通过 EtherCAT 总线连接。

1）EtherCAT 规格（见表 1-9）。

表 1-9　　　　　　　　　　　　　　EtherCAT 规格

项目	规格描述
通信协议	EtherCAT 协议
支持服务	CoE（PDO、SDO）
同步方式	伺服采用 DC-分布式时钟，I/O 采用输入/输出同步
物理层	100BASE-TX
波特率	100Mbit/s（100Base-TX）
双工方式	全双工
拓扑结构	线形拓扑结构

续表

项目	规格描述
传输媒介	网线
传输距离	两节点间小于 100m
从站数	最多可带 72 个
EtherCAT 帧长度	44～1498B
过程数据	单个以太网帧最大 1486B

2) 配线。PLC 可通过 CN4 端口实现 EtherCAT 总线通信。EtherCAT 网线制作要求如图 1-12 所示。信号引线分配见表 1-10。

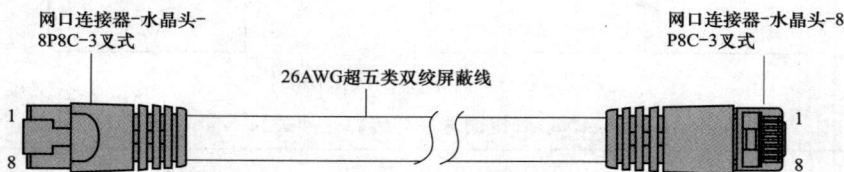

网口连接器-水晶头-8P8C-3 叉式

26AWG超五类双绞屏蔽线

网口连接器-水晶头-8P8C-3 叉式

图 1-12　EtherCAT 网线制作要求

表 1-10　　　　　　　　　　信 号 引 线 分 配

引脚	信号	信号方向	信号描述
1	TD+	输出	数据传输＋
2	TD−	输出	数据传输－
3	RD+	输入	数据接收＋
4	—	—	不使用
5			不使用
6	RD−	输入	数据接收－
7	—	—	不使用
8			不使用

EtherCAT 网线技术要求为：100％导通测试，无短路、断路、错位和接触不良现象。FastEtherNET 技术证实，在使用 EtherCAT 总线时，设备之间电缆的长度不能超过 100m，超过该长度会使信号衰减，影响正常通信。

（3）通信匹配电阻拨码开关。通信匹配电阻拨码开关位于电池卡座内，ON 表示匹配电阻接入（出厂默认全为 OFF），电阻拨码开关示意图如图 1-13 所示。1 和 2 用于 RS-485 通信，3 和 4 用于 CAN 通信。

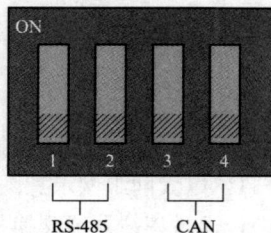

图 1-13　电阻拨码开关示意图

（4）通过 CANopen/CANlink 总线连接。组成 CAN 网络时，所有设备的 3 根线均要一一对应连在一起。总线的两端均要加 120Ω 的 CAN 总线匹配电阻（H5U 内置电阻，可通过拨码选择是否接入）。CAN 总线连接拓扑结构如图 1-14 所示。CANopen 传输速率与传输距离关系见表 1-11。

（5）通过 RS-485 的串行通信连接。RS-485 总线连接拓扑结构如图 1-15 所示，RS-485 总线

11

推荐使用带屏蔽双绞线连接，485＋、485－采用双绞线连接；总线两端分别连接 120Ω 终端匹配电阻防止信号反射；所有节点 485 信号的参考地连接在一起；最多连接 31 个节点，每个节点支线的距离要小于 3m。

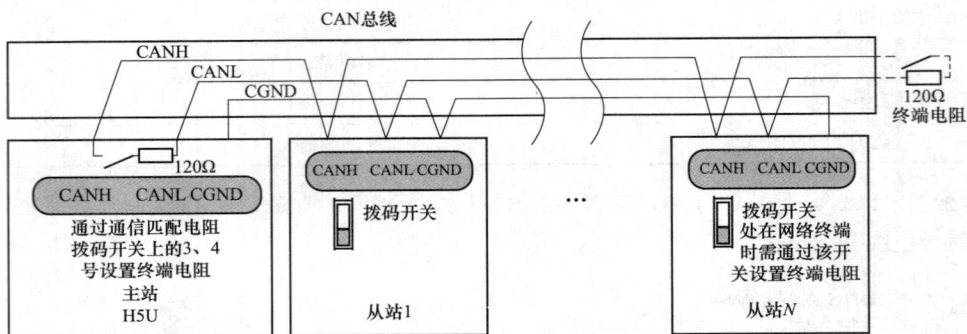

图 1-14　CAN 总线连接拓扑结构

表 1-11　　　　　　　　　　　　　　CANopen 传输速率与传输距离关系

波特率/(bit/s)	总线最大长度/m
1M	20
500K	90
250K	150
125K	300
50K	1000

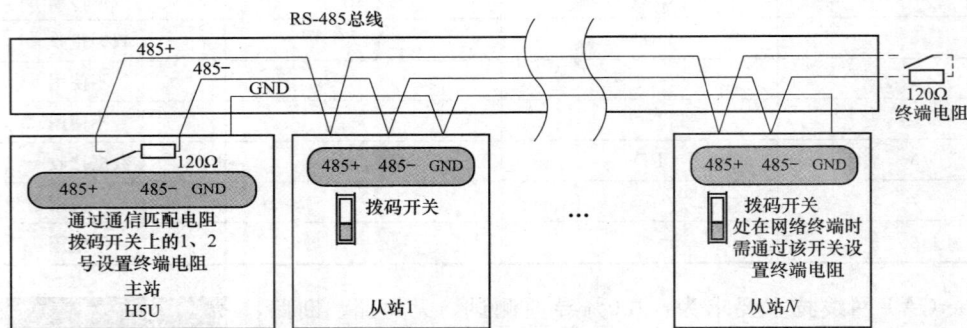

图 1-15　RS-485 总线连接拓扑结构

（6）通过以太网的监控连接。

1）以太网组网示意图如图 1-16 所示，PLC 以太网口可通过以太网电缆连接到集线器或交换机上，通过集线器或交换机与其他网络设备相连，实现多点连接。

2）可通过 1 根以太网电缆与计算机、HMI 等进行点对点连接。

3）为提高设备通信的可靠性，以太网线要求采用 5 类屏蔽双绞线，带铁壳注塑线。

6. 运行与维护

（1）运行与停机操作。在 PLC 处于 STOP 状态下进行程序写入后，要按照正确的步骤执行开关机操作。PLC 运行操作如图 1-17 所示，PLC 停机操作如图 1-18 所示。

（2）备用电池的维护。控制器的备用电池用于 RTC 计时。

1）如果未安装电池或电池处于放电状态，则时钟会停止计时。

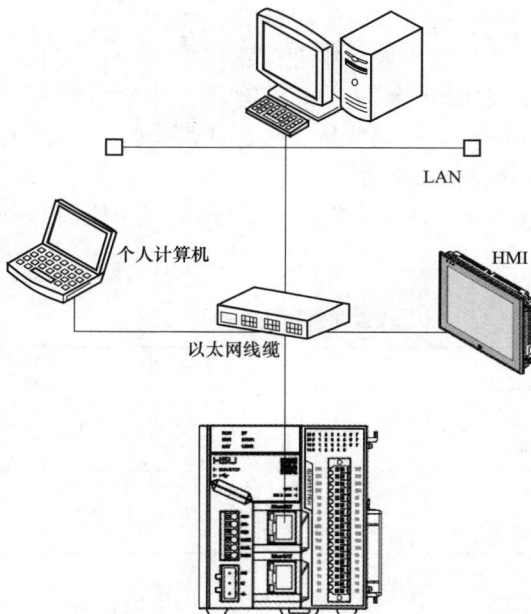

图 1-16　以太网组网示意图

2) 电池的最长使用寿命为 5 年，具体取决于使用环境。当电池电量耗尽时，请及时进行更换。更换电池步骤如下：①将 PLC 拨码开关设置到 STOP 停止运行，关闭 PLC 模块电源；②打开电池/拨码开关卡座的盖板，用镊子或适用夹具取出旧电池；③将更换电池推入电池卡座，随后关闭盖板。

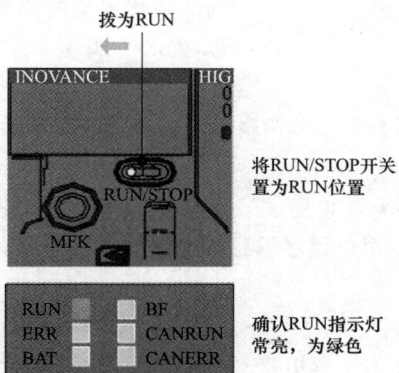

图 1-17　PLC 运行操作

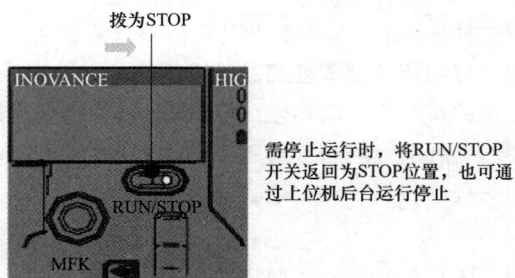

图 1-18　PLC 停机操作

（3）PLC 指示灯。PLC 指示灯说明见表 1-12。

表 1-12　　　　　　　　　　　　　　　PLC 指示灯说明

指示灯名称	含义	指示灯名称	含义
RUN 指示灯	用于表示系统当前运行状态（运行或停止）运行时灯亮，停机时灯灭	BF 指示灯	EtherCAT 总线错误
ERR 指示灯	用于表示系统故障	CRUN 指示灯	CAN 运行
BAT 指示灯	电池错误	CERR 指示灯	CAN 报错

13

（4）MFK 按键说明。MFK 键与数码管配合实现多功能菜单操作，长按 MFK 键不放，数码管显示在各功能菜单间切换，间隔时间为 2s，MFK 键功能菜单间切换如图 1-19 所示。在数码管显示对应的菜单时，放开 MFK 键，然后短按（按下时间小于 2s）MFK 键，进入对应的菜单功能。

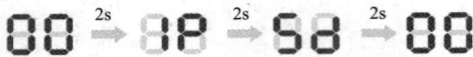

$$00 \xrightarrow{2s} \text{1P} \xrightarrow{2s} \text{5b} \xrightarrow{2s} 00$$

图 1-19　MFK 键功能菜单间切换

进入菜单后如果对应的菜单功能无法执行，数码管将显示错误。数码管显示的错误码说明见表 1-13。

表 1-13　　　　　　　　　数码管显示的错误码说明

显示码	描述	显示码	描述
E1	PLC 处于非安全状态（正在运行或下载），禁止操作	E4	烧录文件数据异常或设备型号不兼容
E2	没有检测到 SD 卡或烧录文件	E5	密码校验错误
E3	检测到 SD 卡中有多个烧录文件		

（5）恢复出厂默认 IP 地址。CPU 模块出厂默认的 IP 地址为 192.168.1.88，如果对该地址进行了修改，在与另一台 PC 机组网通信前，可能会由于忘记了上一次修改的 IP 地址而无法匹配通信，此时，进入"IP"菜单可将 CPU 模块的 IP 地址恢复为出厂默认地址。具体操作为：进入"IP"菜单，数码管开始显示 10，9，8，…，0 倒计时，在计数到 0 之前短按 MFK 键取消复位操作，倒计时结束，IP 复位完成，将使用新 IP 地址。

（6）CPU 模块数码管显示。当系统出现故障时，故障代码信息会通过 CPU 上的数码管进行显示，显示模式为"Er"与故障代码交替出现。假设故障代码为 1501，数码管显示的故障代码信息如图 1-20 所示。

$$\text{Er} \rightarrow \text{15} \rightarrow \text{01} \rightarrow \text{Er} \rightarrow \text{15} \rightarrow \text{01} \cdots$$

图 1-20　数码管显示的故障代码信息

有关具体故障代码信息及处理措施，请参见《H5U 系列可编程逻辑控制器编程与应用手册》。

二、可编程控制器使用的编程语言

汇川的可编程控制器使用 AutoShop 用户程序编程环境，它提供了梯形图、指令语句表、步进顺控图 3 种编程语言。对于 H5U 系列 PLC，AutoShop 用户程序编程环境提供了梯形图和步进顺控图编程语言两种编程语言。

1. 梯形图（LD）

梯形图是最直观、最简单的一种图形编程语言，它类似于继电接触控制电路形式，逻辑关系明显，在电气控制线路继电接触控制逻辑基础上使用简化的符号演变而来，形象、直观、实用，电气技术人员容易接受，是目前用得较多的一种 PLC 编程语言。

继电接触控制线路图如图 1-21（a）所示。PLC 梯形图如图 1-21（b）所示。两种控制图逻辑含义是一样的，但具体表示方法有本质区别。梯形图中的继电器、定时器、计数器不是物理实物继电器、实物定时器、实物计数器，这些器件实际是 PLC 存储器中的存储位，因此称为软元件。相应的位为"1"状态，表示该继电器线圈通电、动合（常开）触点闭合、动断（常闭）触点断开。

梯形图左端的母线是概念电流（假想能流），假想能流只能从左到右传递，经过软元件后，状态可能发生改变，假想能流是执行用户程序时满足输出执行条件的形象理解。

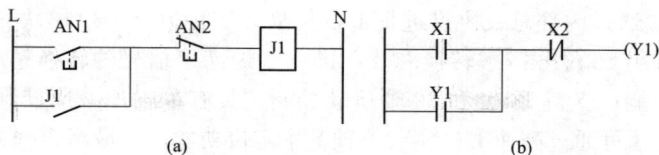

图 1-21　控制线路图和 PLC 梯形图

(a) 控制线路图；(b) PLC 梯形图

2. 步进顺控图（SFC）

步进顺控图，简称步进图，又叫状态流程图或状态转移图，它是使用状态来描述控制任务或过程的流程图，是一种专用于工业顺序控制程序设计语言。步进顺控图能完整地描述控制系统的工作过程、功能和特性，是分析、设计电气控制系统控制程序的重要工具。步进顺控图如图 1-22 所示。

三、H5U 的本地扩展模块

H5U 最多可以带 16 个本地扩展模块，并且通过模块组态实现对本地扩展的访问。

H5U 连接本地扩展模块的硬件配置如图 1-23 所示。

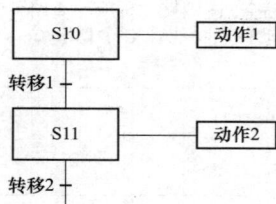

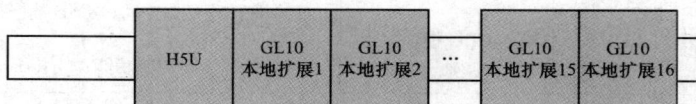

图 1-22　步进顺控图　　　图 1-23　H5U 连接本地扩展模块的硬件配置

H5U 支持的本地扩展模块型号见表 1-14。

表 1-14　　　　　　　　　　　　H5U 支持的本地扩展模块型号

产品名称	描述
GL10-0016ETP	16 路数字量晶体管输出模块-PNP
GL10-0016ETN	16 路数字量晶体管输出模块-NPN
GL10-0016ER	16 路数字量继电器输出模块-Relay
GL10-1600END	16 路数字量输入模块
GL10-3200END	32 路数字量输入模块
GL10-0032ETN	32 路数字量输出模块
GL10-4AD	4 路模拟量输入模块
GL10-4DA	4 路模拟量输出模块
GL10-4PT	4 路输入热电阻温度检测模块
GL10-4TC	4 路输入热电偶温度检测模块
GL10-8TC	8 路输入热电偶温度检测模块

四、AM600 系列 PLC

1. AM600 系列 PLC 简介

AM600 系列 PLC 是一款采用模块化结构设计的中型可编程控制器。每个机架支持本地扩展 16 个数字 I/O 模块，通过 EtherCAT、CANopen 等多种工业现场总线可进行机架的远程扩展。

AM600 本地扩展模块通过内部总线协议进行 I/O 扩展，支持数字 I/O 模块、模拟 I/O 模块。其中，模拟 I/O 模块采用 16 位分辨率转换芯片，进一步提高了信号的转换精度；通过 EtherCAT 总线实现运动控制功能；支持 16 轴和 32 轴运动控制，具有单轴加减速控制功能、电子齿轮功能、电子凸轮功能。还可通过高速 I/O 实现单轴基本定位功能，且最高频率可达 200kHz。

2. AM600 系列 PLC 模块功能

AM600 系列 PLC 包括电源模块、通信模块、数字量输入模块、数字量输出模块、模拟量输入模块、模拟量输出模块等。AM600 系列 PLC 模块功能见表 1-15。

表 1-15　　　　　　　　　　　　　　　　AM600 系列 PLC 模块功能

型号	分类	描述
AM600-PS2	电源模块	220V 电压输入；24V/2A 输出
AM600-PS3	电源模块	220V 电压输入；24V/3A 输出
AM600-PS5	电源模块	220V 电压输入；24V/5A 输出
AM600-CPU1608TP	CPU 模块	10MB 程序存储空间；8MB 数据存储空间；2 路 RS-485；1 路 CANopen/CANlink；1 路 LAN 支持基本运动控制功能；支持 EtherCAT 内置 16 入 8 出高速 I/O；源型输出
AM600-CPU1608TN	CPU 模块	10MB 程序存储空间；8MB 数据存储空间；2 路 RS-485；1 路 CANopen/CANlink；1 路 LAN 支持基本运动控制功能；支持 EtherCAT；内置 16 入 8 出高速 I/O；漏型输出
AM610-CPU	CPU 模块	10MB 程序存储空间；8MB 数据存储空间；2 路 RS-485；1 路 LAN；支持基本运动控制功能；支持 Profibus-DP
AM600-1600END	数字输入（DI）模块	16 点 DI 模块；直流 24V 输入
AM600-1600ENA	数字输入（DI）模块	16 点 DI 模块；交流 110～240V 输入
AM600-0016ER	数字输出（DO）模块	16 点 DO 模块；继电器输出
AM600-0016ETP	数字输出（DO）模块	16 点 DO 模块；晶体管输出（源型）
AM600-0016ETN	数字输出（DO）模块	16 点 DO 模块；晶体管输出（漏型）
AM600-4AD	模拟输入（AI）模块	4 通道 AD 模块；支持电压/电流模拟量输入
AM600-8AD	模拟输入（AI）模块	8 通道 AD 模块；支持电压/电流模拟量输入
AM600-4DA	模拟输出（AO）模块	4 通道 DA 模块；支持电压/电流模拟量输出
AM600-8DA		8 通道 DA 模块；支持电压/电流模拟量输出
AM600-RTU-ECT	EtherCAT 通信模块	EtherCAT 协议通信接口模块
AM600-RTU-COP	CAN 通信模块	CANopen 协议通信接口模块

3. 模块规格

(1) 数字输入模块。数字输入模块基本规格见表 1-16，数字输入模块接口说明如图 1-24 所示。

表 1-16　　　　　　　　　　　　　　　　数字输入模块基本规格

项目	规格
输入通道	16
输入连接方式	18 点接线端子
输入类型	数字量输入
输入方式	源/漏型

续表

项目	规格
输入电压等级	24V DC（最大可达 30V）
输入电流（典型）	5.3mA
ON 电压	＞15V DC
OFF 电压	＜5V DC
端口滤波时间	10ms
输入阻抗	4.3kΩ
输入信号形式	电压直流输入形式，支持漏型输入（SINK）和源型输入（SOURCE）
隔离方式	光耦隔离
输入动作显示	输入为驱动状态时，输入指示灯亮

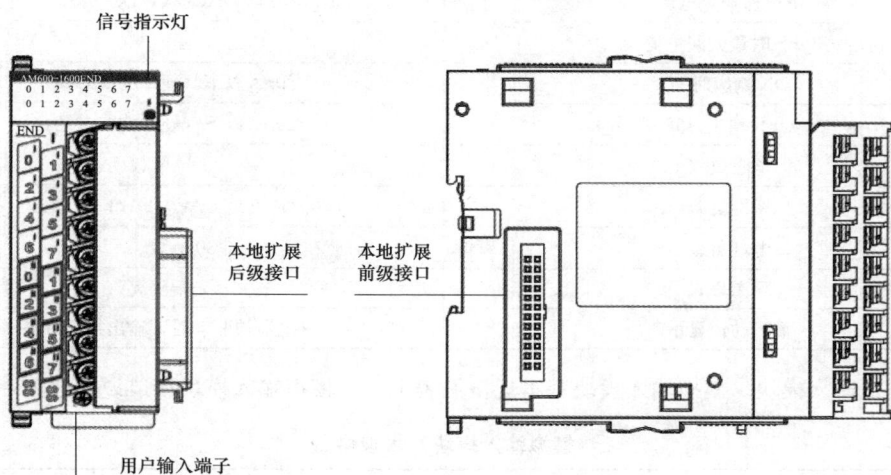

图 1-24　数字输入模块接口说明

（2）数字输出模块。

1）晶体管输出型模块基本规格见表 1-17。

表 1-17　　　　　　　　　　　　　晶体管输出型模块基本规格

项目	GL10-0016ETP	GL10-0016ETN
输出通道	16	16
输出连接方式	18 点接线端子	18 点接线端子
输出类型	晶体管，高端输出	晶体管，低端输出
输出方式	源型	漏型
电源电压	24V DC（−15％～20％）	24V DC（−15％～20％）
输出电压等级	12～24V（−5％～20％）	12～24V（−5％～20％）
OFF 时最大漏电流	0.5mA 以下	0.5mA 以下
ON 响应时间	0.5ms 以下（硬件响应时间）	0.5ms 以下（硬件响应时间）
OFF 响应时间	0.5ms 以下（硬件响应时间）	0.5ms 以下（硬件响应时间）
电阻负载	0.5A/点；2A/公共端	0.5A/点；2A/公共端
感性负载	12W/24V DC（总共）	12W/24V DC（总共）
电灯负载	2W/24V DC（总共）	2W/24V DC（总共）
隔离方式	光耦隔离	光耦隔离
输出动作显示	光耦驱动时，输出指示灯亮	光耦驱动时，输出指示灯亮
防止短路输出	是，保护时限制电流 1～1.7A	无

2）继电器输出型模块基本规格见表 1-18。

表 1-18 继电器输出型模块基本规格

项目	GL10-0016ER
输出通道	16
输出连接方式	16＋2（COM）点接线端子
输出类型	继电器输出
输出方式	—
控制输出回路电压	110～220V AC
继电器额定电流	240V AC/24V DC，2A
OFF 时最大漏电流	—
ON 响应时间	20ms 以下（硬件响应时间）
OFF 响应时间	20ms 以下（硬件响应时间）
电阻负载	1A/单点
感性负载	220V AC，2A/1 点
电灯负载	30W/单点
隔离方式	光耦隔离
输出动作显示	继电器被驱动时，输出指示灯亮

（3）模拟输入模块。模拟输入模块基本规格见表 1-19，模拟输入模块接口说明如图 1-25 所示。

表 1-19 模拟输入模块基本规格

项目	规格
输入通道	4
电源电压	24V DC（20.4～28.8V DC）（－15%～20%）
电压输入阻抗	＞1MΩ
电流采样阻抗	250Ω
电压输入范围	双极性±5V，±10V；单极性+5V，+10V
电流输入范围	0～20mA，4～20mA，±20mA
分辨率	16 位
采样时间	1ms
精度（常温 25℃）	电压±0.1%，电流±0.1%（全量程）
精度（环境温度 0～55℃）	电压±0.3%，电流±0.8%
极限电压	±15V
极限电流	瞬间±30mA，平均±24mA
通道间最大共模电压	30V DC
隔离方式	I/O 端子与电源之间：隔离；通道之间：非隔离
系统程序升级方式	USB接口升级

（4）模拟输出模块。模拟输出模块基本规格见表 1-20，模拟输出模块接口说明如图 1-26 所示。

信号指示灯

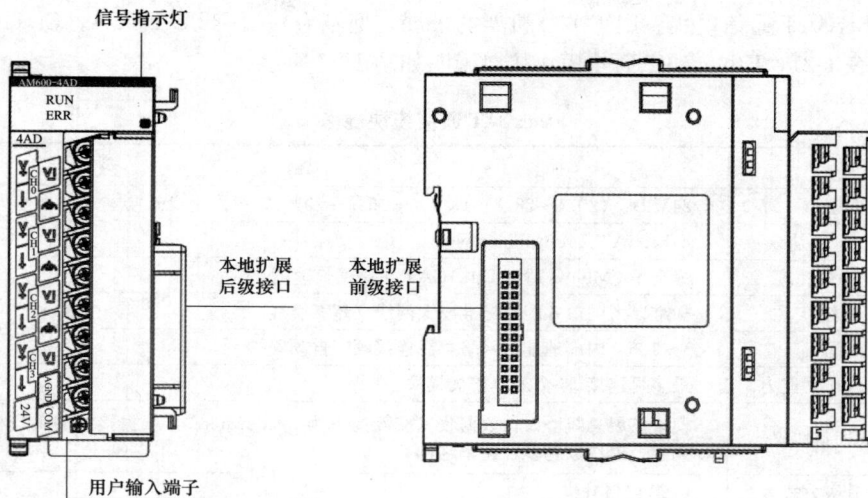

本地扩展
后级接口

本地扩展
前级接口

用户输入端子

图 1-25 模拟输入模块接口说明

表 1-20 模拟输出模块基本规格

项目	规格
输出通道	4
电源电压	24V DC（20.4～28.8V DC）（－15％～20％）
电压输出负载	1kΩ～1MΩ
电流负载阻抗	0～600Ω
电压输出范围	双极性±5V，±10V；单极性＋5V，＋10V
电流输出范围	4～20mA，0～20mA
精度（常温 25℃）	电压±0.1％，电流±0.1％（全量程）
精度（环境温度 0～55℃）	电压±0.15％，电流±0.8％
分辨率	16 位
转换时间	1ms/通道
隔离方式	I/O 端子与电源之间：隔离；通道之间：非隔离
输出短路保护	有
系统程序升级方式	USB 接口升级

信号指示灯

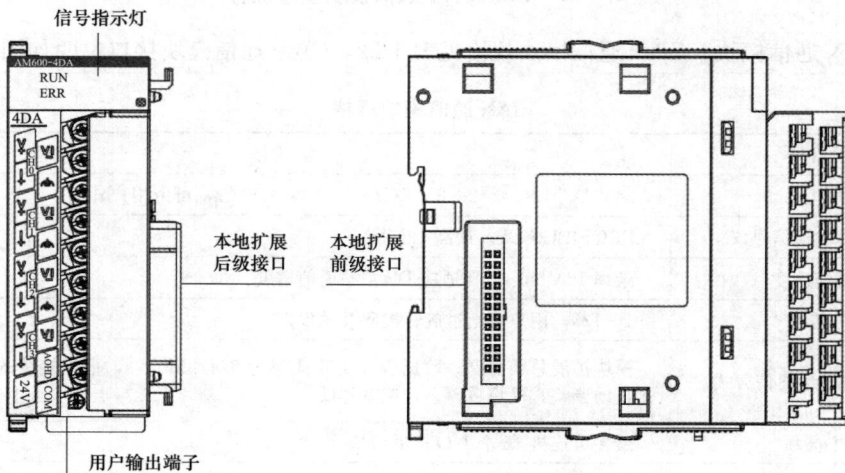

本地扩展
后级接口

本地扩展
前级接口

用户输出端子

图 1-26 模拟输出模块接口说明

（5）EtherCAT 通信模块。用于 I/O 机架的扩展，型号为 GL1-RTU-ECTA。EtherCAT 通信模块规格见表 1-21，EtherCAT 通信模块接口说明如图 1-27 所示。

表 1-21   EtherCAT 通信模块规格

项目	规格
电源电压	24V DC（20.4～28.8V DC）（−15%～20%），可由用户外接
与 CPU 模块通信协议	EtherCAT；100Mbit/s 网速
EtherCAT 通信速度	最高 100Mbit/s 适应 EtherCAT 主站通信速度
网口/网线	标准以太网口并配以标准以太网线（超五类线）
站号范围	1～125，内部地址由网络总线连接顺序自动安排
后续 I/O 模块扩展能力	最多可连接 16 个 I/O 扩展模块
与扩展模块通信协议	模块扩展总线协议；数据收发交互速率为 8/4/2Mbit/s，根据接续的 I/O 模块数量自动调整，模块数越多，速率越低
系统程序升级方式	USB 接口升级

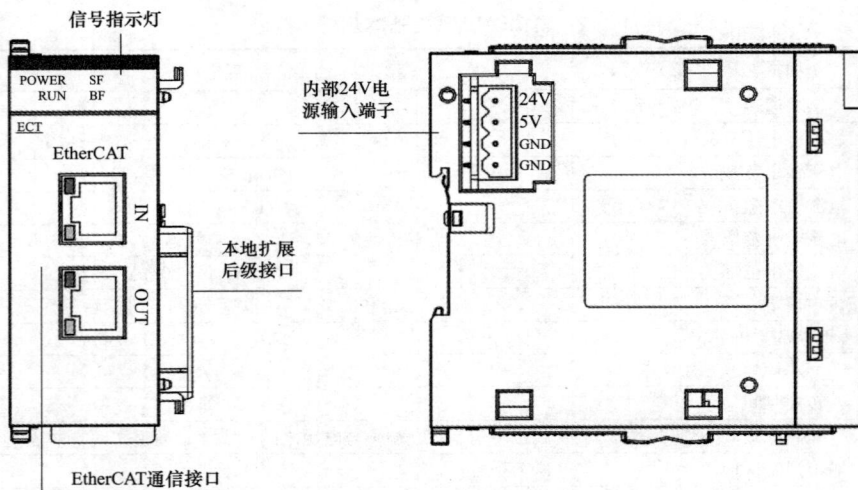

图 1-27   EtherCAT 通信模块接口说明

（6）CAN 通信模块。CAN 通信模块规格见表 1-22，CAN 通信模块接口说明如图 1-28 所示。

表 1-22   CAN 通信模块规格

项目	规格
电源电压	24V DC（20.4～28.8V DC）（−15%～20%），可由用户外接
与 CPU 模块通信协议	PROFIBUS-DP；最高 12Mbit/s
DP 通信速度	最高 12Mbit/s；自适应 DP 主站通信速度
站号范围	1～125，用户可通过旋转拨码开关设定
与 I/O 扩展模块通信方式	模块扩展总线协议；数据收发交互速率为 8/4/2Mbit/s，根据接续的 I/O 模块数量自动调整，模块数越多，速率越低
扩展能力	最多可连接 16 个 I/O 扩展模块
系统程序升级方式	USB 接口升级

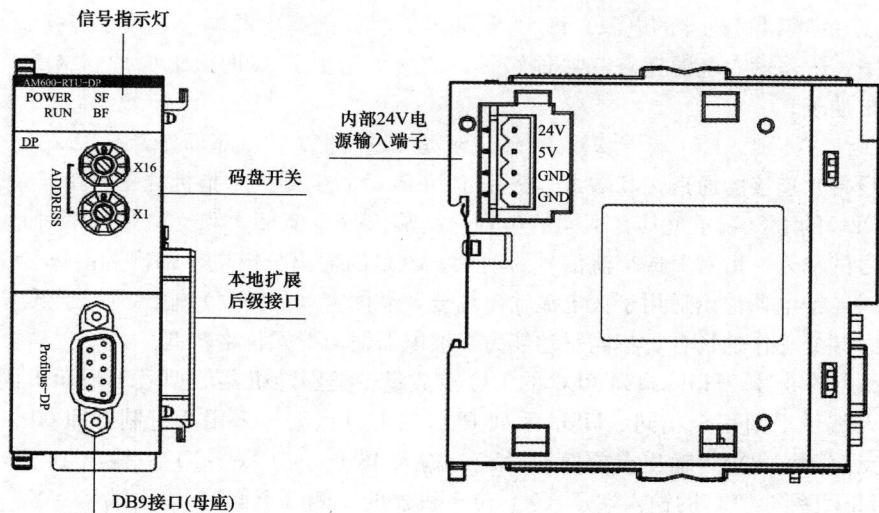

图 1-28　CAN 通信模块接口说明

技能训练

一、训练目标

（1）认识 H5U 系列 PLC 外部端子的功能及连接方法；I/O 点的编号、分类、主要技术指标及使用注意事项。

（2）了解 H5U 系列 PLC 基本单元、扩展单元、特殊功能模块的型号、功能及技术。

二、训练设备、器材

H5U-1614MTD 编程器主机、按钮开关、计算机、AutoShop 编程软件、下载电缆等。

三、训练内容

1. H5U 系列 PLC 外部端子的功能及连接方法、I/O 点的类别及技术指标

（1）PLC 主机硬件认识与使用。PLC 有单元式、模块式和叠装式 3 种结构形式，常用结构形式为前两种。H5U 系列为小型 PLC，采用单元式结构形式。H5U-1614MTD 型 PLC 由 3 部分组成，即外部端子（输入/输出接线端子）部分、指示部分和接口部分，各部分的组成及功能如下。

1）外部端子部分。外部端子部分包括 PLC 用直流电源（24＋、COM）、输入端子（X）、输出端子（Y）、机器接地等。它们位于机器两侧可拆卸的端子板上，每个端子均有对应的编号，主要完成电源、输入信号和输出信号的连接。

2）指示部分。指示部分包括各输入输出点的状态指示、机器运行状态指示（RUN）、PLC 系统故障（ERR）、电池错误（BAT）、CAN 运行（CRUN）、CAN 报错（CERR）和 EtherCAT 总线错误（BF）等，用于反映 I/O 点和机器的状态。

3）接口部分。H5U 系列 PLC 有多个接口。主要包括编程器接口、存储器接口、USB 接口、以太网接口、RS-485/CAN 接口和特殊功能模块接口等。在机器面板的左上角，还设置了一个 PLC 运行模式转换开关 SW1，它有 RUN 和 STOP 两个位置，RUN 使机器处于运行状态（RUN 指示灯亮）；STOP 使机器处于停止运行状态（RUN 指示灯灭）。当机器处于 STOP 状态时，可进行用户程序的录入、编辑和修改。

(2) H5U 系列 PLC 机器的电源。H5U 系列 PLC 机器上有电源端子，用于连接直流 24V 电源的输出端子。机器输入电源还有一接地端子，该端子用于 PLC 的接地保护。24＋、0 是直流 24V 电源输出端子。

(3) I/O 点的类别。I/O 端子（输入/输出）是 PLC 的重要外部部件，是 PLC 与外部设备（输入/输出设备）连接的通道，其数量、类别也是 PLC 的主要技术指标之一。由于现场信号的多种多样，PLC 的 I/O 端子也具有不同的类别。其输入分直流输入和交流输入两种形式，前者完成直流信号的输入，后者完成交流信号的输入。PLC 的输出分继电器输出和晶体管（晶闸管）输出两种形式。继电器输出适用于大电流输出场合，晶体管（晶闸管）输出适用于低压直流负载回路、快速、频繁动作的场合。相同驱动能力，继电器输出形式价格较低。

(4) I/O 点的编号。H5U 系列 PLC 的 I/O 点数量、类别随机器的型号不同而不同，但 I/O 点数量比例及编号规则完全相同。H5U 系列 PLC 的 I/O 点编号采用八进制，即 00～07、10～17，…输入点前面加"X"，输出点前面加"Y"。输入 16 点，为 X0～X17；输出 14 点，为 Y0～Y15。一般 H5U 系列 PLC 的输入端子（X）位于机器的一侧（上侧），输出端子（Y）位于机器的另一侧（下侧）。扩展单元和 I/O 扩展模块其 I/O 点编号应紧接基本单元的 I/O 编号之后，依次分配编号。

(5) I/O 点的作用。I/O 点的作用是将 I/O 设备与 PLC 进行连接，使 PLC 与现场构成系统，以便从现场通过输入设备（元件）得到信息（输入），或将经过处理后的控制命令通过输出设备（元件）送到现场（输出），从而实现自动控制的目的。

1) 输入电路。输入电路连接示意图如图 1-29 所示。输入电路的实现通过公共输入端、具体的输入元件（如按钮、转换开关、行程开关、继电器的触点、传感器等）连接到对应的输入点上，通过输入点 X 将信息送到 PLC 内部，一旦某个输入元件状态发生变化，对应输入点 X 的状态也就随之变化，这样 PLC 可随时检测到这些信息。

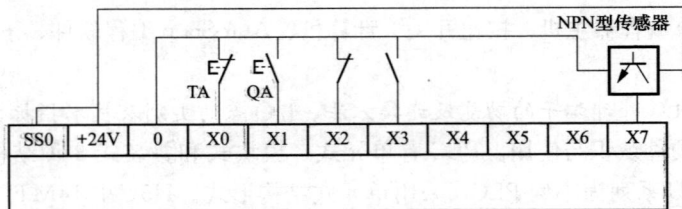

图 1-29　输入电路连接示意图

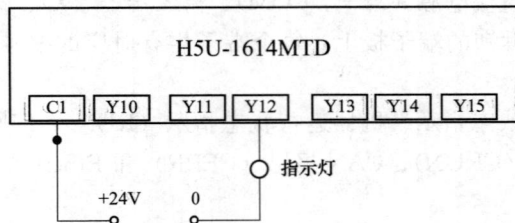

图 1-30　输出电路连接示意图

2) 输出电路。输出电路就是 PLC 的负载驱动回路，输出电路连接示意图如图 1-30 所示。PLC 仅提供输出点，通过输出点，将负载和负载电源连接成一个回路，这样负载的状态就由 PLC 的输出点进行控制，输出点动作负载得到驱动。负载电源的规格应根据负载的需要和输出点的技术规格进行选择。

在实现输出回路时，应注意的事项如下。

a. 输出点的公共 COM 问题。一般情况下，每个输出点应有两个端子，为了减少输出端子的个数，PLC 在内部将其中的一个输出点采用公共端连接，即将几个输出点的一端连接到一起，形成公共端 C0、C1。H5U 系列 PLC 的输出点及其公共点的配置，与主模块的点数和型号有关，在使用时要特别注意端子附近的标识说明，否则可能导致负载不能正确驱动。

b. 输出点的技术规格。不同的输出类别有不同的技术规格。应根据负载的类别、大小、负载电源的等级、响应时间等选择不同类别的输出形式。要特别注意负载电源的等级和最大负载的限制，以防止出现负载不能驱动或 PLC 输出点损坏等情况的发生。

c. 多种负载和多种负载电源共存的处理。同一台 PLC 控制的负载，负载电源的类别、电压等级可能不同，在连接负载时（实际上在分配 I/O 点时），应尽量让负载电源不同的负载不使用公共 COM 的输出点。若一定要使用，应注意干扰和短路等问题。

（6）PLC 控制系统的组成。PLC 控制系统由硬件和软件两部分组成。

1）硬件部分。输入元件通过输入点与 PLC 连接，输出元件通过输出点与 PLC 连接，构成 PLC 控制系统的硬件系统。

2）软件部分。软件部分即用 PLC 指令设计的用户程序等。

2. 使用 PLC 控制 LED 指示灯

（1）控制要求。

1）按下 SB1，LED 指示灯亮。

2）按下 SB2，LED 指示灯灭。

（2）PLC 的 I/O 分配。PLC 的 I/O 分配见表 1-23。

表 1-23　　　　　　　　　　　　　　　　PLC 的 I/O 分配

输入		输出	
元件代号	输入继电器	元件代号	输入继电器
SB1	X11	LED1	Y11
SB2	X12		

（3）PLC 接线图。PLC 接线图如图 1-31 所示。

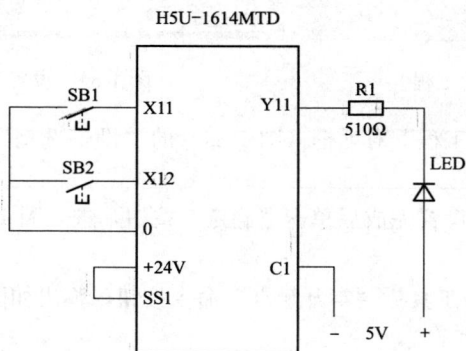

图 1-31　PLC 接线图

（4）控制程序设计。根据控制要求设计 PLC 控制程序，如图 1-32 所示。

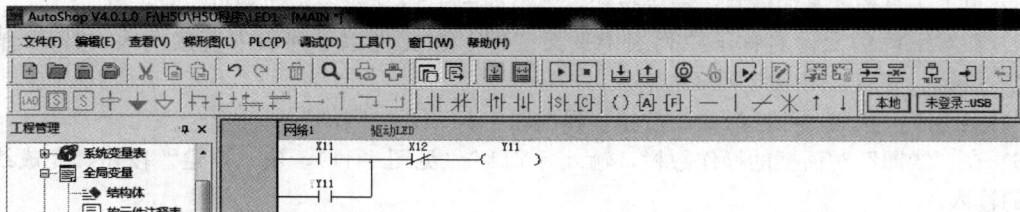

图 1-32　LED 指示灯的 PLC 控制程序

3. 输入程序

（1）启动 AutoShop 编程软件。

用鼠标双击桌面上的 AutoShop 图标，启动 AutoShop 编程软件。

（2）创建一个新工程。

1）创建新工程。如图 1-33 所示，单击执行"文件"菜单下的"新建工程"命令，弹出新建工程对话框。

2）工程设定。在如图 1-34 所示的"新建工程"对话框中点选"新建工程"，设置"工程名"为 LED1，"保存路径"为"F：\ H5U \ H5U 程序 \ LED \ "。

设置工程名界面见图 1-34。

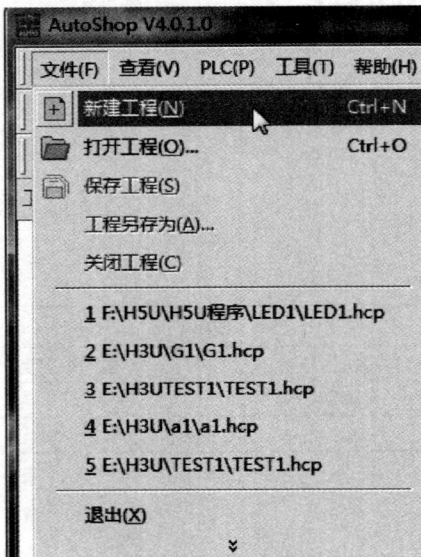

图 1-33　创建新工程　　　　　图 1-34　设置工程名界面

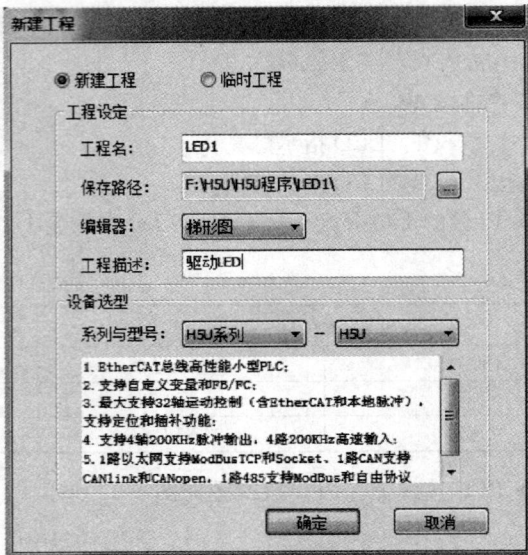

3）设备选型。在"新建工程"对话框（图 1-34）的"设备选型"→"系列与型号"下拉列表中选择"H5U 系列"→"H5U"。

4）进入程序编辑界面。设置完成后单击"确定"按钮，进入图 1-35 所示的程序编辑界面。

（3）输入程序。

1）如图 1-36 所示，单击工具栏"常开触点"命令按钮，弹出如图 1-37 所示"常开触点"对话框。

2）在"常开触点"对话框的元件名称下拉列表中选择"X"，在元件编号列表中选择"11"或直接输入"11"，单击"确定"按钮，完成常开触点 X11 的输入，如图 1-38 所示。

3）单击工具栏"常闭触点"命令按钮，弹出如图 1-39 所示"常闭触点"对话框。

4）在对话框的元件名称下拉列表中选择"X"，在元件编号列表中直接输入"12"，单击"确定"按钮，完成常闭触点 X12 的输入。

5）点击工具栏的"线圈"命令按钮，弹出图 1-40 所示"线圈"对话框。

6）在"线圈"对话框的操作数栏，输入"Y11"（见图 1-41），按"确定"按钮，完成线圈 Y11 的输入。

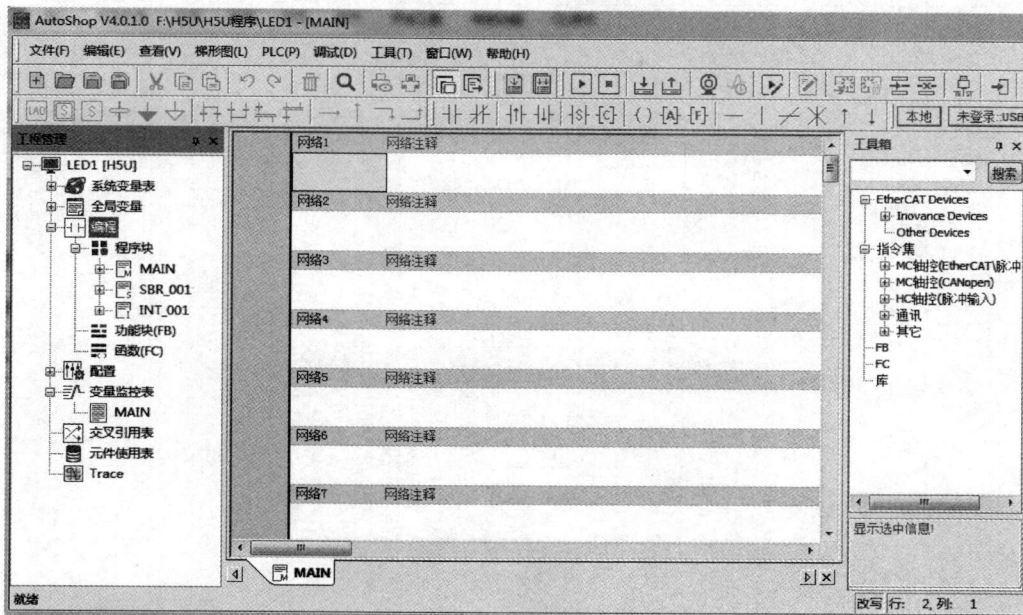

图 1-35　程序编辑界面

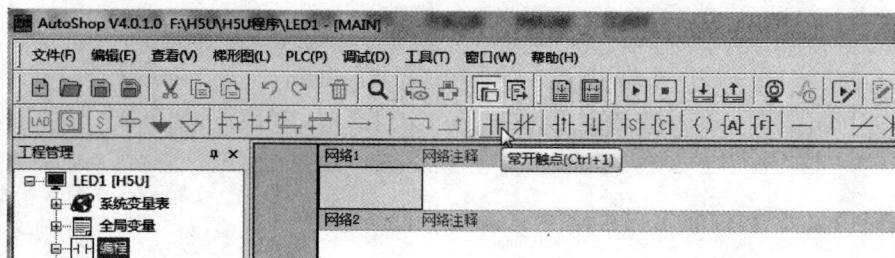

图 1-36　单击工具栏"常开触点"命令按钮

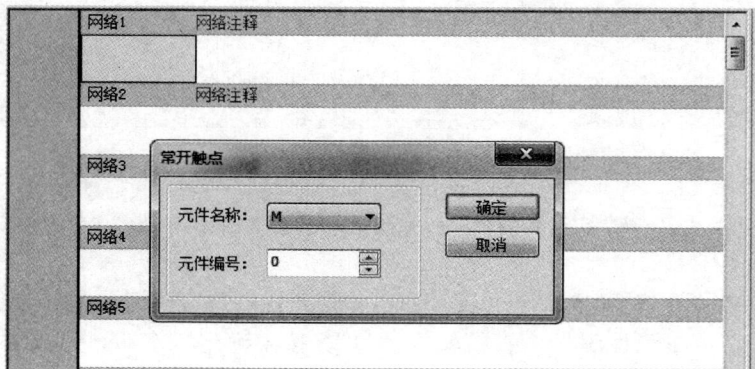

图 1-37　"常开触点"对话框

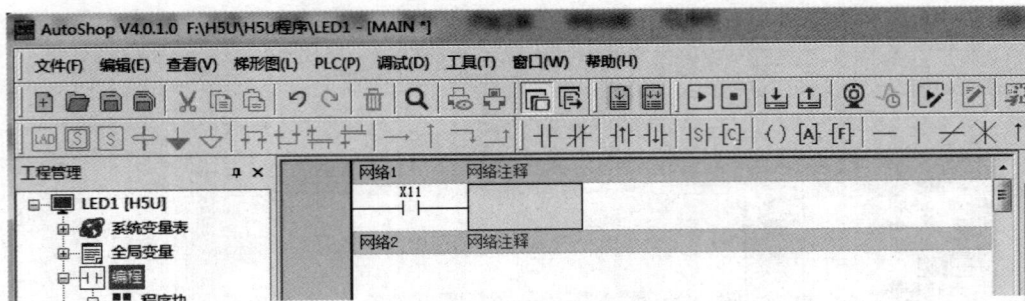

图 1-38 "常开触点"输入完成

图 1-39 "常闭触点"对话框

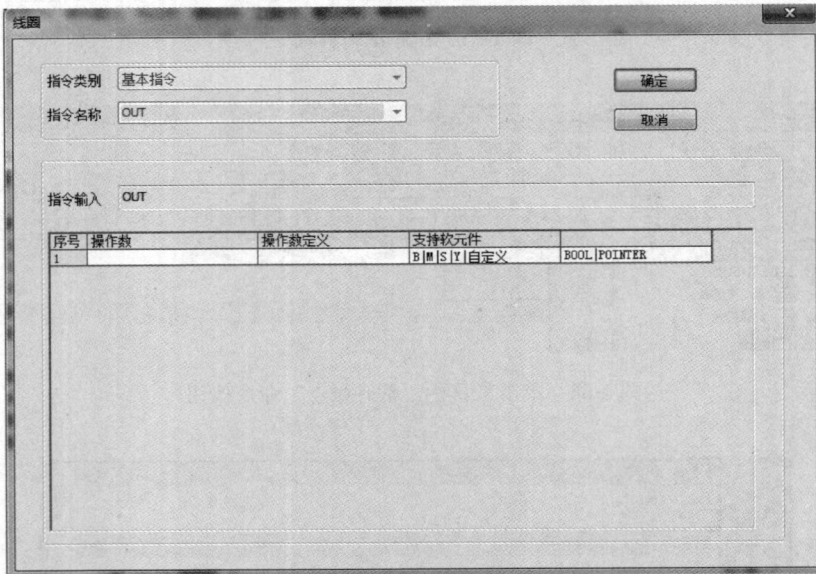

图 1-40 "线圈"对话框

7）如图 1-42 所示，右键单击网络 2，在弹出的快捷操作菜单中选择"行插入"，在网络 2 的上方插入一编辑行。

8）单击工具栏"常开触点"命令按钮，弹出"常开触点"对话框，在对话框的元件名称下拉列表中选择"Y"，在元件编号中直接输入"11"，按"确定"按钮，完成常开触点 Y11 的输入。

9）单击常闭触点"X12"，再单击工具栏竖线命令按钮"┃"，连接常开触点"X11"和常开触点"Y11"，完成的梯形图如图 1-43 所示。

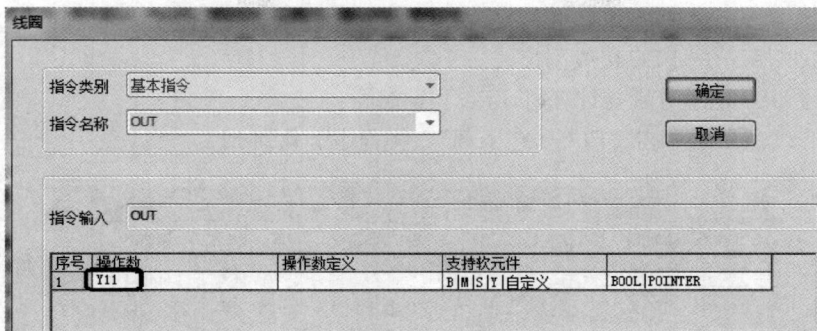

图 1-41　完成线圈 Y11 的输入

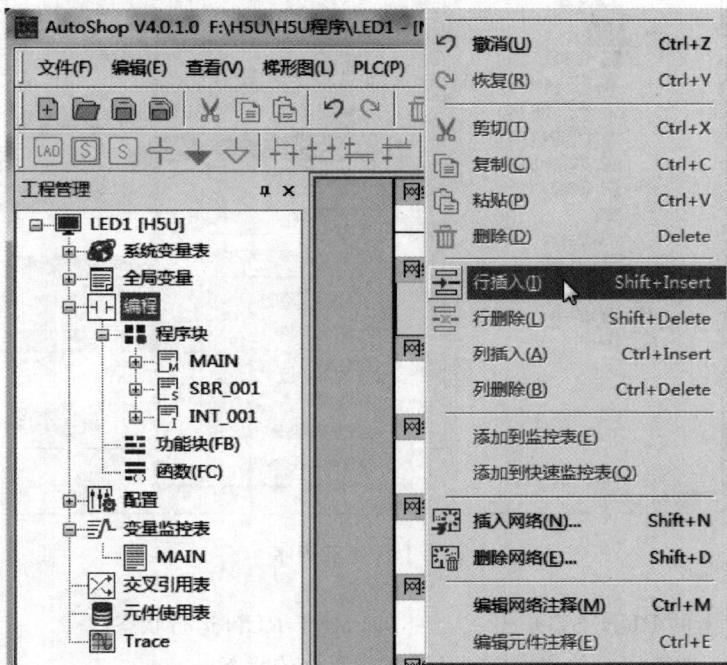

图 1-42　插入行

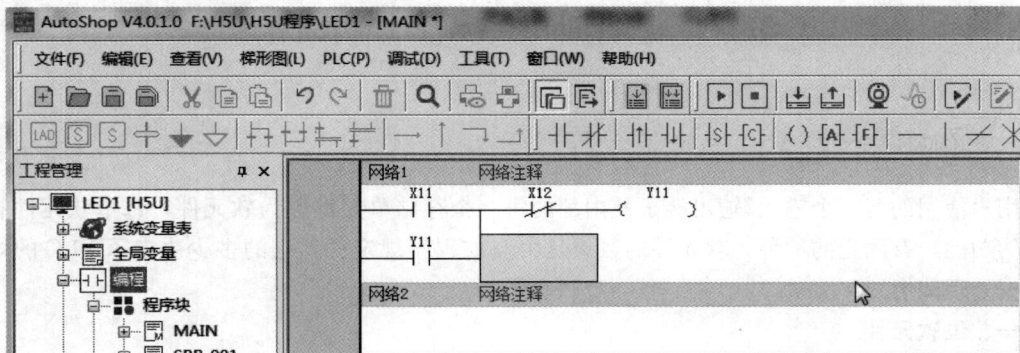

图 1-43　完成的梯形图

（4）安装与调试。

1）按图 1-31 所示的 PLC 接线图接线。

2）PLC 的 USB 电缆分别与计算机、PLC 连接。

3）如图 1-44 所示，单击"PLC"→"下载"，将程序下载到 PLC。

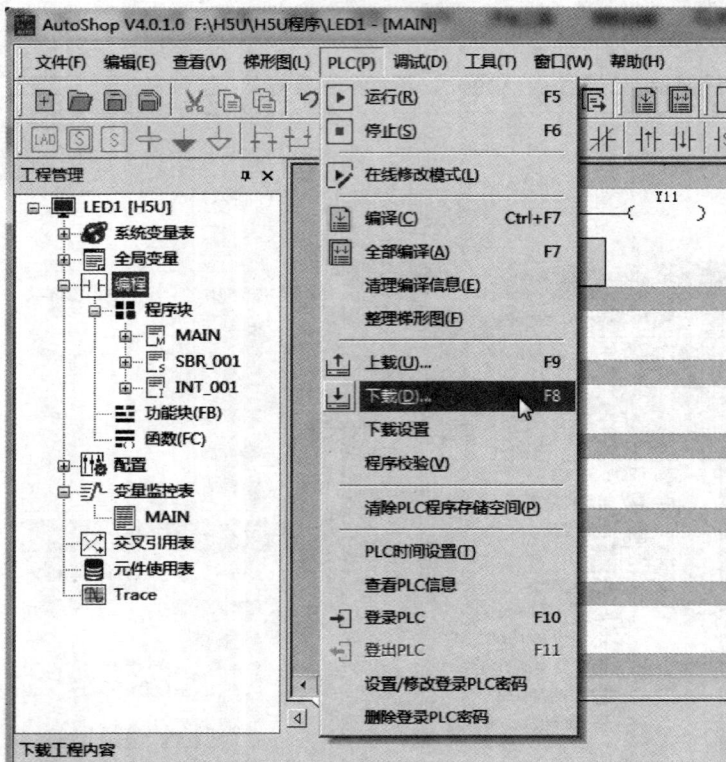

图 1-44　下载程序

4）拨动 PLC 上的 RUN/STOP 开关，使 PLC 处于 RUN 运行状态。

5）按下 SB1，观察 PLC 输出点 Y11，观察指示灯的状态。

6）按下 SB2，观察 PLC 输出点 Y11，观察指示灯的状态。

任务 2　认识汇川 H5U 系列 PLC 的软元件

基础知识

用户使用的每一个输入/输出端子及内部的每一个存储单元都称为软元件，每个软元件有其不同的功能，有固定的地址，软元件的数量是由监控程序规定的，它的多少决定了 PLC 的规模及数据处理能力。

一、位软元件

1. 输入继电器（X0～X1777）

输入继电器与 PLC 的输入端相连，是 PLC 接收外部开关信号的接口。输入继电器是光电隔离的电子继电器，其常开触点（a 触点）和常闭触点（b 触点）在编程中使用次数不限。这些触点在 PLC 内可自由使用，H5U 系列 PLC 输入继电器采用 8 进制地址编号，编号范围 X0～X1777，最多可达 1024 点。需要注意的是，输入继电器只能由外部信号来驱动，不能用程序或内部指令来驱动，其触点也不能直接输出去驱动执行元件。输入继电器电路如图 4-5（a）所示，输入端子是 PLC 从外部开关接收信号的窗口，可以接收触点开关信号和来自传感器的开关信号。

2. 输出继电器（Y0～Y1777）

输出继电器的外部输出触点连接到 PLC 的输出端子上，输出继电器是 PLC 用来传递信号到外部负载的元件。每一个输出继电器有一个外部输出的常开触点。输出继电器的常开/常闭触点当作内部编程的接点使用时，使用次数不限。H5U 系列 PLC 输出继电器采用 8 进制地址编号，编号范围 Y0～Y1777，最多可达 1024 点。输出继电器电路如图 1-45（b）所示，输出端子是 PLC 向外部负载发送信号的窗口。通过输出端子和外部电源驱动负载工作。

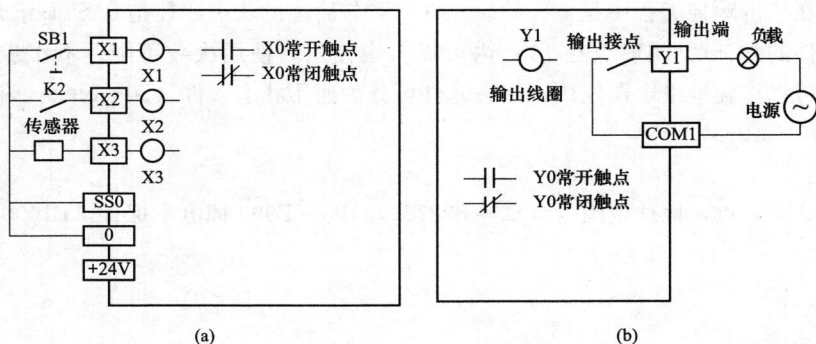

图 1-45　输入/输出继电器电路
(a) 输入继电器；(b) 输出继电器

3. 辅助继电器

在 PLC 逻辑运算中，经常需要一些中间继电器作为辅助运算用，这些元件不直接对外输入、输出，经常用作暂存、移动运算等。这类继电器称作辅助继电器。还有一类特殊用途的辅助继电器，如定时时钟、进位/借位标志、启停控制、单步运行等，它们能为编程带来许多方便。PLC 内辅助继电器与输出继电器一样，由 PLC 内各软元件驱动，它的常开/常闭触点在 PLC 编程时可以无限次的自由使用。但这些触点不能直接驱动外部负载，外部负载必须由输出继电器来驱动。

(1) 通用辅助继电器（M0～M999）。通用辅助继电器有 1000 个，其元件地址号按十进制编号（M0～M999）。

(2) 断电保持辅助继电器（M1000～M7999）。不少控制系统要求保持断电瞬间状态，断电保持辅助继电器可以用于此场合，它是由 PLC 内装的锂电池提供电源的。断电保持辅助继电器共有 7000 个，其元件地址号按十进制编号（M1000～M7999）。

(3) 特殊辅助继电器。PLC 内有特殊辅助继电器，这些特殊辅助继电器各自具有特定的功能。通常分为两大类。

1) 只能利用其触点的特殊辅助继电器，线圈由 PLC 驱动，用户使用其触点。

• M8000 为运行监控继电器，PLC 运行时 M8000 导通。

• M8001 为运行监控继电器，PLC 运行时 M8001 为断开，M8001 为 M8000 状态取反。

• M8002 为初始化脉冲，运行开始瞬间接通的特殊辅助继电器。

- M8003 为初始化脉冲，运行开始瞬间断开的特殊辅助继电器，M8003 为 M8002 状态取反。
- M8011 为产生 10ms 时钟脉冲特殊辅助继电器。
- M8012 为产生 100ms 时钟脉冲特殊辅助继电器。
- M8013 为产生 1000ms 时钟脉冲特殊辅助继电器。
- M8014 为产生 1 分钟时钟脉冲特殊辅助继电器。
- M8020 为运算零标志。
- M8021 为运算借位标志。
- M8022 为运算进位标志。
- M8029 为多周期指令执行完成标志位，适用于 RAMP、SORT、SORT2 等指令。

2）其他特殊辅助继电器，请参阅《H5U 系列可编程逻辑控制器编程与应用手册》。

4. 状态元件

状态元件在步进顺控编程中是重要的软元件，它与后述的步进顺控指令 STL 组合使用。

各状态元件的常开/常闭触点在 PLC 内可以自由使用，使用次数不限。不作步进顺控指令时，状态元件可以作辅助继电器使用。状态元件可分为通用状态元件（S0～S999）和掉电保持状态元件（S1000～S4095）。

5. 位元件

位元件有 32768 点，地址范围为（B0～B32767）。B0～B999 掉电不保存，B1000 及之后掉电保存。

二、字软元件

1. 数据寄存器

在进行数据处理、模拟量控制、定位控制时，需要许多数据寄存器存储数据和参数。数据寄存器为 16 位，最高位为符号位。可以用两个数据寄存器合并起来存放 32 位数据，最高位仍为符号位。

（1）通用数据寄存器（D0～D999）1000 点。当 PLC 由运行到停止时，该类数据寄存器数据为零。

（2）断电保持数据寄存器（D1000～D7999）7000 点。只要不改写，原有的数据就保持不变。电源接通与否，PLC 是否运行，都不会改变数据寄存器的内容。

（3）数据寄存器应用说明。

1）掉电保持范围不可更改。

2）字软元件可作为整数或浮点数使用，软元件本身不具有数据类型属性，根据指令的参数属性，将元件解释为整数或浮点数。

3）字软元件作为整数使用时，根据指令参数，作为 16 位或 32 位数据使用。作为 16 位数据使用时，占用 1 个软元件；作为 32 位数据使用时，占用 2 个软元件。

4）字软元件作为浮点数使用时，占用 2 个软元件。

2. 文件寄存器

H5U 支持 32768 点，16 位文件寄存器，文件寄存器的使用和数据寄存器使用方法相同。

（1）通用文件寄存器（R0～R999）1000 点。当 PLC 由运行到停止时，该类文件寄存器数据为零。

（2）断电保持文件寄存器（R1000～R32767）31768 点。只要不改写，原有的数据就保持不变。电源接通与否，PLC 是否运行，都不会改变文件寄存器的内容。

3. 通用寄存器

H5U 支持 32768 点，16 位通用寄存器，通用寄存器的使用和数据寄存器使用方法相同。

（1）通用寄存器（W0～W999）1000 点。当 PLC 由运行到停止时，该类数据寄存器数据为零。

（2）通用断电保持寄存器（W1000～W32767）31768 点。只要不改写，原有的数据就保持不变。电源接通与否，PLC 是否运行，都不会改变链接寄存器的内容。

4. 字软元件使用

（1）字软元件作为 16 位整数使用。指令如下：

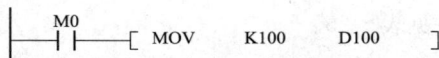

```
    M0
----| |----[ MOV      K100      D100      ]
```

说明：使用 16 位赋值指令，将值 100 赋给字软元件 D100，占用 D100。

（2）字软元件作为 32 位整数使用。指令如下：

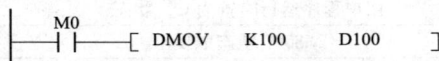

```
    M0
----| |----[ DMOV     K100      D100      ]
```

说明：使用 32 位赋值指令，将值 100 赋给字软元件 D100，占用 D100 和 D101。

（3）字软元件作为浮点数使用。指令如下：

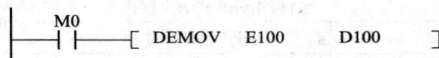

```
    M0
----| |----[ DEMOV    E100      D100      ]
```

说明：使用浮点数指令，将值 100 赋给字软元件 D100，占用 D100 和 D101。

5. 字元件的位操作

字元件可以通过（.）方式对元件进行位操作，如编程写入 D0.8 表示对 D0 字元件的第 8 位操作，如图 1-46 所示。

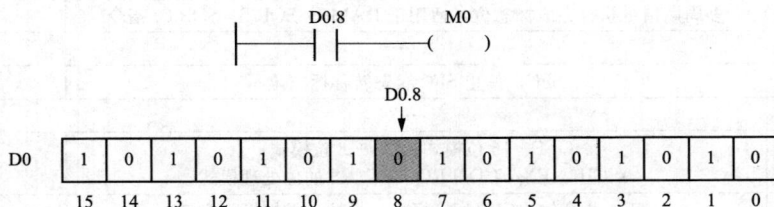

图 1-46　字元件位操作

字元件的位从第 0 位开始数：D0 的第 8 位为 0 时，输出 M0 为 OFF；D0 的第 8 位为 1 时，输出 M0 为 ON。

三、特殊软元件

1. 标签与常数

标签与常数见表 1-24。

表 1-24　　　　　　　　　　　　　　　　标签与常数

类型	功能	范围	点数	描述
L	跳转标签	L0～L1023	1024 点	与 CJ 指令、LBL 指令配套使用
K	十进制	K—32768 ～ K—32767（16 位），K—2147483648～K—2147483647（32 位）	—	—
H	十六进制	H0000 ～ HFFFF（16 位运算），H00000000～HFFFFFFFF（32 位）	—	—

续表

类型	功能	范围	点数	描述
E	浮点数、实数	$-3.402823e^{+38} \sim -1.175495e^{-38}$，0，$+1.175495e^{-38} \sim +3.402823e^{+38}$	—	单精度浮点数最多 7 位十进制有效数字，超出部分会自动四舍五入
字符	字符、字符串	—	—	字符、字符串，作为指令参数

特殊软元件支持 L 作为跳转标签使用。

2. H5U 使用部分特殊软元件

H5U 使用部分特殊软元件见表 1-25。

表 1-25   H5U 使用部分特殊软元件

软元件	功能描述	访问属性
M8000	用户程序运行时置为 ON 状态	只读
M8001	M8000 状态取反	只读
M8002	用户程序开始运行的第一个周期为 ON	只读
M8003	M8002 状态取反	只读
......		
M8011	10ms 时钟周期的振荡时钟	只读
M8012	100ms 时钟周期的振荡时钟	只读
M8013	1s 时钟周期的振荡时钟	只读
M8014	1min 时钟周期的振荡时钟	只读
......		
M8020	运算零标志	只读
M8021	运算借位标志	只读
M8022	运算进位标志	只读
M8029	多周期指令执行完成标志位，适用于 RAMP、SORT、SORT2 指令	只读
......		
M8040	SFC，禁止 SFC 状态转移标志位	读写
......		
M8161	OFF—16 位模式，ON—8 位模式；ASCII/HEX/CCD/LRC/CRC/RS 的位处理模式	读写
M8163	BINDA 指令输出字符切换标志，保持还是切换为 0000h	读写
M8165	SORT2 指令降序排序使能标志	读写
M8168	SMOV 指令数据格式设置，OFF—BCD 模式，ON—HEX 模式	读写
M8333	BKCMP 指令矩阵比较结果全为 1 标志	只读

技能训练

一、训练目标

（1）认识 H5U 系列 PLC 的通用辅助继电器与停电保持辅助继电器。

（2）了解 H5U 系列 PLC 特殊辅助继电器。

二、训练设备、器材

H5U-1614MTD 编程器主机、按钮开关、计算机、PLC 编程软件等。

三、训练内容

1. 通用辅助继电器与停电保持辅助继电器的应用

（1）按图 1-47 所示辅助继电器应用电路配置元器件，连接线路。

（2）输入图 1-48 所示辅助继电器应用程序。

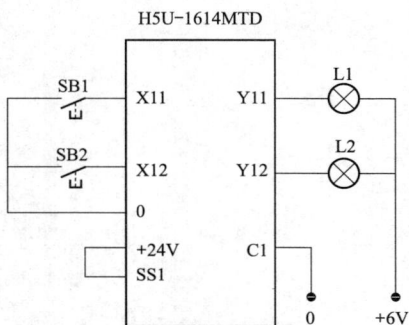

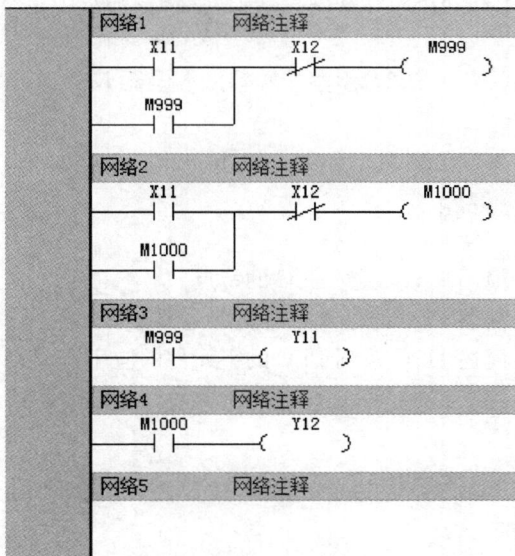

图 1-47　辅助继电器应用电路　　　　　图 1-48　辅助继电器应用程序

（3）拨动 PLC 的 RUN/STOP 开关，使 PLC 处于 RUN 状态。

（4）按下 SB1，观察和记录 M999、M1000 及输出点 Y11、Y12、负载的状态。

（5）按下 SB2，观察和记录 M999、M1000 及输出点 Y11、Y12、负载的状态。

（6）当 Y11、Y12 为 ON 时，切断 PLC 电源，再接通 PLC 电源，观察和记录 M999、M1000 及 Y11、Y12 的状态。

（7）当 Y11、Y12 为 ON 时，拨动 PLC 的 RUN/STOP 开关，使 PLC 处于 STOP 状态，再使 PLC 处于 RUN 状态，观察和记录 M999、M1000 及 Y11、Y12 的状态。

2. 特殊辅助继电器应用

（1）输入图 1-49 所示特殊辅助继电器应用程序。

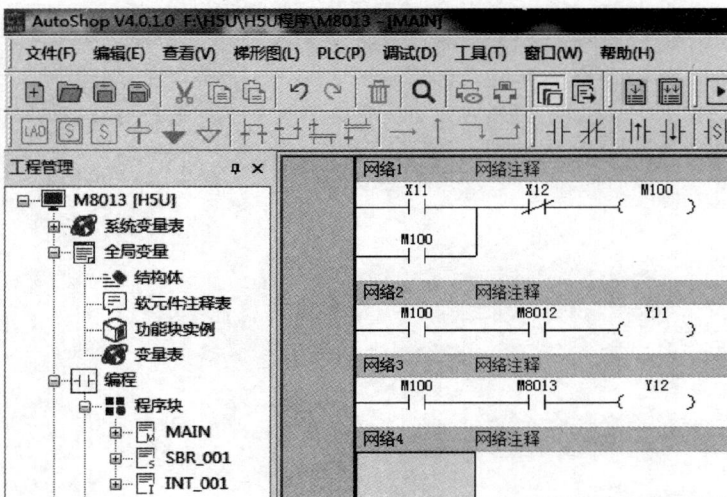

图 1-49　特殊辅助继电器应用程序

（2）拨动 PLC 的 RUN/STOP 开关，使 PLC 处于 RUN 状态。

（3）按下 SB1，观察特殊辅助继电器 M8012、M8013 的状态变化，观察、记录输出点 Y11、Y12 的状态。

（4）按下 SB2，观察特殊辅助继电器 M8012、M8013 的状态变化，观察、记录输出点 Y11、Y12 的状态。

习题 1

1. 简述 H5U 系列 PLC 的特点。

2. 简述 PLC 的输入、输出继电器。

3. 简述 H5U 系列 PLC 的字元件的应用。

项目二　　学会使用 AutoShop 编程软件

学习目标

(1) 学会启动、退出 AutoShop 编程软件。

(2) 学会创建、打开、保存、删除和关闭工程。

(3) 学会输入、编辑梯形图程序。

(4) 学会下载、上传 PLC 程序。

(5) 学会控制、监视 PLC 运行。

任务3　应用 AutoShop 编程软件

基础知识

一、AutoShop 编程软件

1. AutoShop 简介

H5U 系列 PLC 的编程软件为 AutoShop，AutoShop 编程软件的用户界面友好，方便用户根据应用需求，对 PLC 进行配置、编程、调试、下载、监控等操作。

(1) 编程界面。编程软件的主界面如图 2-1 所示。

1) 主菜单和快捷工具。编程软件操作菜单，包含编程、调试、通信等相关设置，文件管理与编程调试工具的快捷方式。

2) 程序编辑区域。编写用户应用程序。

3) 工具箱。工程中加载的从站和所选 PLC 支持的指令集合。

4) 工程管理。包含 PLC 工程的参数管理、变量管理、程序管理和配置管理等。

(2) 软件获取途径。AutoShop 为免费软件，用户可在汇川技术官网（www. inovance. com）的"服务与支持"→"资料下载"页面免费下载软件安装包。由于汇川公司在不断完善产品和资料，建议用户在需要时及时更新软件版本，查阅最新发布的参考资料，有利于用户的应用设计。

(3) 计算机配置要求。H5U 系列 PLC 采用 AutoShopV4. 0. 1. 0 及以上版本，AutoShop 安装需要的最低配置如下。

1) Windows 7/或 Windows 10 操作系统，推荐 64 位操作系统。

2) CPU 主频：4GHz（推荐）。

3) 内存：4GB 或更高配置。

4) 空间：可用硬盘空间 5GB 以上。

(4) 编程语言。AutoShop 支持的编程语言有梯形图（LD）和顺序功能图（SFC）。

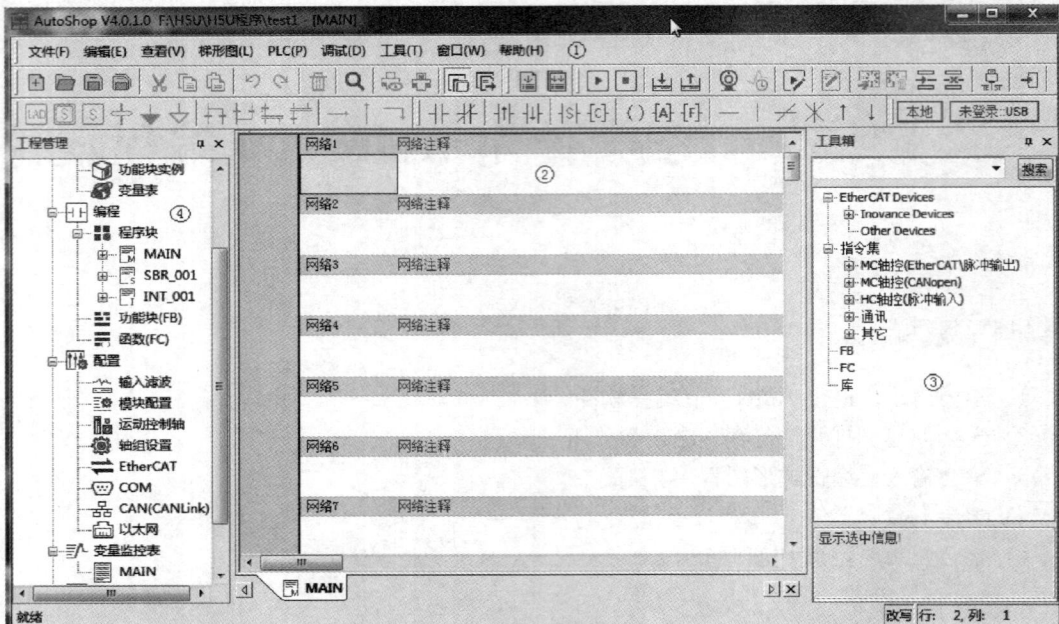

图 2-1　编程软件的主界面

2. USB 通信设置

（1）通信连接方式。H5U 支持通过 USB 接口或以太网与 AutoShop 软件建立通信连接，实现程序上下载、监控和调试。

（2）USB 直连。AutoShop 软件上位机通过 USB 与 H5U PLC 连接时，只需选择对应的 USB 通信类型，并测试连通即可，操作步骤如下。

1）使用 USB 电缆连接 PLC 与装有 AutoShop 的电脑。

2）打开 AutoShop 软件，通过菜单栏"工具"→"通信设置"或单击通信设置的快捷工具可进入通信设置界面。由菜单栏处进入通信设置如图 2-2 所示；由快捷工具 品 进入通信设置如图 2-3 所示。

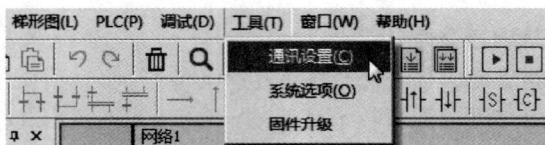

图 2-2　由菜单栏处进入通信设置

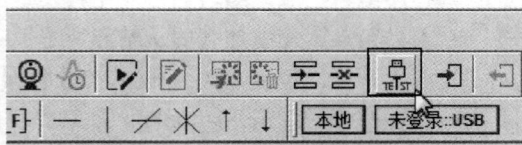

图 2-3　由快捷工具进入通信设置

3）在通信设置中，选择 USB 通信类型，如图 2-4 所示。

4）完成设置后，单击"测试"按钮，若对应 PLC 的数码管会交替显示"0"，则表示连接已连通。

5）单击"确定"按钮确认通信设置。

3. 以太网连接

通过以太网连接 PLC 时，可能涉及的操作有选择目标 PLC、PING 功能、修改设备 IP/设备名等内容。

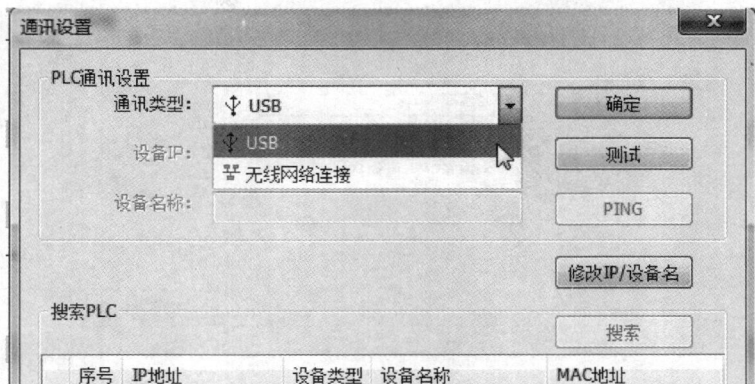

图 2-4 选择 USB 通信类型

AutoShop 软件上位机通过以太网与 H5U PLC 连接时，首先需要选定指定 IP 地址的 PLC 设备进行连接。

（1）在 PLC IP 已知条件下，设置以太网连接。

1）设置电脑的网络属性，如图 2-5 所示。

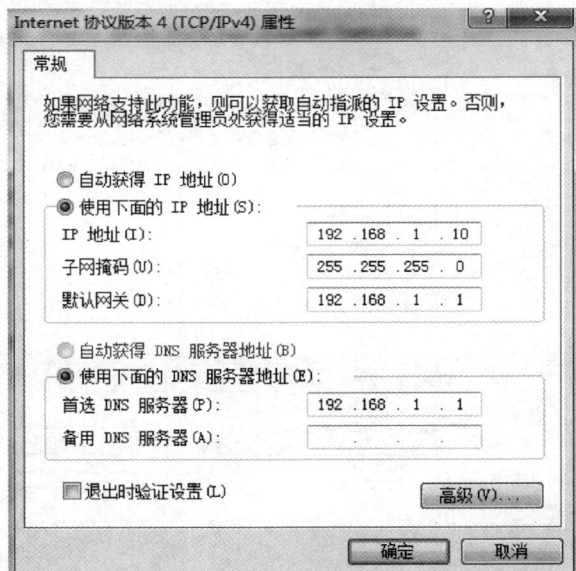

图 2-5 设置电脑的网络属性

按照图示设置 IP 地址和 DNS 服务器地址等，使用 192.168.1.1 网段，IP 地址不要与 PLC 的默认的 IP 地址（192.168.1.88）重复，设置完成后单击"确认"按钮。

2）通过菜单栏"工具"→"通信设置"或单击通信设置的快捷工具 🖳 可进入通信设置界面。

3）在"通信设置"中，选择"本地连接"通信类型，如图 2-6 所示。

4）正确输入 IP 地址后的界面如图 2-7 所示，单击"确定"按钮即可完成设置。

（2）在 PLC 的 IP 地址未知的条件下，设置以太网连接。

1）在 PLC 的 IP 地址未知时，可以通过搜索功能搜索 PLC 设备。单击"搜索"按钮即可搜索局域网内连接的 H5U。搜索到网络内的 PLC 如图 2-8 所示。

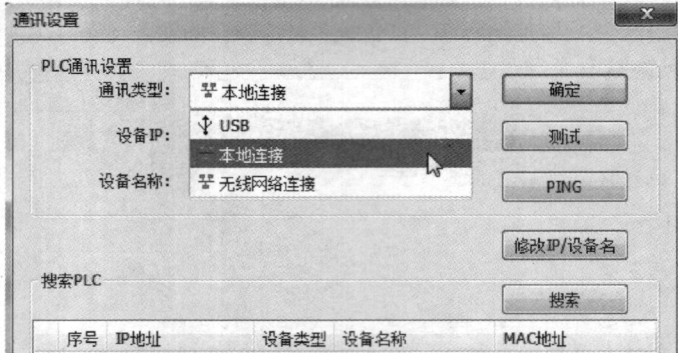

图 2-6　选择"本地连接"通信类型

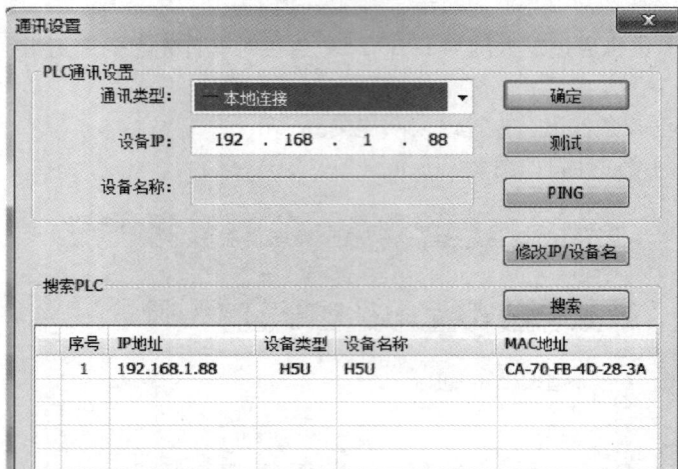

图 2-7　正确输入 IP 地址

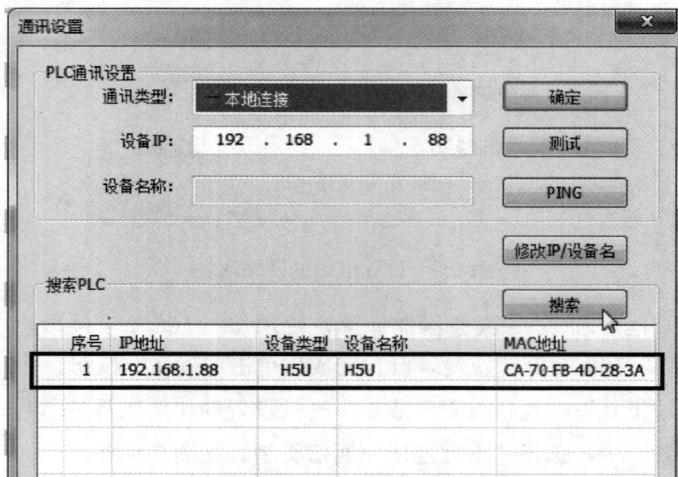

图 2-8　搜索到网络内的 PLC

　　PLC 和电脑通过交换机连接的情况下，可以搜索到和电脑同一网段的 PLC；PLC 和电脑通过网线直连，可以跨网段搜索到 PLC。

2）搜索到的 PLC IP 会显示在界面的表格中，选中该表中的 IP 地址并单击"测试"按钮，可检查连接的 PLC 是否正确。当所连接的 PLC 数码管交替显示数字 0 时，表示 PLC 已连接成功，如图 2-9 所示。

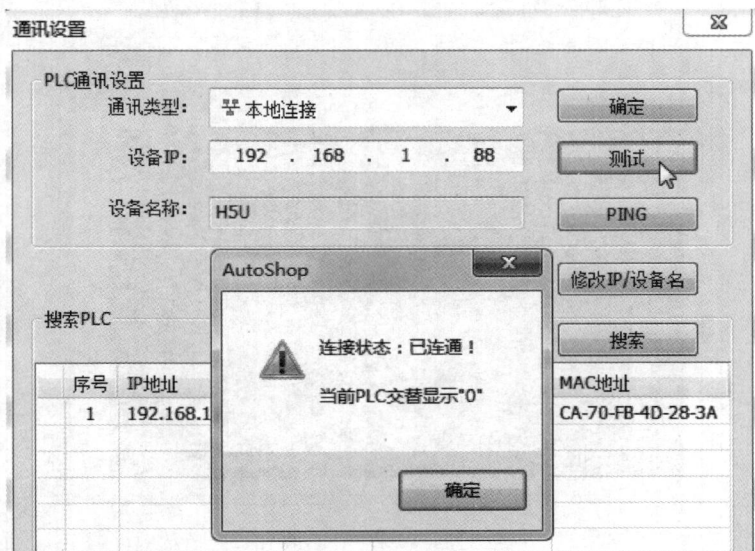

图 2-9　测试网络连接

3）确认与想要的 PLC 连接成功后，单击"确定"按钮退出通信设置，即可在主菜单界面上看到设定的 IP 地址，主菜单上显示的 IP 地址如图 2-10 所示。随后可进行 PLC 程序下载、上载、监控、在线修改。

图 2-10　主菜单上显示的 IP 地址

（3）PING 功能。AutoShop 软件自带 PING 功能，可用于测试电脑与指定设备之间的网络连接是否正常。使用时，用户需先在设备 IP 处输入想要测试的 IP 地址，然后单击 PING 按钮，即可运行该功能，如图 2-11 所示。

软件会自动打开窗口，并 PING 设置好的 IP 地址，测试完成之后，只需单击右上角的关闭即可。

（4）修改 IP 地址/设备名。在实际使用的过程中，用户可根据自己的需求修改 PLC 的 IP 地址，也可以修改 PLC 的设备名，以便区分不同的设备，修改 IP 地址/设备名的具体操作步骤如下。

1）正确连接 PLC 后，单击"修改 IP/设备名"按钮可以进入"通信设置"界面，可对当前连接的 PLC IP 地址进行修改。"修改 IP/设备名"对话框如图 2-12 所示。

2）根据用户需要，在"新 IP 地址"中填入新 IP、子网掩码、默认网关后单击"修改 IP"，在弹出的对话框单击"确定"，重新上电 PLC 后即可使修改的 IP 生效。

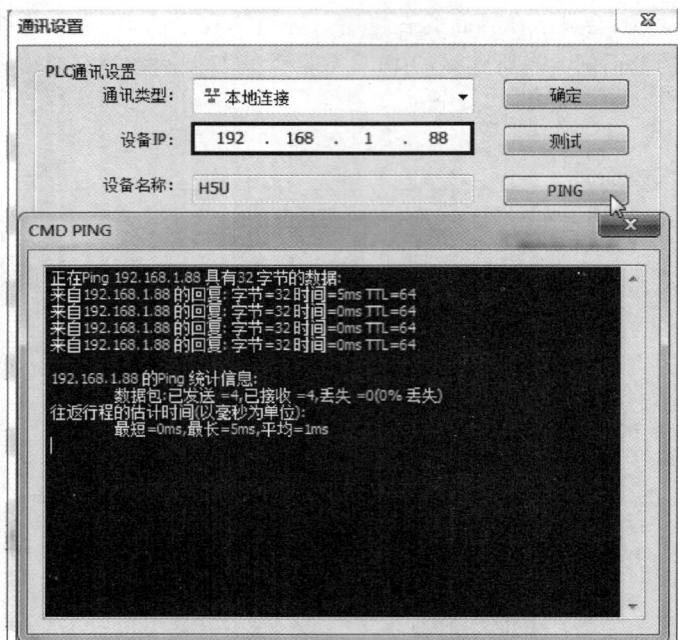

图 2-11　单击 PING 按钮

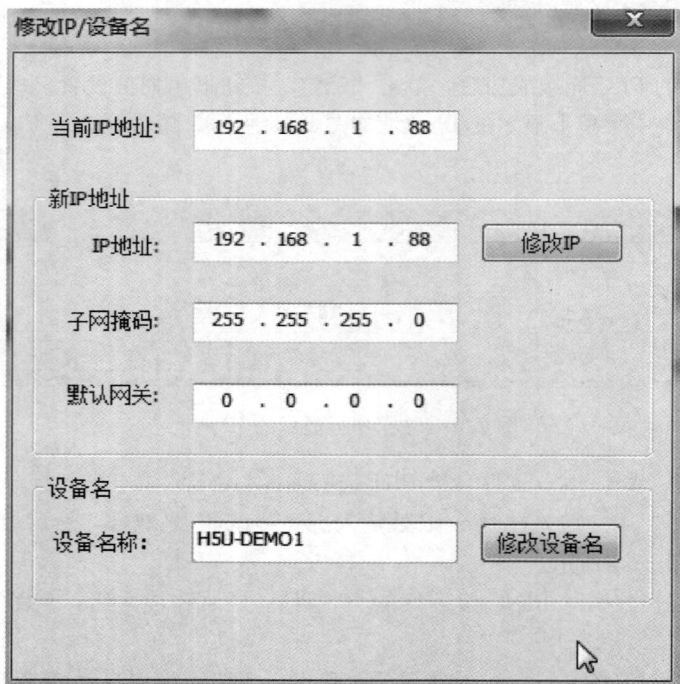

图 2-12　"修改 IP/设备名"对话框

3）修改设备名的操作与修改 IP 类似，在图 2-12 所示对话框中，可在"设备名"处按照需要修改，之后单击"关闭"按钮，即可退出此页面。修改完成后的设备名如图 2-13 所示。

4. 用户编程的典型步骤

初次使用汇川 H5U 系列 PLC 的用户需要注意，编写调试一个完整的用户程序需要 5 个步骤。

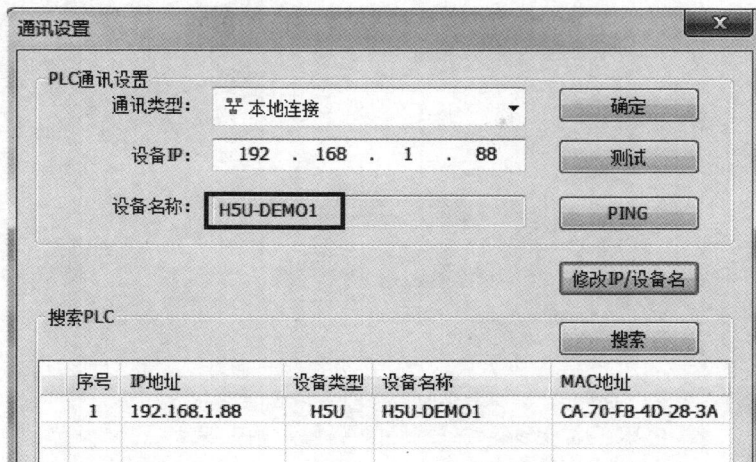

图 2-13　修改设备名

（1）新建 H5U 工程。

（2）基于 H5U 系列 PLC 应用系统的硬件连接架构进行硬件系统配置。

1）若只使用了 H5U 主模块，可直接进入下一步。

2）若使用了本地扩展模块，需进行模块配置：即根据实际选用的模块类型和型号、安装顺序，在 AutoShop 的"模块配置"页面添加"模块"。

（3）根据应用要求完成通信配置并设置相应的功能参数。

（4）根据应用要求编写用户程序，建立相关变量。

（5）在 AutoShop 编程环境下连接 PLC，对用户程序进行编译、调试、排错、下载，直到正确无误地运行。

5．驱动 LED 指示灯的示例工程

在 AutoShop 环境下完成驱动 LED 指示灯程序的编程及调试：使用开灯按钮 SB1 和关灯按钮 SB2 控制 LED 指示灯的亮灭。

（1）新建工程。在 AutoShop 编程软件中新建 H5U 工程的操作步骤如下。

1）打开 AutoShop 软件，单击"新建工程"，在打开的对话框中选择"H5U 系列"作为 PLC 类型，如图 2-14 所示。

2）输入工程名并选择保存路径，然后单击"确定"创建新工程，随即进入工程主界面。

（2）硬件系统配置。

1）双击工程管理栏的"模块配置"，如图 2-15 所示，打开模块配置。

2）在打开的模块配置界面中添加对应的模块，如图 2-16 所示，添加数字量输出模块 0016ETN。

3）在图 2-17 所示界面中双击对应的模块，可配置模块对应的映射元件。

4）配置完成之后单击"确定"按钮即可。

（3）配置通信协议。本例采用以太网通信协议与 PLC 建立通信，此时，需配置好 PLC 的 IP 地址。

1）正确连接 PLC 后，单击"修改 IP/设备名"按钮可以进入"修改 IP/设备名"界面，对当前连接的 PLC IP 地址进行修改。

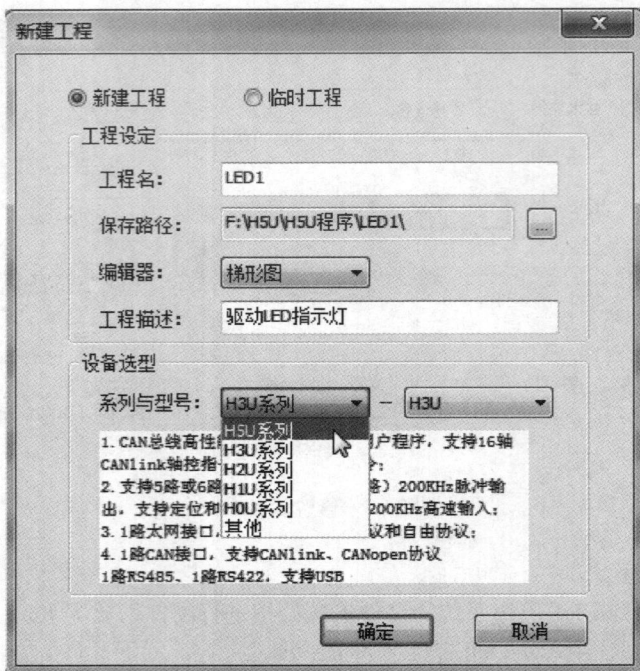

图 2-14　选择"H5U 系列"

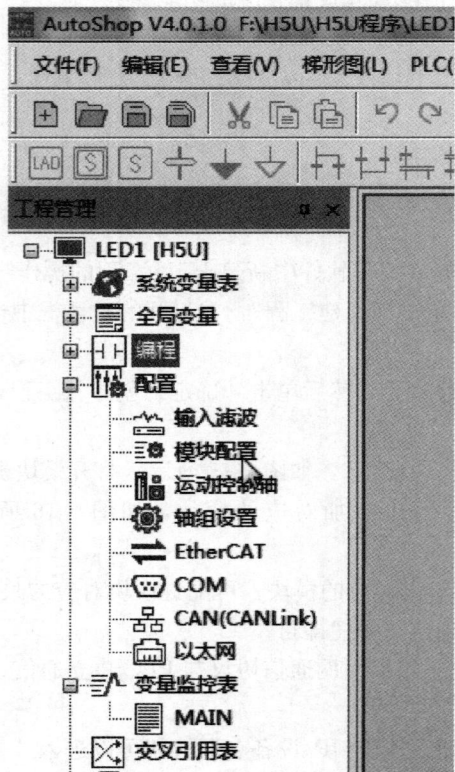

图 2-15　双击"模块配置"

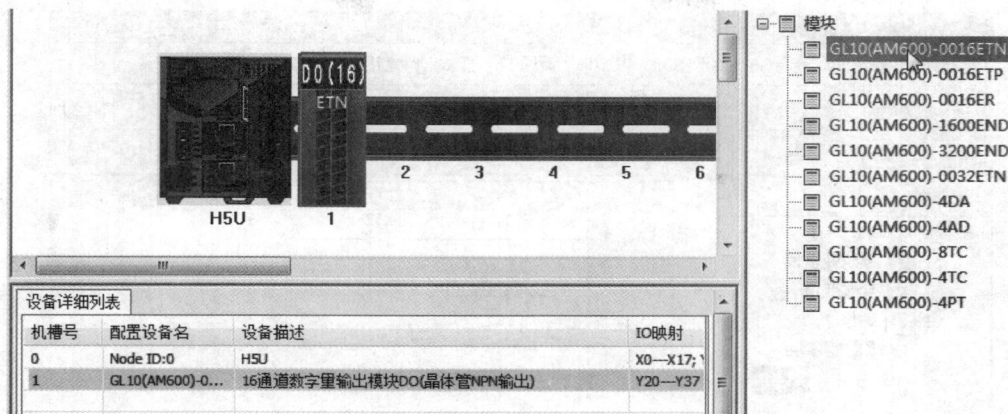

图 2-16　添加数字量输出模块

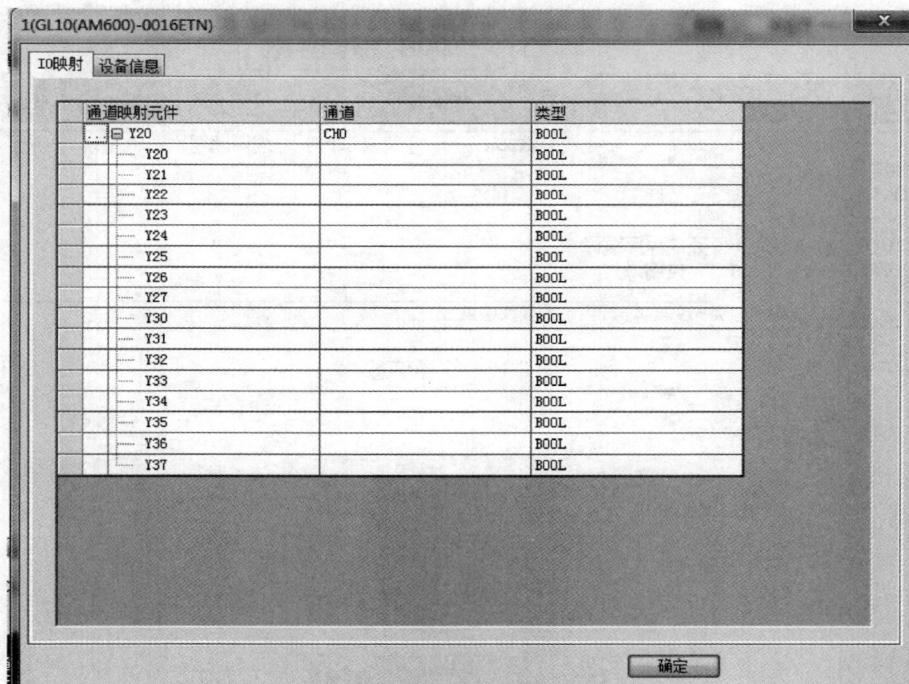

图 2-17　配置模块对应的映射元件

2）根据用户需要，在"新 IP 地址"中填入新 IP、子网掩码、默认网关后单击"修改 IP"，在弹出的对话框单击"确定"按钮，重新上电 PLC 后即可使修改的 IP 生效。

（4）编程与编译。

1）双击打开 MAIN 编程界面，写好指示灯程序，如图 2-18 所示。

2）完成程序的编写之后，单击编译按钮 ▦ 或 ▦ 进行编译。这两个编译按钮的不同在于左侧为只编译当前打开页面的程序，右侧为编译整个工程。完成编译之后，软件下方会输出编译信息，编译信息如图 2-19 所示。

（5）通信设置。

1）单击通信设置的快捷按钮 ▯，在弹出的"通信设置"对话框中选择"通信类型"为"本地连接"，并单击"测试"按钮，如图 2-20 所示。

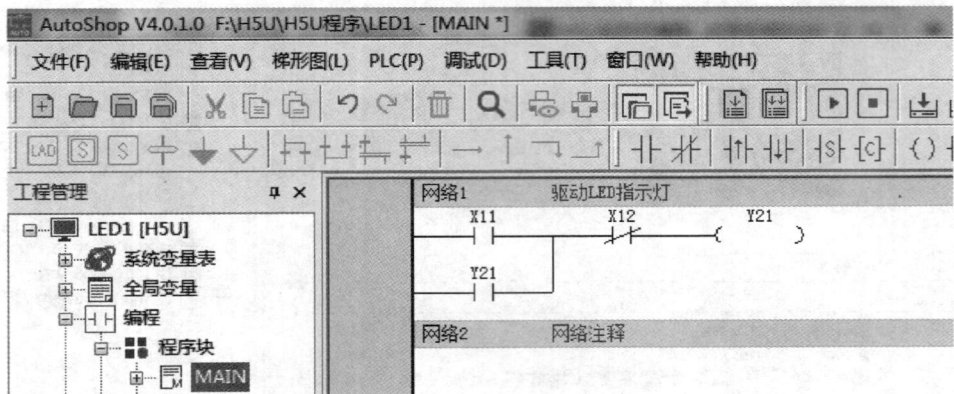

图 2-18　在 MAIN 编程界面写好指示灯程序

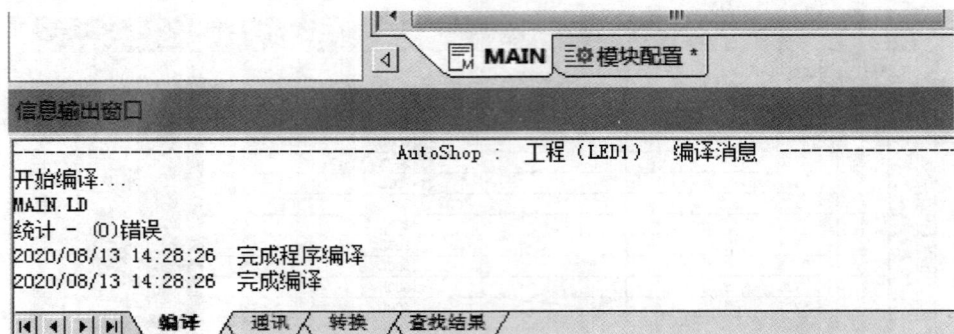

图 2-19　编译信息

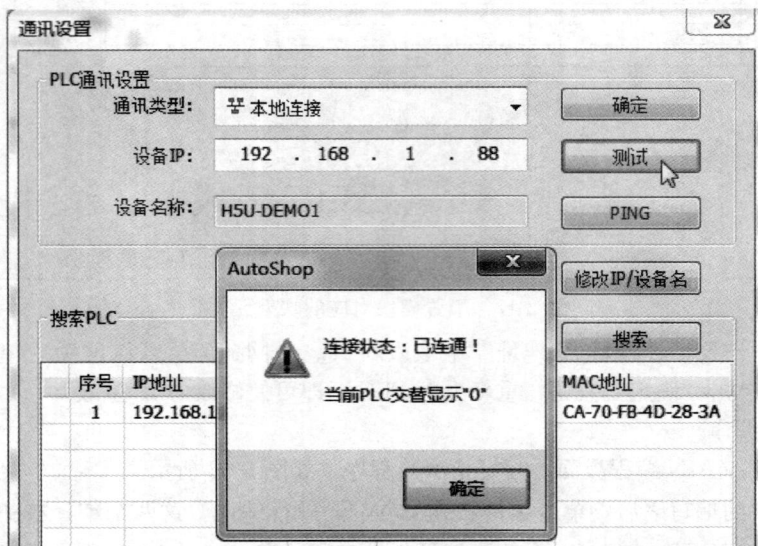

图 2-20　测试通信连接

2）测试连通时，在弹出的对话框中单击"确定"按钮即可。

3）在"通信设置"对话框再次单击"确定"，即可完成通信配置。

（6）程序下载。AutoShop 编程软件中的程序下载操作步骤如下：使用 USB 或以太网连接，在菜单栏选择"PLC"→"下载"或单击工具栏中的下载按钮，即可下载程序。通过菜单栏下载程序如图 2-21 所示，通过快捷工具下载程序如图 2-22 所示。

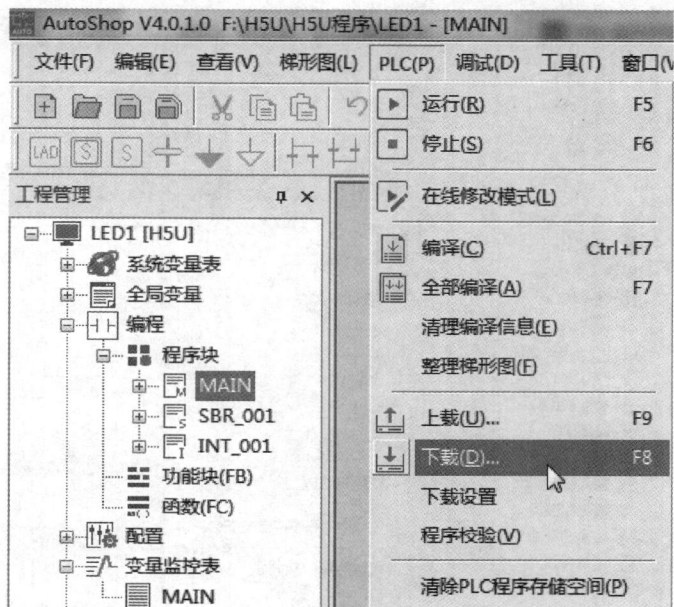

图 2-21　通过菜单栏下载程序

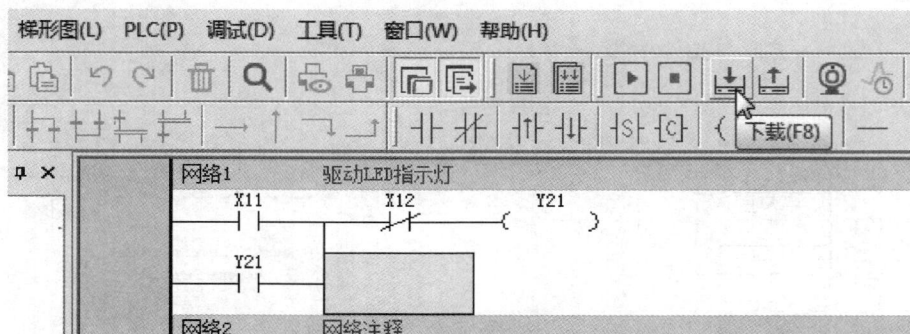

图 2-22　通过快捷工具下载程序

（7）切换 PLC 工作模式。PLC 有 RUN/STOP 两种工作模式。RUN 模式下，PLC 主要执行 X 点的输入检测，用户程序的扫描运算，元件的刷新，Y 点的输出及通信功能；STOP 模式下，PLC 停止程序的扫描及 Y 点的输出，通信功能亦停止运行。如需切换 PLC 的工作模式，有两种方法可以选择。

1）使用 PLC 面板的物理拨动开关 RUN/STOP 进行切换。

2）在 AutoShop 编程软件单击工具栏中的在运行▶或停止■按钮切换运行或停止状态。

（8）在线修改程序。AutoShop 编程软件支持在线修改模式，方便用户调试程序。启用该模式后，用户在线编辑程序不会对正在运行的设备产生影响，设备无须停机即可进行程序编辑。在线修改的操作步骤如下。

1）在菜单栏选择"PLC"→"在线修改模式"或单击工具栏中的"在线修改"下载按钮，即可启用在线修改模式，同时，软件会进入监控模式。从菜单栏中进入在线修改模式如图 2-23 所示；从快捷工具进入在线修改模式如图 2-24 所示。

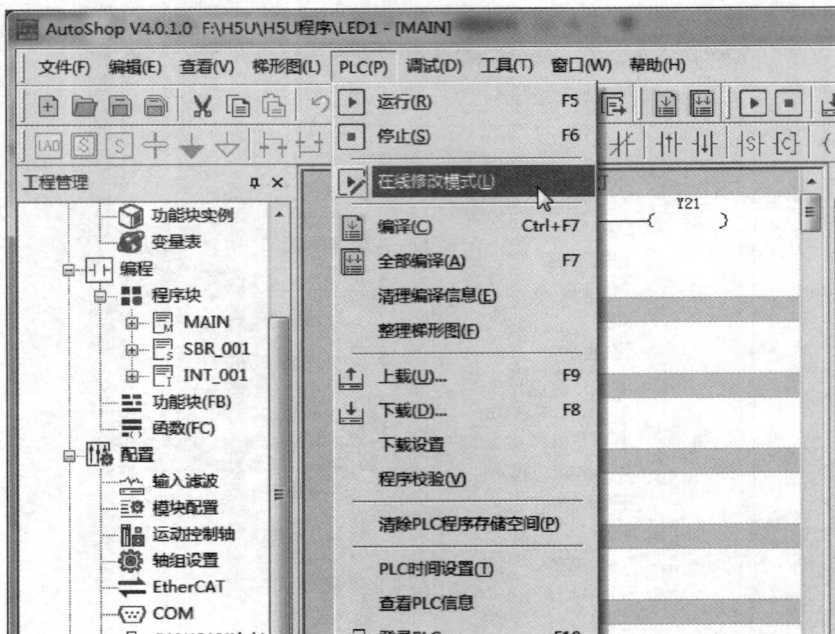

图 2-23　从菜单栏中进入在线修改模式

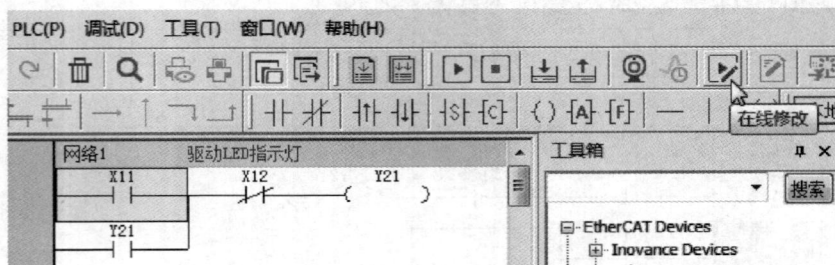

图 2-24　从快捷工具进入在线修改模式

2）进入在线修改模式后，若当前打开的程序与 PLC 内的程序不一致，则会弹出"进入在线修改模式失败！"提示框，此时需检查是否打开了正确的程序。

3）根据应用需求对程序进行在线修改，完成程序编译后，单击 ⬇ 按钮即可将修改后的程序下载到正在运行的 PLC 中，期间 PLC 不会停止运行。

4）下载完成之后，软件下方提示栏，显示在线修改信息，此时 PLC 按照修改后的程序运行。

二、AutoShop 编程软件的使用

1. AutoShop 编程软件的启动与退出

要启动 AutoShop，可用鼠标双击桌面上的图标 🖥，或者选择"程序"→"Inovance Control"→"AutoShop"→"AutoShop"。图 2-25 所示为打开的 AutoShop 工程管理器窗口。

单击"文件"→"退出"，即可退出 AutoShop 编程系统，如图 2-26 所示。

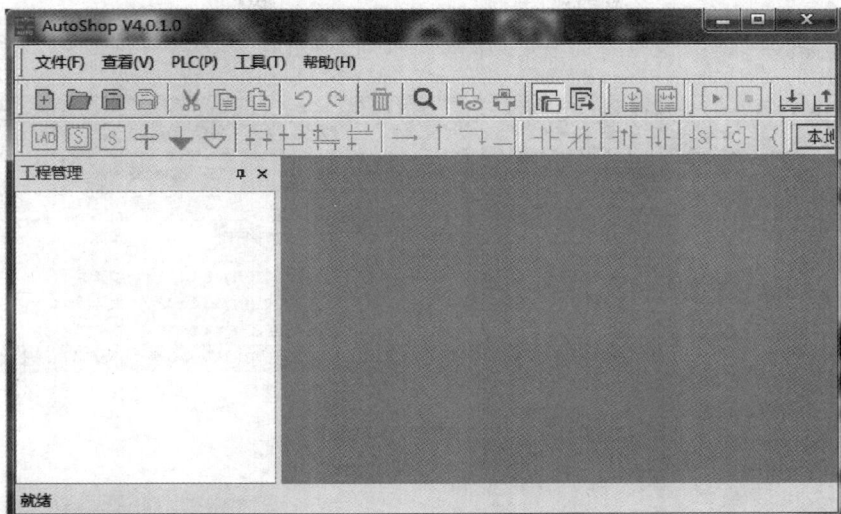

图 2-25　工程管理器

2. 文件管理

（1）创建新工程。创建一个新工程的操作方法是：选择"文件"→"新建工程"，或者按 Ctrl＋N 键，或者单击工具栏的新建 ⊞ 按钮，在弹出的"新建工程"对话框中，选择工程用的 PLC 系列、PLC 类型，如 PLC 系列选择 H5U；可以更改工程程序的保存地点；可在"工程描述"栏写上本工程程序的备注说明文字，便于以后的辨别参考。最后单击"确定"按钮，或者按回车键即可。单击"取消"则不创建新工程。

（2）打开工程。选择"文件"→"打开工程"菜单或按 Ctrl＋O 键，或者单击打开 📁 按钮，出现"打开"对话框，如图 2-27 所示。和使用 Windows 中的文件管理器一样，改变盘符和路径，寻找到所需的项目文件，单击"打开"即可。

3. AutoShop 编程环境

进入 AutoShop 编程环境，并打开用户程序后，可以见到编程界面，各区域的功能如图 2-28 所示。

（1）当前工程信息标题栏。显示了 AutoShop 版本信息，当前打开的工程的路径与名称，以及当前编辑区打开文件的名称。

（2）系统菜单栏。AutoShop 的各个命令，按操作类型分布在各命令菜单下，可通过鼠标点击下拉菜单，选择相应的命令。

（3）工具栏。工具栏包括命令按钮与快捷按钮栏，许多常用的命令都有快捷按钮，以形象的图示表示，单击按钮即可启动相应的操作命令或编程操

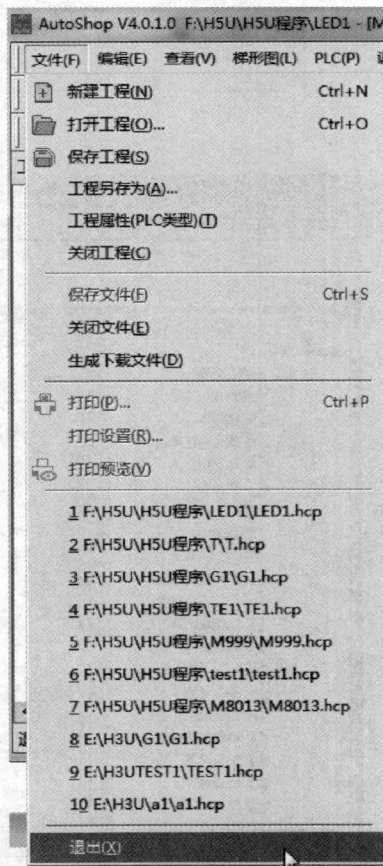

图 2-26　退出 AutoShop

作，每个按钮都具有冒泡提示功能，当鼠标在按钮上停留时间超过 2s，即会出现本按钮功能提示，方便用户选用。

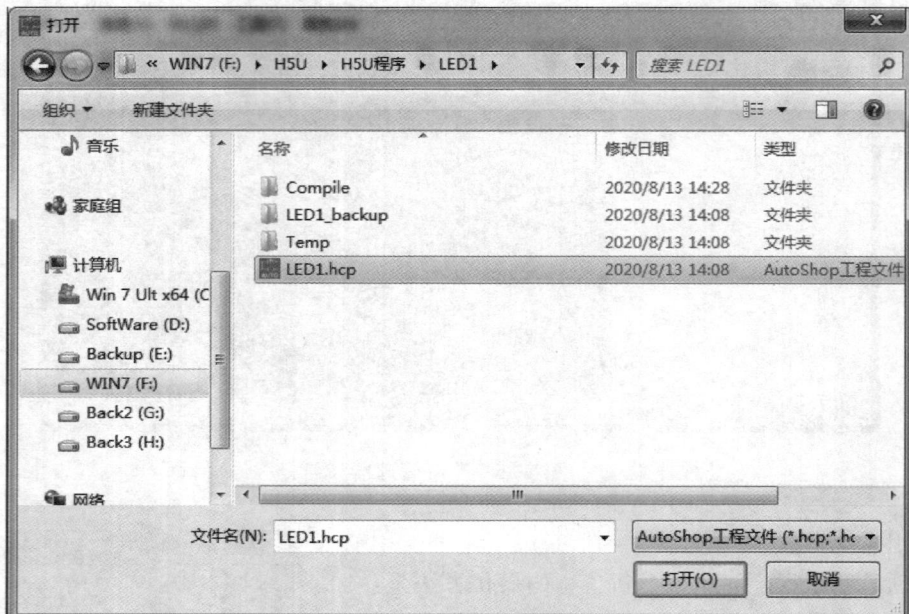

图 2-27 打开工程

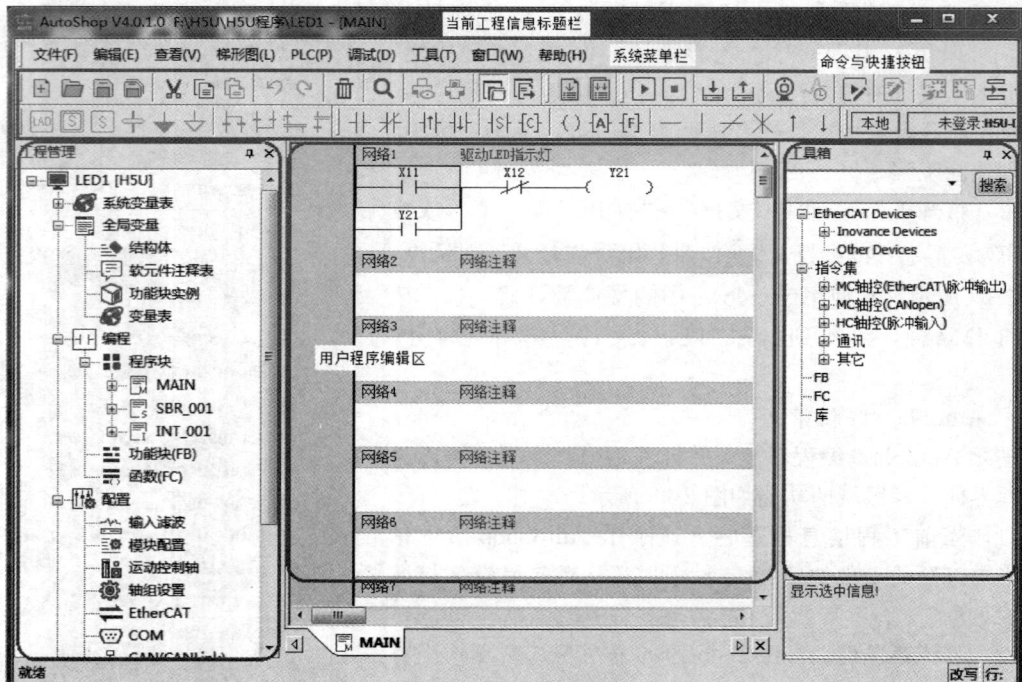

图 2-28 AutoShop 编程环境

（4）工程管理器。工程管理器中有编程文件树，列出了用户程序的主程序、各子程序、各中断子程序组成。对于一个工程，主程序（MAIN）是必不可少的，子程序、中断子程序则根据具体设计来添加或删减。在编程文件树的项目，如"程序块"上右击，即可弹出如图 2-29 所示快捷菜单，可以查看属性，或插入子程序、中断子程序；右击程序块下的子程序，将弹出如图 2-30 所示的快捷菜单。

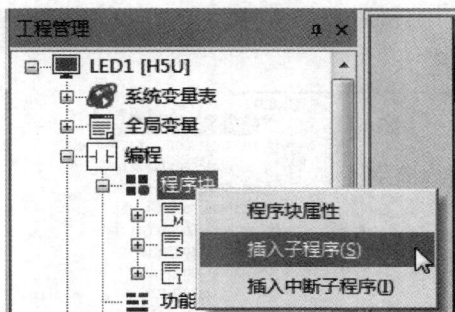

图 2-29 程序块右键快捷菜单

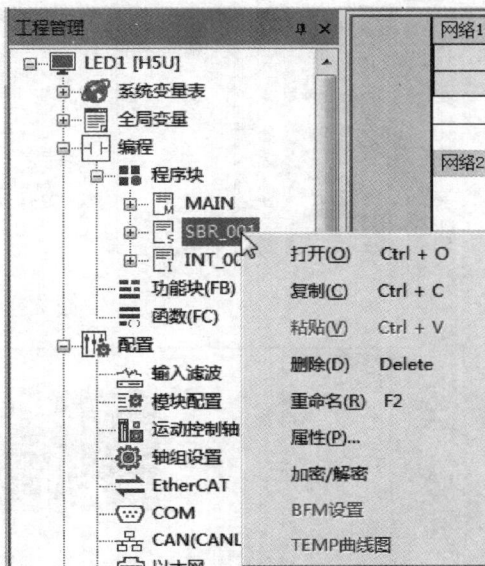

图 2-30 子程序右键快捷菜单

1）选择"打开"，即在用户程序编辑区显示该文件的程序内容，供编辑修改。

2）也可选择"删除"，就可删除该子程序文件。

3）选择"属性"，将弹出图 2-31 所示的子程序属性对话框，可修改子程序名称（支持中英文，修改完成后，对应文件也将会被修改成相同的文件名）；也可对程序作适当的文字标注说明，便于以后的参考。

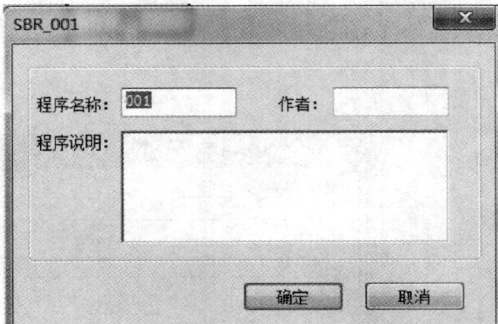

（5）配置。主要是对 PLC 的滤波器、扩展模

图 2-31 子程序属性对话框

块、运动控制轴、轴组设置、EtherCAT、CAN 等通信进行配置。双击"工程管理"→"配置"→"模块配置"打开对应界面，如图 2-32 所示。

在打开的模块配置界面中添加对应的模块，如图 2-33 所示。

在模块配置图上选择添加模块的区号，在模块选择区选择需要应用的模块，这里选择 GL10（GL10）-0016ETN，双击它或通过拖曳方式拉到模块区，即可添加一个模块。模块添加成功后，双击对应的模块，可配置模块对应的映射元件，如图 2-34 所示。

（6）变量监控表。变量监控表用于对程序中已使用的变量进行统计报告、对 PLC 内存变量的交叉配引用配置、对变量监控等。

（7）用户程序编辑区。用于输入 PLC 程序的区域，可用梯形图（LD）、顺序功能图（SFC）等方式输入程序。

（8）工程文件的保存、关闭、导出及导入。

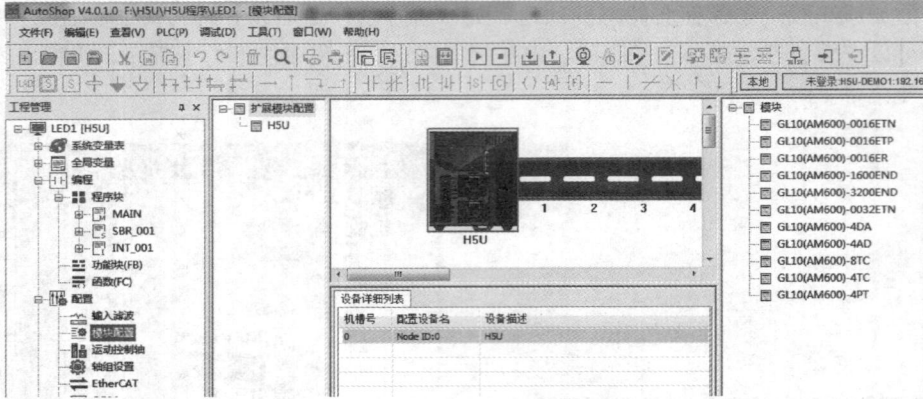

图 2-32　模块配置

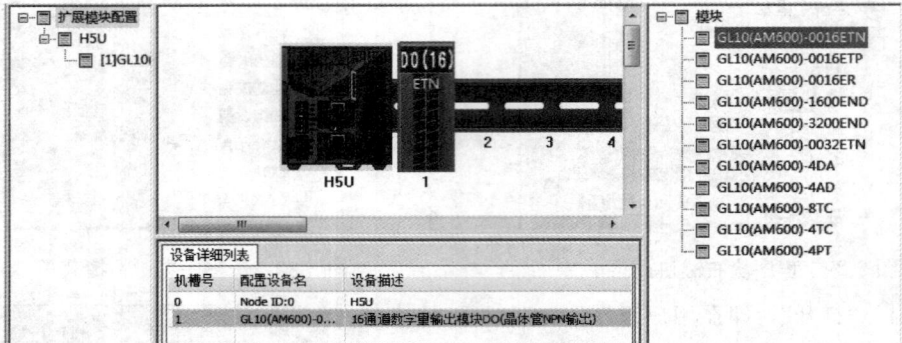

图 2-33　添加模块

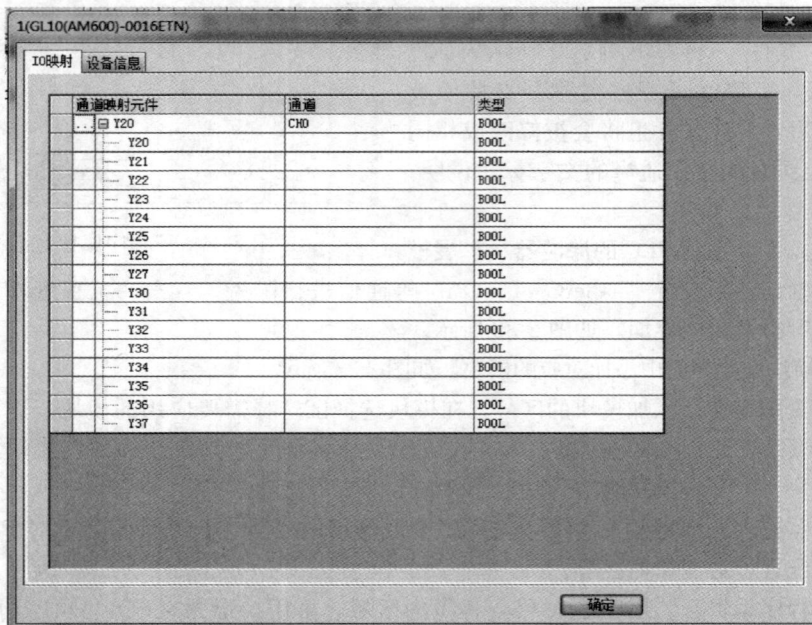

图 2-34　配置模块对应的映射元件

1）保存当前的文件或工程。AutoShop 中，主程序、子程序、中断子程序等是分别存放的，因此允许对其中某个文件进行单独存放，或将整个工程的所有文件进行存放。要保存工程，可选择"文件"→"保存工程"，或 Ctrl+S，或单击保存🖫按钮。单击保存🖫按钮时，只保存当前编程区所显示的程序，若显示的是子程序，就只保存该子程序。若需要更换项目名保存，或更改保存文件路径，可选择"文件"→"工程另存为"。在弹出的对话框中选择工程存放的驱动器、文件夹，填写工程名称、工程描述，再单击"确定"。若单击"取消"，则返回编辑窗口。AutoShop 保存的工程文件是中间过程文件，故允许文件中含有未完善的语句，甚至是逻辑错误。当打开一个既有的工程时，当前窗口是上次保存时的状态和位置，方便用户从上次的断点继续工作。

2）关闭当前工程。选择"工程"→"关闭工程"，若所做的修改已全部保存过，AutoShop 即关闭退出。若还有修改没预保存，会弹出如图 2-35 所示的对话框，询问是否保存。

在该对话框中单击"是"，即保存程序后退出工程；单击"否"，则放弃修改直接退出；单击"取消"可返回编辑窗口。

图 2-35　询问是否保存

3）关闭文件。选择"文件"→"关闭文件"，AutoShop 即关闭该文件窗口。

4．梯形图编程

（1）触点、线圈输入。

1）方法一：使用快捷命令按钮。触点、线圈符号、特殊功能线圈、连接导线的输入和程序的清除，可通过单击工具栏的触点、线圈等命令按钮，在输入标记对话框中输入元件名称、元件编号，再单击"确定"按钮来实现。比如常开触点的输入如图 2-36 所示。

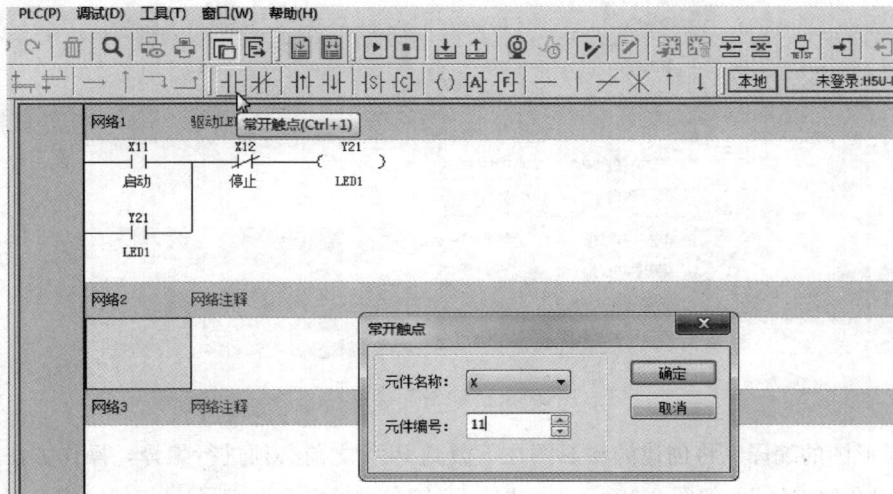

图 2-36　常开触点的输入

2）方法二：键盘直接输入。如图 2-37 所示，将光标移到输入点，在键盘上输入"ld x11"，再按回车键 2 次（第一次按下"确定"按钮，弹出输入软元件/变量注释对话框，单击"写入"按钮，或按回车键，这些操作，后续文档简写为"按回车键"或按回车键，减少文字赘述），即完成了一个触点元件的输入。H3U 系列 PLC 及其之前的 H1U、H2U 系列 PLC 可以使用所有

PLC 的指令输入程序。H5U 系列 PLC 应用这种方法则是有限的，不是所有 PLC 指令列表中的指令都可直接输入。

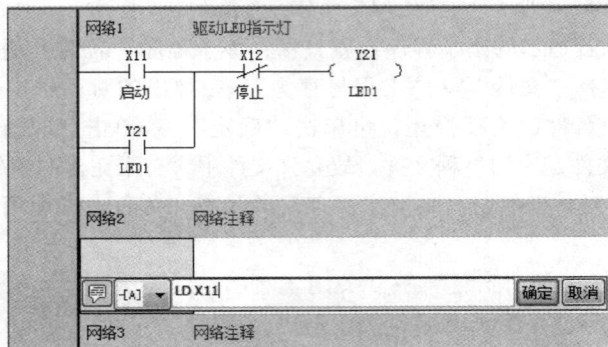

图 2-37　键盘直接输入

（2）编辑操作。梯形图单元块的剪切、复制、粘贴、插入行、删除行、元件的查找与替换等操作，可通过执行"编辑"菜单栏对应的命令实现，操作方法与常见的 Windows 应用软件相同"编辑"菜单栏如图 2-38 所示。

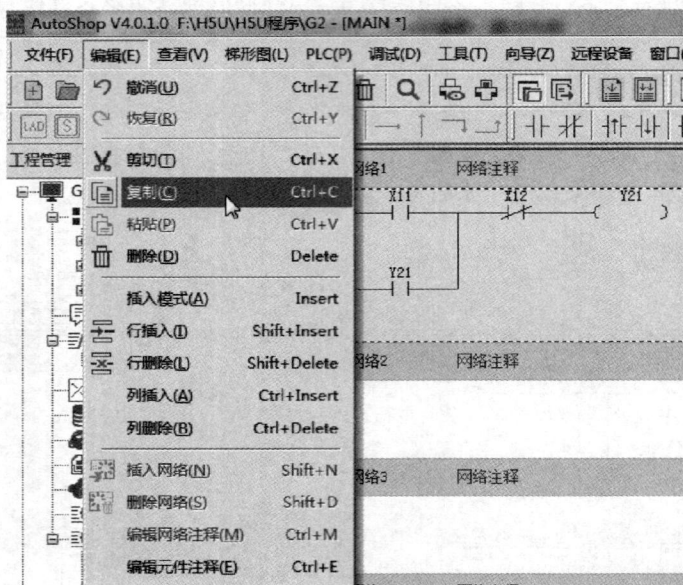

图 2-38　"编辑"菜单栏

（3）梯形图的编译。将创建的梯形图在下载到 PLC 之前必须进行编译，操作方法是：选择"PLC"→"全部编译"，如图 2-39 所示，或按 F7 键；或单击全部编译 按钮。将会对整个工程所有文件进行编译，在"信息输出窗口"可以看到编译结果，包括编译报告，得知程序是否有错误，程序容量步数等信息，如图 2-40 所示。

1）编译前，如果有程序做了修改，但没有保存，会出现"工程×××已修改，是否保存"的提示，点击"是"，将文件保存后进行编译；点击"否"则放弃修改，将修改前保存的文件进行编译。

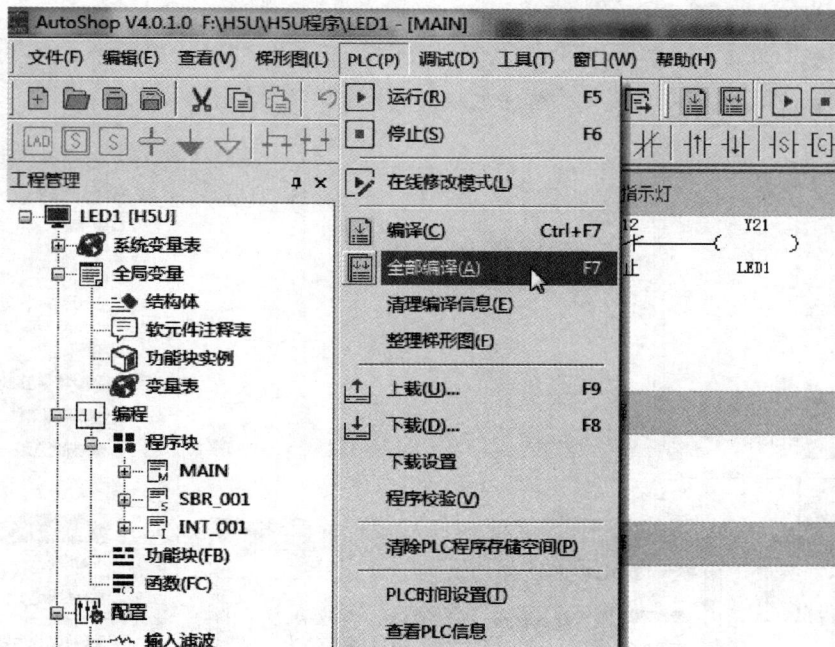

图 2-39　全部编译

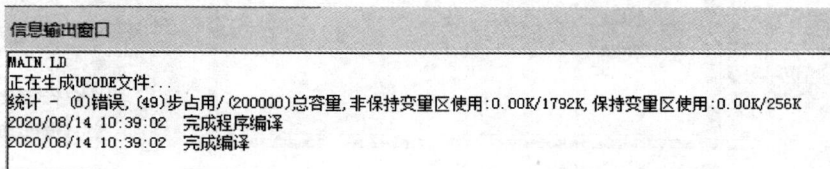

图 2-40　信息输出窗口

2）若编译中发现语法错误，在"信息输出窗口"会显示每个错误的类型信息，双击错误信息行，光标会自动切换到该错误信息所指的程序中所在的语句，方便排错。

3）在编程过程中，若要对当前文件进行语法查错，可以按快捷命令 按钮，或同时按"Ctrl＋F7"按钮进行编译查错。注意该命令并不对最终下载的编译代码产生影响，故不能代替"全部编译"命令。

（4）查找。选择"编辑"→"查找"，会弹出如图 2-41 所示的"查找/替换/定位"对话框，再选择要查找的元件、指令、触点或线圈，从相应的对话框中，选择对象和查找方向（从头至尾、从光标所在处至结尾、从光标所在处至开头），进行相关元件接点、线圈和指令的查找。

在对话框中，选择"替换"选项卡，可进行元件类型和编号的改变、元件的替换；在对话框中，选择"定位"选项卡，可以切换到指定行号的用户程序，注意每个网络的注释行也算一行。

5. 程序检查

选择"PLC"→"编译"，或按 Ctrl＋F7，或单击编译 按钮，即可对当前文件指令语法和结构进行检查，在"信息输出窗口"可以看到检查的结果报告。若检查中发现错误，"信息输出窗口"中会给出错误的类型说明，双击该错误提示行，编程区的光标会自动跳到错误所在的指令，方便编程者修改。

6. 程序的上载与下载

在开始上载、下载、加密操作之前，必须将 PC 与 PLC 之间用通信电缆来通信联机，并将 PLC 上电。单击 PLC 菜单，可以见到程序上载与下载菜单项，如图 2-42 所示。

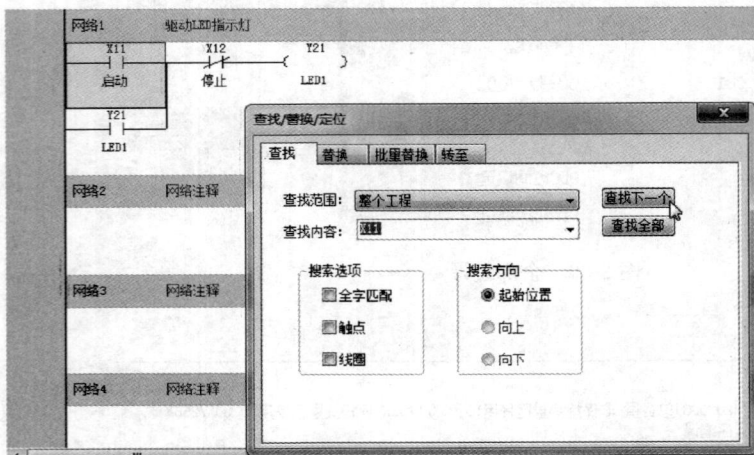

图 2-41　"查找/替换/定位"对话框　　　　图 2-42　程序上载与下载

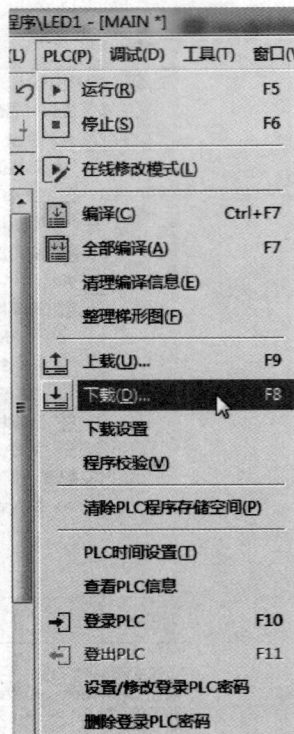

上载：将 PLC 中的程序读取到计算机中。

下载：将计算机中的程序发送到 PLC 中。

程序校验：将在计算机与 PLC 中的程序加以比较校验。

单击菜单中的相应命令项，即可分别完成程序的"上载""下载""校验"操作。也可单击读入 按钮进行读入操作、单击下载 按钮进行下载操作。

7. 程序监控

（1）梯形图监控。选择"调试"→"监控"，或按 F3 键，或单击监控 按钮，即可进入监控状态，在当前工程文件的窗口观察 PLC 内部对应的实时参数值或位变量状态，如图 2-43 所示。

在监控状态，再次选择"调试"→"监控"，即可退出监控状态。

（2）元件测控。

1）强制元件 ON/OFF。选择"调试"→"写入"，打开写入元件对话框。在位软元件框，输入位元件的符号和地址号，然后单击强制 ON 或强制 OFF 命令按钮，或强制 ON/OFF 取反操作。

2）写入字元件参数。在字软元件框，键盘输入软元件号，如"D1000"，再输入希望改写的元件值，按"设置"按钮，即可将 PLC 中对应软元件设定为该参数值。设定参数时，可以十进制或十六进制进行设定。

3）PLC 的运行控制。若 PLC 为停机状态（运行控制开关在 STOP 位置，且 PLC 与 PC 已通信联机），在 AutoShop 中，选择"PLC"→"运行"，或按 F5"，或按运行 按钮，可令 PLC 进入运行状态；若 PLC 为运行状态，选择"PLC"→"停止"，或按 F6，或按停止■按钮，可令 PLC 进入停机状态。AutoShop 中的运行控制命令与 PLC 硬件上的运行控制开关的优先级相同，即使开关为 STOP 状态，在 AutoShop 中也可使之运行；在此情况下，再拨动运行控制开关，当由 RUN→STOP 时，也可使 PLC 停止运行，即 PLC 以刚接收到的操作命令为准。

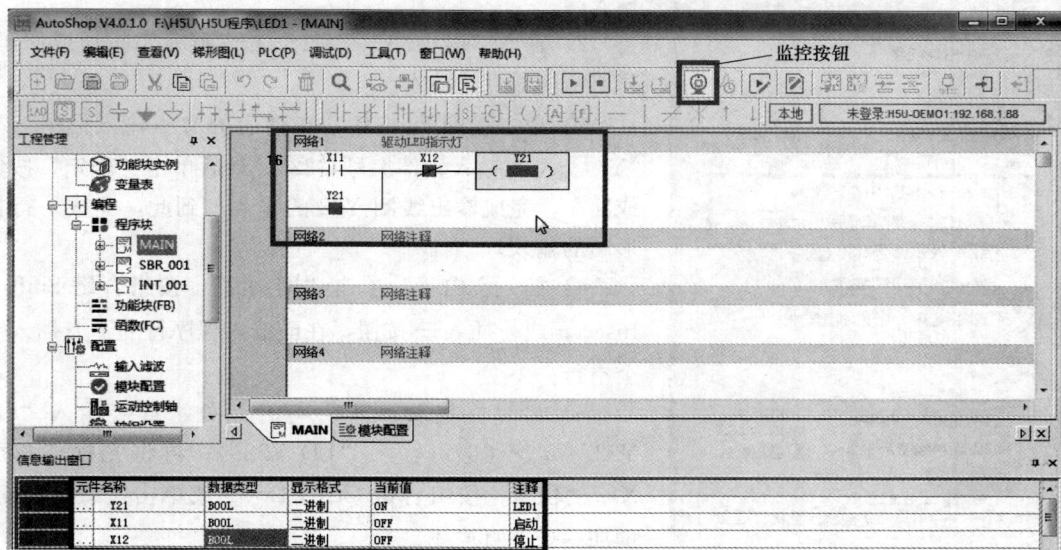

图 2-43　梯形图监控

技能训练

一、训练目标

（1）学会启动、退出 AutoShop 编程软件。

（2）学会创建、打开、保存、删除和关闭工程。

（3）学会输入、编辑梯形图程序。

（4）学会下载、上传 PLC 程序。

（5）学会远程监视 PLC 运行。

二、训练设备、器材

H5U-1614MTD 控制器主机、按钮开关、计算机、PLC 编程软件等。

三、训练内容

1. 准备

检查 PLC 与计算机的连接，使 PLC 处于"STOP"状态，接通电源。

2. 编程操作

（1）启动编程软件 AutoShop，建立一个新工程"Test1"。为了能在 AutoShop 中的一行中能输入多个程序网络，需要在"系统选项"对话框中进行相应设置（打钩），如图 2-44 所示，该设置会长期有效。

（2）扩展模块配置。在主模块旁添加一个继电器输出模块 GL10-0016ER。

（3）梯形图编程，将图 2-45 所示的 Test1 梯形图输入计算机，通过编辑操作进行检查和修改。

55

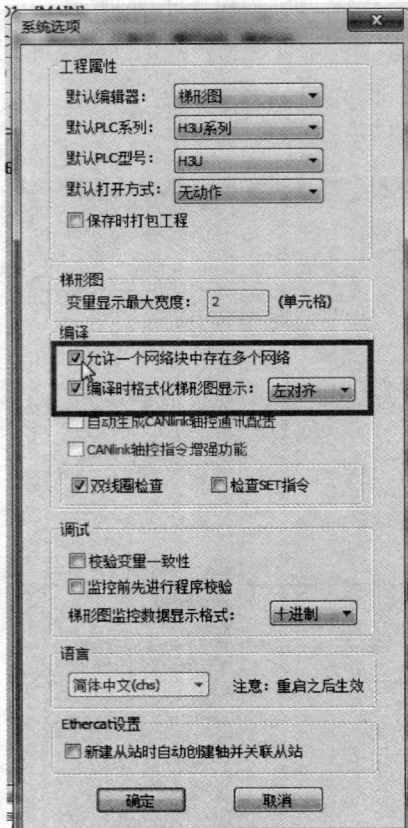

图 2-44 设置编译选项

1) 将光标格移到网络 1 的最左边，按键输入 "LD X11" 指令（LD 与 X11 间需空格）；或单击 ┤├ 按钮，在弹出的文本输入框中选择 "X" 类型，输入元件编号 "11"，最后单击 "确定" 按钮或回车，完成常开触点的输入。

2) 输入 "LDI X12" 指令，按 "确定" 按钮或回车，完成常闭触点的输入。

3) 单击线圈〈〉按钮，在弹出的文本输入框中选择 "Y" 类型，输入元件编号 "22"，最后单击 "确定" 按钮或回车，完成输出线圈 Y22 的输入。到此，完成一行梯形图的输入。

4) 插入空白行：单击 "网络 2"，按组合键 Shift＋Insert，或行插入 呂 按钮，在已输入程序行的下方插入一个空行。

5) 将光标格移到下一行开始处，直接输入 "OR Y22" 指令（也可输入 "LD Y22"）；再将光标格移到 X12 的位置，按组合键 Ctrl＋Down 或单击竖线 ┃ 按钮，增加一条垂直连线。

6) 光标下移至网络 2 左母线端，输入 "LD Y22"，回车。

7) 选择 "梯形图" → "应用指令"，如图 2-46 所示，打开应用指令对话框。

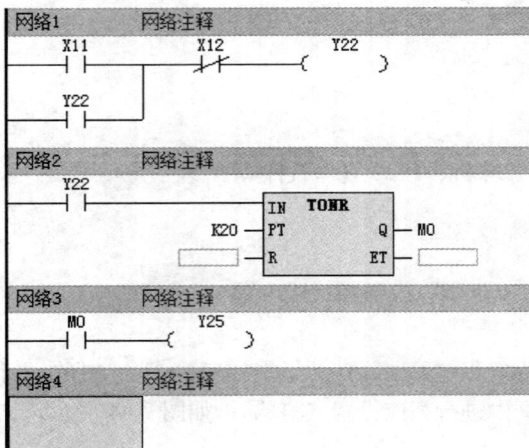

图 2-45 Test1 梯形图

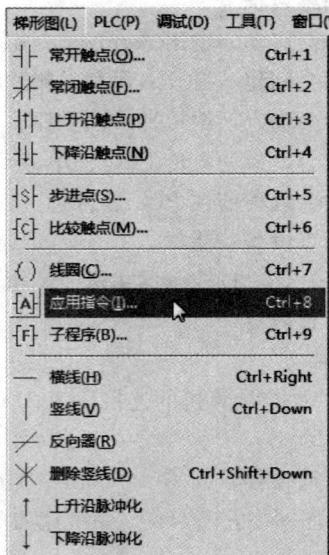

图 2-46 选择 "梯形图" → "应用指令"

8) 在应用指令对话框指令名称栏，输入 "TONR" 或者单击应用指令名称栏右边的下拉箭头，找到接通延时定时器指令 "TONR"；在操作数 1 定时 PT 参数栏输入 "K2000"，在操作数 3

定时输出 Q 栏输入 "M0"，在操作数 4 定时 ET 参数栏输入 "D100"。输入定时指令参数如图 2-47 所示。

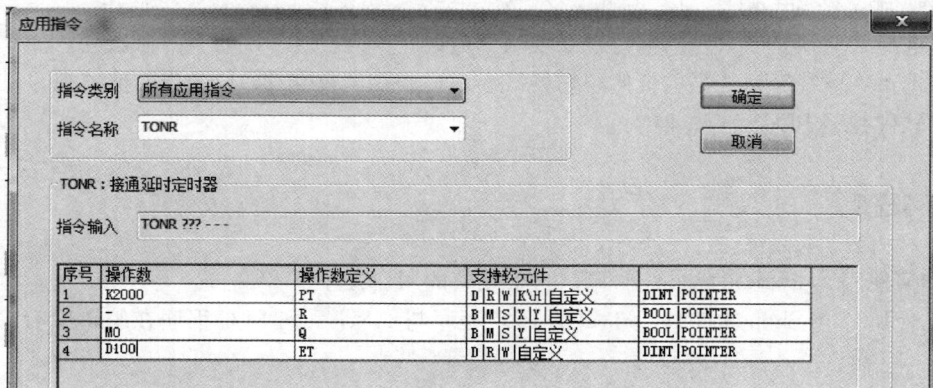

图 2-47 输入定时指令参数

9）单击 "确定" 按钮，完成定时器指令的输入，如图 2-48 所示。

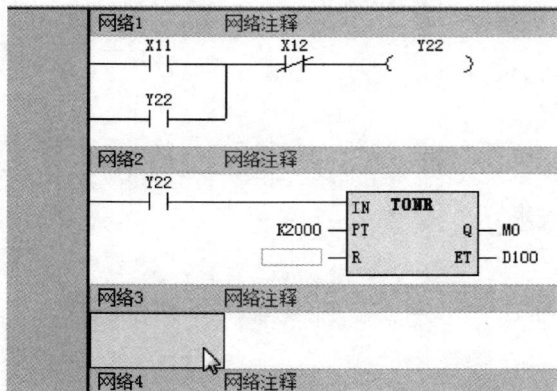

图 2-48 完成定时器指令的输入

10）光标移到网络 2 左母线端开始处，输入 "LD M0"，回车。

11）输入线圈驱动指令 "OUT Y25"，回车，即完成了任务要求的程序输入。

12）选择 "PLC" → "全部编译" 或按 F7 键，编译刚才输入的梯形图程序，在 "信息输出窗口" 查看编译结果。

13）若结果完全正确，按保存 按钮保存程序。

3．程序传送

（1）使用 USB 电缆将 PLC 与计算机连接在一起。

（2）程序下载，将程序下载到 PLC。

（3）程序的读入，选择 "PLC" → "上载"，将 PLC 程序上载到计算机。

4．程序运行、监控

（1）拨动 PLC 上的 RUN/STOP 开关，使 PLC 处于运行状态。

（2）按监控 按钮或按 F3 键，开始程序监控。

（3）按下连接在 X11 输入的按钮开关，观察输出 Y22、Y25 的状态变化。

（4）按下连接在 X12 输入的按钮开关，观察输出 Y22、Y25 的状态变化。

（5）强制 Y22 为 ON，观察输出 Y22、Y25 的状态变化。

（6）强制 Y22 为 OFF，观察输出 Y22、Y25 的状态变化。

（7）选择"监视"→"当前值监视切换（十进制）"，改变 T、D 的当前值监视。

（8）选择"监视"→"当前值监视切换（十六进制）"，改变 T、D 的当前值监视。

（9）软件控制 PLC 运行、停止。

习题 2

1. 如何使用 AutoShop 软件编写调试一个完整的用户程序？

2. 在使用 AutoShop 软件时，H3U 的 PLC 程序与 H5U 系列 PLC 程序在编辑中有哪些相似和区别？

3. 在 H3U 的 PLC 程序设计中可以使用位组合元件 KnXm，在 H5U 系列 PLC 程序中，如何实现位组合元件的控制？

项目三 用 PLC 控制三相交流异步电动机

💻 **学习目标**

（1）学会分析电气控制线路的电气控制逻辑关系。
（2）学会用逻辑函数表示电气控制逻辑关系。
（3）能根据电气控制逻辑函数设计梯形图程序。
（4）学会用汇川 PLC 的基本指令。
（5）学会用 PLC 控制三相交流异步电动机的运行。

任务 4 用 PLC 控制三相交流异步电动机的起动与停止

👨‍🏫 **基础知识**

一、任务分析

1. 控制要求

（1）按下起动按钮，三相交流异步电动机单向连续运行。
（2）按下停止按钮，三相交流异步电动机停止。
（3）具有短路保护和过载保护等必要保护措施。

2. 电气控制原理

单向连续运行的三相交流异步电动机起停接触器控制电气原理图如图 3-1 所示，主要元器件的名称、代号和功能见表 3-1。

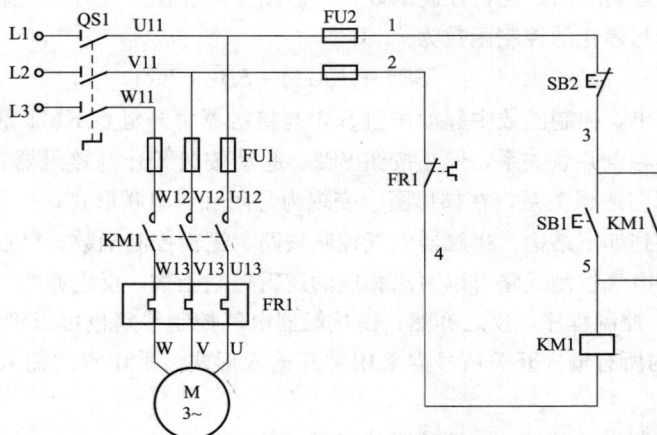

图 3-1 电动机起停接触器控制电气原理图

表 3-1 主要元器件的名称、代号及作用

名称	元件代号	功能
起动按钮	SB1	起动控制
停止按钮	SB2	停止控制
交流接触器	KM1	控制三相异步电动机
热继电器	FR1	过载保护

3. PLC 接线

PLC 接线图如图 3-2 所示。

4. 设计 PLC 控制程序

根据三相异步电动机单向连续运行的起动与停止控制要求设计的 PLC 控制程序如图 3-3 所示。

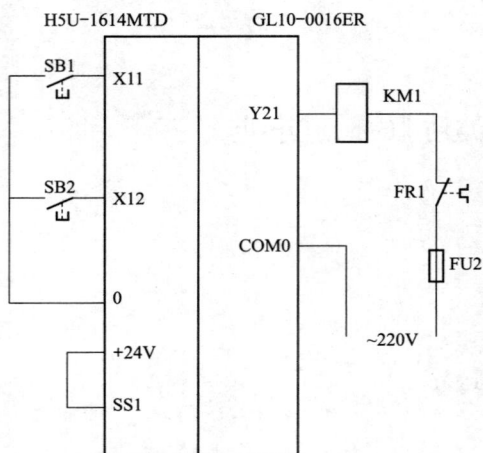

图 3-2 PLC 接线图

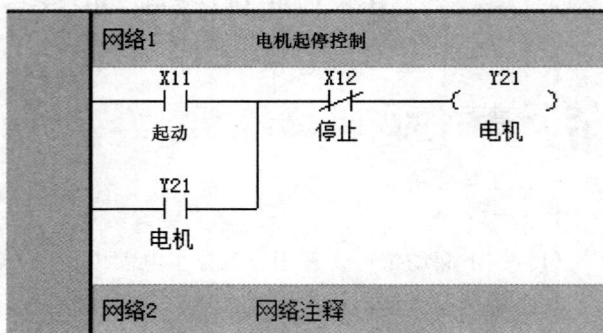

图 3-3 PLC 控制程序

5. 编程技巧提示

(1) 接触器电气控制线路、逻辑控制函数、梯形图彼此存在一一对应关系。三相异步电动机单向连续运行的起动与停止的控制函数为

$$KM1 = (SB1 + KM1) \cdot \overline{SB2} \cdot \overline{FR1}$$

从梯形图可以看出，控制函数中起动按钮 SB1 与接触器常开触点 KM1 是或逻辑关系，在梯形图中表现为两常开触点并联关系，停止按钮 SB2、起动按钮 SB1 与接触器常开触点 KM1 组合部分是 SB2 取反逻辑与逻辑关系，在梯形图中变现为常闭触点串联形式。

仔细分析可以得到如下结论：接触器电气控制线路、逻辑控制函数、梯形图彼此存在一一对应关系，即由接触器电气控制线路可以写出相应的逻辑控制函数，反之亦然；由逻辑控制函数可以设计出相应的 PLC 控制程序，反之亦然；由接触器电气控制线路也可以设计出相应的 PLC 控制程序（注意 PLC 的所有输入开关信号需采用常开输入形式，采用常闭输入的点相关的程序部分要取反），反之亦然。

(2) PLC 程序控制设计基础。一般的起停控制函数是为

$$Y = (QA + Y) \cdot \overline{TA}$$

该表达式是 PLC 程序设计的基础，表达式左边的 Y 表示控制对象，表达式右边的 QA 表示起动条件，右边的 Y 表示控制对象自保持（自锁）条件，右边的 TA 表示停止条件。

在 PLC 程序设计中，只要找到控制对象的起动、自锁和停止条件，就可以设计出相应的控制程序。即 PLC 程序设计的基础是细致地分析出各个控制对象的起动、自锁和停止条件，然后写出控制函数表达式，根据控制函数表达式设计出相应的梯形图程序。

二、PLC 基本指令

1. 基本指令格式

H5U 系列 PLC 基本指令有 20 条，指令的基本格式如下：

指令操作码　　操作数

LD　　　　　X2

对于指令"LD　X2"，LD 是指令操作码，说明指令操作的内容。X2 是操作数，说明指令操作的对象。

根据操作的不同，指令的操作数不同。有些指令不带操作数，有些带有两个或两个以上的操作数。

2. 基本指令

（1）LD 指令。逻辑取指令，以常开触点开始的逻辑运算，它的作用是将一个常开触点接到母线上，或串联一个常开触点。另外，在分支电路接点处也可使用。

（2）LDI 指令。逻辑取反指令，以常闭触点开始的逻辑运算，它的作用是将一个常闭触点接到母线上，或串联一个常闭触点。另外，在分支电路接点处也可使用。

（3）OUT 指令。输出指令，将运算结果输出到指定继电器，是继电器线圈的驱动指令。

（4）OR 指令。或指令，用于一个常开触点与另一个触点的并联。

（5）ORI 指令。或非指令，用于一个常闭触点与另一个触点的并联。

（6）SET 指令。置位指令，置位指定的继电器。

（7）RST 指令。复位指令，复位指定的继电器。

3. 注意事项

（1）LD、LDI、OR、ORI 指令的操作数是 X、Y、M 等。

（2）OUT 指令用于驱动线圈的操作数是 Y、M。

技能训练

一、训练目标

（1）能够正确设计控制三相交流异步电动机单向连续运行起停控制的 PLC 程序。

（2）能正确输入和传输 PLC 控制程序。

（3）能够独立完成三相交流异步电动机单向连续运行起停控制线路的安装。

（4）按规定进行通电调试，出现故障时，应能根据设计要求进行检修，并使系统正常工作。

二、训练步骤与内容

1. 输入 PLC 程序

（1）启动 AutoShop 编程软件，进入 PLC 编程界面。

（2）选择"文件"→"新建工程"，弹出"新建工程"对话框。

（3）在"新建工程"对话框设置 PLC 类型为"H5U"，程序类型为"梯形图逻辑"。

（4）在"新建工程"对话框中设置工程名为"电机控制 1"，路径选择为"F：\ H5U \ H5U 程序 \"，按"确定"按钮，进入梯形图编程界面。

（5）添加继电器模块 GL10-0016ER。

（6）选择"梯形图"→"常开触点"，弹出常开触点输入对话框。

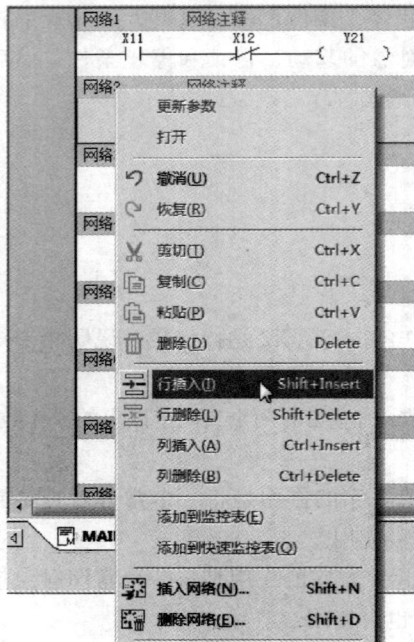

图 3-4　插入空行

（7）在弹出的常开触点输入对话框中的元件名称栏下拉列表中选择"X"，元件编号栏输入"11"，单击"确定"按钮完成常开触点 X11 的输入。

（8）选择"梯形图"→"常闭触点"，弹出常闭触点输入对话框。

（9）在弹出的常闭触点输入对话框中的元件名称栏下拉列表中选择"X"，元件编号栏输入"12"，单击"确定"按钮完成常闭触点 X12 的输入。

（10）选择"梯形图"→"线圈"，弹出线圈对话框。

（11）在弹出的线圈对话框元件名称栏下拉列表中选择"Y"，元件编号栏输入"21"，单击"确定"按钮完成驱动线圈 Y21 的输入。

（12）右击网络 2，弹出快捷菜单，选择"行插入"插入空行，如图 3-4 所示。

（13）此时在网络 2 的上边插入了一空行，且光标定位在插入行的左边第一列处。

（14）输入指令"OR Y21"，按 Enter 回车键，并联一个常开触点，如图 3-5 所示。

（15）展开工程管理浏览器的"全局变量"选项，双击"软元件注释表"，或右击"软元件注释表"，在弹出菜单中选择"打开"，如图 3-6 所示，打开软元件注释表。

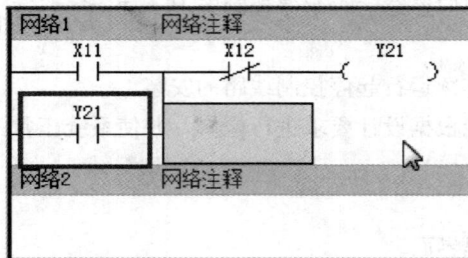

图 3-5　并联常开触点 Y21

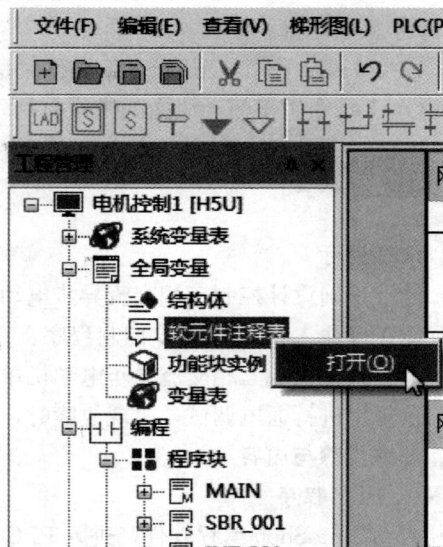

图 3-6　打开软元件注释表

（16）在软元件注释表，编辑软元件注释，如图 3-7 所示。

通过软元件标签栏 X、Y、M 等，选择要注释的软件类别，通过"定位到…X"后的文本框，快速定位到指定编号的软元件，在指定的软元件的注释栏，输入软元件的注释。本例中 X11 的注释为"启动"，X12 的注释为"停止"，Y21 的注释为"电机"。

图 3-7　编辑软元件注释

（17）单击用户程序编辑区底部的"MAIN"，打开主程序编辑画面，如图 3-8 所示。

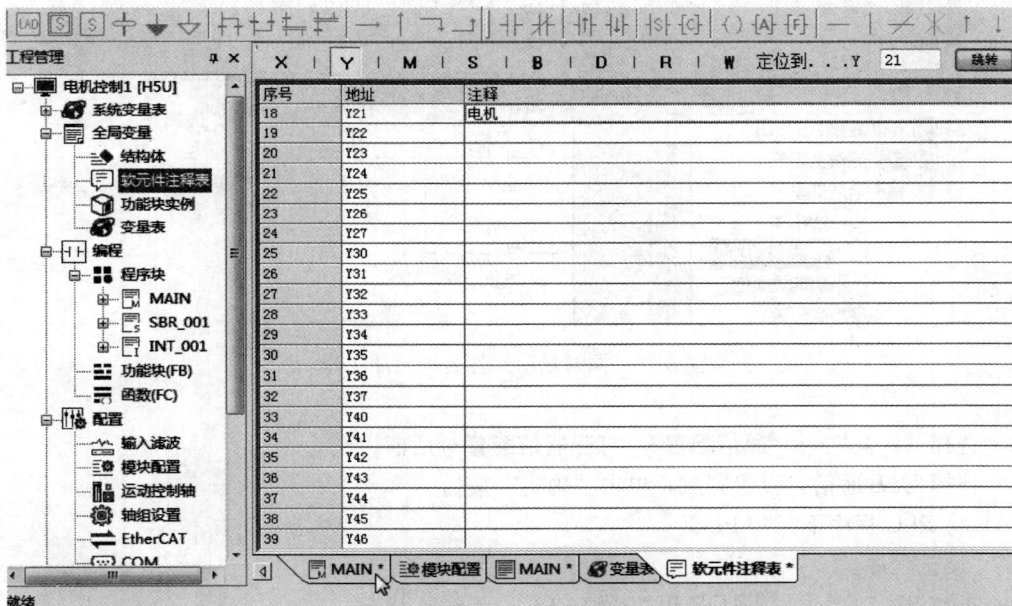

图 3-8　打开主程序编辑画面

（18）选择"查看"→"元件注释"，使元件注释与元件名同时显示，如图 3-9 所示。

（19）此时主程序中将同时显示元件名和元件注释，如图 3-10 所示。

（20）选择"PLC"→"全部编译"或按 F7 键，对工程进行全部编译。在底部的信息输出窗口将显示编译信息。

（21）单击信息输出窗口右边的关闭按钮，关闭信息输出窗口。

2. 系统安装与调试

（1）主电路按图 3-1 所示的电动机起停接触器控制电气原理图接线。

（2）PLC 按图 3-2 所示的 PLC 接线图接线。

（3）PLC 通信设置。具体操作如下。

1）使用 USB 电缆分别与计算机、PLC 的 USB 接口连接。

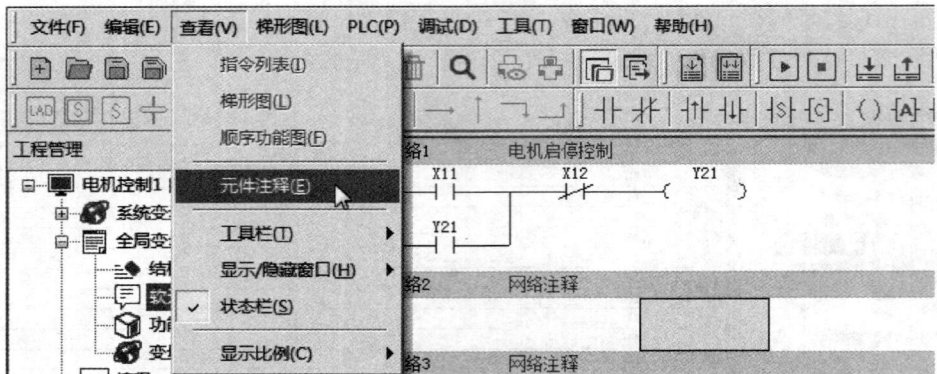

图 3-9　显示元件注释

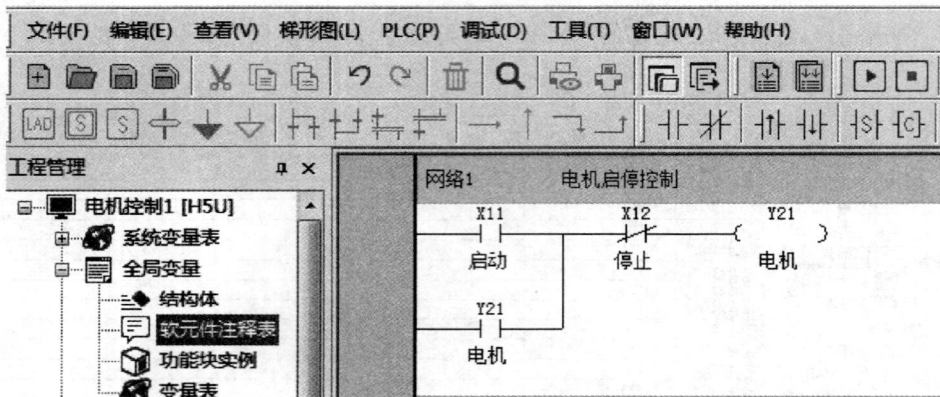

图 3-10　同时显示元件名和元件注释

2）选择"工具"→"通信配置"，打开通信配置对话框。

3）选择 USB 通信，设置完成，单击"确定"按钮。

（4）将 PLC 程序下载到 PLC。

（5）调试程序。

1）拨动 PLC 的 RUN/STOP 开关，使 PLC 处于运行状态。

2）按下起动按钮 SB1，梯形图中输出线圈 Y21 得电，PLC 的输出点 Y21 指示灯亮，电动机起动运行。

3）按下停止按钮 SB0，梯形图中输出线圈 Y21 失电，PLC 的输出点 Y21 指示灯灭，电动机停止运转。

任务5　三相交流异步电动机正反转控制

基础知识

一、任务分析

在实际生产中，很多情况下都要求电动机既能正转又能反转，其方法是改变任意两条电源线的相序，从而改变电动机的转向。

本课题任务是学习用可编程序控制器实现电动机的正反转。

1. 控制要求

（1）能够用按钮控制电动机的正反转、起动和停止。

（2）具有短路保护和电动机过载保护等必要的保护措施。

2. 电气控制原理

电动机正反转控制电气原理图如图 3-11 所示。

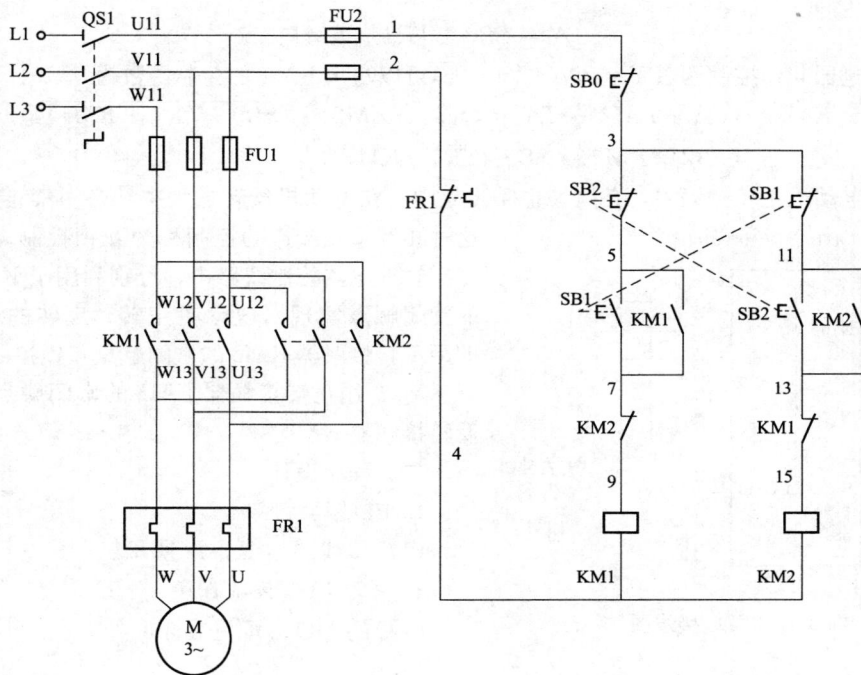

图 3-11　电动机正反转控制电气原理图

各元器件的名称、代号和作用见表 3-2。

表 3-2　　　　　　　　　　元器件的名称、代号和作用

名称	代号	作用
停止按钮	SB0	停止控制
正转起动按钮	SB1	正转起动控制
反转起动按钮	SB2	反转起动控制
交流接触器	KM1	正转控制
交流接触器	KM2	反转控制
热继电器	FR1	过载保护

3. 逻辑控制函数分析

分析电动机正反转控制电气原理图可知如下信息。

（1）控制 KM1 起动的按钮为 SB1；控制 KM1 停止的按钮或开关为 SB0、FR、KM2；自锁控制触点为 KM1。对于 KM1 来说，有

$$QA = SB1$$
$$TA = SB0 + FR1 + KM2$$

根据继电器起停控制函数 $Y = (QA + Y) \cdot \overline{TA}$ 可以写出 KM1 的控制函数为

$$KM1 = (QA + KM1) \cdot \overline{TA} = (SB1 + KM1) \cdot \overline{(SB0 + FR1 + KM2)}$$
$$= (SB1 + KM1) \cdot \overline{SB0} \cdot \overline{FR1} \cdot \overline{KM2}$$

（2）控制 KM2 起动的按钮为 SB2；控制 KM1 停止的按钮或开关为 SB0、FR1、KM1；自锁控制触点为 KM2。对于 KM2 来说，有

$$QA = SB2$$
$$TA = SB0 + FR1 + KM1$$

根据继电器起停控制函数 $Y = (QA + Y) \cdot \overline{TA}$ 可以写出 KM1 的控制函数为

$$KM2 = (QA + KM2) \cdot \overline{TA} = (SB2 + KM2) \cdot \overline{(SB0 + FR1 + KM1)}$$
$$= (SB2 + KM2) \cdot \overline{SB0} \cdot \overline{FR1} \cdot \overline{KM1}$$

（3）在电动机正转过程中，必须禁止反转起动。在电动机反转过程中，必须禁止正转起动。这种相互禁止操作的控制称为互锁控制。在电动机正反转继电器控制线路中，分别利用了 KM2、KM1 的常闭触点实现对电动机正转、反转的互锁控制，即用反转接触器 KM2 的常闭触点互锁控制正转接触器 KM1，用正转接触器 KM1 的常闭触点互锁控制反转接触器 KM2。

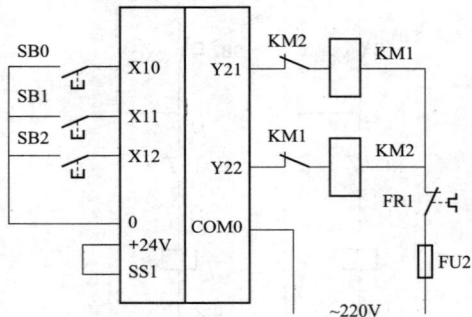

图 3-12　PLC 接线图

二、程序设计

1. PLC 接线图

PLC 接线图如图 3-12 所示。

2. 设计 PLC 控制程序

PLC 的 I/O 分配见表 3-3。

表 3-3　　　　　　　　　　　　　　　PLC 的 I/O 分配

输入		输出	
SB0	X10	KM1	Y21
SB1	X11	KM2	Y22
SB2	X12		

PLC 控制梯形图如图 3-13 所示。

3. 编程技巧

在继电器控制线路中，停止按钮、热继电器分别串联在控制线路的前段和后段电路中，严格按照控制线路图转换的控制函数为

$$KM1 = \overline{SB0} \cdot (SB1 + KM1) \cdot \overline{KM2} \cdot \overline{FR1}$$
$$KM2 = \overline{SB0} \cdot (SB2 + KM2) \cdot \overline{KM1} \cdot \overline{FR1}$$

在 PLC 编程中，为了优化梯形图程序，通常把并联支路多的电路块移到梯形图的左边，把串联触点多的支路移到梯形图的上部。对于逻辑与运算，交换变量不影响结果。优化后的控制函数为

$$KM1 = (SB1 + KM1) \cdot \overline{SB0} \cdot \overline{FR1} \cdot \overline{KM2}$$
$$KM2 = (SB2 + KM2) \cdot \overline{SB0} \cdot \overline{FR1} \cdot \overline{KM1}$$

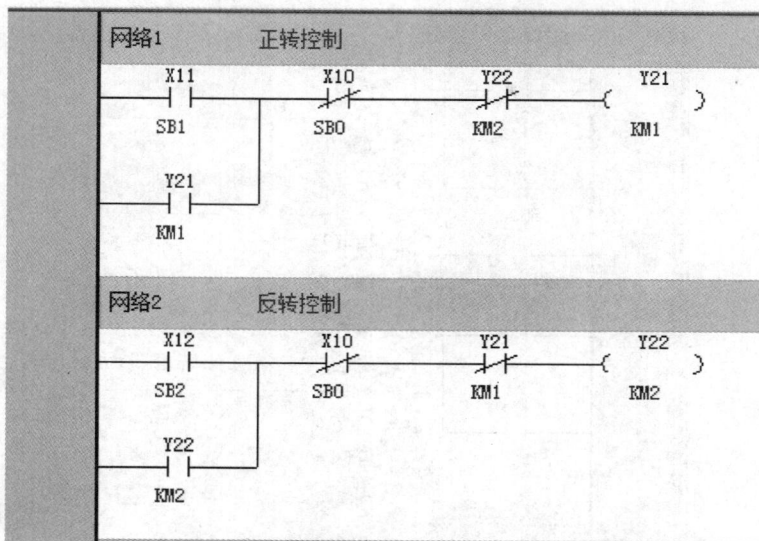

图 3-13　PLC 控制梯形图

技能训练

一、训练目标

（1）能够正确设计控制三相交流异步电动机正反转的 PLC 程序。

（2）能正确输入和传输 PLC 控制程序。

（3）能够独立完成三相交流异步电动机正反转控制线路的安装。

（4）按规定进行通电调试，出现故障时，应能根据设计要求进行检修，并使系统正常工作。

二、训练步骤与内容

1. 输入 PLC 程序

（1）启动 AutoShop 编程软件，进入 PLC 编程界面。

（2）选择"文件"→"新建工程"，弹出"新建工程"对话框。

（3）在新建工程对话框选择 PLC 类型为"H5U"，程序类型为"梯形图逻辑"。

（4）在新建工程对话框中设置工程名为"电机控制 2"，路径选择为"F：\ H5U \ H5U 程序 \"，单击"确定"按钮，进入梯形图编程界面。

（5）添加继电器输出模块 GL10-0016ER。

（6）输入正转控制程序。

（7）输入反转控制程序。

（8）打开软元件注释表，注释 X10、X11、X12 分别为 SB0、SB1、SB2，注释 Y21、Y22 分别为 KM1、KM2。

（9）右击网络 1，在弹出的快捷命令菜单中，选择"编辑网络注释"，如图 3-14 所示，打开"网络注释"对话框。

（10）在"网络注释"对话框的编辑栏中编译网络注释内容，这里输入"正转控制"，如图 3-15 所示，单击"确定"按钮完成网络 1 的注释编辑。

（11）用类似方法，编辑网络 2 的注释为"反转控制"。

（12）按 F7 键进行梯形图的全部编译。

项目三

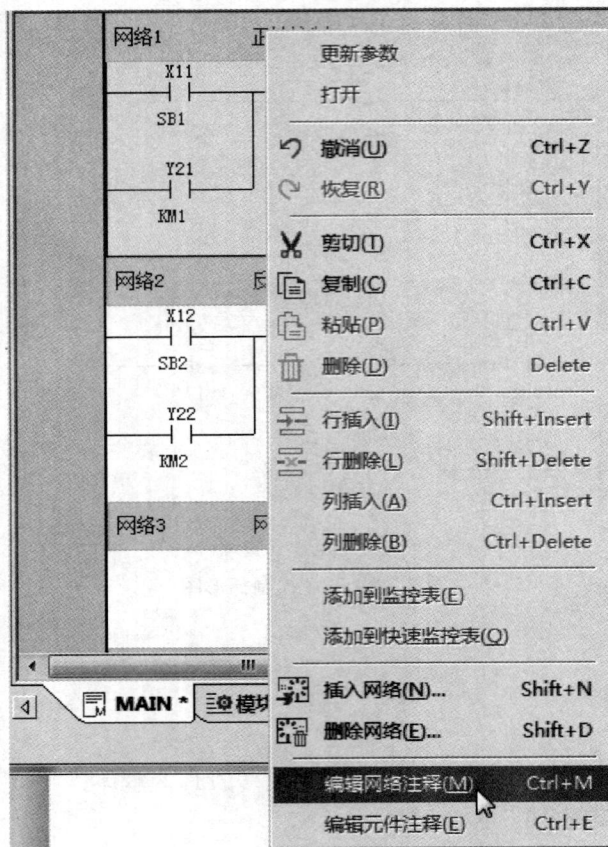

图 3-14　选择"编辑网络注释"

图 3-15　编译网络注释内容

2. 系统安装与调试

（1）主电路按图 3-11 所示的电动机正反转控制电气原理图接线。

（2）PLC 按图 3-12 接线。

（3）将 PLC 程序下载到 PLC。

（4）使 PLC 处于运行状态。

（5）按下正转起动按钮 SB1，观察 PLC 的输出点 Y21、Y22 的状态，观察电动机的正转运行。

（6）按下反转起动按钮 SB2，观察 PLC 的输出点 Y21、Y22 的状态，观察电动机的运行，体会互锁的作用。

（7）按下停止按钮 SB0，观察 PLC 的输出点 Y21、Y22 的状态，观察电动机是否停止。

（8）按下反转起动按钮 SB2，观察 PLC 的输出点 Y21、Y22 的状态，观察电动机的反转运行。

（9）按下正转起动按钮 SB1，观察 PLC 的输出点 Y21、Y22 的状态，观察电动机的运行。

（10）按下停止按钮，观察 PLC 的输出点 Y21、Y22 的状态，观察电动机是否停止。

习题 3

1. 自动往复接触器控制电路如图 3-16 所示，根据该控制电路写出控制函数，应用 H5U 系列 PLC 实现其控制功能。

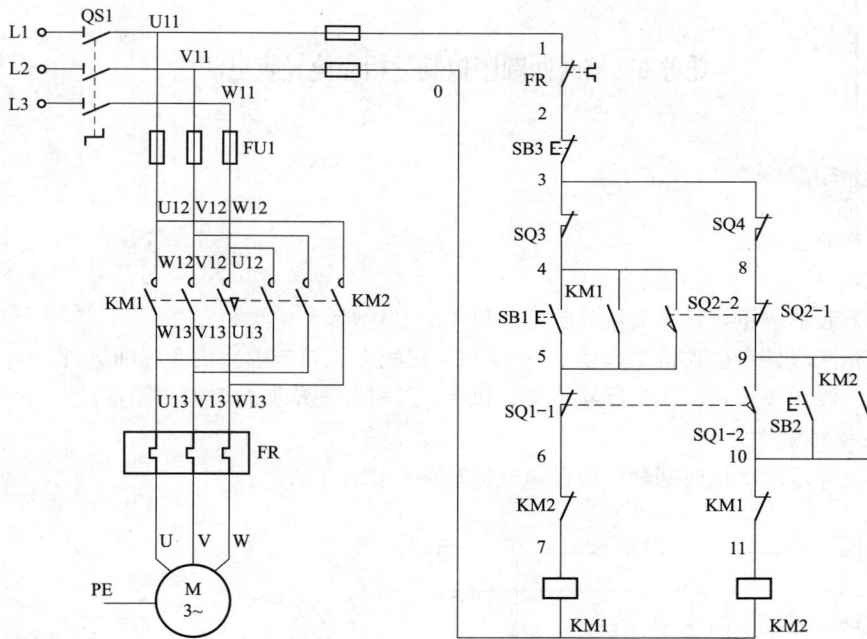

图 3-16　自动往复接触器控制电路

2. 运料小车运动的示意图如图 3-17 所示，应用 H5U 系列 PLC 实现小车控制。控制要求如下：

（1）小车的前进、后退均能点动控制；

（2）小车自动往返控制。

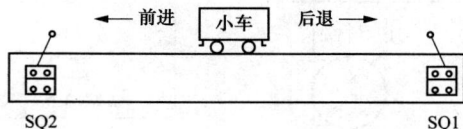

图 3-17　运料小车运动的示意图

项目四　定时控制及其应用

学习目标

（1）学会使用汇川 PLC 的定时器指令。

（2）学会用汇川 PLC 实现三相交流异步电动机的星—三角（丫—△）降压起动控制。

（3）学会用转换设计法设计双速交流电动机控制程序。

任务6　按时间顺序控制三相交流异步电动机

基础知识

一、任务分析

1. 控制要求

（1）按下起动按钮，三相交流异步电动机 1 起动运行。

（2）三相交流异步电动机 1 起动运行 6s 后，三相交流异步电动机 2 起动运行。

（3）按下停止按钮，三相交流异步电动机 1、三相交流异步电动机 2 停止。

2. 电气控制原理

三相交流异步电动机时间顺序控制电气原理图如图 4-1 所示。

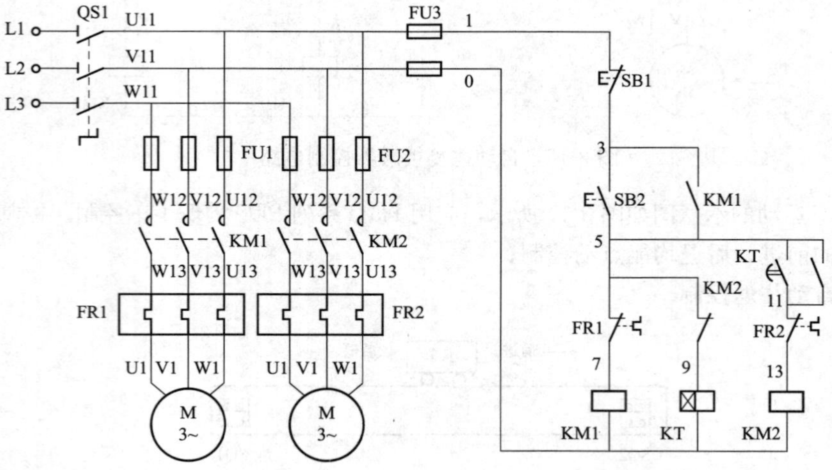

图 4-1　电动机时间顺序控制电气原理图

各元器件的名称、代号和作用见表 4-1。

表 4-1　　　　　　　　　　　　　　　元器件的名称、代号和作用

名称	代号	作用
停止按钮	SB1	停止控制
起动按钮	SB2	起动控制
时间继电器	KT	定时控制
交流接触器 1	KM1	电动机 1 控制
交流接触器 2	KM2	电动机 2 控制
热继电器 1	FR1	过载保护
热继电器 2	FR2	过载保护

3. 逻辑控制函数分析

分析按时间顺序控制三相交流异步电动机控制电气原理图可知如下信息。

（1）控制 KM1 起动的按钮为 SB2；控制 KM1 停止的按钮或开关为 SB1、FR1；自锁控制触点为 KM1。对于 KM1 来说，有

$$QA = SB2$$
$$TA = SB1 + FR1$$

根据继电器起停控制函数 $Y = (QA + Y) \cdot \overline{TA}$ 可以写出 KM1 的控制函数为

$$KM1 = (QA + KM1) \cdot \overline{TA} = (SB2 + KM1) \cdot \overline{(SB1 + FR1)}$$
$$= (SB2 + KM1) \cdot \overline{SB1} \cdot \overline{FR1}$$

（2）控制 KM2 起动的按钮为 KT；控制 KM2 停止的按钮或开关为 SB1、FR2；顺序联锁控制触点为 KM1；自锁控制触点为 KM2。对于 KM2 来说，有

$$QA = KT$$
$$TA = SB1 + FR2$$

根据继电器起停控制函数 $Y = (QA + Y) \cdot \overline{TA}$ 可以写出 KM2 的控制函数为

$$KM2 = KM1 \cdot (KT + KM2) \cdot \overline{TA} = KM1 \cdot (KT + KM2) \cdot \overline{(SB1 + FR2)}$$
$$= KM1 \cdot (KT + KM2) \cdot \overline{SB1} \cdot \overline{FR2}$$

定时器线圈控制函数为

$$KT = KM1 \cdot \overline{KM2}$$

4. H5U 系列 PLC 的定时器

（1）定时器指令参数。H5U 定时器参考 IEC 61131-3 标准的定时器，并增加复位功能，分为脉冲定时器（TPR）、接通延时定时器（TONR）、关断延时定时器（TOFR）和时间累加定时器（TACR）。定时器的时间基准为 1ms，执行定时器指令时更新定时器计数值和状态，程序中最大支持 4096 条定时器指令。H5U 系列 PLC 的这 4 种定时器指令参数相同，定时器指令参数见表 4-2。

表 4-2　　　　　　　　　　　　　　　定时器指令参数

名称	定义	数据类型	说明
IN	指令执行输入	/	启动输入
PT	输入变量	DINT	延时时间
R	输入变量	BOOL	复位输入
Q	输出变量	BOOL	定时器输出
ET	输出变量	DINT	当前定时时间

（2）定时器指令基本时序动作如图 4-2 所示。

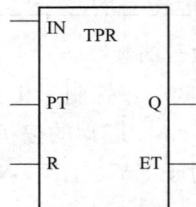

其中 TPR 表示脉冲定时器，TONR 表示接通延时定时器，TOFR 表示关断延时定时器，TACR 表示时间累加定时器。

（3）脉冲定时器（TPR）。

1）脉冲定时器简介。脉冲定时器指令符号如图 4-3 所示，其中 IN 为能流输入端，PT 为定时参数输入端，R 为定时复位端，Q 为脉冲定时输出端，ET 为当前计时时间输出端。

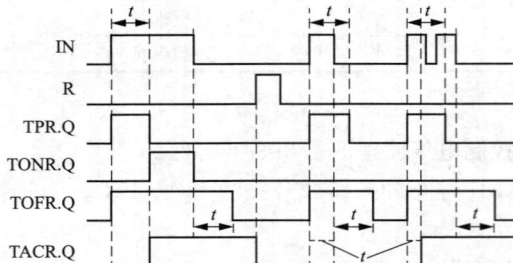

图 4-2　定时器指令基本时序动作　　　　图 4-3　脉冲定时器指令符号

a. 脉冲定时器指令 IN 输入能流从 OFF 变为 ON 时，定时器启动计时，输出 Q 变为 ON，此时无论 IN 输入能流如何变化，在 PT 参数指定的时间内，Q 保持为 ON。定时时间到达 PT 参数指定的时间后，Q 变为 OFF。

b. 在脉冲定时器计时运行期间，ET 输出当前的计时时间。定时器计时时间到达 PT 参数指定的时间后，若 IN 输入能流为 ON，ET 值保持；若 IN 输入能流为 OFF，则 ET 值为 0。

c. 定时器计时过程中，如果复位输入 R 从 OFF 变为 ON，TPR 定时器定时时间复位为 0，输出 Q 变为 OFF。复位输入 R 变为 OFF 后，如果 IN 输入能流有效，即可恢复定时器计时。

2）脉冲定时器参数说明。PT 的设定值范围为 0～2147483647ms（最大约 24 天）；若 PT 设定值小于等于 0，按照 0 定时。

3）脉冲定时器时序图。脉冲定时器的参数有 IN、R、Q、ET 脉冲定时器时序图如图 4-4 所示。

输出参数"ET"和"Q"在执行本指令时更新。因此"Q"的状态变化不是定时器启动后的经过时间等于"PT"的时刻，而是定时器启动后的经过时间到达"PT"后，首次执行本指令的时刻。即，输出参数会发生最大 1 个扫描周期的延迟。

（4）接通延时定时器（TONR）。

1）接通延时定时器简介。接通延时定时器指令符号如图 4-5 所示，其中 TONR 为接通延时定时器指令标识，IN 为能流输入端，PT 为定时参数输入端，R 为定时复位端，Q 为脉冲定时输出端，ET 为当前计时时间输出端。

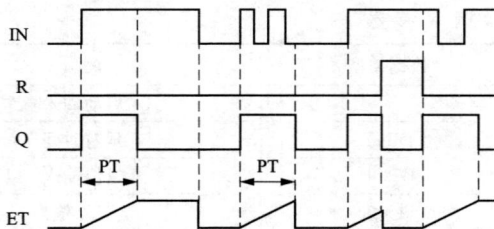

图 4-4　脉冲定时器时序图　　　　图 4-5　接通延时定时器指令符号

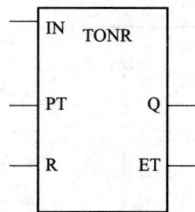

72

a. 定时器指令 IN 输入能流从 OFF 变为 ON 时，定时器启动计时，输出 Q 为 OFF。在 IN 输入能流保持为 ON 期间，定时器的运行时间是 PT 参数指定的时间，定时时间达到 PT 参数指定的时间后，Q 变为 ON。在定时过程中或定时完成后，IN 输入能流变为 OFF，定时结束，Q 变为 OFF。

b. IN 输入能流为 ON 时，在定时器计时运行期间，ET 输出当前的计时时间，定时器计时时间到达 PT 参数指定的时间后，ET 值保持；若 IN 输入能流为 OFF，则 ET 值为 0。

c. 定时器计时过程中，如果复位输入 R 从 OFF 变为 ON，TONR 定时器定时时间复位为 0，输出 Q 变为 OFF。复位输入 R 变为 OFF 后，如果 IN 输入能流有效，即可恢复定时器计时。

2）接通延时定时器参数说明。PT 的设定值范围为 0～2147483647ms（最大约 24 天）；若 PT 设定值小于等于 0，按照 0 定时。

3）接通延时定时器时序图。

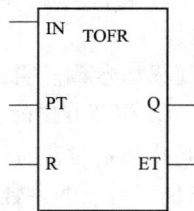

接通延时定时器的参数有 IN、R、Q、ET，接通延时定时器时序图如图 4-6 所示。

（5）关断延时定时器（TOFR）。

1）关断延时定时器简介。关断延时定时器指令符号如图 4-7 所示，其中 TOFR 为接通延时定时器指令标识，IN 为能流输入端，PT 关断延时为定时参数输入端，R 为定时复位端，Q 为脉冲定时输出端，ET 为当前计时时间输出端。

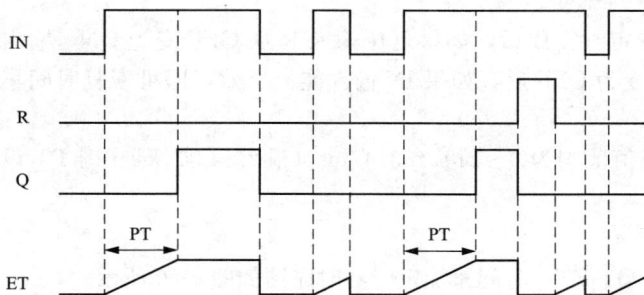

图 4-6　接通延时定时器时序图　　　　图 4-7　关断延时定时器指令符号

a. 关断延时定时器指令 IN 输入能流从 OFF 变为 ON 时，定时器启动计时，输出 Q 为 ON，IN 输入能流从 ON 变为 OFF 时，在 IN 保持为 OFF 期间，定时器的运行时间是 PT 参数指定的时间，定时器定时时间达到 PT 参数指定的时间后，Q 变为 OFF。

b. IN 输入能流为 ON 时，ET 输出值为 0，IN 从 ON 变为 OFF 时，在定时器计时运行期间，ET 输出当前的计时时间，定时器计时时间到达 PT 参数指定的时间后，ET 值保持。

c. IN 输入能流为 ON 时，如果复位输入 R 从 OFF 变为 ON，输出 Q 变为 OFF，如果 R 恢复为 OFF，输出 Q 恢复为 ON。IN 输入能流从 ON 变为 OFF 时，TOFR 定时器在定时过程中或定时完成后，如果复位输入 R 从 OFF 变为 ON，输出 Q 变为 OFF，ET 复位为 0。复位输入 R 变为 OFF 后，要恢复定时器计时，需将 IN 输入能流重新从 ON 变为 OFF。

2）关断延时定时器参数说明。PT 的设定值范围为 0～2147483647ms（最大约 24 天）；若 PT 设定值小于等于 0，按照 0 定时。

3）关断延时定时器时序图。关断延时定时器的参数有 IN、R、Q、ET，关断延时定时器时序图如图 4-8 所示。

（6）时间累加定时器（TACR）。

1）时间累加定时器简介。时间累加定时器指令符号如图 4-9 所示，其中 TACR 为时间累加定时器指令标识，IN 为能流输入端，PT 为定时参数输入端，R 为定时复位端，Q 为脉冲定时输出端，ET 为当前计时时间输出端。

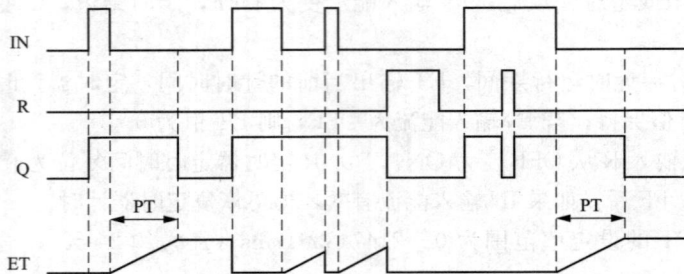

图 4-8　关断延时定时器时序图

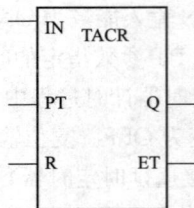

图 4-9　时间累加定时器指令符号

　　a. 时间累加定时器指令 IN 输入能流为 ON 时，若定时器计时值未达到 PT 参数所指定的时间，定时器持续计数，输出 Q 为 OFF，定时器定时时间达到 PT 参数指定的时间后，Q 变为 ON。在 IN 为 ON 且定时器计时期间，若 IN 变为 OFF，定时器计时保持不变，IN 重新变为 ON 后，定时器从当前保持值开始计数，达到 PT 参数指定的时间后，Q 变为 ON。

　　b. IN 输入能流为 ON 时，ET 输出当前计时值，计时时间到达 PT 参数指定的时间后，ET 值保持。IN 输入能流为 OFF 时，ET 保持不变。

　　c. 时间累加定时器在定时过程中或定时完成后，如果复位输入 R 从 OFF 变为 ON，输出 Q 变为 OFF，ET 复位为 0。复位输入 R 变为 OFF 后，如果 IN 输入能流有效，即可恢复时间累加定时器计时。

　　2）时间累加参数说明。PT 的设定值范围为 0~2147483647ms（最大约 24 天）；若 PT 设定值小于等于 0，按照 0 定时。

　　3）时间累加定时器时序图。

　　时间累加定时器的参数有 IN、R、Q、ET，时间累加定时器时序图如图 4-10 所示。

二、PLC 控制程序设计

1. PLC 接线图

PLC 接线如图 4-11 所示。

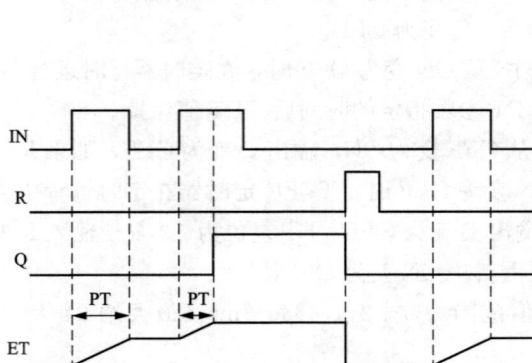

图 4-10　时间累加定时器时序图

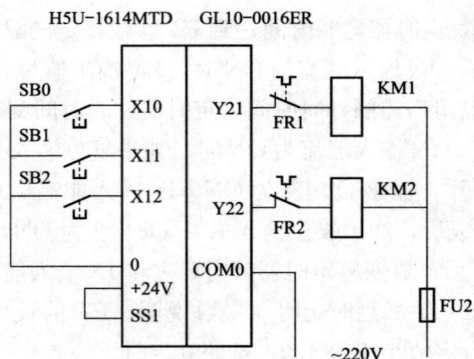

图 4-11　PLC 接线图

2. 设计 PLC 控制程序

PLC 的 I/O 分配见表 4-3。

表 4-3 PLC 的 I/O 分配

输入		输出	
SB1	X11	KM1	Y21
SB2	X12	KM2	Y22
		KT	T1

根据控制函数设计的 PLC 控制梯形图如图 4-12 所示。

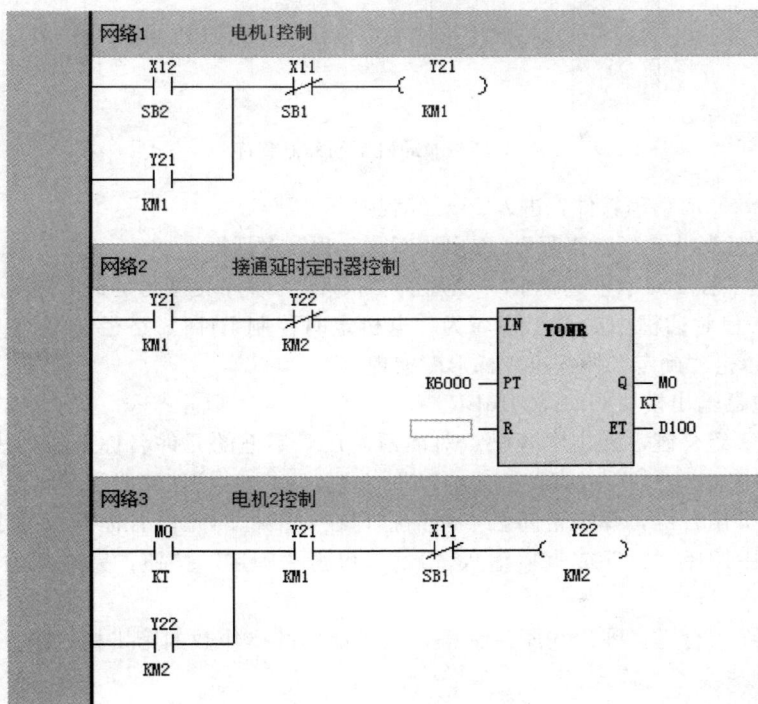

图 4-12 PLC 控制梯形图

技能训练

一、训练目标

（1）能够正确设计按时间顺序控制三相交流异步电动机的 PLC 程序。

（2）能正确输入和传输 PLC 控制程序。

（3）能够独立完成按时间顺序控制三相交流异步电动机控制线路的安装。

（4）按规定进行通电调试，出现故障时，应能根据设计要求进行检修，并使系统正常工作。

二、训练步骤与内容

1. 设计、输入 PLC 程序

（1）I/O 分配。PLC 的 I/O 分配见表 4-3。

（2）根据 PLC 输入、输出写出控制函数为

$$Y21 = (X12 + Y21) \cdot \overline{X11}$$

$$Y22 = (T1 + Y22) \cdot \overline{X11} \cdot Y21$$

$$T1 = Y21 \cdot \overline{Y22}$$

（3）根据控制函数画出 PLC 梯形图。

（4）输入三相交流异步电动机 1 的控制程序。电动机 1 的控制程序如图 4-13 所示。

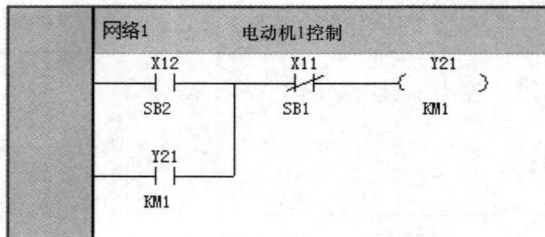

图 4-13　电动机 1 的控制程序

1）启动 AutoShop 编程软件，进入 PLC 编程界面。

2）选择"文件"→"新建工程"，弹出"新建工程"对话框。

3）在"新建工程"对话框选择 PLC 类型为"H5U"，程序类型为"梯形图"。

4）在新建工程对话框中设置工程名为"电机定时控制 B41"，路径选择为"F：\ H5U \ H5U 程序 \"，单击"确定"按钮进入梯形图编程界面。

5）添加继电器输出模块 GL10-0016ER。

6）按 Ctrl+1 组合键，弹出常开触点对话框，在对话框的元件名称下拉列表中选择"X"，在元件编号列表中选择"12"或直接输入"12"，单击"确定"按钮完成常开触点 X12 的输入。

7）按 Ctrl+2 组合键，弹出常闭触点对话框，在对话框的元件名称下拉列表中选择"X"，在元件编号列表中选择"11"或直接输入"11"，单击"确定"按钮，完成常闭触点 X11 的输入。

8）按 Ctrl+7 组合键，弹出线圈对话框，在对话框的操作数的第 1 栏，输入"Y21"，单击"确定"按钮，完成线圈的输入。

9）右击网络 2，弹出快捷操作菜单，选择"行插入"，在网络 2 的上方插入一行编辑行。

10）编辑光标移到插入行的左边第一列。

11）输入指令"OR Y21"，按回车键，并联一个常闭触点。

12）编辑网络 1 的注释为"电动机 1 控制"。

（5）输入定时器控制程序。定时器控制程序如图 4-14 所示。

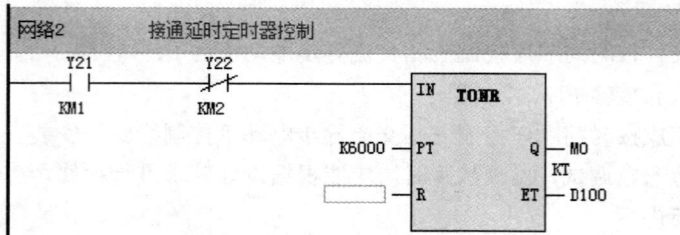

图 4-14　定时器控制程序

1）单击网络 2 的第 1 行、第 1 列。

2）按 Ctrl+1 组合键，弹出常开触点对话框，在对话框的元件名称下拉列表中选择"Y"，在元件编号列表中选择"21"或直接输入"21"单击"确定"按钮，完成常开触点 Y21 的输入。

3) 按 Ctrl+2 组合键，弹出常闭触点对话框，在对话框的元件名称下拉列表中选择 "Y"，在元件编号列表中选择 "22" 或直接输入 "22"，单击 "确定" 按钮，完成常闭触点 Y22 的输入。

4) 按 Ctrl+8 组合键，弹出 "应用指令" 对话框。

5) 在对话框的指令名称中，输入 "TONR" 接通延时定时指令标识，在操作数 1 栏，输入定时参数 "K6000"，设定定时时间为 6000ms。在操作数的第 3 栏，输入定时时间到的驱动元件 "M0"。在操作数的第 4 栏，输入 ET 输出当前计时值保存寄存器地址 "D100"。定时器参数输入如图 4-15 所示。

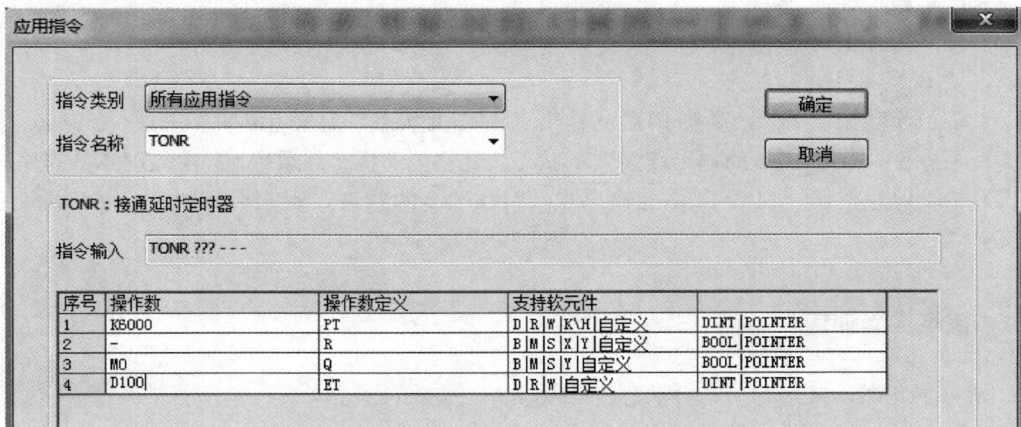

图 4-15　定时器参数输入

6) 单击 "确定" 按钮完成接通延时定时器指令的输入。

7) 编辑网络 2 的注释为 "接通延时定时器控制"。

(6) 输入三相交流异步电动机 2 的控制程序。三相交流异步电动机 2 的控制程序如图 4-16 所示。

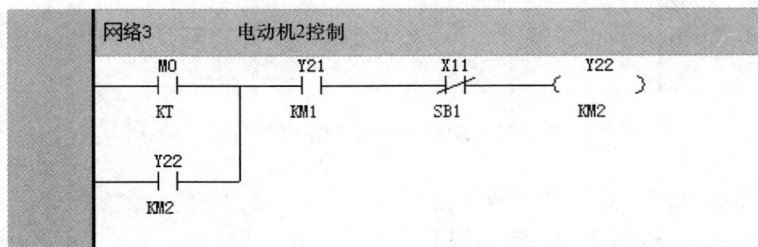

图 4-16　电动机 2 的控制程序

1) 单击网络 3 的第 1 行第 1 列。按 Ctrl+1 组合键，弹出常开触点对话框，在对话框的元件名称下拉列表中选择 "M"，在元件编号列表中选择 "0" 或直接输入 "0"，单击 "确定" 按钮完成常开触点 M0 的输入。

2) 按 Ctrl+1 组合键，弹出常开触点对话框，在对话框的元件名称下拉列表中选择 "Y"，在元件编号列表中选择 "21" 或直接输入 "21"，单击 "确定" 按钮完成常开触点 Y21 的输入。

3) 按 Ctrl+2 组合键，弹出常闭触点对话框，在对话框的元件名称下拉列表中选择 "X"，在元件编号列表中选择 "11" 或直接输入 "11"，单击 "确定" 按钮完成常闭触点 X11 的输入。

4）按 Ctrl＋7 组合键，弹出线圈对话框，在对话框的操作数第 1 栏，输入 "22"，按 "确定" 按钮，完成线圈的输入。

5）右击网络 4，弹出快捷操作菜单，选择 "行插入"，在网络 4 的上方插入一行编辑行。

6）编辑光标移到插入行的左边第一列。输入指令 "OR Y22"，完成常开触点 Y22 的并联输入。

7）编辑网络 3 的注释为 "电动机 2 控制"。

2. 系统安装与调试

（1）主电路按图 4-1 所示的电动机时间顺序控制电气原理图接线。

（2）PLC 按图 4-11 接线。

（3）将 PLC 程序下载到 PLC。

（4）使 PLC 处于运行状态。

（5）按下起动按钮 SB2，观察 PLC 的输出点 Y21 的状态，观察电动机 1 的运行。

（6）等待 6s，观察 PLC 的输出点 Y22 的状态，观察电动机 2 的运行，体会定时器的作用。

（7）按下停止按钮，观察 PLC 的输出点 Y21、Y22 的状态，观察电动机 1、电动机 2 是否停止。

技能提高训练

1. 观察时间累加定时器的工作状态变化规律

（1）输入图 4-17 所示的驱动时间累加定时器程序。

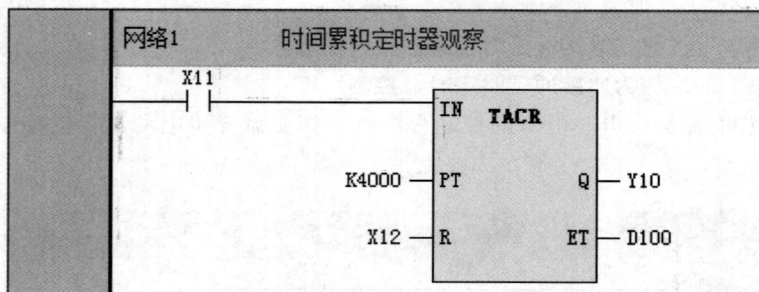

图 4-17　驱动时间累加定时器程序

（2）下载程序到 PLC，并使 PLC 处于运行状态。

（3）选择 "调试" → "监控"，启动 PLC 的监控模式。

（4）点动连接在 X11 输入端按钮 SB1，观察梯形图上时间累加定时器 ET 当前值 D100 的变化，观察输出线圈 Y10 的变化。

（5）按下 SB1 按钮累积时间超过 4s 时，观察时间累加定时器 ET 当前值的变化，观察时间累加定时器工作状态的变化。

（6）点动连接在 X12 输入端按钮 SB2，观察时间累加定时器 ET 当前值的变化，观察输出线圈 Y10 的变化。

2. 断电延时程序

（1）输入图 4-18 所示的断电延时定时程序。

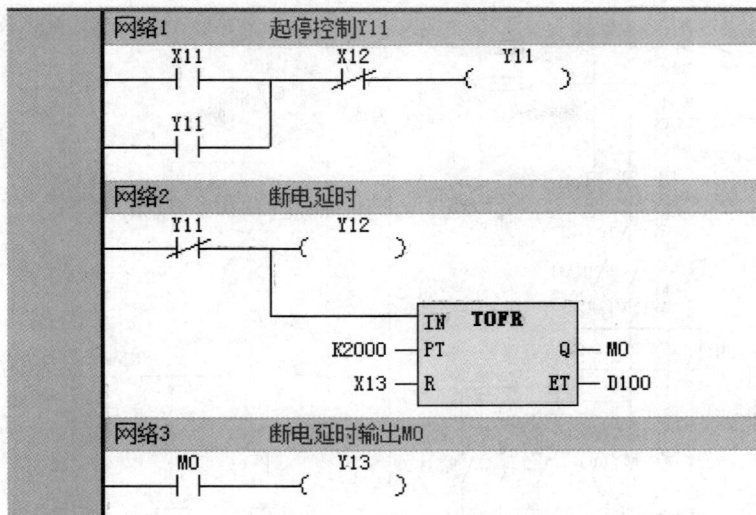

图 4-18 断电延时定时程序

（2）下载程序到 PLC，并使 PLC 处于运行状态。

（3）按下连接在 X11 输入端的 SB1 按钮，观察输出线圈 Y11 的变化。

（4）按下连接在 X12 输入端的 SB2 按钮，观察输出线圈 Y12 的变化，观察断电延时定时器的 ET 当前值的变化，观察输出线圈 Y13 的变化。

任务7 三相交流异步电动机的星—三角（Y—△）降压起动控制

基础知识

一、任务分析

正常运转时定子绕组接成三角形的三相异步电动机在需要降压起动时，可采用 Y—△ 降压起动的方法进行空载或轻载起动。其方法是起动时先将定子绕组联成星形接法，待转速上升到一定程度，再将定子绕组的接线改接成三角形，使电动机进入全压运行。由于此法简便经济而得到普遍应用。

1. 控制要求

（1）能够用按钮控制电动机的起动和停止。

（2）电动机起动时定子绕组接成星形，延时一段时间后，自动将电动机的定子绕组换接成三角形。

（3）具有短路保护和电动机过载保护等必要的保护措施。

2. 电气控制原理

继电器控制的电动机星—三角（Y—△）降压起动控制电路如图 4-19 所示。

各元器件的名称、代号和作用见表 4-4。

3. 逻辑控制函数分析

分析三相交流异步电动机的星—三角（Y—△）降压起动控制线路可以写出控制函数，即

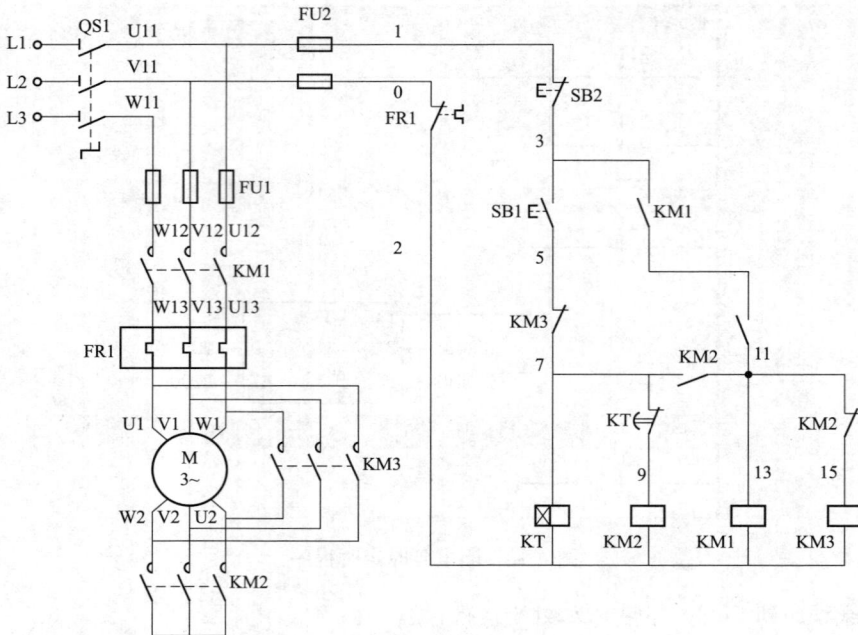

图 4-19 电动机星—三角（Y—△）降压起动控制电路

表 4-4   元器件的名称、代号和作用

名称	代号	作用
交流接触器	KM1	电源控制
交流接触器	KM2	星形联结
交流接触器	KM3	三角形联结
时间继电器	KT	延时自动转换控制
起动按钮	SB1	起动控制
停止按钮	SB2	停止控制
热继电器	FR1	过载保护

$$KM1 = (SB1 \cdot \overline{KM3} \cdot KM2 + KM1) \cdot \overline{SB2} \cdot \overline{FR1}$$

$$KM2 = (SB1 \cdot \overline{KM3} + KM1 \cdot KM2) \cdot \overline{SB2} \cdot \overline{FR1} \cdot \overline{KT}$$

$$KM3 = KM1 \cdot \overline{KM2}$$

$$KT = KM1 \cdot KM2$$

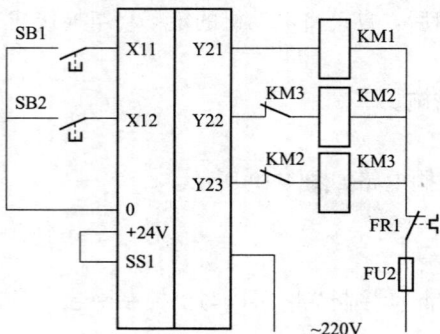

图 4-20 PLC 接线图

二、逻辑电路块指令

1. 串联逻辑电路块并联（ORB）指令

当两个及以上的触点串联组成的逻辑电路再与其他电路并联时，采用 ORB 指令。

2. 并联逻辑电路块串联（ANB）指令

当两个及以上的触点并联组成的逻辑电路再与其他电路串联时，采用 ANB 指令。

三、设计 PLC 控制程序

1. PLC 接线图

PLC 接线图如图 4-20 所示。

2. PLC 控制程序设计

PLC 的 I/O 分配见表 4-5。

表 4-5 PLC 的 I/O 分配

输入		输出	
SB1	X11	KM1	Y21
SB2	X12	KM2	Y22
		KM3	Y23

根据控制函数设计的 PLC 控制梯形图如图 4-21 所示。

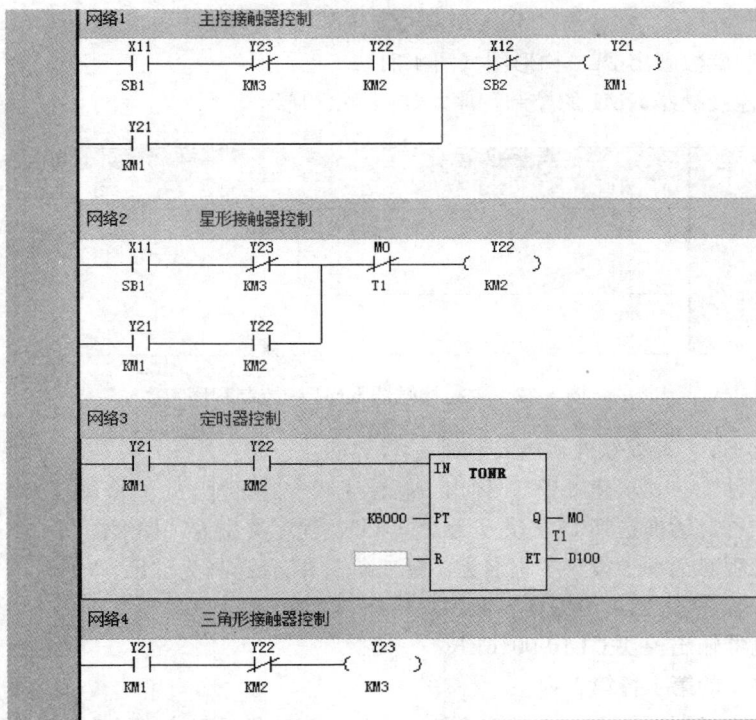

图 4-21　PLC 控制梯形图

技能训练

一、训练目标

（1）能够正确设计三相交流异步电动机的星—三角（Y—△）降压起动控制的 PLC 程序。

（2）能正确输入和传输 PLC 控制程序。

（3）能够独立完成三相交流异步电动机的星—三角（Y—△）降压起动控制线路的安装。

（4）按规定进行通电调试，出现故障时，应能根据设计要求进行检修，并使系统正常工作。

二、训练步骤与内容

1. 设计、输入 PLC 程序

（1）PLC 的软元件分配表见表 4-6。

表 4-6　　　　　　　　　　　　　　PLC 软元件分配

输入		输出	
SB1	X11	KM1	Y21
SB2	X12	KM2	Y22
		KM3	Y23

（2）根据 PLC 的软元件分配，写出控制函数，即

$$Y21 = (X11 \cdot \overline{Y23} \cdot Y22 + Y21) \cdot \overline{X12} \cdot \overline{X13}$$

$$Y22 = (X11 \cdot \overline{Y23} + Y21 \cdot Y22) \cdot \overline{T1}$$

$$Y23 = Y21 \cdot \overline{Y22}$$

$$T1 = Y21 \cdot Y22$$

（3）根据控制函数画出 PLC 梯形图（图 4-21）。

（4）输入主控接触器 KM1 的控制程序，如图 4-22 所示。

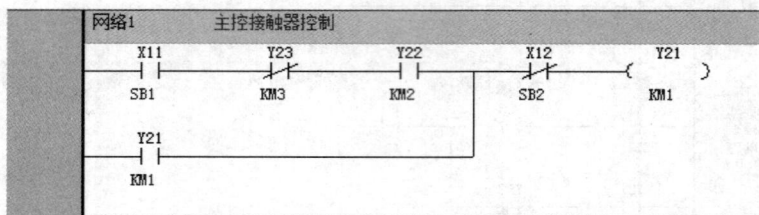

图 4-22　主控接触器 KM1 的控制程序

1）启动 AutoShop 编程软件，进入 PLC 编程界面。

2）选择"文件"→"新建工程"，弹出"新建工程"对话框。

3）在新建工程对话框选择 PLC 类型为"H5U"，程序类型为"梯形图"。

4）在新建工程对话框中设置工程名为"星三角"，路径选择为"F：\ H5U \ H5U 程序 \"，单击"确定"按钮，进入梯形图编程界面。

5）添加继电器输出模块 GL10-0016ER。

6）单击网络 1 的第 1 行第 1 列。

7）用键盘输入"LD X11"，按回车（Enter）键，完成常开触点"X11"的输入。

8）用键盘输入"LDI Y23"，按回车（Enter）键，完成串联常闭触点"Y23"的操作。

9）用键盘输入"AND Y22"，按回车（Enter）键，完成串联常开触点"Y22"的操作。

10）用键盘输入"LDI X12"，按回车（Enter）键，完成串联常闭触点"X12"的操作。

11）用键盘输入"OUT Y21"，按回车（Enter）键，完成输出线圈指令 Y21 的操作。

12）右击网络 2，选择"行插入"，在网络 2 的上方插入一行空行。

13）单击网络 1 的第 2 行、第 1 列。

14）用键盘输入"LD Y21"，按回车（Enter）键，完成常开触点"Y21"的输入。

15）按 Ctrl＋→组合键，画一条横线。

16）再次按 Ctrl＋→组合键，再画一条横线。

17）单击网络 1 的第 1 行、第 4 列的常闭触点 X12。

18）按 Ctrl＋↓组合键，画一条竖线。

19）双击网络 1，编辑网络 1 注释为"主控接触器控制"。

（5）输入星型接触器 KM2 的控制程序，如图 4-23 所示。

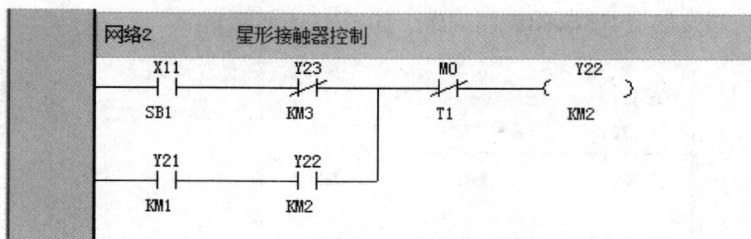

图 4-23　星形接触器 KM2 的控制程序

1）双击网络 2，弹出网络注释对话框，在网络注释文本栏内输入"星形接触器控制"文字，单击"确定"按钮，完成网络 2 的注释。

2）单击网络 2 的第 1 行、第 1 列。

3）用键盘输入"LD X11"，按回车（Enter）键，完成常开触点"X11"的输入。

4）用键盘输入"LDI Y23"，按回车（Enter）键，完成串联常闭触点"Y23"的操作。

5）用键盘输入"LDI M0"，按回车（Enter）键，完成串联常闭触点"M0"的操作。

6）用键盘输入"OUT Y22"，按回车（Enter）键，完成驱动输出线圈"Y22"的操作。

7）用键盘输入"LD Y21"，按回车（Enter）键，完成常开触点"Y21"的输入。

8）用键盘输入"AND Y22"，按回车（Enter）键，完成串联常开触点"Y22"的操作。

9）单击网络 2 的第 1 行第 3 列的常闭触点 M0。

10）用键盘输入"ORB"，按回车（Enter）键，完成串联电路块的并联操作。

（6）输入定时器控制程序，如图 4-24 所示。

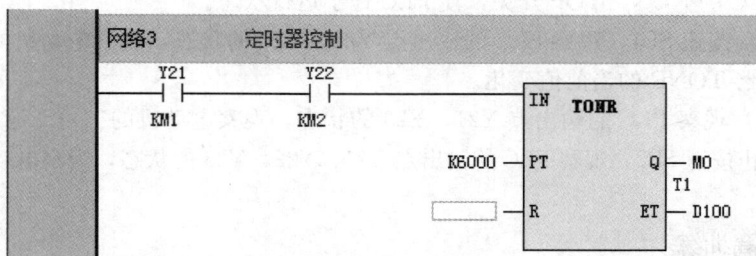

图 4-24　定时器控制程序

1）单击网络 3 的第 1 行第 1 列。

2）用键盘输入"LD Y21"，按回车（Enter）键，完成常开触点"Y21"的输入。

3）用键盘输入"AND Y22"，按回车（Enter）键，完成常开触点"Y22"的输入。

4）用键盘输入"TONR"，按回车（Enter）键，输入接通延时定时器指令的操作。

5）双击接通延时定时器 PT 端的"？？？"，弹出"预设定时"文本框，在其中输入定时参数"K6000"，即定时时间设置 6000ms，按回车键确认，完成定时时间的输入。

6）双击接通延时定时器输出结果 Q 端，弹出"输出结果"文本框，在其中输入参数"M0"，即定时时间到驱动定时结果标志 M0。

7）双击接通延时定时器经过时间 ET 端，弹出"经过时间设置"文本框，在其中输入参数"D100"，即定时经过时间寄存器设置为 D100，按回车键确认。

8）双击网络 3，弹出"网络注释"对话框，在网络注释文本栏内输入"定时器控制"文字，单击"确定"按钮，完成网络 3 的注释。

（7）输入三角形接触器 KM3 的控制程序，如图 4-25 所示。

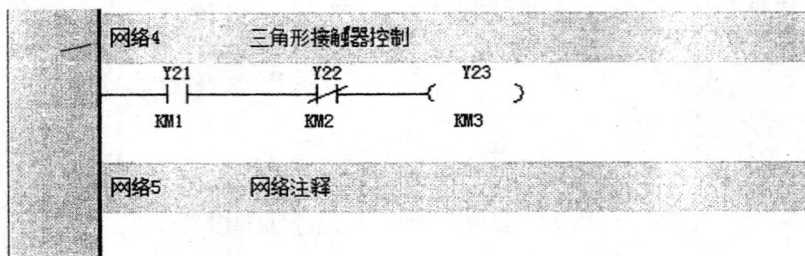

图 4-25　三角形接触器 KM3 的控制程序

1）单击网络 4 的第 1 行第 1 列。

2）用键盘输入 "LD Y21"，按回车（Enter）键，完成常开触点 "Y21" 的输入。

3）用键盘输入 "LDI Y22"，按回车（Enter）键，完成常闭触点 "Y22" 的输入。

4）用键盘输入 "OUT Y23"，按回车（Enter）键，完成驱动线圈 "Y23" 的操作。

5）双击网络 4，弹出 "网络注释" 对话框，在网络注释文本栏内输入 "三角形接触器控制" 文字，单击 "确定" 按钮，完成网络 4 的注释。

2. 系统安装与调试

（1）主电路按图 4-19 所示的电动机的星—三角降压起动控制电路接线。

（2）PLC 按图 4-20 接线。

（3）将 PLC 程序下载到 PLC。

（4）拨动 PLC 的 RUN/STOP 开关，使 PLC 处于运行状态。

（5）按下起动按钮 SB1，观察 PLC 的输出点 Y21、Y22 的状态，观察电动机的星形起动运行状况，观察定时器 TONR 的当前值变化。

（6）等待 6s，观察 PLC 的输出点 Y21、Y23 的状态，观察电动机的三角形运行状况。

（7）按下停止按钮 SB2，观察 PLC 的输出点 Y21、Y22、Y23 的状态，观察电动机是否停止。

技能提高训练

1. 转换设计法

接触器、继电器线路转换设计法是依据控制对象的接触器、继电器线路原理图，用 PLC 对应的符号和功能相类似软元件，把原来的接触器、继电器线路转换成梯形图程序的设计方法，简称转换设计法。

转换设计法特别适合于 PLC 程序设计的初学者，也适用于对原有旧设备的技术改造。

（1）转换设计法应用的操作步骤。

1）仔细研读接触器、继电器线路。在读图时注意区分原有设备主电路与控制电路，确定主电路的关键元件及相互关联的元件和电路，分析主电路，分析控制电路，分析各元件在电路中的作用。

2）确定 PLC 输入输出及接线图。将现有的接触器、继电器线路图上的元件进行编号并制作 PLC 软元件符号地址表，即对线路图上的输入信号如按钮、行程开关、传感器开关等进行 PLC 软元件编号并转换为 PLC 对应输入点；对线路图上的接触器线圈、电磁阀、指示灯、数码管等控制对象进行 PLC 软元件编号并转换为 PLC 对应输出点。

3）确定 PLC 的辅助继电器、定时器。将现有的接触器、继电器线路图上的中间继电器、定时器元件进行编号并制作 PLC 软元件符号地址表。

4）画出梯形图草图。

5）简化、完善梯形图程序，包括：①利用逻辑代数运算简化函数表达式，简化 PLC 程序；②利用辅助继电器取代重复使用部分，简化 PLC 程序；③分梯级模块化编程，使 PLC 程序清晰；④加强保护与诊断，完善 PLC 程序。

（2）转换设计法应用时的注意事项。

1）按钮、行程开关、传感器开关等采用常开触点输入时，PLC 控制逻辑与接触器、继电器线路图控制逻辑相同。

2）按钮、行程开关、传感器开关等某个开关采用常闭触点输入时，PLC 控制逻辑图中对应的触点状态取反。

2. 双速电动机控制

双速电动机控制电路如图 4-26 所示，下面用转换设计法设计双速电动机 PLC 控制程序。

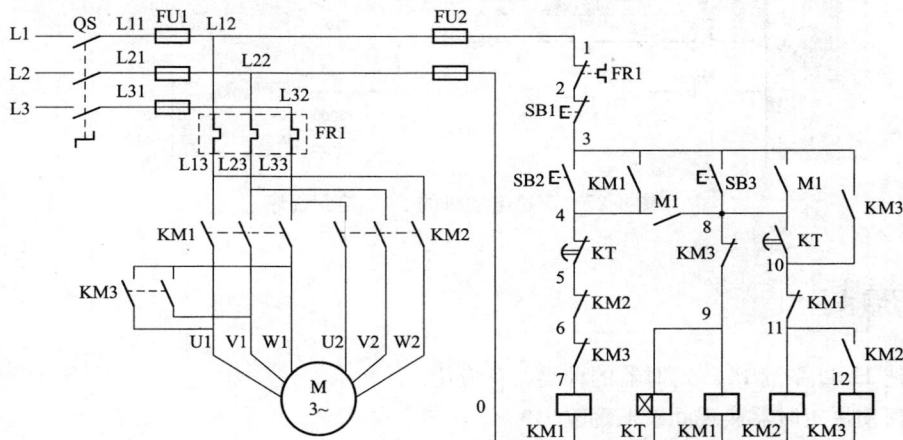

图 4-26 双速电动机控制电路

（1）设置 PLC 软元件。PLC 软元件分配见表 4-7。

表 4-7　　　　　　　　　　PLC 软元件分配

元件名称	代号	软元件地址	作用
停止按钮	SB1	X1	停止
按钮 1	SB2	X2	低速起动
按钮 2	SB3	X3	低速起动、高速运行
接触器 1	KM1	Y1	低速运行
接触器 2	KM2	Y2	高速运转
接触器 3	KM3	Y3	高速运转
辅助继电器	M1	M10	辅助控制
定时器	KT	M0	定时控制

（2）根据双速电动机 PLC 控制线路和软元件分配，写出双速电动机逻辑控制函数分析双速电动机逻辑控制线路，得出双速电动机的逻辑控制函数为

$$Y1 = (X2 + Y1 + M10) \cdot \overline{X1} \cdot \overline{Y2} \cdot \overline{M0}$$

$$Y2 = (M0 + Y2) \cdot \overline{X1} \cdot \overline{Y1}$$

$$Y3 = Y2$$

$$M10 = (X3 + M10) \cdot \overline{X1}$$

（3）根据双速电动机逻辑控制函数设计 PLC 控制程序。双速电动机的 PLC 控制程序如图 4-27 所示。

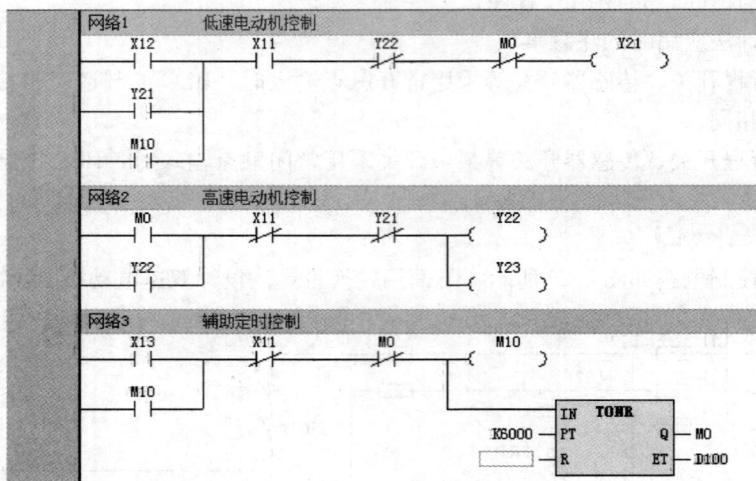

图 4-27　双速电动机的 PLC 控制程序

习题 4

1. 简述 H5U 系列 PLC 定时器的种类及其应用。

2. 如何使用定时器实现间歇振荡输出？

3. 三速电动机控制线路如图 4-28 所示，请用转换设计法设计三速电动机 PLC 控制程序。

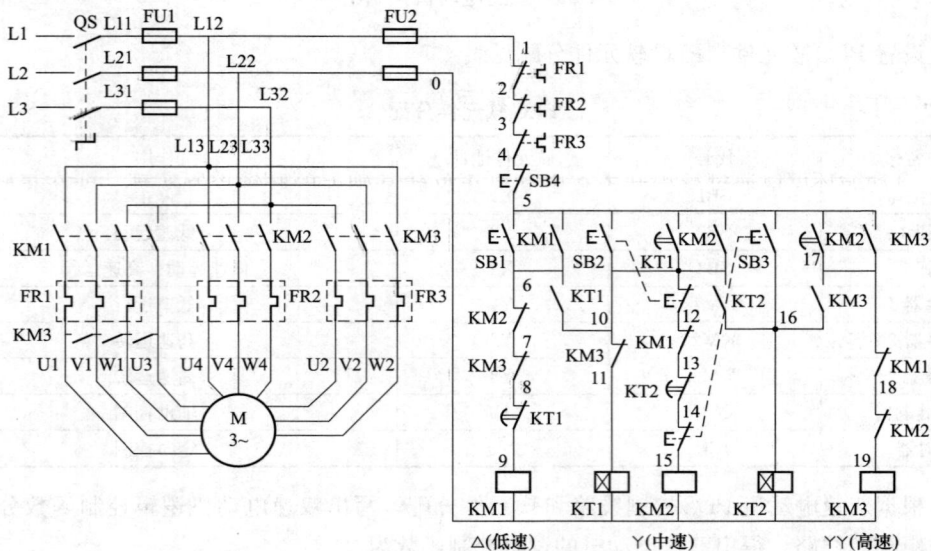

图 4-28　三速电动机控制线路图

项目五 计数控制及其应用

学习目标

(1) 学会复杂控制任务的分解与综合。

(2) 学会创建和应用功能块 FB 计数器指令。

(3) 学会创建和应用函数。

(4) 学会用 PLC 实现工作台循环移动的计数控制。

任务 8 工作台循环移动的计数控制

基础知识

一、任务分析

1. 控制要求

用 PLC 控制工作台自动往返运行,工作台前进、后退由电动机通过丝杆拖动。工作台的运行示意图如图 5-1 所示。

(1) 按下启动按钮,工作台自动循环工作。

(2) 按下停止按钮,工作台停止。

(3) 点动控制(供调试用)。

(4) 6 次循环运行。

2. 控制分析

(1) 工作台的前进、后退可以由电动机正反转控制程序实现。

图 5-1 工作台的运行示意图

(2) 自动循环可以通过行程开关在电动机正反转基础上的联锁控制实现,即在正转结束位置,通过该位置上的行程开关切断正转程序的执行,并起动反转控制程序;在反转结束位置,通过该位置上的行程开关切断反转程序的执行,并起动正转控制程序。

(3) 点动控制通过解锁自锁环节来实现。

(4) 有限次运行通过计数器指令计数运行次数,从而决定是否终止程序的运行。

二、PLC 控制程序设计

1. 脉冲指令

(1) 取脉冲上升沿(LDP)指令。LDP 指令用于取用接点信号的上升沿,若本次扫描中检测到对应信号的上升跳变,则触点有效,下一次扫描时,触点即变成无效。LDP 指令作用的软元件从 OFF 转变为 ON 时,该软元件导通一个时钟周期。

(2) 取脉冲下降沿(LDF)指令。LDF 指令用于取用接点信号的下降沿,若本次扫描中检测

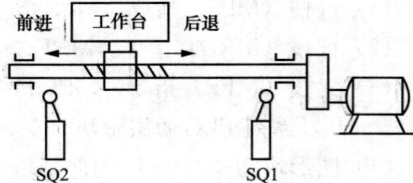

到对应信号的下降跳变，则触点有效，下一次扫描时，触点即变成无效。LDP 指令作用的软元件从 ON 转变为 OFF 时，该软元件导通一个时钟周期。

（3）与脉冲上升沿检测串行连接（ANDP）指令。ANDP 指令用于串联接点信号的上升沿，若本次扫描中检测到对应信号的上升跳变，则触点有效，下一次扫描时，触点即变成无效。

（4）与脉冲下降沿检测串行连接（ANDF）指令。ANDF 指令用于串联接点信号的下降沿，若本次扫描中检测到对应信号的下降沿跳变，则触点有效，下一次扫描时，触点即变成无效。

（5）与脉冲上升沿检测并行连接（ORP）指令。ORP 指令用于并联接点信号的上升沿，若本次扫描中检测到对应信号的上升跳变，则触点有效，下一次扫描时，触点即变成无效。

（6）与脉冲下降沿检测并行连接（ORF）指令。ORF 指令用于并联接点信号的下降沿，若本次扫描中检测到对应信号的下降沿跳变，则触点有效，下一次扫描时，触点即变成无效。

（7）运算结果上升沿脉冲化（MEP）指令。在到 MEP 指令为止的运算结果，从 OFF→ON 时变为导通状态。如果使用 MEP 指令，那么在串联了多个触点的情况下，非常容易实现脉冲化处理。

（8）运算结果下降沿脉冲化（MEF）指令。在到 MEF 指令为止的运算结果，从 ON→OFF 时变为导通状态。

如果使用 MEF 指令，那么在串联了多个触点的情况下，非常容易实现脉冲化下降沿处理。

（9）脉冲上升沿检测线圈（PLS）指令。当 PLS 指令被上升沿驱动时，其指定的元件被设定为 ON 状态，该 ON 状态仅持续 1 个扫描周期。

（10）脉冲下降沿检测线圈（PLF）指令。当 PLF 指令被下降沿驱动时，其指定的元件被设定为 ON 状态，该 ON 状态仅持续 1 个扫描周期。

2．置位（SET）与复位（RST）指令

SET 指令为置位指令，令操作的元件自保持为 ON，操作目标元件为 Y、M、S。

RST 指令为复位指令，令操作的元件自保持为 OFF，操作目标元件为 Y、M、S。

3．多重输出指令

（1）进栈（MPS）指令。MPS 指令用于记忆到 MPS 指令为止的状态。

（2）读栈（MRD）指令。MRD 指令用于读出用 MPS 指令记忆的状态。

（3）出栈（MPP）指令。MPP 指令用于读出用 MPS 指令记忆的状态，并清除该状态。

4．H5U 系列 PLC 的图形块指令构成

（1）图形块指令。H5U 的部分指令支持梯形图中插入图形块编程，图形块有系统指令、功能块（FB）与函数（FC）3 种。图形块指令由指令名称、能流信号、输入侧和输出侧构成。以运动控制轴图形块指令为例，图形块指令的具体构成如图 5-2 所示。

图 5-2　图形块指令的具体构成

（2）图形块指令编程。编程时，输入图形块指令名后按回车键，程序网络中将接入图形块指令，在图形块中可以直接编辑指令参数。

1）在梯形图编辑中，输入指令名或根据指令提示选择指令名后确定，梯形图网络中接入图形块指令，图形块指令的接入如图 5-3 所示。

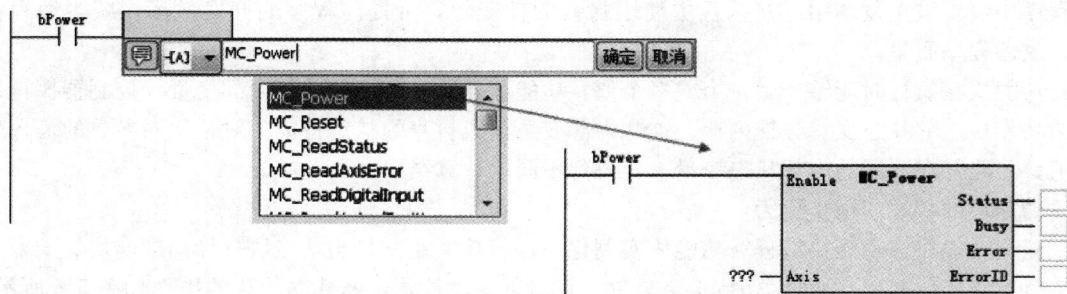

图 5-3　图形块指令的接入

2）在图形块指令中输入参数，可以完成图形块指令的编辑。指令中显示"???"为必须使用参数，其他可选是否使用参数，如未使用参数，指令输入由指令中自动默认参数值，指令输出在程序中或监控调试时不能获取指令中状态。输入图形块指令参数如图 5-4 所示。

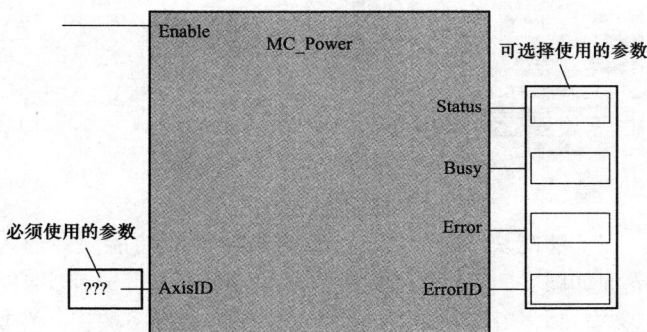

图 5-4　输入图形块指令参数

工具箱指令集节点下的所有指令均为图形块模式，编程时可以直接双击工具箱指令集节点下的指令，将指令添加到梯形图当前焦点位置。工具箱指令集指令输入如图 5-5 所示。

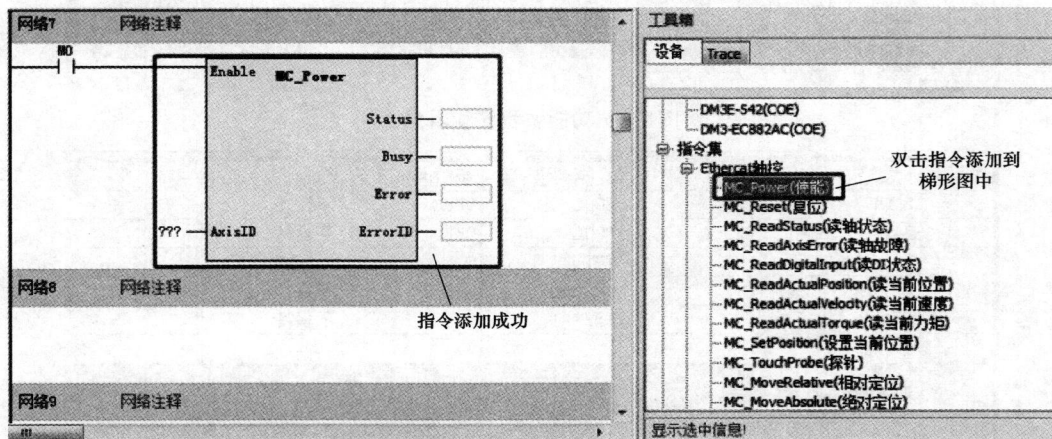

图 5-5　工具箱指令集指令输入

5. 功能块

功能块（Function Block，FB）可以把程序中重复使用的部分抽象封装成一个通用程序块，在程序中可以被重复调用。在编程中使用封装的功能块，可提高程序的开发效率，减少编程错误，改善程序质量。

功能块在执行时能够产生一个或多个值，功能块保留有自己特殊的内部变量，控制器执行系统给功能块内部状态变量分配内存，这些内部变量构成自身的状态特征。对于相同参数的输入变量值，可能存在不同的内部状态变量，会得到不同的计算结果。

功能块的基本使用步骤为：

新建功能块→功能块编程→功能块实例化→运行功能块→封装功能块→导出功能块。

（1）新建功能块。通过 AutoShop 软件，可以新建功能块。新建功能块的操作如图 5-6 所示，即在"编程"节点下右击"功能块（FB）"，选择"新建"，在弹出的对话框中输入功能块名，单击"确定"即完成功能块新建。

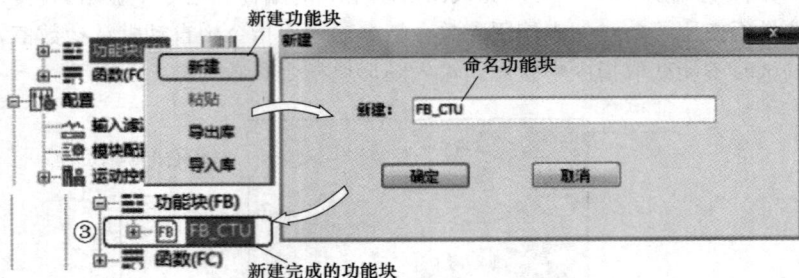

图 5-6　新建功能块的操作

（2）功能块编程。在"功能块（FB）"节点下双击新建的功能块，进入功能块程序编辑界面，功能块程序编辑界面如图 5-7 所示。功能块程序编辑界面与普通程序编辑相比，多了一个输入/输出和局部变量定义窗口，如图 5-8 所示功能块仅支持梯形图编程。在功能块程序里面，可以调用函数（FC）或功能块（RB），最大支持 8 级嵌套调用。

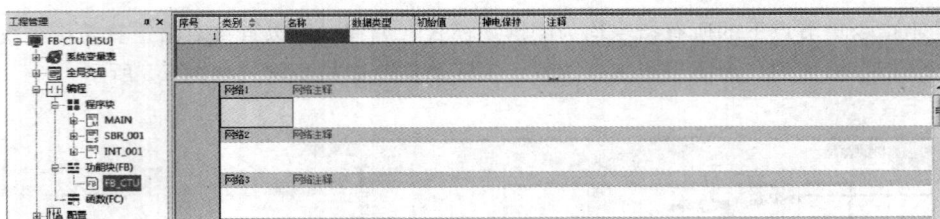

图 5-7　功能块程序编辑界面

序号	类别	名称	数据类型	初始值	掉电保持	注释
1	IN	CU	BOOL	OFF	不保持	
2	IN	RESET	BOOL	OFF	不保持	
3	IN	PV	INT	0	不保持	
4	OUT	Q	BOOL	OFF	不保持	
5	OUT	CV	INT	0	不保持	
6	VAR IN OUT INOUT					

图 5-8　输入/输出和局部变量定义窗口

1）变量类别。功能块变量的属性见表5-1。功能块程序除使用变量外，可将H5U支持的软元件作为全局变量使用，如M8000。

表5-1　　　　　　　　　　　　　　　　　功能块变量的属性

变量类别	类别说明	描述
IN	输入变量	由调用它的逻辑块提供参数，输入传递给逻辑块的指令
OUT	输出变量	向调用它的逻辑块提供参数，即从逻辑块输出结构数据
INOUT	输入/输出变量	输入/输出变量不仅可以传入被调用的逻辑块内， 并且可以在被调用的逻辑块内部修改
VAR	局部变量	仅在本逻辑块中有效，不能被外部访问

2）功能块变量名称。功能块变量名称定义要使用的变量的名称。

3）功能块变量数据类型。功能块变量数据类型支持BOOL、INT、DINT和REAL，可以定义数组变量和结构体。如使用结构体变量，需在全局变量的结构体中建立结构体成员。

4）功能块变量初始值。设置变量执行开始时的初始数据。

5）功能块变量掉电保持。掉电保持属性可将变量设置为保持或非保持属性。若设为非保持，上电后变量恢复为初始值中设定的值；若设为保持，如在系统参数中勾选"下载时，初始化掉电保持型变量"，程序下载时变量恢复为初始值中设定的值，否则保持上一次运行值。

6. 用功能块封装增计数

用功能块（FB）封装增计数如图5-9所示。

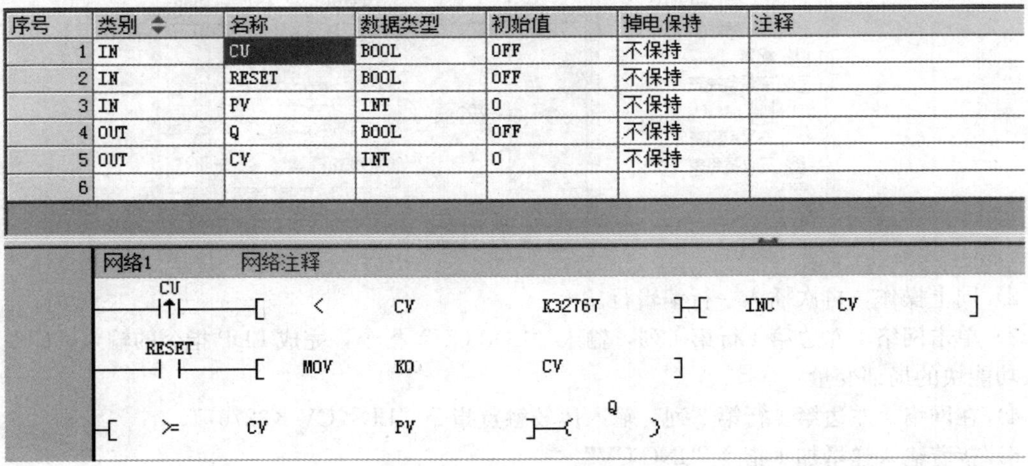

图5-9　用功能块（FB）封装增计数

（1）设置功能块变量。在输入/输出和局部变量定义表中的第一行，定义一个输入变量，类别选择"IN"，名称设置为CU，数据类型选择"BOOL"，初始值选择"OFF"，掉电保持选择"不保持"。增计数功能块变量设置见表5-2。

表5-2　　　　　　　　　　　　　　　　　增计数功能块变量设置

序号	类别	名称	数据类型	初始值	掉电保持	注释
1	IN	CU	BOOL	OFF	不保持	—
2	IN	RESET	BOOL	OFF	不保持	—
3	IN	PV	INT	0	不保持	—

续表

序号	类别	名称	数据类型	初始值	掉电保持	注释
4	OUT	Q	BOOL	OFF	不保持	—
5	OUT	CV	INT	0	不保持	—

（2）编辑增计数功能块梯形图程序。

1）右击网络 1，在弹出的右键快捷菜单中，选择"行插入"，如图 5-10 所示，在网络 1 中插入编辑行。

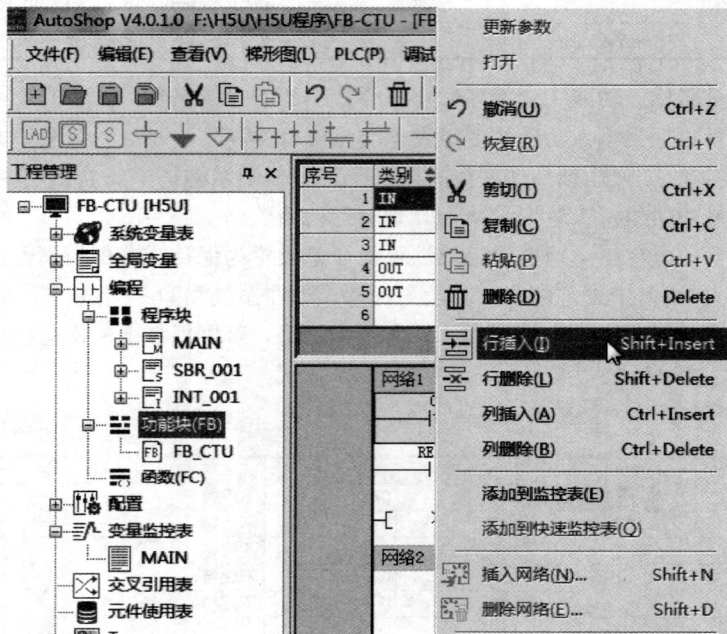

图 5-10　选择"行插入"

2）同上操作，再次插入一行编辑行。

3）单击网络 1 左边第 1 行第 1 列，输入"LDP CU"指令，完成 LDP 指令的输入，CU 为增计数功能块的局部变量。

4）在网络 1 左边第 1 行第 2 列，输入比较触点指令"LD＜CV K32767"。

5）接着输入递增加 1 指令"INC CV"。

6）单击网络 1 左边第 2 行第 1 列，输入"LD RESET"指令，完成常开触点 RESET 的输入。

7）在网络 1 左边第 2 行第 2 列，输入数据传送指令"MOV K0 CV"。

8）在网络 1 左边第 3 行第 1 列，输入比较触点指令"LD＞＝CV PV"。

9）接着在其后输入线圈输出指令"OUT Q"。

（3）功能块实例化调用。编写好 FB 程序后，在应用程序中使用，需要对功能块实例化调用。

1）方法一：在梯形图应用程序中，直接输入 FB 名称，如图 5-11 所示，在功能块指令顶部的"???"中输入实例化名，完成功能块实例化。

2）方法二：在梯形图应用程序中，直接输入 FB 名＋实例化名，如图 5-12 所示，单击确定后完成功能块实例化。

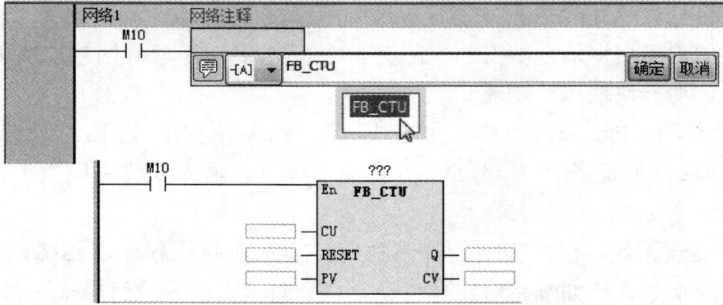

图 5-11 直接输入 FB 名称

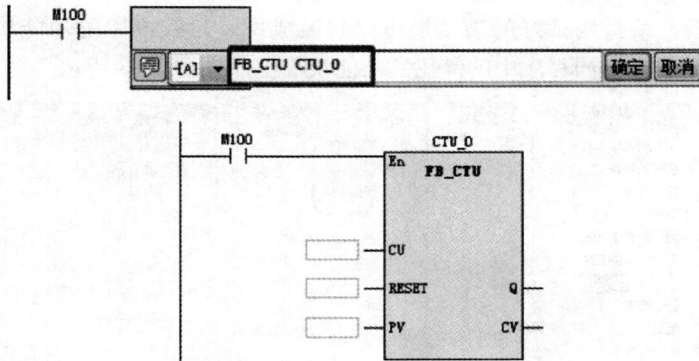

图 5-12 直接输入 FB 名+实例化名

完成实例化后，在 FB 指令中根据程序需要编辑指令参数，完成功能块的实例化调用。

3）方法三：在工具箱的 FB 节点下，双击 FB 指令，如图 5-13 所示，可以将 FB 指令添加到梯形图选中的位置，添加后在图形块指令中输入实例化名称完成实例化定义。

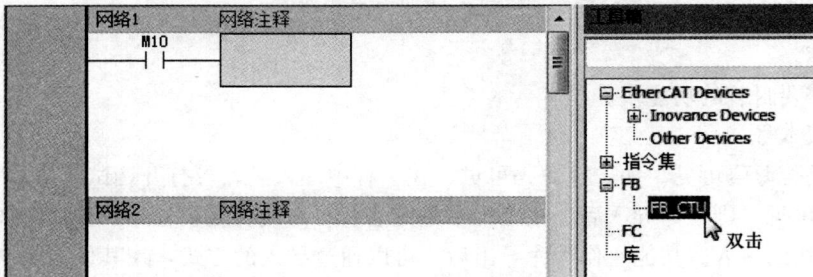

图 5-13 双击 FB 指令

（4）功能块运行。功能块实例化程序如图 5-14 所示。

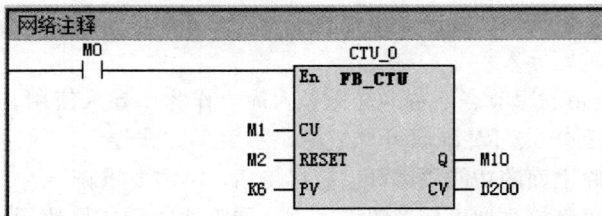

图 5-14 功能块实例化程序

1) 功能块实例化后，功能块的 En 连接梯形图网络。En 网络能流有效（ON）时，功能块程序被执行，功能块的输出根据输入状态和内部变量状态刷新变化。En 网络能流无效（OFF）时，功能块程序不执行，功能块输出不刷新。

2) 计数器功能块 CTU 能流条件为 ON，功能块执行，输入条件 CU 上升沿变化时，输出 CV 加 1；

计数器功能块 CTU 能流条件为 OFF，功能块不执行，输入条件 CU 上升沿变化时，输出 CV 不刷新。

3) 功能块 En 能流无效，仅代表功能块不执行，表示功能块程序不扫描刷新。因为功能块可以包含持续运行的指令，比如轴相对定位运动，在相对运动指令执行中未达目标位置时，即使指令不扫描，也可以继续运动。因此，要停止对功能块内部控制的动作，需要通过功能块逻辑实现，不能通过功能块 En 能流控制。

（5）功能块封装。编辑调试好的功能块可以封装成库。封装成库的功能块，可以通过 AutoShop 的库管理，实现在不同程序中的复用。功能块导出库如图 5-15 所示。

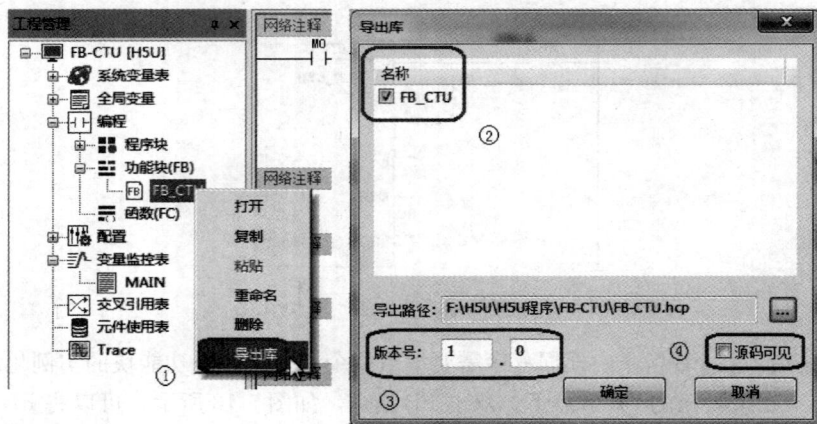

图 5-15　功能块导出库

1) 导出库。

2) 选择需要封装的功能块。

3) 设置版本号。

4) 选择是否源码可见。如选择源码可见，在工程中导入后，可打开调试或修改功能块程序；如不选择源码可见，则在库导入后，在工程中是无法查看修改功能块程序的，只能调用。

（6）功能块的导入。功能块作为库导出后，可以通过导入的方式，在其他程序中调用。可以通过两种方法导入功能块库。

1) 方法一：在工程管理的功能块节点下右击选择导入库，作为工程导入使用。通过工程管理器导入库如图 5-16 所示。这种方法仅对源码可见的功能块进行导入，导入后的功能块程序可以双击打开，可以编辑调试功能块程序。这种方法导入的功能块库随工程管理，新建工程后如需调用这些功能块，需要重新导入。

2) 方法二：在工具箱的库节点下右击选择导入库，作为库导入使用。通过工具箱库节点导入库如图 5-17 所示。这种方式可对源码可见或源码不可见方式导入，导入后作为用户自定义库管理，新建工程后这些库里面的功能块都可以直接使用，不需要重新导入。在工具箱导入的功能块库，双击后作为指令可直接添加到梯形图程序中，如需要查看或修改源码可见的功能块程序，需要在工程管理中导入。

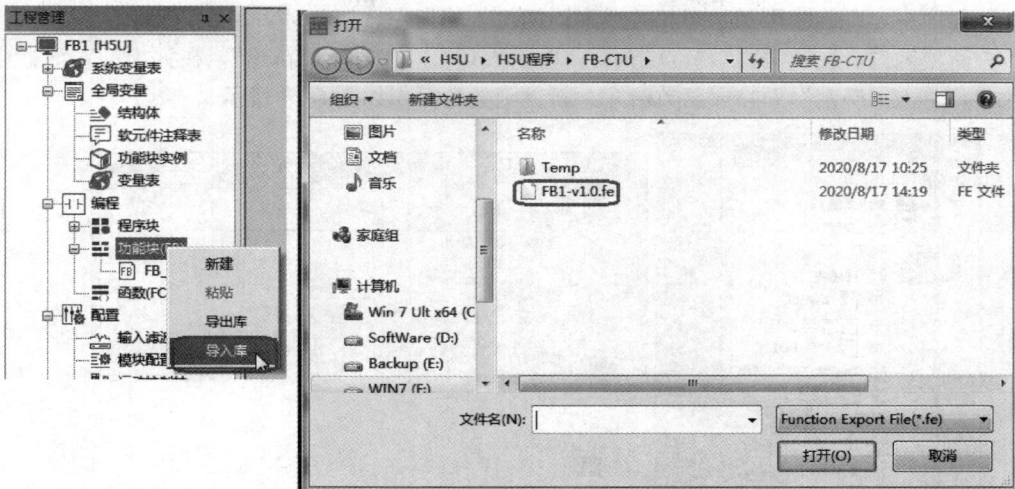

图 5-16　通过工程管理器导入库

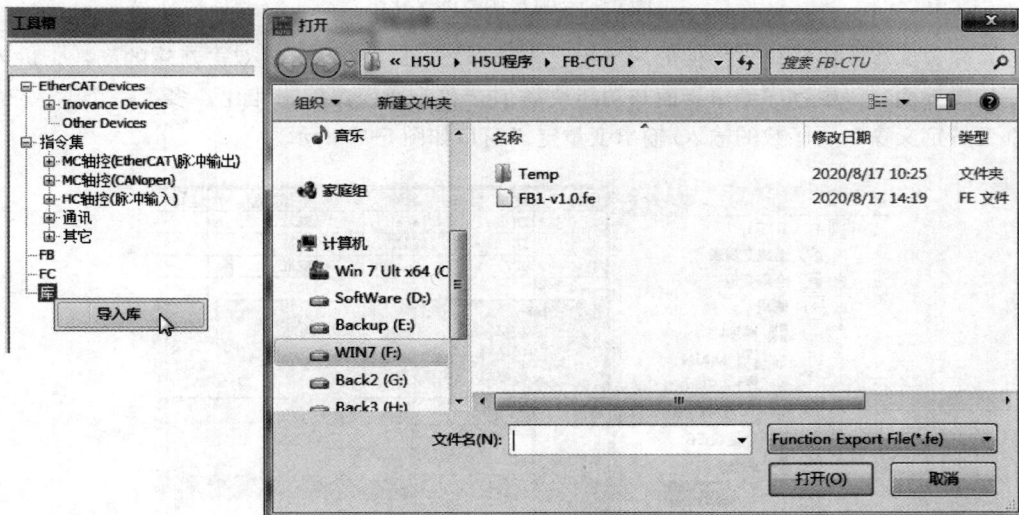

图 5-17　工具箱库节点导入库

7. 函数

函数（Function，FC）是独立封装的程序块，程序块可以定义输入/输出类型参数，可以定义非静态内部变量，即使用相同的输入参数调用某一函数时，得到的输出结果是相同的。函数的重要特点是它的内部变量是静态的，没有内部状态存储，相同的输入参数能得到相同的输出，这是函数（FC）与功能块（FB）之间的主要区别。

函数（FC）作为基本算法单元，常用于各种数学运算函数，比如 $\sin(x)$、$\mathrm{sqrt}(x)$ 等就是典型的函数类型。

与功能块的变量相比，函数变量不能定义初始值，且所有局部变量都是非保持型的。

函数程序使用梯形图编程，在函数程序里面，可以调用函数（FC）。函数本身可以被其他函数、功能块、程序调用。

函数程序除使用变量外，可将 M8000 作为常 ON 变量使用。

函数程序中，不能使用和状态相关或多周期执行的指令，如 LDP、MC_Power 等指令。

（1）新建函数。在"编程"节点下右击"函数（FC）"，选择"新建"，在弹出的对话框中输入函数名，单击"确定"即完成函数新建。新建函数的操作如图 5-18 所示。

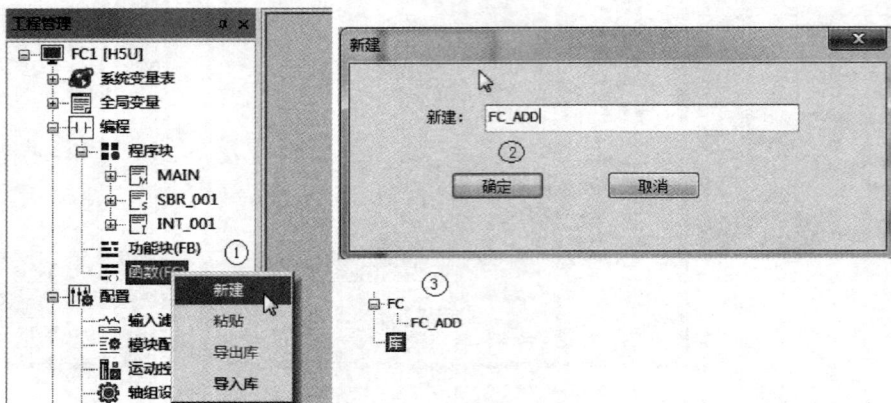

图 5-18　新建函数的操作

（2）函数编程。函数仅支持梯形图编程。在"函数（FC）"节点下双击新建的函数，进入函数程序编辑界面。函数程序编辑界面与功能块类似，和普通程序编辑相比，多了一个输入/输出和局部变量定义窗口。函数的输入/输出变量定义窗口如图 5-19 所示。

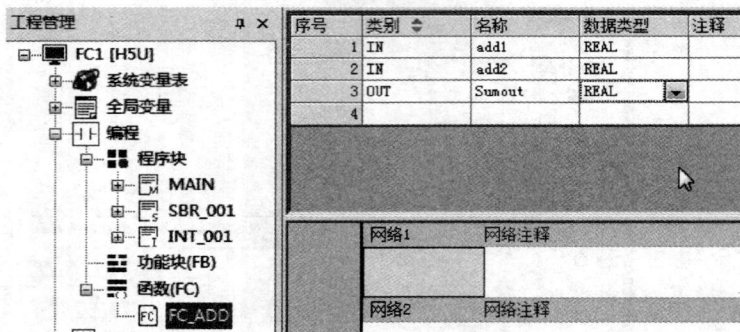

图 5-19　函数的输入/输出变量定义窗口

在输入/输出和局部变量定义窗口，可以定义功能块的输入（IN）、输出（OUT）、输入输出（INTOUT）和局部变量（VAR）。变量数据类型支持 BOOL、INT、DINT 和 REAL，可以定义数组变量和结构体。如使用结构体变量，需在全局变量的结构体中建立结构体成员。

8. 封装 FC 加法函数

（1）设置加法函数输入/输出变量。在输入/输出和局部变量定义表中的第 1 行定义一个输入变量，类别选择"IN"，名称设置为 Add1，数据类型选择"REAL"。加法函数变量设置见表 5-3。

表 5-3　　　　　　　　　　　　加 法 函 数 变 量 设 置

序号	类别	名称	数据类型	注释
1	IN	Add1	REAL	
2	IN	Add2	REAL	
3	OUT	SumOut	REAL	

在 FC 加法函数变量表下的程序编辑区的网络 1 中，输入下列程序指令，完成新加法函数的编程。

LD M8000

DEADD Add1 Add2 SumOut

（2）调用函数。编写好 FC 程序后，可以在应用程序中使用，也可以直接调用使用。

1）方法一：在梯形图应用程序中，直接输入 FC 名称，如图 5-20 所示，单击"确定"或回车后在图形块指令中编辑输入/输出参数。

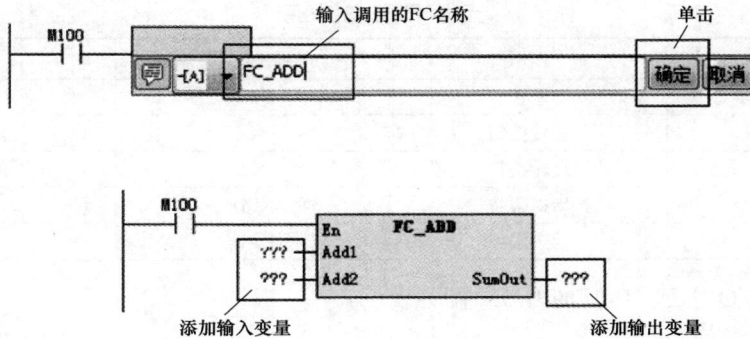

图 5-20 直接输入 FC 名称

2）方法二：新建 FC 程序后，在工具箱的 FC 节点下会生成相应的指令，直接双击工具箱 FC 节点中的 FC 指令，如图 5-21 所示，可以将 FC 指令添加到梯形图选中的位置。

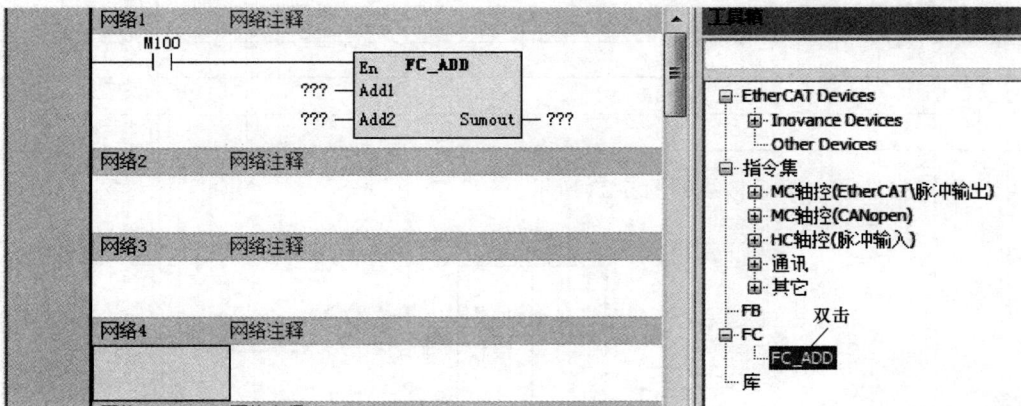

图 5-21 双击 FC 指令

（3）运行函数。函数调用程序如图 5-22 所示。

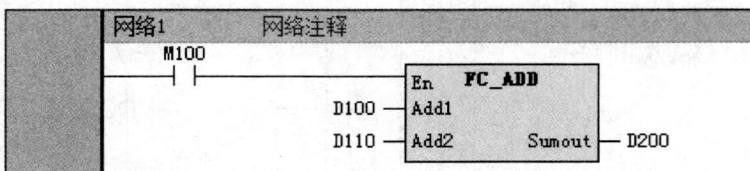

图 5-22 函数调用程序

函数调用后，函数的 En 连接梯形图网络。En 网络能流有效（ON）时，函数程序被执行，函数的输出根据输入状态运算刷新输出结果。En 网络能流有效（OFF）时，函数程序不执行，功能块输出不刷新。

（4）封装函数。函数封装与功能块类似，参考功能块封装。

9. 设计工作台循环移动的计数控制 PLC 程序

（1）PLC 软元件分配。

1）元件代号与作用。元件代号与作用见表 5-4。

表 5-4　　　　　　　　　　　　　元件代号与作用

元件代号	作用	元件代号	作用
SB0	停止	FR1	热保护
SB1	正转按钮	K1	点动/连续
SB2	反转按钮	K2	单次/循环
SQ1	后退限位	KM1	正转
SQ2	前进限位	KM2	反转

2）PLC 的 I/O 分配。PLC 的 I/O 分配见表 5-5。

表 5-5　　　　　　　　　　　　　PLC 的 I/O 分配

输入		输出	
SB0	X10	KM1	Y21
SB1	X11	KM2	Y22
SB2	X12		
SQ1	X13		
SQ2	X14		
K1	X16		
K2	X17		

（2）PLC 接线图。PLC 接线如图 5-23 所示。

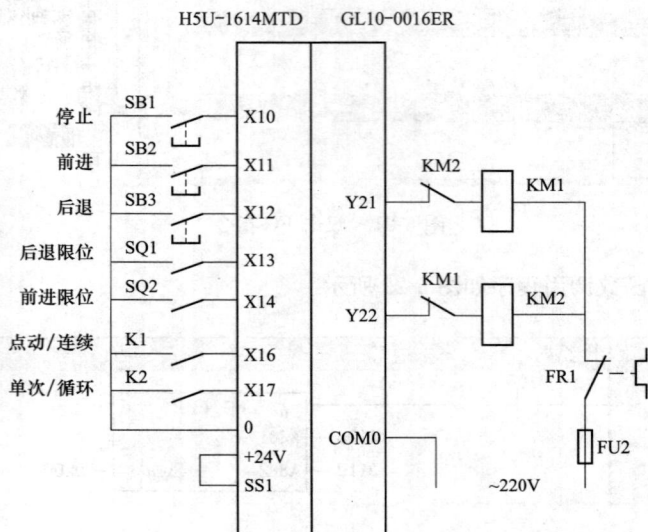

图 5-23　PLC 接线图

（3）PLC 控制程序。PLC 控制程序如图 5-24 所示。

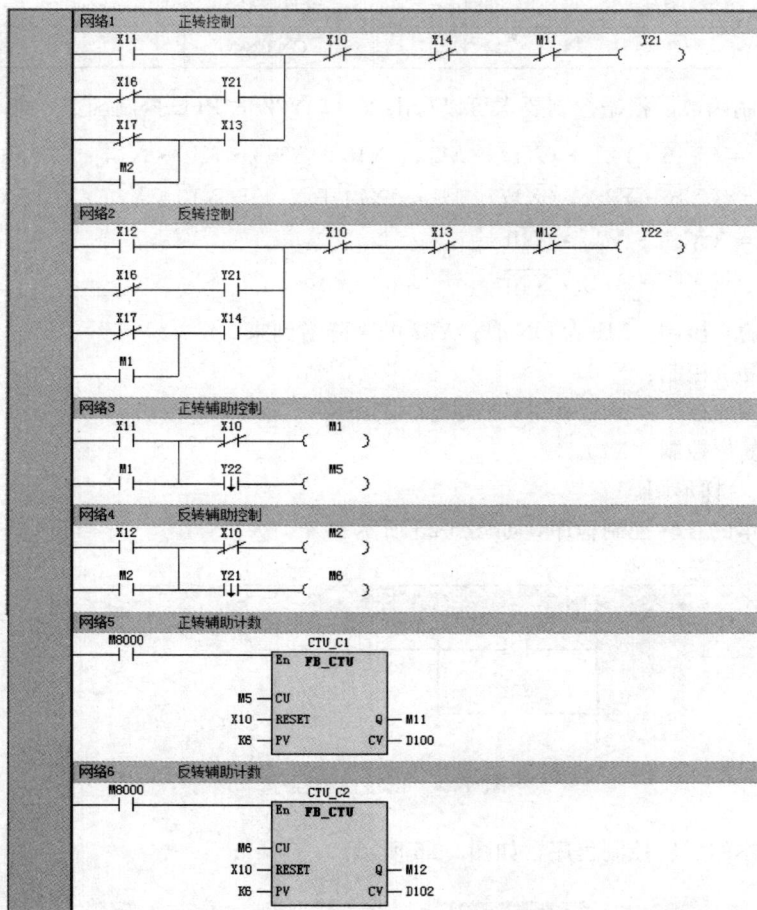

图 5-24 PLC 控制程序

技能训练

一、训练目标

（1）能够正确设计工作台循环移动的计数控制的 PLC 程序。

（2）能正确输入和传输 PLC 控制程序。

（3）能够独立完成工作台循环移动的计数控制线路的安装。

（4）按规定进行通电调试，出现故障时，应能根据设计要求进行检修，并使系统正常工作。

二、训练步骤与内容

1. 设计、输入 PLC 程序

（1）PLC 的 I/O 分配见表 5-5。

（2）其他软元件分配见表 5-6。

（3）PLC 配置。主模块为 H5U-1614MTD；扩展模块为 GL10-0016ER。

表 5-6   其 他 软 元 件 分 配

元件代号	地址	作用	元件代号	地址	作用
CNT1	C1（）	计数控制	CNT2	C2（）	计数控制

（4）PLC 控制函数。根据控制要求可以写出 Y21、Y22 的 PLC 控制函数，即

$$Y21 = (\overline{X16} \cdot Y21 + (\overline{X17} + M2) \cdot X13 + X11) \cdot \overline{X10} \cdot \overline{X14} \cdot \overline{Y22} \cdot \overline{C1}$$

$$Y22 = (\overline{X16} \cdot Y22 + (\overline{X17} + M1) \cdot X14 + X12) \cdot \overline{X10} \cdot \overline{X13} \cdot \overline{Y21} \cdot \overline{C2}$$

$$M1 = (X11 + M1) \cdot \overline{X10}$$

$$M2 = (X12 + M2) \cdot \overline{X10}$$

1）C1 计数输入控制：M1 为 ON 时，Y22 的下降沿到来。

2）C1 计数复位控制：X10。

3）C2 计数输入控制：M2 为 ON 时与 Y21 的下降沿到来。

4）C2 计数复位控制：X10。

（5）画出 PLC 梯形图。

（6）输入基本的正转控制程序，如图 5-25 所示。

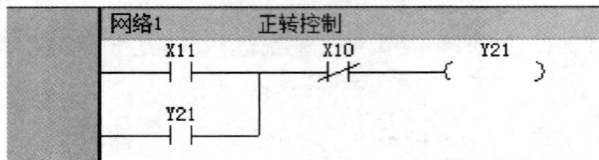

图 5-25　正转控制程序

（7）输入基本的反转控制程序，如图 5-26 所示。

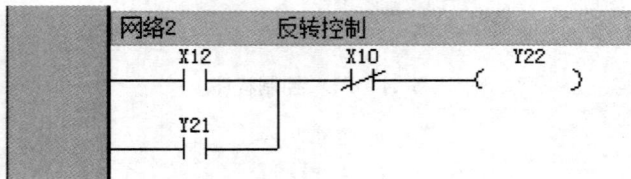

图 5-26　反转控制程序

（8）增加行程开关 SQ1、SQ2 控制的自动往返功能的程序，如图 5-27 所示。

（9）点动/连续控制 X16 为 ON 时，系统处于点动控制状态，在自锁环节中串入 X16 的常闭触点，解锁自锁环节，就增加了点动调试功能。点动控制程序如图 5-28 所示。

（10）单周/多次循环控制 X17 为 ON 时，系统处于单周运行状态，通过解锁循环联锁控制，即在行程开关联锁循环控制环节串入 X17 的常闭触点实现，增加的辅助继电器 M1、M2 保证单次循环控制的实现。单次循环控制程序如图 5-29 所示。

（11）增加计数控制功能的程序如图 5-30 所示。

1）按下前进按钮 X11，M1 为 ON，记忆正转起动状态，Y21 得电，电动机正转起动运行，驱动工作台前进。

2）碰到行程开关 SQ2，停止正转，工作台停止前移，SQ2 同时起动反转运行，工作台后退。

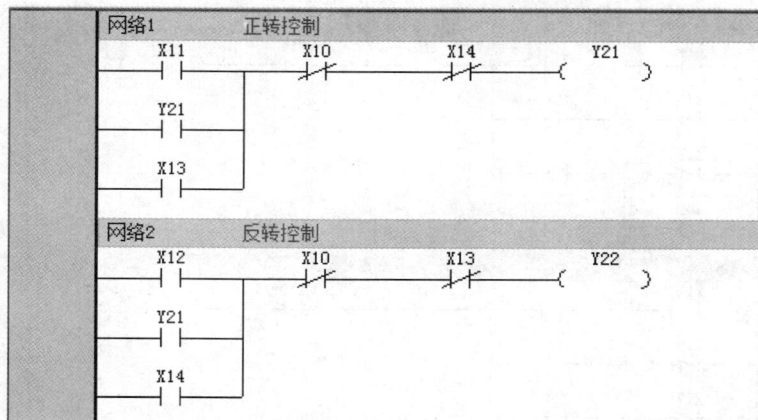

图 5-27　自动往返控制程序

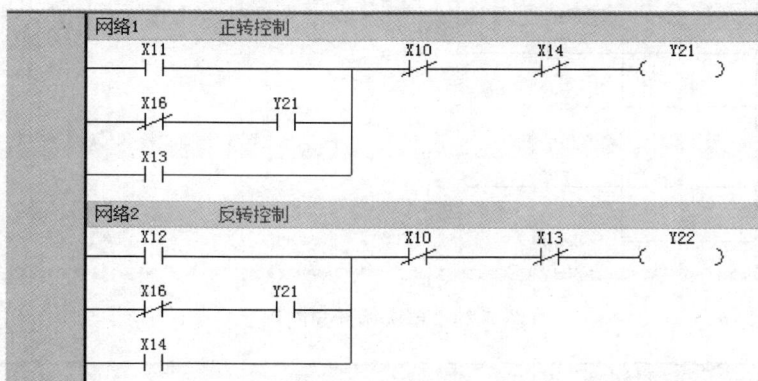

图 5-28　点动控制程序

3）碰到行程开关 SQ1，停止反转，工作台停止后退，Y22 失电，下降沿触发计数器 CTU_C1 计数，CTU_C1 当前值加 1，SQ1 同时触发正转起动运行，工作台再次前进，如此循环运行。

4）CTU_C1 当前值等于 6 时，CTU_C1 输出 M11 为 ON，串联在 Y21 输入电路的 M11 常闭触点断开，Y21 失电，终止循环运行。

5）按下后退按钮 X12，反转、停止、正转、停止，循环运行；CTU_C2 计数，循环 6 次，串联在 Y22 输入电路的 M12 常闭触点断开，Y22 失电，终止循环运行。

（12）在计数器 CTU_C1、CTU_C2 增加计数器的复位端，增加复位控制，组成工作台循环移动控制功能完整的程序，如图 5-31 所示。

2. 系统安装与调试

（1）PLC 按图 5-23 所示的 PLC 接线图接线。

（2）将 PLC 程序下载到 PLC，并使 PLC 处于连线运行状态。

（3）接通 X16 输入端开关，X16 常闭触点断开，系统处于点动调试状态。

（4）按下前进控制按钮 SB1，点动控制电动机正转，使工作台点动前进，并注意观察输出端 Y21 的状态变化。

（5）按下后退控制按钮 SB2，点动控制电动机反转，使工作台点动后退，并注意观察输出端 Y22 的状态变化。

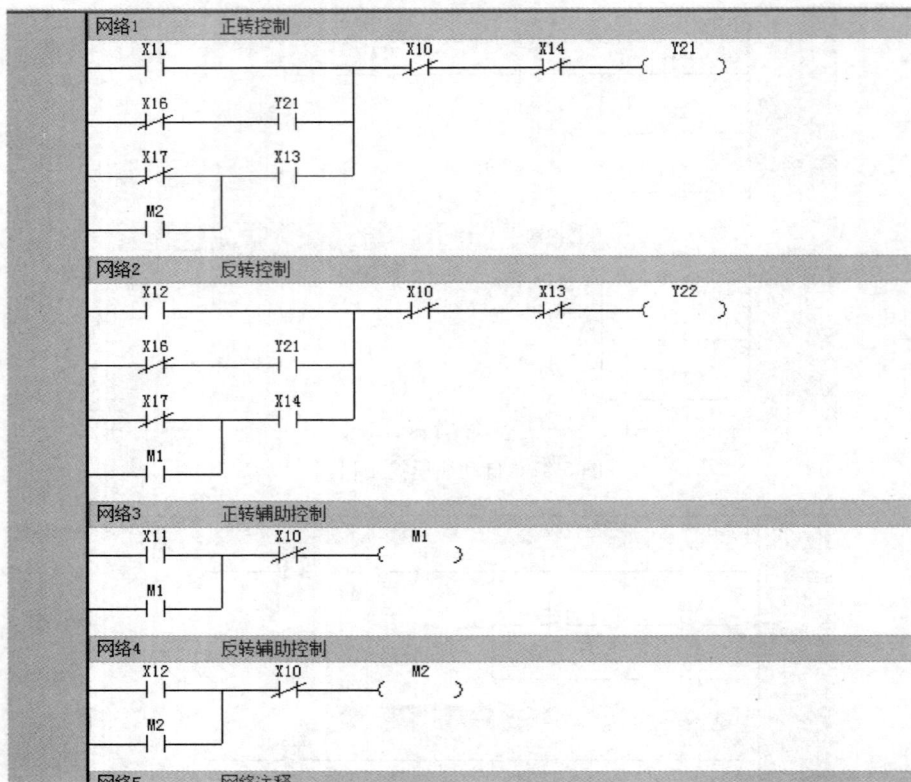

图 5-29 单次循环控制程序

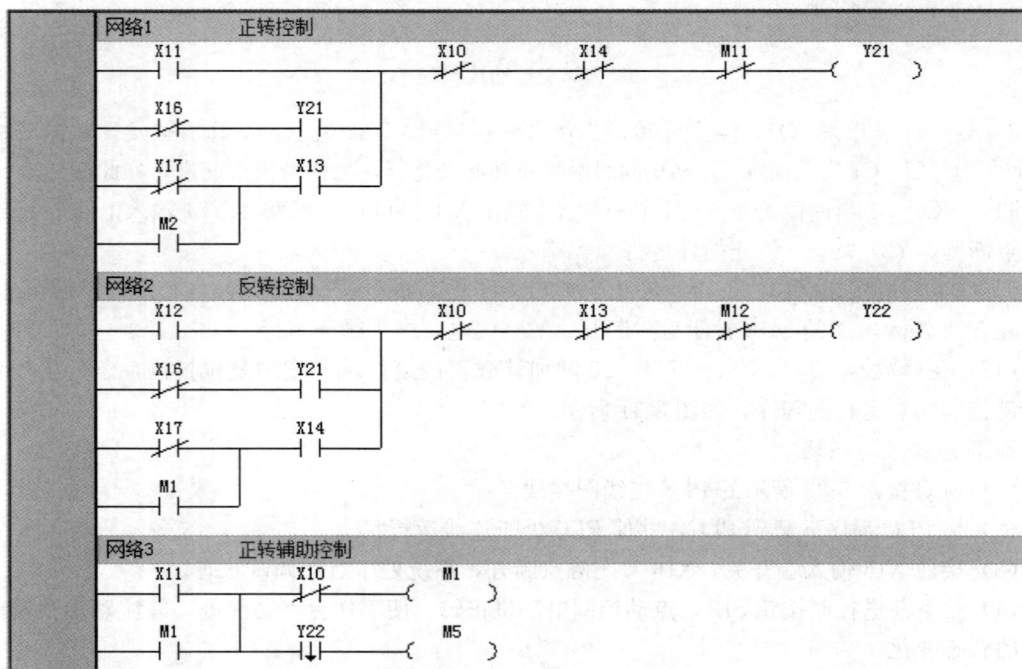

图 5-30 增加计数控制功能（一）

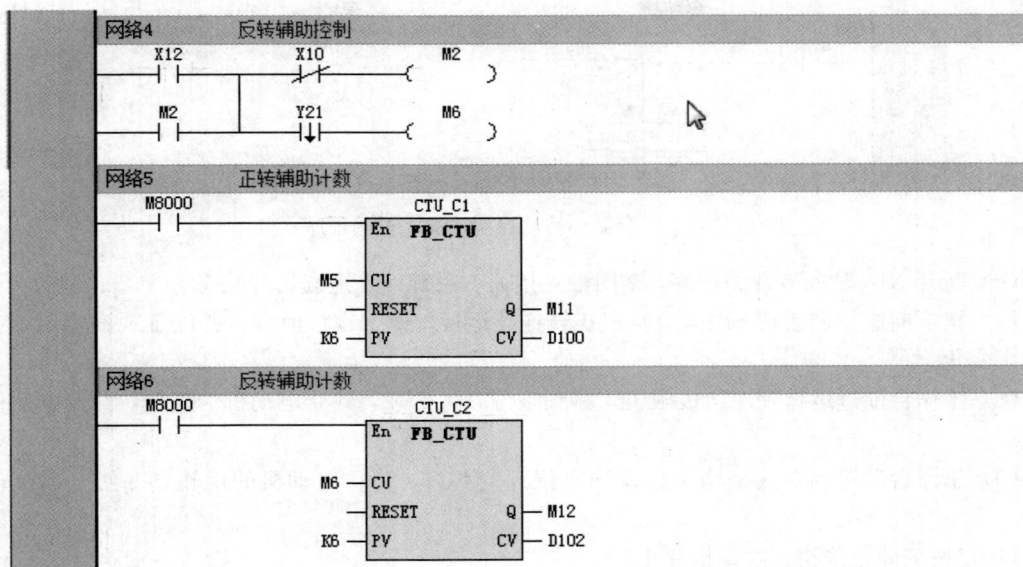

图 5-30 增加计数控制功能（二）

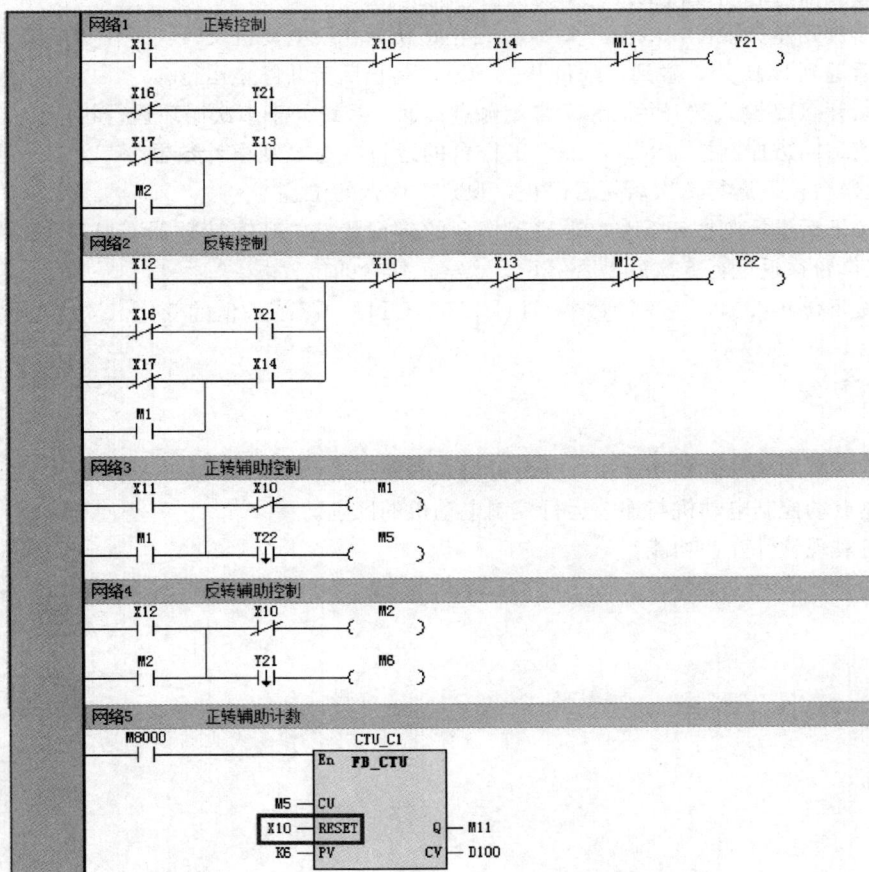

图 5-31 工作台循环移动控制功能完整的程序（一）

项目五

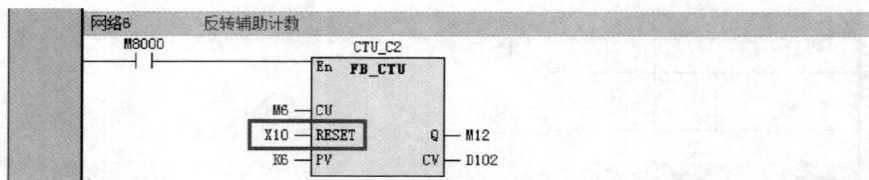

图 5-31 工作台循环移动控制功能完整的程序（二）

（6）断开 X16 输入端开关，X16 常闭触点接通，系统处于连续运行状态。

（7）按下前进控制按钮 SB1，电动机正转连续运行，使工作台前进，并注意观察输出端 Y21 的状态变化。

（8）工作台前进运行到左边极限位，碰到限位开关 SQ2，终止电动机的正转，并使电动机反转运行。

（9）工作台后退到右边极限位，碰到限位开关 SQ1，终止电动机的反转，并使电动机正转运行。

（10）按下停止按钮，电动机停止。

（11）接通 X17 输入端开关，X17 常闭触点断开，解锁自动往返控制环节。

（12）按下前进起动按钮 X11，电动机正转前进。

（13）前进到左极限位，限位开关 SQ2 终止正转，并使电动机反转，工作台后退。

（14）后退到 SQ1 处，碰到右限位开关 SQ1，终止反转并停止运行。

（15）断开 X17 输入端开关，X17 常闭触点接通，系统处于多次循环运行状态。

（16）按下前进控制按钮 SB1，观察工作台的运行状态，观察计数器 CTU_C1 当前值的变化，观察工作台往返运行 6 次后是否停止，观察工作台的位置。

（17）按下后退控制按钮 SB2，观察工作台的运行状态，观察计数器 CTU_C2 当前值的变化，观察工作台往返运行 6 次后是否停止，观察工作台的位置。

（18）按下停止按钮，观察计数器 CTU_C1、CTU_C2 当前值的变化。

习题 5

1. 创建一个加减计数器功能块，并进行封装和应用。

2. 简述点动控制电动机与连续运行控制电动机的区别。

3. 如何实现软件互锁功能？

项目六 步进顺序控制

学习目标

（1）学会步进顺序控制程序设计思维和方法。

（2）学会将工艺流程图转换为状态转移图。

（3）学会用置位、复位指令实现状态转移控制。

（4）学会根据状态转移图设计 PLC 控制程序。

（5）学会根据 PLC 控制程序画出状态转移图。

（6）学会使用简单的气动控制元件。

（7）学会简易机械手的控制。

任务9 用步进顺序控制方法实现星—三角（丫—△）降压起动控制

基础知识

一、任务分析

1. 控制要求

（1）按下起动按钮，电动机定子绕组接成星形起动，延时一段时间后，自动将电动机的定子绕组换接成三角形运行。

（2）按下停止按钮，电动机停止。

（3）具有短路保护和电动机过载保护等必要的保护措施。

2. 电气控制原理

继电器控制的电动机星—三角（丫—△）降压起动控制电路如图 6-1 所示。

各元器件的名称、代号和作用见表 6-1。

二、步进顺序控制

1. 步进顺序控制

步进顺序控制，就是按照生产工艺要求，在输入信号的作用下，根据内部的状态和时间顺序，一步接一步有序地控制生产过程进行。在实现顺序控制的设备中，输入信号来自现场的按钮开关、行程开关、接触器触点、传感器的开关信号等，输出控制的负载一般是接触器、电磁阀等。通过接触器控制电动机动作或通过电磁阀控制气动、液动装置动作，使生产机械有序地工作。步进顺序控制中，生产过程或生产机械是按秩序、有步骤连续地工作。

通常，我们可以把一个较复杂的生产过程分解为若干步，每一步对应生产的一个控制任务（工序），也称为一个状态。

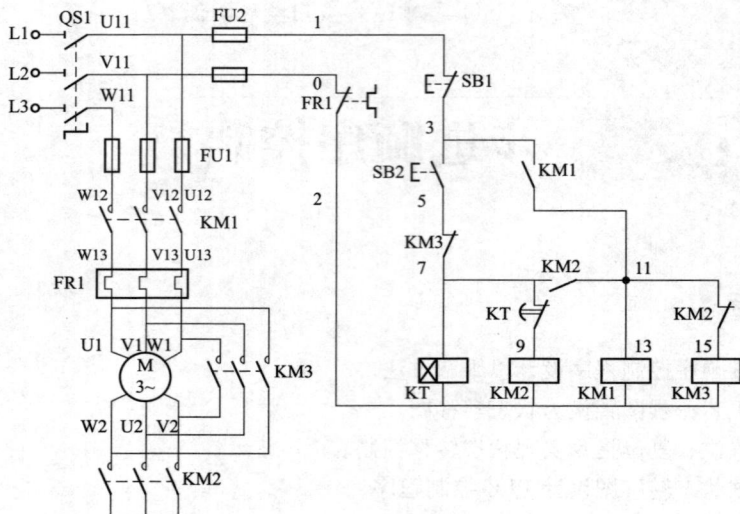

图 6-1 电动机星—三角（Y—△）降压起动控制电路

表 6-1 元器件的名称、代号和作用

名称	代号	作用
交流接触器	KM1	电源控制
交流接触器	KM2	星形（Y）联结
交流接触器	KM3	三角形（△）联结
时间继电器	KT	延时自动转换控制
起动按钮	SB1	起动控制
停止按钮	SB2	停止控制
热继电器	FR1	过载保护

图 6-2 所示为星—三角（Y—△）降压起动控制的工作流程，系统处于初始静止状态时，按下起动按钮，系统转入第一步——星形起动状态，延时一段时间转入第二步——三角形运行状态，按下停止按钮，系统回到初始状态。

从图 6-2 中可以看到，每个方框表示一步工序，描述了该工序应该完成的控制任务，方框之间用带箭头的直线相连，箭头方向表示工序转移方向。按生产工艺过程，将转移条件写在直线旁边，转移条件满足，上一步工序完成，下一步开始。

由以上分析可知顺序控制流程图具有以下特点。

（1）将复杂的顺序控制任务或过程分解为若干个工序（或状态），有利于程序的结构化设计。分解后的每步工序（或状态）都应分配一个状态控制元件，确保顺序控制按要求顺序进行。

（2）相对于某个具体的工序来说，控制任务实现了简化，局部程序编制方便。每步工序（或状态）都有驱动负载的能力，能使输出执行元件动作。

（3）整体程序是局部程序的综合。每步工序（或状态）在转移条件满足时，都会转移到下一步工序，并结束上一步工序。只要清楚各工序成立的条件、转移的条件和转移的方向，就可以进行顺序控制流程图的设计。

2. 状态转移图

任何一个顺序控制任务或过程可以分解为若干个工序，每个工序就是控制过程的一个状态，将图 6-2 中的工序更换为"状态"，就得到了顺序控制的状态转移图。状态转移图就是用状态来描述控制任务或过程的流程图。

在状态转移图中，一个完整的状态，应包括状态的控制元件、状态所驱动的负载、转移条件和转移方向。图 6-3 所示为状态转移图中的一个完整的状态。方框表示一个状态，框内用状态元件标明该状态名称，状态之间用带箭头的线段连接，线段上的垂直短线及旁边标注为状态转移条件，方框右边为该状态的驱动输出。图 6-3 中，当状态继电器 S21 为 ON 时，顺序控制进入 S21 状态。输出继电器 Y1 被驱动，通过 SET 指令使 Y2 置位并自锁。当转移条件 X3 的常开触点闭合时，顺序控制转移到下一个状态 S22。S21 自动复位断开，该状态下的动作停止，驱动的元件 Y1 复位，SET 驱动的元件仍保持接通。

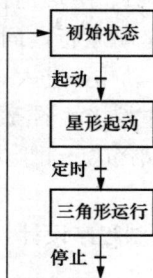

图 6-2　电动机星—三角降压起动
控制的工作流程

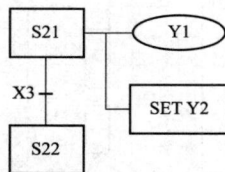

图 6-3　状态转移图中的一个完整的状态

设 S21 的前一状态是 S20，图 6-3 所示状态转移图对应的梯形图如图 6-4 所示。

状态 S21 激活后，首先复位前一状态，接着完成本状态的驱动任务，最后编制状态转移程序，根据转移条件，通过置位指令向下一状态转移。

星—三角（Y—△）降压起动控制的状态转移图如图 6-5 所示。

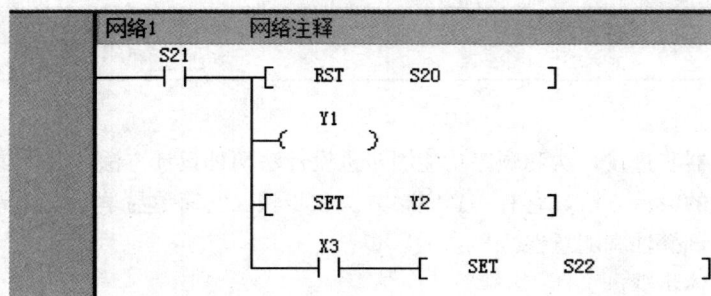

图 6-4　状态转移图对应的梯形图

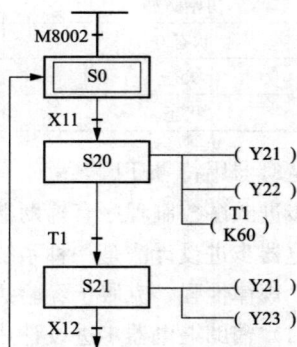

图 6-5　星—三角（Y—△）降压
起动控制的状态转移图

初始状态是状态转移的起点，也就是预备阶段。一个完整的状态转移图必须要有初始状态。图 6-5 中，S0 是初始状态，用双线框表示。其他的状态用单线框表示。

状态图中，输入、输出信号都是可编程控制器的输入、输出继电器的动作，因此，画状态图前，应根据控制系统的需要，分配 PLC 的 I/O 点。

电动机星—三角降压起动控制的 PLC I/O 分配见表 6-2。

表 6-2   PLC I/O 分配

元件名称	符号	作用
按钮 1	X11	起动
按钮 2	X12	停止
接触器 1	Y21	主控
接触器 2	Y22	星形运行
接触器 3	Y23	三角形运行
定时器	T1	定时

根据上述 I/O 分配，对图 6-5 说明如下。利用 PLC 初始化脉冲 M8002，进入初始状态 S0；按下启动按钮 X11，进入星形起动状态 S20，驱动主控接触器 Y21、星形运行接触器 Y22，使电动机线圈接成星形起动运行，同时驱动定时器定时 6s；定时时间到，T1 动作，进入三角形运行状态 S21，S20 自动复位，驱动主控接触器 Y21、三角形运行接触器 Y23，使电动机线圈接成三角形运行；按下停止按钮，系统回到初始状态 S0。

三、步进顺序控制程序设计

1. PLC 接线图

PLC 接线如图 6-6 所示。

2. 设计 PLC 控制程序

PLC 的 I/O 分配见表 6-2。

其他软元件分配见表 6-3。

H5U-1614MTD GL10-0016ER

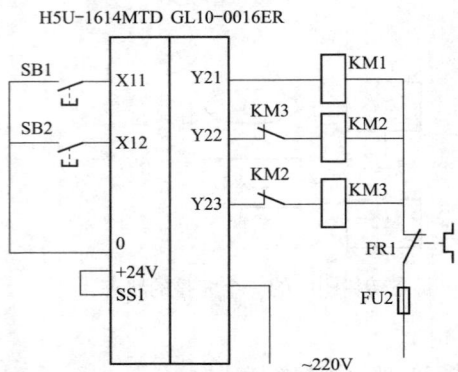

图 6-6   PLC 接线图

表 6-3   其 他 软 元 件 分 配

元件名称	软元件地址	作用
初始脉冲	M8002	初始化
状态 0	S0	初始状态
状态	S20	星形起动
状态	S21	三角形运行

定时器用符号 T1 表示。

步进顺序控制程序有辅助继电器步进设计法和顺序功能图步进设计法两种设计方法。其中辅助继电器步进设计法是一种系统化的设计方法，它有一套完整方法和步骤。它简单易学、设计周期短、规律性强，克服了经验法的试探性和随意性。

(1) 辅助继电器步进设计法具体步骤。

1) 仔细分析控制要求，将每一个控制要求细化为若干个独立的不可再分的状态，按照动作的先后顺序，将状态——串在一起，形成工作流程。

2) 程序的结构分为辅助继电器控制部分和结果输出两部分，辅助继电器部分控制状态的顺序，程序输出由相应状态的辅助继电器驱动输出继电器组成。

(2) 辅助继电器步进设计法的优点。

1) 系统化设计，思路清晰、明确。

2) 结构化设计，将梯形图分为辅助继电器状态控制和结果输出两部分，结构清楚，层次分明，可读性好。

项目六

3）每个状态的梯形图相似，便于检查、修改和调试。

4）简单易学，设计时间短，实用性强。

（3）辅助继电器控制工序部分依据启停控制函数设计。

1）根据星—三角降压起动控制的状态转移图，找出状态继电器控制进入、退出条件，写出状态继电器的控制函数表达式。状态 S0、S20、S21 分别用辅助继电器 M0、M20、M21 表示；状态 M0 的进入条件是初始化脉冲 M8002 或在状态 M21 时按下停止按钮，退出条件是 M20 被激活；状态 M20 的进入条件是在状态 M0 时按下起动按钮，退出条件是 M21 被激活；状态 M21 的进入条件是在状态 M20 时 T1 定时时间到，退出条件是 M0 被激活。

2）根据星—三角降压起动控制的状态转移图写出状态继电器逻辑控制函数为

$$M0 = (M8002 + M0 + M21 \cdot X12) \cdot \overline{M20}$$
$$M20 = (M0 \cdot X11 + M20) \cdot \overline{M21}$$
$$M21 = (M20 \cdot T1 + M21) \cdot \overline{M0}$$

输出逻辑控制函数为

$$Y21 = M20 + M21$$
$$Y22 = M20 \cdot \overline{Y23}$$
$$Y23 = M21 \cdot \overline{Y22}$$
$$T1 = M20$$

3）使用辅助继电器的梯形图程序如图 6-7 所示。

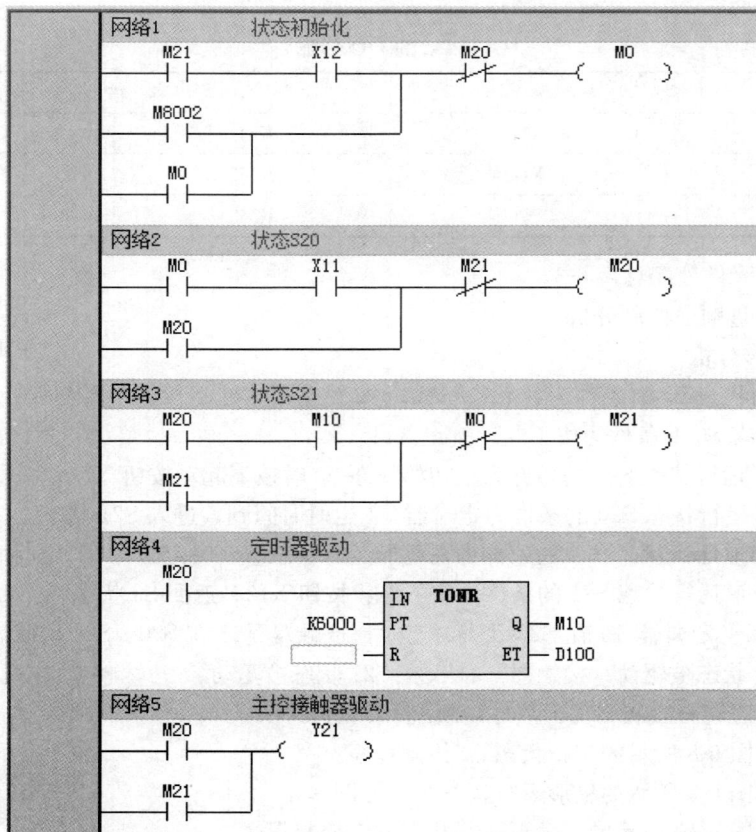

图 6-7 使用辅助继电器的梯形图程序（一）

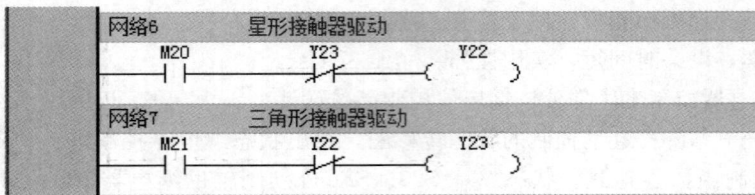

图 6-7 使用辅助继电器的梯形图程序（二）

技能训练

一、训练目标

（1）能够正确设计三相交流异步电动机的星—三角（Y—△）降压起动控制的 PLC 程序。

（2）能正确输入和传输 PLC 控制程序。

（3）能够独立完成三相交流异步电动机的星—三角（Y—△）降压起动控制线路的安装。

（4）按规定进行通电调试，出现故障时，应能根据设计要求进行检修，并使系统正常工作。

二、训练步骤与内容

1. 输入 PLC 程序

（1）PLC 配置。主模块为 H5U-1614MTD；扩展模块为 GL10-0016ER。

（2）PLC 的 I/O 分配见表 6-4。

表 6-4 PLC 的 I/O 分配

输入		输出	
SB1	X11	KM1	Y21
SB2	X12	KM2	Y22
		KM3	Y23

（3）其他软元件分配见表 6-3。

（4）PLC 步进顺序控制分析。

1）状态转移分析。

a. 进入初始状态 S0 的条件为在状态 S21 时按下停止按钮 X12，或者初始化脉冲 M8002 出现；退出初始状态 S0 的条件为按下起动按钮 X11。

b. 进入星形运行状态 S20 的条件为在初始状态 S0 时按下起动按钮 X11。

c. 退出星形运行状态 S20 的条件为定时器 T1 定时时间到，进入 S21 状态。

d. 进入三角形运行状态 S21 的条件为在星形运行状态 S20 时定时器 T1 定时时间到。

e. 退出三角形运行状态 S21 的条件为按下停止按钮 X12，返回 S0 状态。

2）驱动分析。定时器 T1 在 S20 状态时定时；接触器 Y21 在 S20、S21 两状态被驱动；接触器 Y22 仅在 S20 状态被驱动；接触器 Y23 仅在 S21 状态被驱动。

（5）根据状态转移图和驱动函数可以画出 PLC 梯形图。

（6）输入如图 6-8 所示的初始状态 S0 控制程序。

（7）输入如图 6-9 所示的星形运行状态 S20 控制程序

（8）输入如图 6-10 所示的三角形运行状态 S21 控制程序。

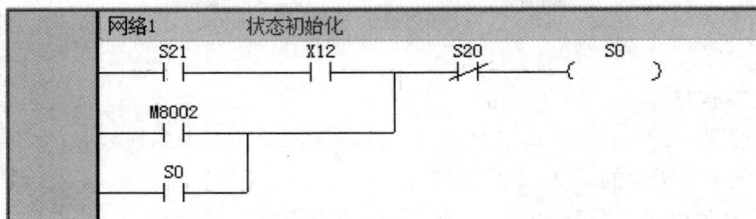

图 6-8　初始状态 S0 控制程序

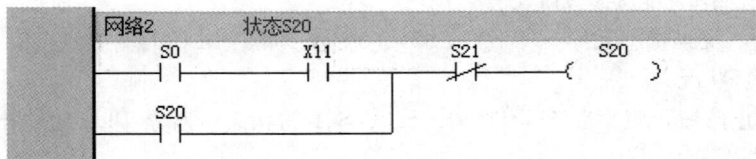

图 6-9　星形运行状态 S20 控制程序

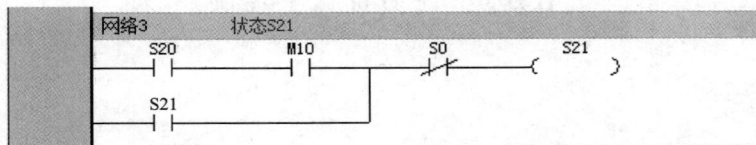

图 6-10　三角形运行状态 S21 控制程序

（9）输入如图 6-11 所示的定时器驱动程序。

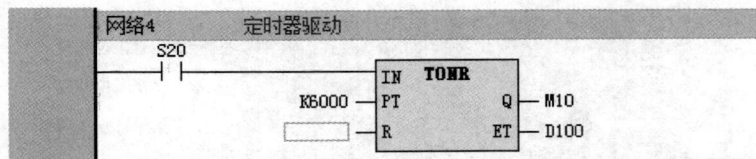

图 6-11　定时器驱动程序

（10）输入如图 6-12 所示的输出驱动控制程序。

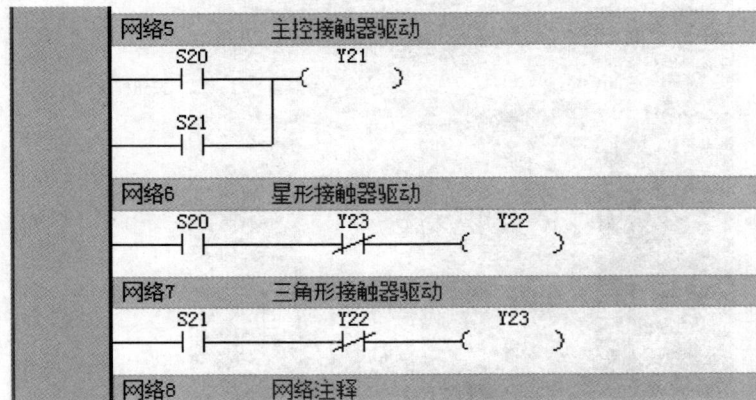

图 6-12　输出驱动控制程序

S20、S21 为 ON 时，驱动 Y21；S20 为 ON，Y23 为 OFF 时，驱动 Y22；S21 为 ON，Y22 为 OFF 时，驱动 Y23。

2. 系统安装与调试

(1) 主电路按图 6-1 所示的电动机的星—三角降压起动控制电路接线。

(2) PLC 按图 6-6 所示的 PLC 接线图接线。

(3) 将 PLC 控制程序下载到 PLC，并使 PLC 处于连线运行状态。

(4) 按下起动按钮 SB1，观察状态元件 S0、S20、S21 的状态，观察 PLC 的输出点 Y21、Y22，观察电动机的星形起动运行状况。

(5) 等待 6s，观察状态元件 S0、S20、S21 的状态，观察 PLC 的输出点 Y21、Y23，观察电动机的三角形运行状况。

(6) 按下停止按钮，观察状态元件 S0、S20、S21 的状态，观察 PLC 的输出点 Y21、Y22、Y23，观察电动机是否停止。

任务 10　简易机械手控制

基础知识

一、任务分析

简易机械手由气动爪、水平移动机械手、垂直移动机械手、阀岛、水平移动限位开关、垂直限位开关、PLC、电源模块、按钮模块等组成，如图 6-13 所示。

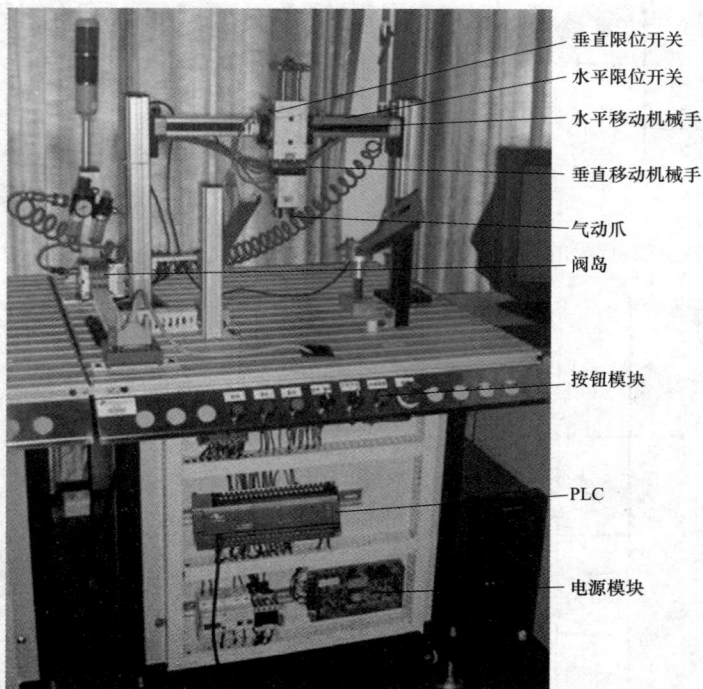

图 6-13　简易机械手

机械手的原点位置为：垂直移动机械手在垂直方向处于上端极限位；水平机械手处于右端极限位；气动爪处于放松状态。具体控制要求如下。

（1）按下停止按钮，机械手停止。

（2）停止状态下按下回原点按钮，机械手回原点。

（3）回原点结束后按下起动按钮，垂直移动机械手下移，到位后，夹紧工件，垂直移动机械手上移；上移到位，水平移动机械手左移，左移到位，垂直移动机械手下降，下降到位，放松工件，垂直移动机械手上升，到位后，水平移动机械手右移，右移到位，完成一次单循环。

（4）如果是自动循环运行，以上流程结束后，再自动重复步骤3开始的流程。

二、PLC 控制程序设计

1. 状态转移图

（1）PLC 模块配置。主模块为 H5U-1614MTD；扩展模块为 GL10-0016ER。

（2）PLC I/O 分配见表 6-5，其他软元件分配见表 6-6。

表 6-5   PLC I/O 分配

输入		输出	
按钮 1	X11	指示灯 1	Y21
按钮 2	X12	指示灯 2	Y22
按钮 3	X13	电磁阀 1	Y23
开关 1	X14	电磁阀 2	Y24
开关 2	X15	电磁阀 3	Y25
开关 3	X16	电磁阀 4	Y26
开关 4	X17	电磁阀 5	Y27
开关 5	X10		

表 6-6   其他软元件分配

元件名称	软元件	作用
状态 0	S0	初始
状态 1	S1	回原点
状态 20	S20	下降
状态 21	S21	夹紧
状态 22	S22	上升
状态 23	S23	左移
状态 24	S24	下降
状态 25	S25	放松
状态 26	S26	上升
状态 27	S27	右移

（3）自动运行的状态转移图如图 6-14 所示。

2. 用置位、复位指令实现的状态转移控制

进入状态、状态转移使用置位指令，退出状态使用复位指令。

用置位、复位指令实现的状态转移控制的 3 步操作如下。

（1）应用复位指令复位上一步状态。

（2）应用输出驱动指令驱动输出。

（3）转移条件满足时，应用置位指令转移到下一步。

状态转移图如图 6-15 所示。转移进入状态 S25 时，首先使用复位指令复位上一步状态 S24；接着执行驱动输出指令复位 Y27，执行定时器指令定时 2s；定时时间到，使用置位指令置位下一步状态，完成状态转移。

为了避免双线圈驱动，在步进程序中将多个状态要驱动输出的点放到步进程序之外，通过状态继电器驱动步进程序外的输出点。步进多状态输出驱动程序如图 6-16 所示。在状态 S20、S24 两状态要驱动输出的点 Y25 放到步进程序外，由状态继电器 S20、S24 并联驱动。也可以在状态 S20 中驱动辅助继电器 A，在状态 S24 中驱动辅助继电器 B，在步进程序外，通过辅助继电器 A、B 的触点并联驱动输出点 Y25。

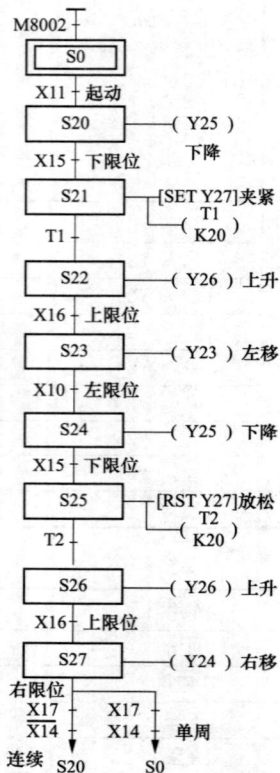

图 6-14　自动运行的
　　　　状态转移图

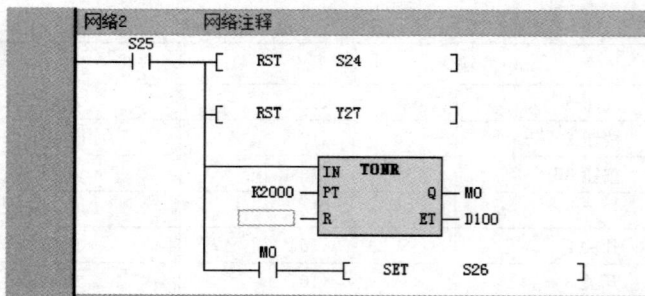

图 6-15　状态转移图

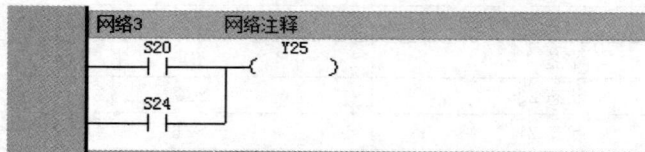

图 6-16　步进多状态输出驱动程序

3. PLC 步进顺序控制指令

（1）H5U 系列 PLC 的状态元件。状态元件是构成状态流程图的基本元素，H5U 系列 PLC 共有 4096 个状态元件，其类别、编号、数量及用途见表 6-7。

表 6-7　　　　　　　　　　　　　　H5U 系列 PLC 的状态元件

类别	编号	数量	用途
通用状态	S0～S999	1000	一般状态
掉电保持状态	S1000～S4095	3096	用于停电恢复后继续运行的系列状态

（2）步进顺控指令。

1）步进接点（STL）指令。STL 指令的作用在于激活某个步进状态，建立该状态的子母线，使该状态的所有操作均在子母线上进行，在梯形图上为从母线上引出的状态接点。

2）步进返回（RET）指令。RET 指令用于返回主母线，状态程序的结尾必须使用 RET 指令。步进顺控程序执行结束，非状态程序在主母线上完成，防止出现逻辑错误。

（3）输入状态 S26 对应的梯形图，如图 6-17 所示。

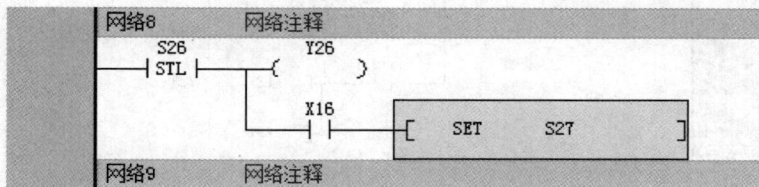

图 6-17　状态 S26 对应的梯形图

1）在梯形图编辑界面，单击网络 8 的第 1 行第 1 列。输入指令"STL　S26"，按回车键，完成步进状态接点 S26 的输入，光标自动跳到第 2 列。

2）输入指令"OUT　Y26"，按回车键，完成线圈 Y26 的驱动。

3）按 Ctrl＋↓组合键，画一条竖线，光标自动移到第 2 行、第 2 列。

4）输入指令"LD　X16"，按回车键，完成转移条件常开触点 X16 的输入，光标自动跳到第 2 行第 3 列。

5）输入指令"SET S27"，按回车键，完成目标转移到状态 S27 的输入。

技能训练

一、训练目标

（1）能够正确设计简易机械手控制的 PLC 程序。

（2）能正确输入和传输 PLC 控制程序。

（3）能够独立完成简易机械手控制线路的安装。

（4）按规定进行通电调试，出现故障时，应能根据设计要求进行检修，并使系统正常工作。

二、训练步骤与内容

1. 设计 PLC 程序

（1）配置 PLC 模块。

（2）分配 PLC 的 I/O 端。

（3）配置 PLC 状态软元件。

（4）根据控制要求，画出机械手自动运行状态转移图。

（5）设计回原点程序。

（6）设计停止复位程序。

（7）设计简易机械手自动运行状态控制程序。

2. 输入 PLC 程序

（1）输入如图 6-18 所示的回原点程序。

（2）输入如图 6-19 所示的停止复位及状态 S0 的程序。

（3）输入如图 6-20 所示的状态 S20 的程序。

（4）输入如图 6-21 所示的状态 S21 的程序。

（5）输入如图 6-22 所示的状态 S22 的程序。

网络1　　　回原点

```
        X13          [ SET      S1        ]
        ├─┤├─────┤

        S1          X16
        ├─┤├───────┤/├────┤ SET      Y26       ]

                    X16
                    ├─┤├────┤ RST      Y26       ]

                                X17
                                ┤/├────┤ SET      Y23       ]

                                X17
                                ├─┤├───┤ RST      Y23       ]

                                       ┤ RST      S1        ]
```

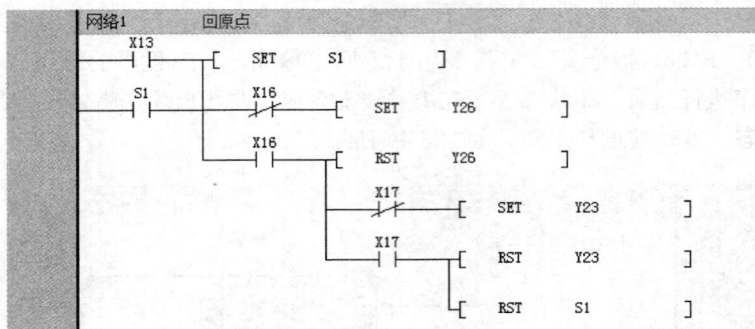

图 6-18　回原点程序

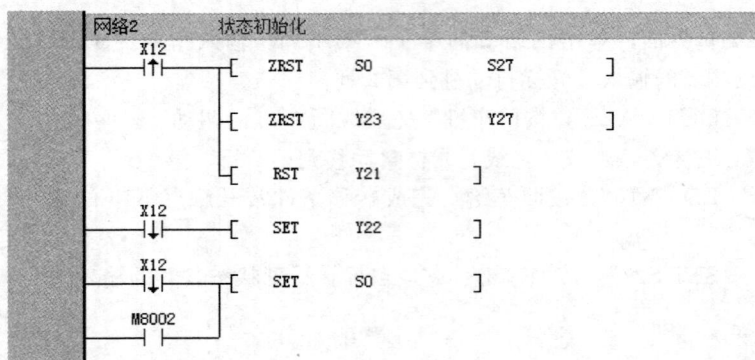

网络2　　　状态初始化

```
        X12          [ ZRST     S0        S27       ]
        ├─↑├─────┤
                     [ ZRST     Y23       Y27       ]

                     [ RST      Y21       ]

        X12          [ SET      Y22       ]
        ├─↓├─────┤

        X12          [ SET      S0        ]
        ├─↓├─────┤

        M8002
        ├─┤├─────┘
```

图 6-19　停止复位及状态 S0 的程序

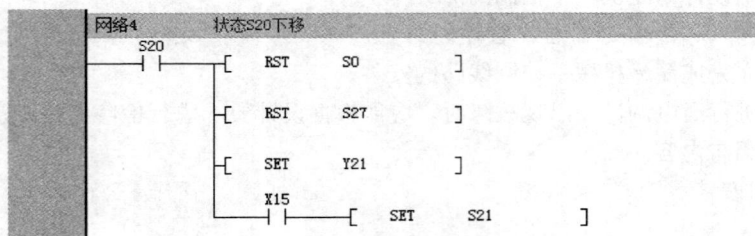

网络4　　　状态S20下移

```
        S20          [ RST      S0        ]
        ├─┤├─────┤
                     [ RST      S27       ]

                     [ SET      Y21       ]

                     X15
                     ├─┤├────┤ SET      S21       ]
```

图 6-20　状态 S20 的程序

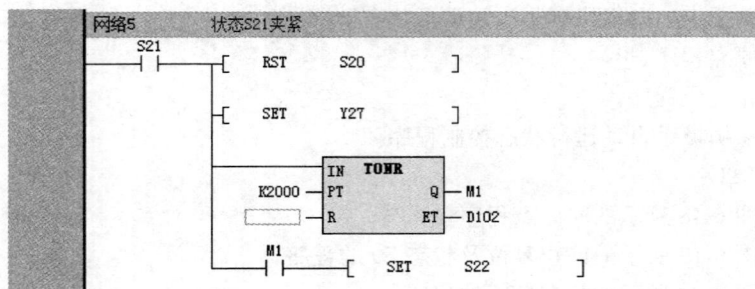

网络5　　　状态S21夹紧

```
        S21          [ RST      S20       ]
        ├─┤├─────┤
                     [ SET      Y27       ]

                              IN    TONR
                     K2000 ─ PT        Q ─ M1
                        □ ─ R        ET ─ D102

                     M1
                     ├─┤├────┤ SET      S22       ]
```

图 6-21　状态 S21 的程序

项目六

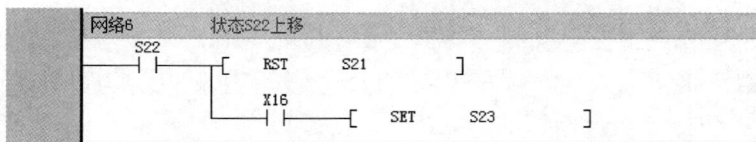

图 6-22　状态 S22 的程序

（6）输入如图 6-23 所示的状态 S23 的程序。

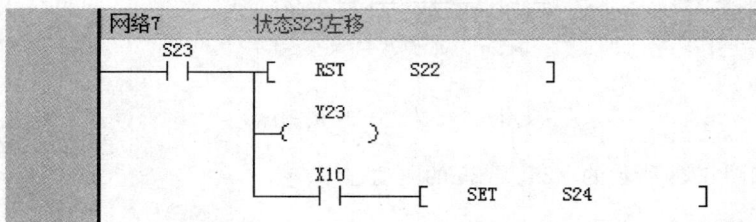

图 6-23　状态 S23 的程序

（7）输入如图 6-24 所示的状态 S24 的程序。

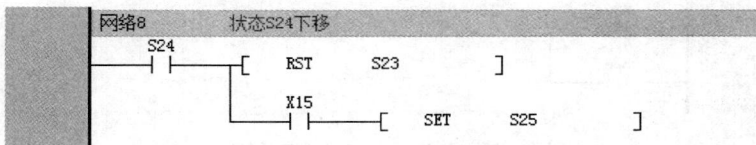

图 6-24　状态 S24 的程序

（8）输入如图 6-25 所示的状态 S25 的程序。

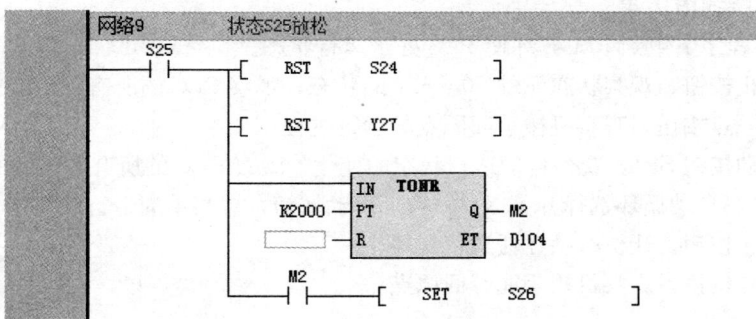

图 6-25　状态 S25 的程序

（9）输入如图 6-26 所示的状态 S26 的程序。

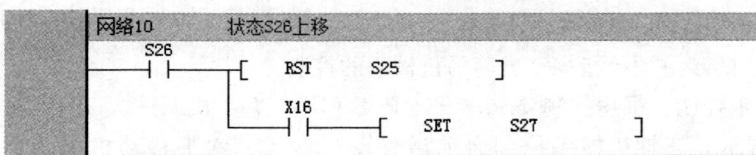

图 6-26　状态 S26 的程序

（10）输入如图 6-27 所示的状态 S27 的程序。

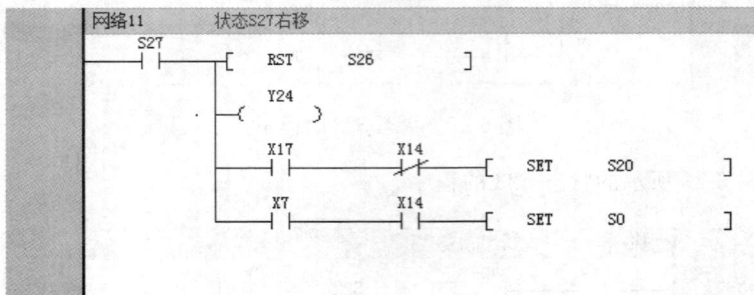

图 6-27　状态 S27 的程序

（11）输入如图 6-28 所示的 Y25、Y26 的驱动程序。

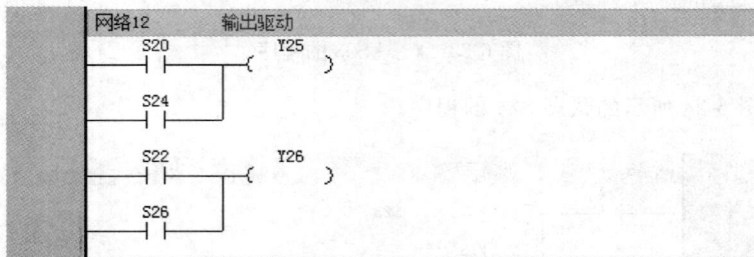

图 6-28　Y25、Y26 的驱动程序

3. 系统安装与调试

（1）根据 PLC 输入、输出端 I/O 分配画出 PLC 接线图。

（2）按 PLC 接线图接线。

（3）将 PLC 程序下载到 PLC，并使 PLC 处于运行状态。

（4）按下停止按钮，观察状态元件 S0～S27 的状态；观察 PLC 的所有输出点的状态。

（5）按下回原点按钮，观察机械手回原点的运行过程。

（6）按下起动按钮 SB1，观察自动运行状态的变化，观察 PLC 的所有输出点的变化。

（7）切换单次/自动循环选择开关 X14，按下启动按钮，观察单周运行状态变化。

（8）按下停止按钮，让机械手在任意位置停止。

（9）按回原点按钮，观察机械手能否回原点。

习题 6

1. 根据图 6-5 所示星—三角降压起动控制的状态转移图，应用 H5U 的步进顺控指令画出梯形图程序，在 AutoShop 编程环境输入程序，下载到 H5U 系列 PLC 进行调试、检验。

2. 应用 H5U 的步进顺控指令完成简易机械手的控制。

3. 三轴机械手控制：根据控制要求，设计 PLC 程序，并上机调试。

如图 6-29 所示，三轴机械手控制由前后移动机械手、水平移动机械手、垂直移动机械手、阀岛、水平移动限位开关、垂直限位开关、气动爪、汇川 PLC、电源模块、按钮模块等组成。

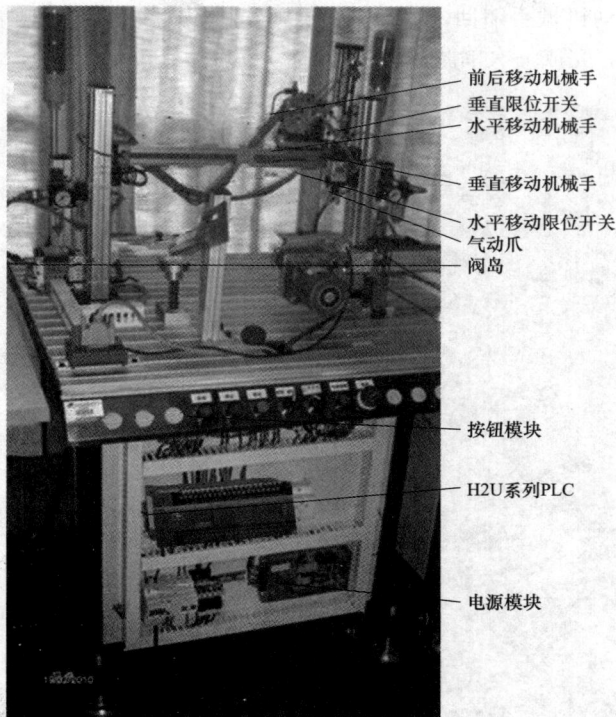

前后移动机械手
垂直限位开关
水平移动机械手

垂直移动机械手

水平移动限位开关
气动爪
阀岛

按钮模块

H2U系列PLC

电源模块

图 6-29　三轴机械手

机械手原点位置为：前后移动机械手处于后端极限位；垂直移动机械手在垂直方向处于下端极限位；水平旋转机械手处于反转极限位；气动爪处于放松状态。控制要求如下：

（1）按下停止按钮，系统停止。

（2）停止状态下按下回原点按钮，系统回原点。

（3）回原点结束后按下启动按钮，前后移动机械手伸出，伸出到位，垂直移动机械手下移，到位后夹紧工件，垂直移动机械手上移；上移到位，前后移动机械手缩回，缩回到位，水平移动机械手左移，左移到位，机械手伸出，伸出到位，垂直移动机械手下降，下降到位，放松工件，垂直移动机械手上升，到位后，前后移动机械手缩回，缩回到位，水平移动机械手右移，右移到位，完成一次单循环。

（4）如果是自动循环运行，以上流程结束后，再自动重复步骤 3 开始的流程。

4. 手指旋转机械手控制：根据控制要求，设计 PLC 程序，并上机调试。

如图 6-30 所示，手指旋转机械手由前后移动机械手、手指夹持、旋转控制系统、垂直升降移动机械手、阀岛、前后移动限位开关、垂直限位开关、正反转限位开关、气动爪、汇川 PLC、电源模块、按钮模块等组成。

机械手原点位置为：前后移动机械手处于后端极限位；垂直移动机械手在垂直方向处于下端极限位；水平旋转机械手处于反转极限位；气动爪处于放松状态。控制要求如下。

（1）按下停止按钮，系统停止。

（2）按下回原点按钮，系统回原点。

（3）回原点结束后按下启动按钮，垂直移动机械手上升，上升到位，水平移动机械手伸出，伸出到位，垂直移动机械手垂直下移，到位后夹紧工件，手指正转，正转到位，垂直移动机械手上移；上移到位，水平移动机械手缩回，缩回到位，垂直移动机械手下降，下降到位，手指反转，反转到位，放松工件，完成一次单循环。

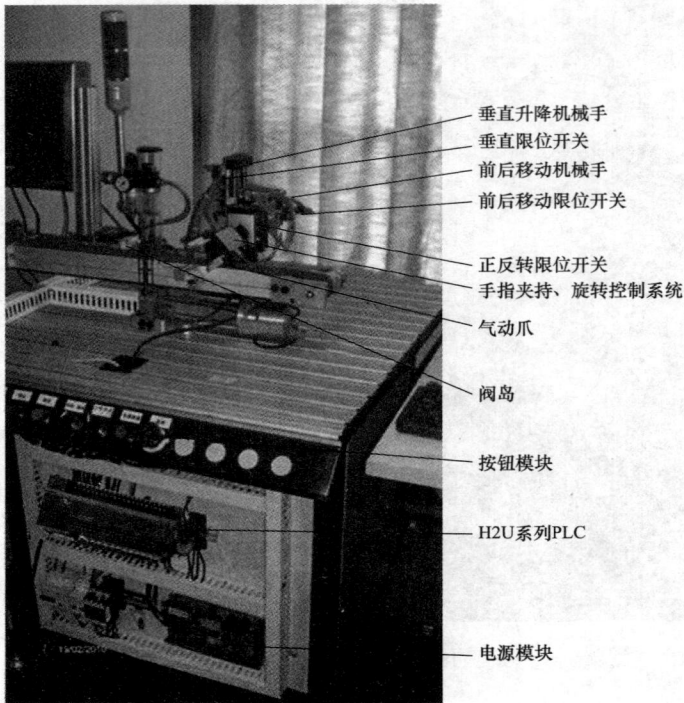

图 6-30　手指旋转机械手

（4）如果是自动循环运行，以上流程结束后，再自动重复步骤 3 开始的流程。

项目七　交通灯控制

📓 **学习目标**

（1）学会用 PLC 定时器实现交通灯控制。

（2）学会输入、编辑汇川 PLC 的顺控功能图程序。

（3）学会使用汇川 PLC 的步进顺控指令。

（4）学会用 PLC 定时器实现交通灯控制。

任务 11　定时控制交通灯

👨‍🏫 **基础知识**

一、任务分析

1. 控制要求

交通信号灯控制系统示意图如图 7-1 所示。控制要求如下。

（1）按下启动按钮，交通信号灯控制系统开始周而复始循环工作。

（2）交通信号灯控制系统的控制要求时序图如图 7-2 所示。

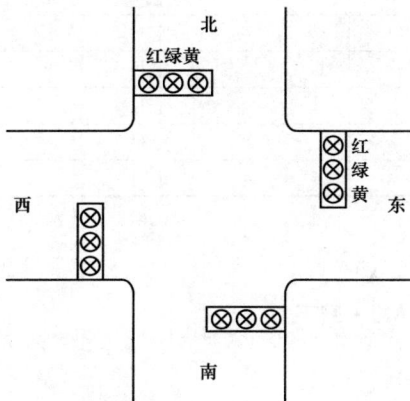

图 7-1　交通信号灯控制系统示意图

图 7-2　交通信号灯控制要求时序图

（3）按下停止按钮系统，停止工作。

2. 控制要求分析

交通信号灯控制系统是一个时间顺序控制系统，可以采用定时器指令进行编程控制。

设置 10 个定时器控制交通信号灯，定时器 T1～T6 的工作时序如图 7-3 所示。

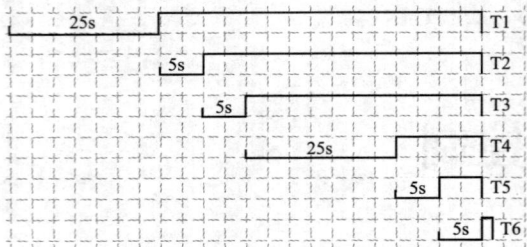

图 7-3　定时器 T1～T6 的时序图

绿灯 1 闪烁使用定时器 T7、T8 控制。

绿灯 2 闪烁使用定时器 T9、T10 控制。

二、PLC 控制

1. 控制函数

（1）PLC 模块配置。主模块为 H5U-1614MTD；扩展模块为 GL10-0016ER。

（2）PLC I/O 分配见表 7-1。

表 7-1　　　　　　　　　　　　　　PLC I/O 分配

输入		输出	
按钮 1	X11	绿灯 1	Y21
按钮 2	X12	黄灯 1	Y22
		红灯 1	Y23
		绿灯 2	Y24
		黄灯 2	Y25
		红灯 2	Y26

（3）其他软元件分配见表 7-2。

表 7-2　　　　　　　　　　　　　　其他软元件分配

元件名称	软元件	作用
定时器 T1	M1	定时
定时器 T2	M2	定时
定时器 T3	M3	定时
定时器 T4	M4	定时
定时器 T5	M5	定时
定时器 T6	M6	定时
定时器 T7	M7	定时
定时器 T8	M8	定时
定时器 T9	M9	定时
定时器 T10	M10	定时

（4）PLC 控制函数为

$$M100 = (X11 + M100) \cdot \overline{X12}$$
$$Y21 = M100 \cdot \overline{M1} + M1 \cdot \overline{M2} \cdot M7$$
$$Y22 = M2 \cdot \overline{M3}$$
$$Y23 = M3$$
$$Y24 = M3 \cdot \overline{M4} + M4 \cdot \overline{M5} \cdot M9$$
$$Y25 = M5 \cdot \overline{M6}$$
$$Y26 = M100 \cdot \overline{M3}$$

2. PLC 接线图

PLC 接线图如图 7-4 所示。

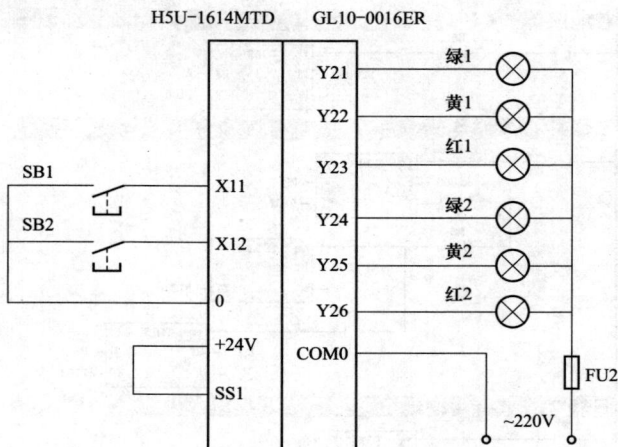

图 7-4　PLC 接线图

技能训练

一、训练目标

（1）能够正确设计定时控制交通灯的 PLC 程序。

（2）能正确输入和传输 PLC 控制程序。

（3）能够独立完成定时控制交通灯线路的安装。

（4）按规定进行通电调试，出现故障时，应能根据设计要求进行检修，并使系统正常工作。

二、训练步骤与内容

1. 设计、输入 PLC 程序

（1）配置 PLC 模块。

（2）PLC 的 I/O 分配见表 7-1。

（3）其他软元件分配见表 7-2。

（4）输入图 7-5 所示的系统起停控制程序。

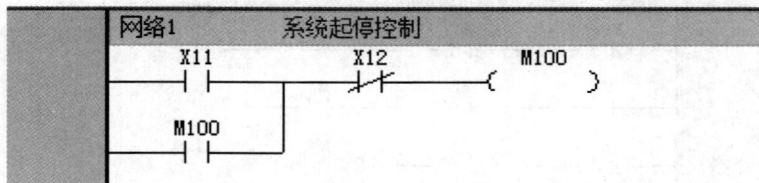

图 7-5　系统起停控制程序

（5）输入图 7-6 所示的定时器 T1～T10 控制程序。

定时器 T1 的定时控制条件为 $M100 \cdot \overline{M6}$；定时器 T2 的定时控制条件为 $M1$；定时器 T3 的定时控制条件为 $M2$；定时器 T4 的定时控制条件为 $M3$；定时器 T5 的定时控制条件为 $M4$；定时器 T6 的定时控制条件为 $M5$；定时器 T7 的定时控制条件为 $M1 \cdot \overline{M8}$；定时器 T8 的定时控制条件为 $M1 \cdot \overline{M8} \cdot M7$；定时器 T9 的定时控制条件为 $M4 \cdot \overline{M10}$；定时器 T10 的定时控制条件为 $M1 \cdot \overline{M10} \cdot M9$。

（6）输入图 7-7 所示的灯控制程序。

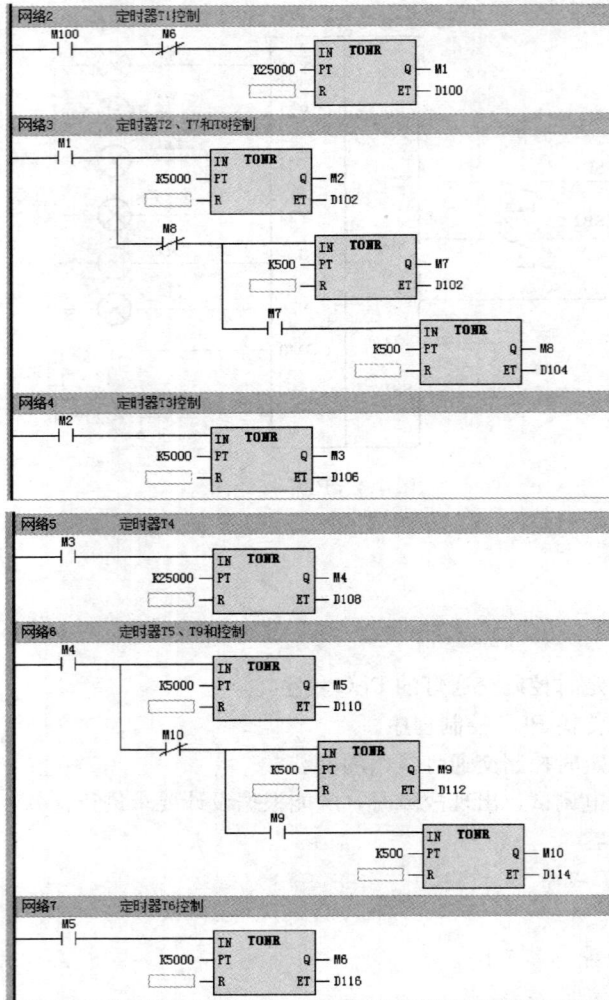

图 7-6 定时器 T1～T10 控制程序

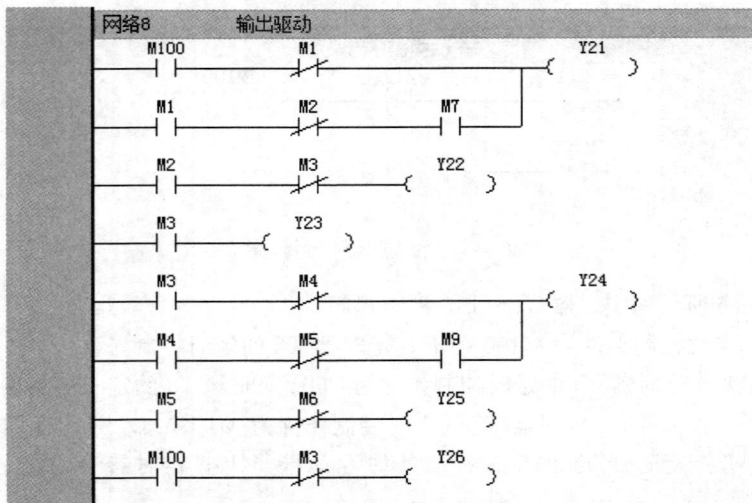

图 7-7 灯控制程序

绿灯 1 控制函数为 $Y21 = M100 \cdot \overline{M1} + M1 \cdot \overline{M2} \cdot M7$；黄灯 1 控制函数为 $Y22 = M2 \cdot \overline{M3}$；红灯 1 控制函数为 $Y23 = M3$；绿灯 2 控制函数为 $Y24 = M3 \cdot \overline{M4} + M4 \cdot \overline{M5} \cdot M9$；黄灯 2 控制函数为 $Y25 = M5 \cdot \overline{M6}$；红灯 2 控制函数为 $Y26 = M100 \cdot \overline{M3}$。

2. 系统安装与调试

（1）PLC 按图 7-4 接线。

（2）将 PLC 程序下载到 PLC，并使 PLC 处于运行状态。

（3）选择"调试"→"监控"，启动 PLC 程序监控功能。

（4）按下起动按钮 SB1，观察 PLC 的输出点 Y21～Y26 的状态变化。

（5）软件运行监控结果如图 7-8 所示。

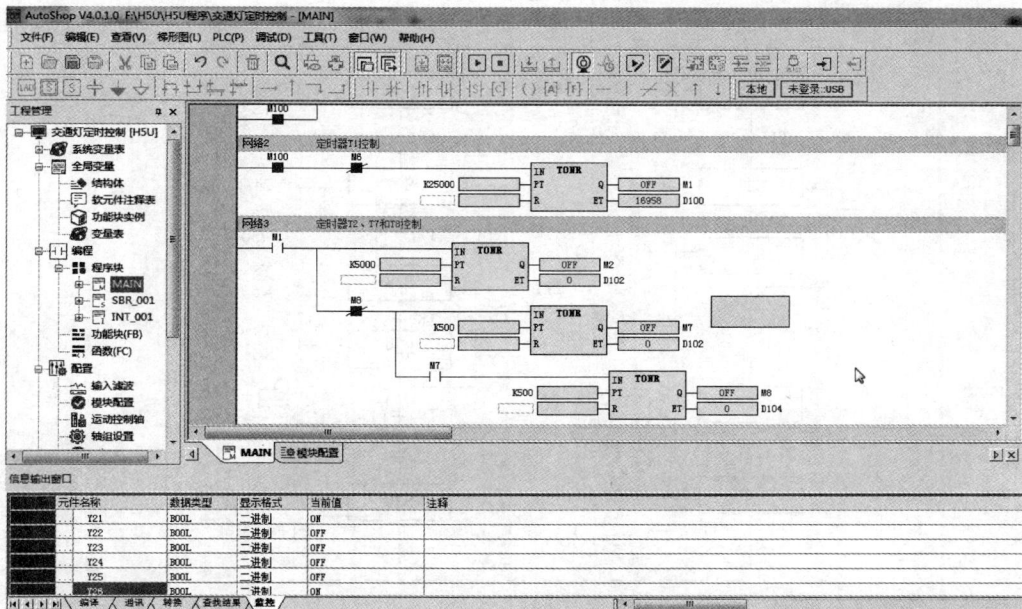

图 7-8 软件运行监控结果

（6）观察所有定时器的变化，记录各灯点亮的时间，绿灯闪烁的时间。

（7）按下停止按钮 SB2，观察 PLC 的输出点 Y21～Y26 的状态，观察所有定时器的计时值，观察交通灯的变化。

任务 12 步进、计数控制交通灯

基础知识

一、任务分析

1. 控制要求

交通信号灯控制系统示意图同任务 11（如图 7-1 所示）。

（1）按下启动按钮，交通信号灯控制系统开始周而复始循环工作。

（2）交通信号灯控制系统的控制要求时序图如图 7-2 所示。

（3）使用步进顺序控制方法控制交通灯工作。

（4）使用计数器控制绿灯 1、绿灯 2 的闪烁次数。

（5）按下停止按钮，系统停止工作。

2. 控制分析

交通信号灯控制系统是一个时间顺序控制系统，可以采用定时器指令进行编程控制，还可以使用步进顺序控制方法进行控制。

根据控制要求，可以画出图 7-9 所示的步进、计数控制交通灯的状态转移图。

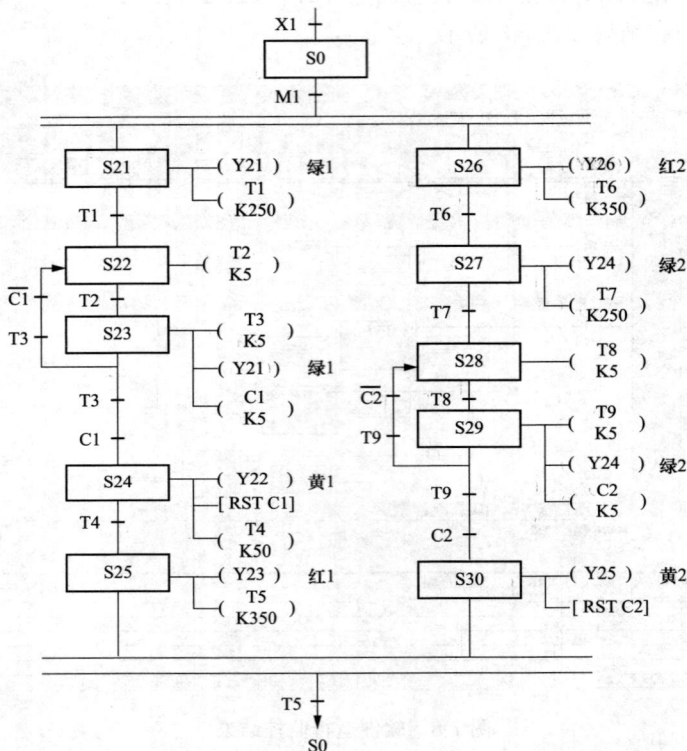

图 7-9　步进、计数控制交通灯的状态转移图

二、PLC 控制程序设计

1. H5U 系列 PLC 的状态元件

状态元件是构成状态流程图的基本元素，H5U 系列 PLC 共有 1000 个状态元件，其中 S0～S999 为通用状态元件，S1000～S4095 为掉电保持状态元件。

2. 步进顺控指令

（1）步进接点（STL）指令。STL 指令的作用在于激活某个步进状态，建立该状态的子母线，使该状态的所有操作均在子母线上进行，在梯形图上为从母线上引出的状态接点。

（2）步进返回（RET）指令。RET 指令用于返回主母线，状态程序的结尾必须使用 RET 指令。步进顺控程序执行结束，非状态程序在主母线上完成，防止出现逻辑错误。

3. 分支、汇合处理

（1）选择性分支的处理。与一般状态的处理一样，先进行驱动处理，然后分别处理各转移分支，编程时要由左到右逐个编程。选择性分支的处理如图 7-10 所示。

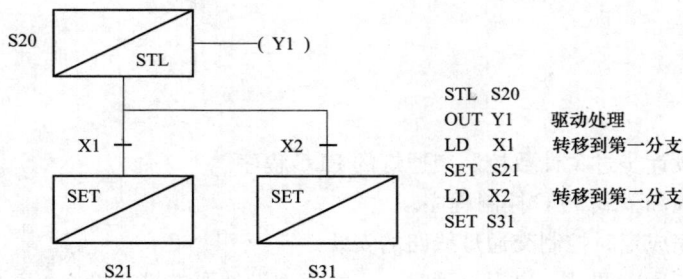

图 7-10　选择性分支的处理

（2）选择性汇合的处理。先进行汇合前状态的输出处理，然后向汇合状态转移，此后进行由左到右的汇合转移。选择性汇合的处理如图 7-11 所示。

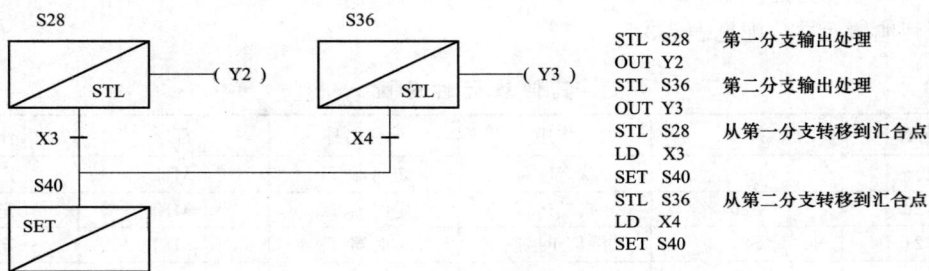

图 7-11　选择性汇合的处理

（3）并行分支的处理。与一般状态的处理一样，先进行驱动处理，然后分别处理各转移分支，编程时要由左到右逐个处理。并行分支的处理如图 7-12 所示。

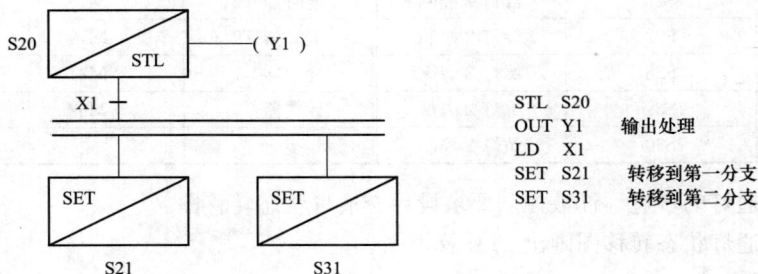

图 7-12　并行分支的处理

（4）并行汇合的处理。先进行汇合前状态的输出处理，然后由左到右进行汇合处理。并行汇合的处理如图 7-13 所示。

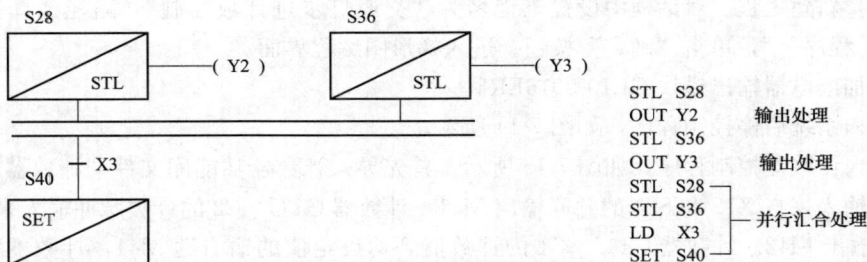

图 7-13　并行汇合的处理

127

技能训练

一、训练目标

(1) 能够正确设计步进、计数控制交通灯的 PLC 程序。

(2) 能正确输入和下载 PLC 控制程序。

(3) 能够独立完成定时控制交通灯线路的安装。

(4) 按规定进行通电调试,出现故障时,应能根据设计要求进行检修,并使系统正常工作。

二、训练步骤与内容

1. 设计 PLC 程序

(1) PLC 模块配置。主模块为 H5U-1614MTD;扩展模块为 GL10-0016ER。

(2) PLC I/O 分配见表 7-1。

(3) 其他软元件分配见表 7-3。

表 7-3 　　　　　　　　　　　　　　　其 他 软 元 件 分 配

元件名称	符号	作用	元件名称	符号	作用
初始状态	S0	状态准备	定时器 T1	M11	定时
状态 20	S20	自动运行	定时器 T2	M12	定时
状态 21	S21	绿灯 1 控制	定时器 T3	M13	定时
状态 22	S22	绿灯 1 熄灭	定时器 T4	M14	定时
状态 23	S23	绿灯闪烁	定时器 T5	M15	定时
状态 24	S24	黄灯 1 控制	定时器 T6	M16	定时
状态 25	S25	红灯 1 控制	定时器 T7	M17	定时
状态 26	S26	红灯 2 控制	定时器 T8	M18	定时
状态 27	S27	绿灯 2 控制	定时器 T9	M19	定时
状态 28	S28	绿灯 2 熄灭	计数器 C1	M31	计数
状态 29	S29	绿灯 2 闪烁	计数器 C2	M32	计数
状态 30	S30	黄灯 2 控制			

(4) 根据交通灯的步进、计数控制要求设计交通灯状态转移图。

(5) 根据交通灯状态转移图画出 PLC 梯形图。

2. 输入 PLC 程序

(1) 启动 AutoShop 编程软件,进入 PLC 编程界面。

(2) 选择"文件"→"新建工程"命令,弹出"新建工程"对话框。在新建工程对话框选择 PLC 类型为"H5U",默认编辑器为"梯形图"。

(3) 在"新建工程"对话框中设置工程名为"交通灯步进计数控制",路径选择为"F:\ H5U\ H5U 程序\",单击"确定"按钮,进入梯形图编程界面。

(4) 添加继电器输出模块 GL10-0016ER。

(5) 输入系统启停控制程序,如图 7-14 所示。

(6) 输入计数器控制程序,如图 7-15 所示。首先导入计数器功能库文件,计数器 CTU_C1 的计数脉冲输入来自 X12 和 S24 的并联输出 M41,计数器 CTU_C2 的计数脉冲输入来自 X12 和 S30 的并联输出 M42。计数器 CTU_C1 的计数值到达设定值的输出送 M41,计数器 CTU_C2 的计数值到达设定值的输出送 M42。

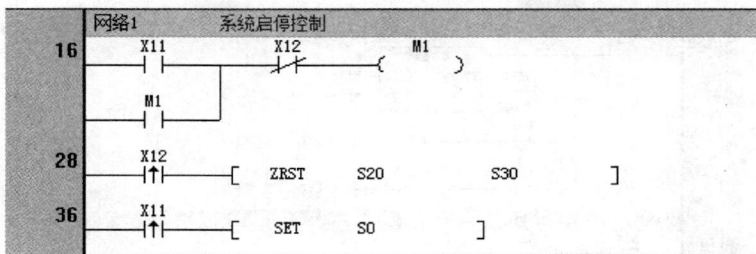

图 7-14 系统启停控制程序

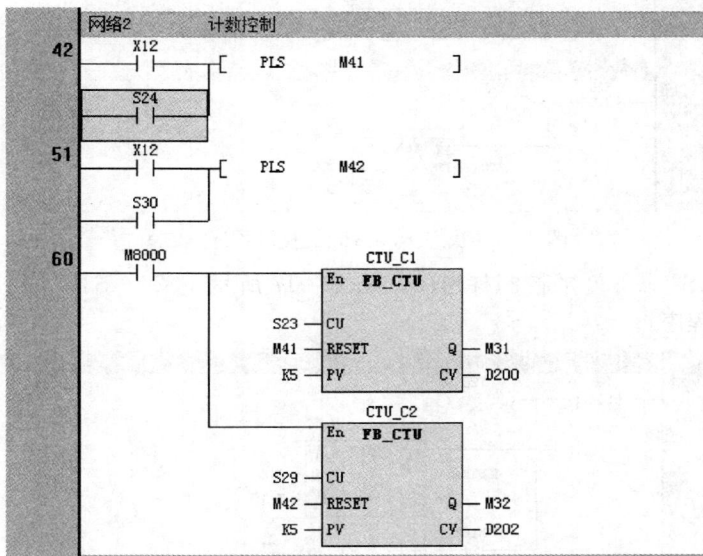

图 7-15 计数器控制程序

（7）根据状态转移图，输入状态 S0～S25 的控制程序，如图 7-16 所示。在 S0 状态，使用 SET 指令并行驱动并行分支 S21 和 S26。S21～S25 为驱动东西方向 Y21、Y22、Y23 的控制程序。

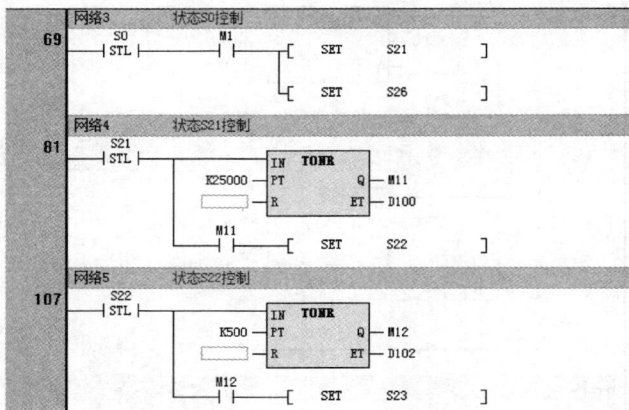

图 7-16 状态 S0～S25 的控制程序（一）

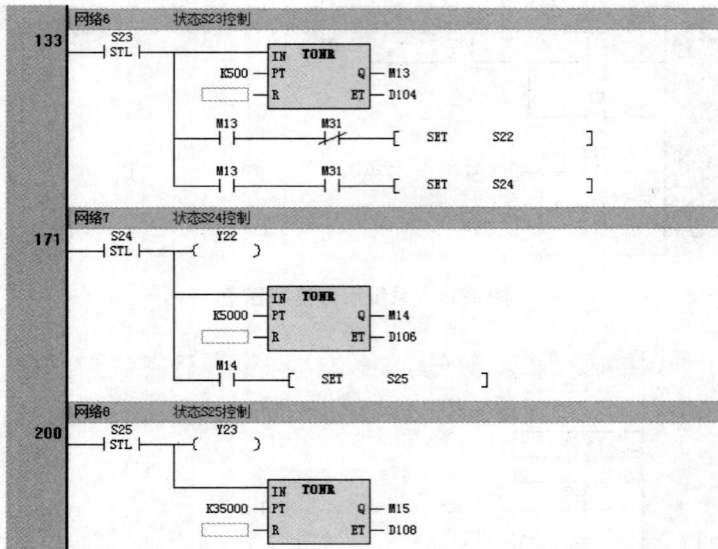

图 7-16　状态 S0～S25 的控制程序（二）

（8）输入状态 S26～S30 的控制梯形图，如图 7-17 所示。S26～S30 为驱动东西方向 Y24、Y25、Y26 的控制程序。

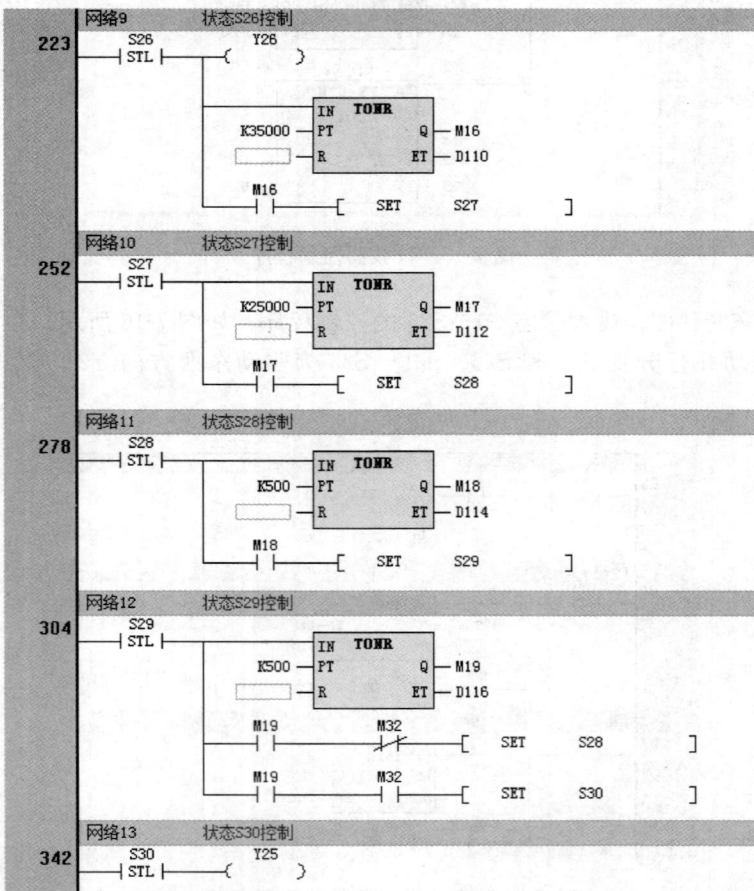

图 7-17　状态 S26～S30 的控制梯形图

（9）输入并行汇合控制程序，如图 7-18 所示。并行汇合时，需要使用两次 STL 指令，然后串联定时器 T5 定时到辅助继电器 M15，再并行汇合转移的 S0。所有步进控制程序指令程序输完，输入步进返回指令 RET。网络 15 为输出控制程序，采用 S21 和 S23 并联驱动 Y22，采用 S27 和 S29 并联驱动 Y24，避免双线圈输出。

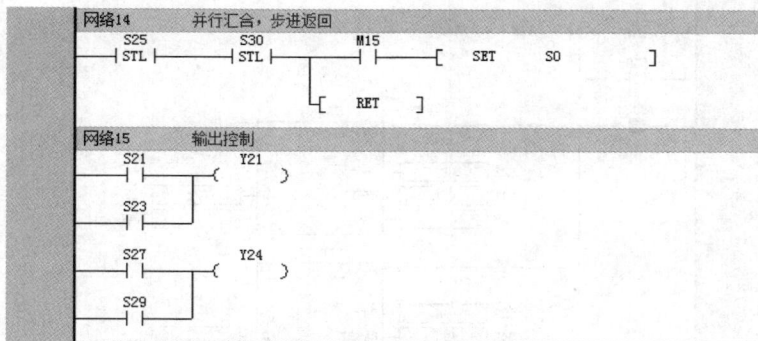

图 7-18　并行汇合控制程序

（10）仔细查看控制交通灯的指令语句程序和步进转移图，寻找其中的对应关系，学习使用根据步进转移图输入步进控制程序，这是一项 PLC 程序设计的重要技能。

3. 系统安装与调试

（1）PLC 按图 7-4 接线。

（2）将 PLC 程序下载到 PLC，并使 PLC 处于运行状态。

（3）选择"调试"→"监控"，启动 PLC 程序监控功能。

（4）按下起动按钮 SB1，观察 PLC 的输出点 Y21～Y26 的状态变化。

（5）步进控制程序监控如图 7-19 所示，在"信息输出窗口"中可以看到 Y21～Y26 的状态变化。

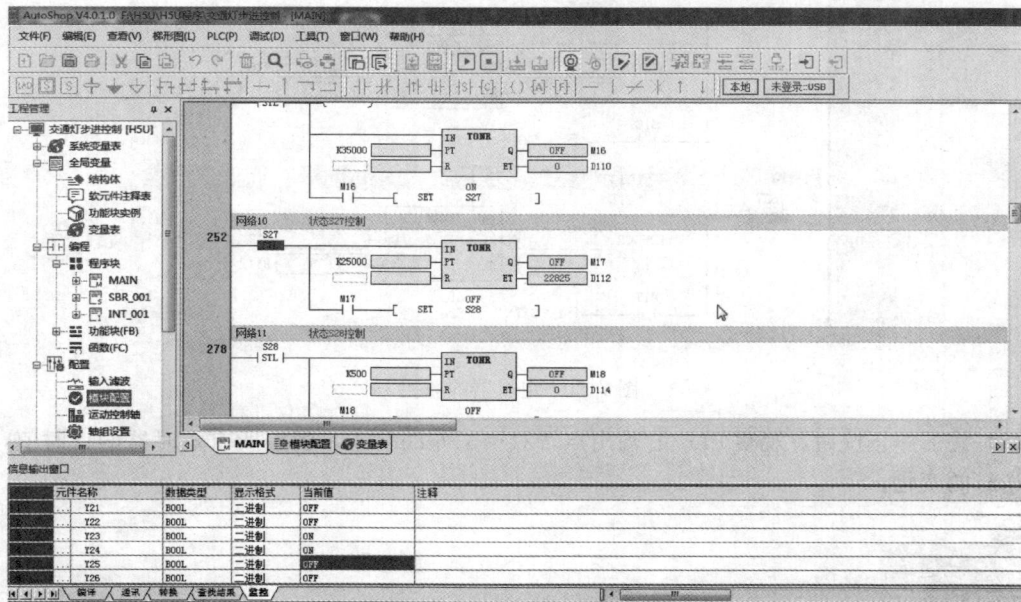

图 7-19　步进控制程序监控

（6）计数器状态监控如图 7-20 所示。

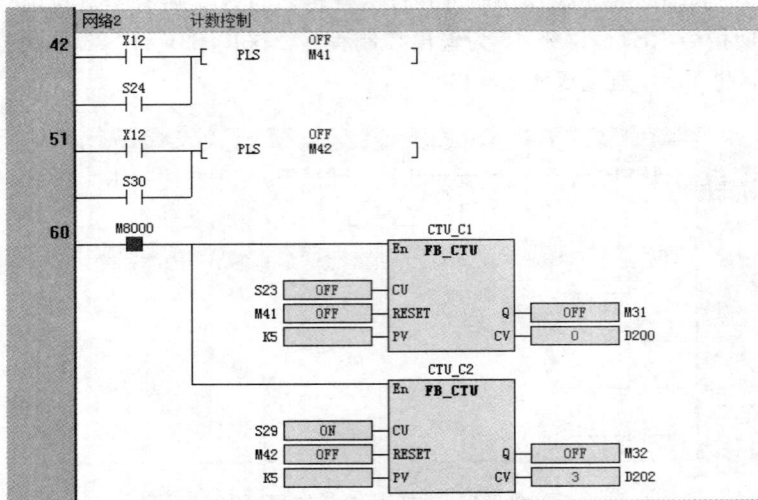

图 7-20　计数器状态监控

（7）定时器的监控如图 7-21 所示。观察所有定时器的变化，记录各灯点亮的时间，绿灯闪烁的时间。

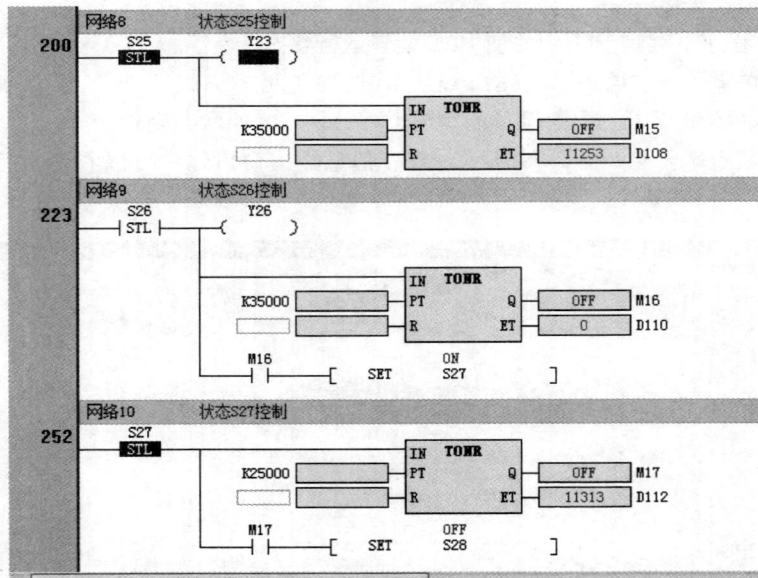

图 7-21　定时器的监控

（8）按下停止按钮，观察 PLC 的输出点 Y21～Y26 的状态，观察所有定时器的计时值，观察交通灯的变化。

习题 7

1. 城市交通灯如图 7-22 所示，各交通灯的控制时序如图 7-23 所示，根据交通灯的控制时序要求，设计城市交通灯的自动运行的步进状态转移图。

2. 使用 H5U 系列的 PLC 实现城市交通灯的控制，设计城市交通灯自动运行的程序。

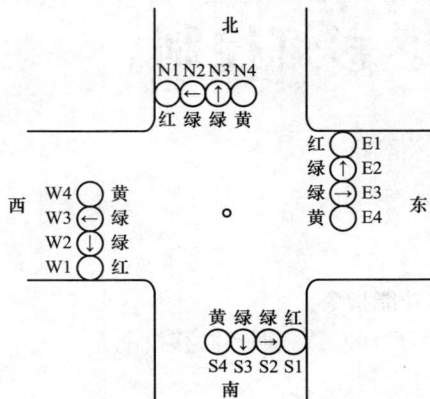

图 7-22 城市交通灯

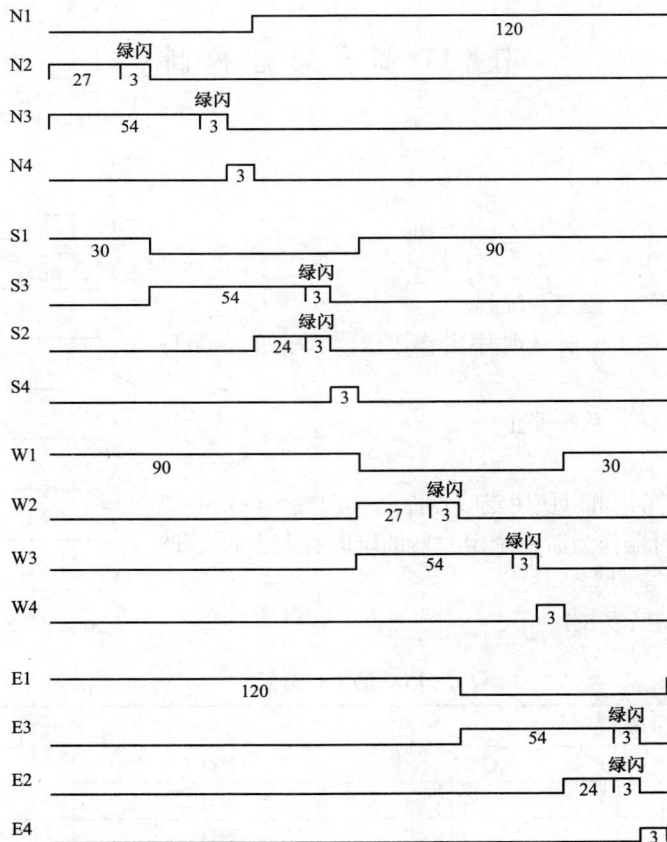

图 7-23 各交通灯的控制时序

项目八　彩灯控制

学习目标

（1）学会使用汇川 PLC 的功能指令。

（2）学会使用左移、右移、循环左移、循环右移指令。

（3）学会用定时器控制彩灯。

（4）学会用移位指令控制彩灯。

（5）学会用循环移位指令控制花样彩灯。

任务13　简易彩灯控制

基础知识

一、任务分析

1. 控制要求

（1）按下起动按钮，控制系统起动。

（2）8 只彩灯按图 8-1 所示时序工作，依次点亮 1s，循环运行。

（3）按下停止按钮，系统停止。

2. 控制分析

8 只彩灯逐个点亮，可以使用定时器控制。设置 8 个定时器 T1～T8，前一个定时器作为后一个定时器的定时控制条件，T8 定时到时，复位所有定时器。

PLC 的 I/O 分配见表 8-1。

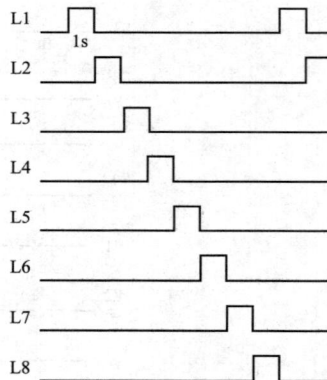

图 8-1　8 只彩灯工作时序

表 8-1　　　　　　　　　　**PLC 的 I/O 分配**

输入		输出	
按钮 1	X11	彩灯 1	Y20
按钮 2	X12	彩灯 2	Y21
		彩灯 3	Y22
		彩灯 4	Y23
		彩灯 5	Y24
		彩灯 6	Y25
		彩灯 7	Y26
		彩灯 8	Y27

PLC 辅助继电器、定时器分配见表 8-2。

表 8-2   **PLC 辅助继电器、定时器分配**

元件名称	符号	作用
辅助继电器	M1	系统运行
定时器 T1	M11	定时
定时器 T2	M12	定时
定时器 T3	M13	定时
定时器 T4	M14	定时
定时器 T5	M15	定时
定时器 T6	M16	定时
定时器 T7	M17	定时
定时器 T8	M18	定时

8 只彩灯的控制函数为

$$Y20 = M1 \cdot \overline{M11}$$
$$Y21 = M11 \cdot \overline{M12}$$
$$Y22 = M12 \cdot \overline{M13}$$
$$Y23 = M13 \cdot \overline{M14}$$
$$Y24 = M14 \cdot \overline{M15}$$
$$Y25 = M15 \cdot \overline{M16}$$
$$Y26 = M16 \cdot \overline{M17}$$
$$Y27 = M17 \cdot \overline{M18}$$

二、PLC 的功能指令

1. 功能指令的基本知识

H5U 系列 PLC 除了基本指令、步进指令外，还有许多功能指令（Functional Instruction），或称为应用指令（Applied Instruction）。H5U 系列的功能指令可分为程序控制、传送与比较、算术与逻辑运算、移位与循环、数据处理、高速处理、方便指令、外部输入输出处理、外部设备通信、实数处理、点位控制、实时时钟等几类。H5U 系列功能指令格式采用指令助记符＋操作数（元件）的形式，具有计算机及 PLC 基础知识的技术人员一看就明白其功能。比如，图 8-2 所示为 MOV 指令。

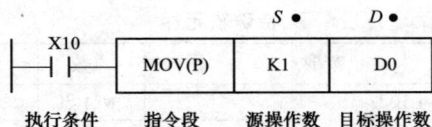

图 8-2 MOV 指令

图 8-2 中，MOV 是传送指令助记符，K1 是源操作数，D0 是目标操作数，X10 是执行条件。当 X10 接通时，就把常数 1 送到数据寄存器 D0 中去。

功能指令实际上是一个个功能完整的子程序，它拓宽了 PLC 的应用范围，大大提高了 PLC 的实用性和普及率。

2. 功能指令的表示形式

功能指令直接表示指令要做什么，在梯形图中使用功能框表示。从图 8-2 中可以看出，功能框中分栏表示指令的名称、相关数据或数据存储地址。

（1）助记符。功能指令的助记符是该指令的英文缩写词。ADDITI/ON 缩写为 ADD，DE-CODE 缩写为 DECO 等。

（2）数据长度。功能指令依处理数据长度分为 16 位指令和 32 位指令。其中助记符前附有符号（D）的指令为 32 位指令，如（D）MOV、FNC（D）12 等，无（D）表示 16 位指令。

（3）操作数。操作数是功能指令涉及或产生的数据，分为源操作数（Sourse）、目标操作数（Destination）和其他操作数。

（4）其他操作数用 m、n 表示，用来表示常数或对源操作数、目标操作数作补充。需注释的项目较多时可采用 m_1、m_2 等方式表示。

（5）K、H 分别表示十进制和十六进制常数。

（6）执行形式。功能指令有脉冲执行型和连续执行型，助记符后附有（P）表示脉冲执行，在执行条件由 OFF 变为 ON 时执行一次。无（P）的表示连续执行，每个扫描周期执行一次。（P）和（D）可以同时使用，如（D）MOV（P）。

3. 功能指令使用的字软元件

功能指令的字软元件见表 8-3。

表 8-3　　　　　　　　　　　功能指令的字软元件

类型	范围	点数	数据类型	描述
D	D0-D7999	8000 点	BOOL/INT/DINT/REAL	D0～D999 掉电不保存，D1000 及之后掉电保存
R	R0-R32767	32768 点	BOOL/INT/DINT/REAL	R0～R999 掉电不保存，R1000 及之后掉电保存
W	W0-W32767	32768 点	BOOL/INT/DINT/REAL	W0～W999 掉电不保存，W1000 及之后掉电保存

注意：

（1）掉电保持范围不可更改。

（2）字软元件可作为整数或浮点数使用，软元件本身不具有数据类型属性，根据指令的参数属性，将元件解释为整数或浮点数。

（3）字软元件作为整数使用时，根据指令参数，作为 16 位或 32 位数据使用。作为 16 位数据使用时，占用 1 个软元件；作为 32 位数据使用时，占用 2 个软元件。

（4）字软元件作为浮点数使用时，占用 2 个软元件。

三、特殊软元件

特殊软元件见表 8-4。特殊软元件支持 L 作为跳转标签使用。

表 8-4　　　　　　　　　　　特殊软元件

类型	功能	范围	点数	描述
L	跳转标签	L0～L1023	1024 点	与 CJ 指令、LBL 指令配套使用
K	十进制	K32768～K32767（16 位），K-2147483648～K2147483647（32 位运算）	—	—
H	十六进制	H0000～HFFFF（16 位运算），H00000000～HFFFFFFFF（32 位）	—	—
E	浮点数、实数	$-3.402823e^{+38} \sim -1.175495e^{-38}$，0，$+1.175495e^{-38} \sim +3.402823e^{+38}$	—	单精度浮点数最多 7 位十进制有效数字，超出部分会自动四舍五入
字符	字符、字符串	—	—	字符、字符串，作为指令参数

项目八

四、数据元件的结构形式

用于处理数据的元件，如 R、W、D 等，称为"字元件"。字元件的基本形式为 16 位存储单元，最高位为符号位。处理 32 位数据时，用地址号相邻的两个字元件可以组合成"双字元件"。双字元件的最高位（第 32 位）为符号位，在指令中使用双字元件时，一般用其低位地址表示这个元件，并常用偶数地址作为双字元件的地址号。

五、变量

1. 自定义变量

在 H5U 的编程体系，除了编程时直接使用直接地址，如 X、Y、M、D、R 等元件进行编程，也可以在没有具体的存储地址的情况下，以"变量"的方式进行编程，实现所需的控制逻辑，或应用对象的完整控制工艺，这样提高代码编写的便利性、可复用性。

自定义变量类别见表 8-5。

表 8-5 自定义变量类别

类型	范围	点数	数据类型	描述
Pointer	—	4096 点（32 位）	BOOL/INT/DINT/REAL 数组	指针变量； 掉电不保存
UDV	—	2MB（8 位）	BOOL/INT/DINT/REAL 变量， BOOL/INT/DINT/REAL 数组， BOOL/INT/DINT/REAL 组合结构体	用户自定义变量； 前 256KB 掉电保存， 其他掉电不保存
SDV	—	2MB（8 位）	自定义类型	系统自定义变量； 前 256KB 掉电保存， 其他掉电不保存

2. 变量定义

H5U 支持自定义变量，用户可以通过定义全局变量，在程序中直接使用变量名编程，变量定义支持结构体和数组。

变量数据类型包括布尔（BOOL）类型、单字节整数（INT）类型、双字整数（DINT）类型、实数（REAL）类型。

AutoShop 编程软件工程管理栏中的"全局变量"用于变量管理，可以实现变量的添加、删除和编辑操作。

变量管理如图 8-3 所示。

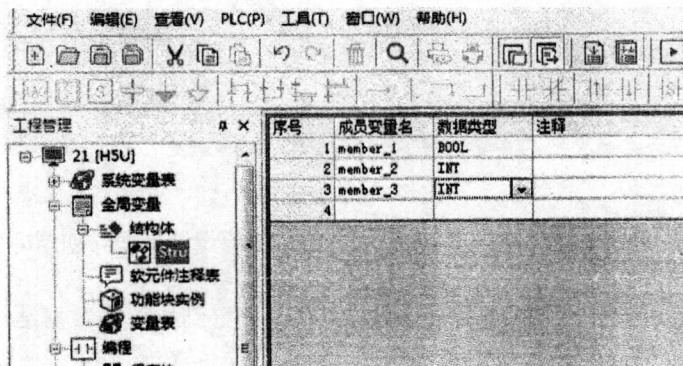

图 8-3 变量管理

图 8-4　新建全局变量表

（1）添加变量表和变量。右击"全局变量"，选择"新建全局变量表"，如图 8-4 所示，即可新建全局变量表。

（2）双击变量表，进入变量编辑界面。在变量表中右击，在弹出的菜单中可以插入或删除变量。在变量表中，还可以添加注释、软元件地址、长度等。变量表见表 8-6。

变量表中，变量名一栏输入自定义变量名，编程时可以直接使用变量名编程。数据类型可以选择 BOOL、INT、DINT、REAL 以及数组和结构体（需要事先定义好结构体），数据类型选择数组时，弹出对话框设置数组变量类型和长度，选择事先定义好结构体时，即可定义结构体变量。初始值一栏可以给变量定义初始值，数组和结构体可以单独定义每一个元素的初始值，掉电保持可以选择保持和非保持两种类型，初始值的设置只对非保持变量有效。

表 8-6　　　　　　　　　　　　　　变　量　表

序号	变量名	数据类型	初始值	掉电保持	注释	软元件地址	长度
1	Axis0	Axis		不支持			
2	iAbsID	INT	0	不支持			
3	var _ 1	BOOL	OFF	不保持			
4	var _ 2	DINT	OFF	不保持			

3. 数组定义

数据类型选择为 ARRAY 时，可以定义数组。在弹出的对话框中选择数组变量的类型和长度，确定后即完成数组定义。

数组定义如图 8-5 所示。

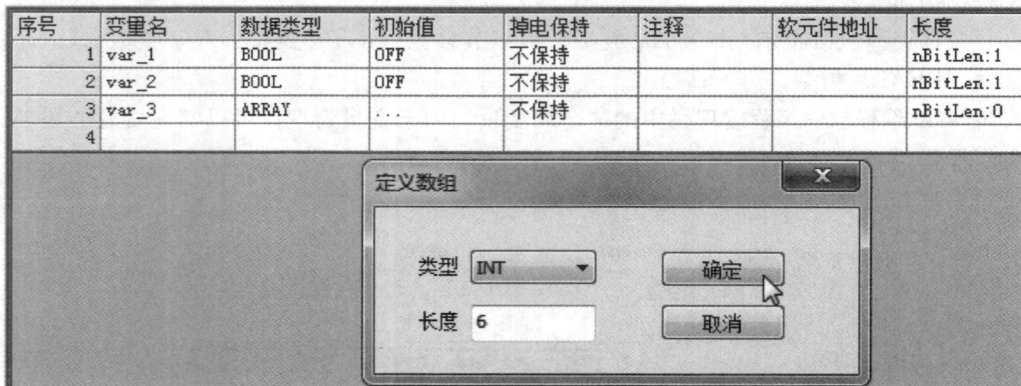

图 8-5　数组定义

单击数组变量的初始值一栏，可进入数组变量的初始值设置界面，如图 8-6 所示。

4. 结构体定义

变量定义中如果需要定义结构体变量，需要事先定义好结构体的数据结构，右击"全局变量"下的"结构体"，选择"新建数据结构"，如图 8-7 所示，在弹出的对话框输入结构体名称后确定，即定义好结构体，在变量表定义数据类型时，可选择结构体名将变量定义为结构体变量。

序号	变量名	数据类型	初始值	掉电保持	注释	软元件地址	长度
1	var_1	BOOL	OFF	不保持			nBitLen:1
2	var_2	BOOL	OFF	不保持			nBitLen:1
3	var_3	INT[6]		不保持			nBitLen:0
4							

初始值

变量名	初始值	类型	注释	软元件地址
var_3		INT[6]		
var_3[0]	0	INT		
var_3[1]	0	INT		
var_3[2]	50	INT		
var_3[3]	0	INT		
var_3[4]	0	INT		
var_3[5]	0	INT		

确定　取消

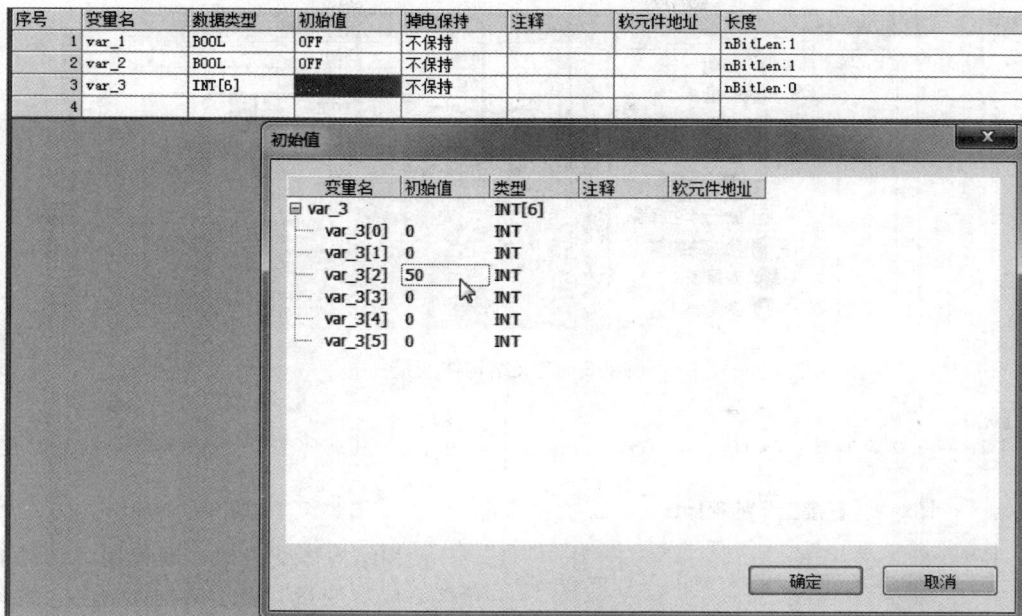

图 8-6　数组变量的初始值设置界面

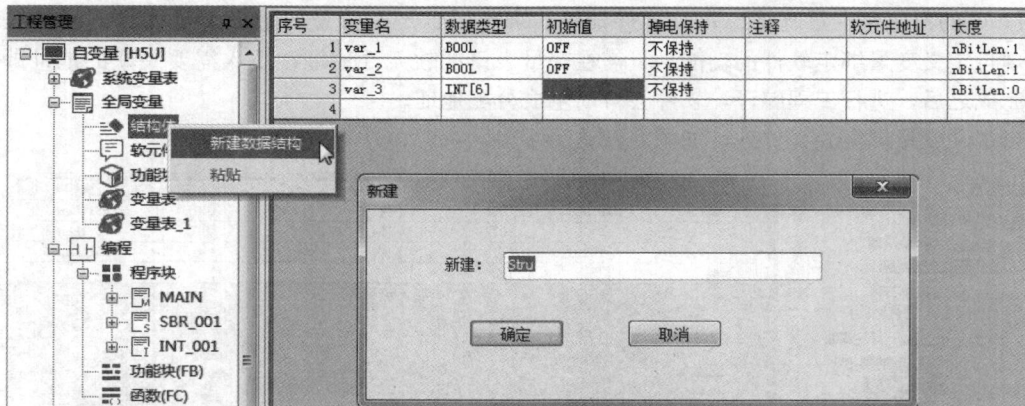

图 8-7　新建结构体变量

双击新建的结构体，进入成员变量的定义界面，在成员变量定义界面中，可以插入或删除成员变量，定义成员变量名和数据类型。

建立结构体和成员变量后，可以在变量定义的数据类型中选择结构体，定义结构体变量，如图 8-8 所示。

单击结构体变量的初始值一栏，进入结构体变量的初始值设置界面，可以设置结构体变量成员的初始值。

5. 变量的使用

定义好变量后，在程序编程时，可以直接使用变量名进行编程，不需要再分配软元件。

直接变量编程操作如图 8-9 所示。

使用数组变量时，编程用［编号］表示数组元素，编号从 0 开始，数组变量的使用如图 8-10 所示。

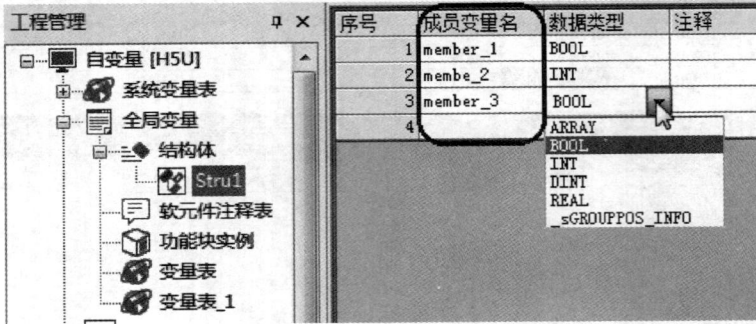

图 8-8　定义结构体变量

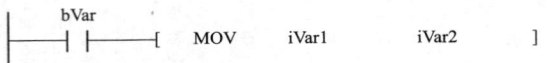

图 8-9　直接变量编程操作

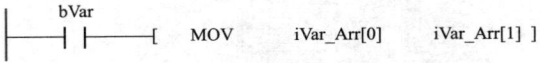

图 8-10　数组变量的使用

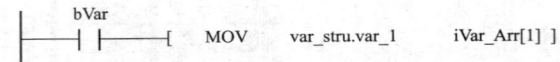

图 8-11　结构体变量的使用

使用结构体变量时，编程用"结构体变量名．成员变量"表示结构体成员，结构体变量的使用如图 8-11 所示。

6. 变量绑定软元件

H5U 的自定义变量支持绑定软元件地址，绑定后自定义变量的地址与软元件的地址关联。要实现自定义变量绑定软件的功能，只需在变量表里的软元件地址栏填入需要关联的地址即可，输入完成之后，进行工程编译，软件会自动生成分配地址。

自定义变量绑定软元件地址如图 8-12 所示。

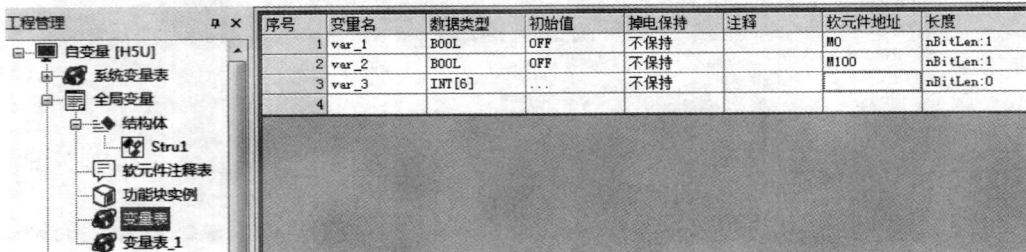

图 8-12　自定义变量绑定软元件地址

自定义变量绑定软元件之后，掉电保持属性会跟随绑定的软元件变化。

7. 结构体变量绑定软元件

Autohshop 4.0 及以后版本制作的工程，与其他变量的绑定一样，只需要在变量表里的地址一栏填入需要映射的地址即可（注意：该地址只能为字元件，不能为位元件）。

结构体变量绑定软元件如图 8-13 所示。

8. 指针类型变量

指针类型变量可作为指针保存软元件或数组变量的地址，程序编程时，可用指针类型变量实现间接寻址，也可作为变址寻址使用。

H5U 不再支持 V、Z 软元件功能。

（1）指针类型变量定义。在变量表中定义变量名，数据类型选择为"POINTER"，即定义了指针类型变量。指针变量的初始值为 NULL，即空指针，指针变量掉电不保持。指针类型变量可

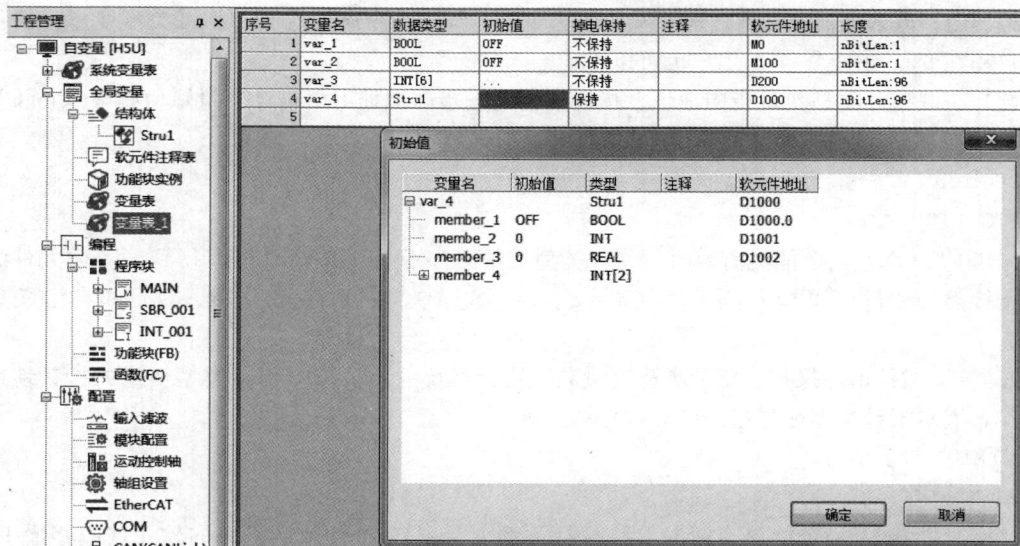

图 8-13　结构体变量绑定软元件

做地址操作和间接寻址操作，使用指针地址操作指令时，表示对指针的地址操作。支持指针地址操作的指令见表 8-7，使用这些指令时，可实现取地址、指针地址偏移以及指针地址比较功能。

表 8-7　　　　　　　　　　　　　　　支持指针地址操作的指令

指令	说明
PTGET	获取指针地址
PTINC	指针变量地址增 1 指令
PTDEC	指针变量地址减 1 指令
PTADD	指针变量地址偏移加指令
PTSUB	指针变量地址偏移减指令
PT>、PT>=、PT<、PT<=、PT=、PT<>	PT 变量触点比较
PTMOV	指针变量相互赋值指令

除表 8-6 中对指针地址操作的指令外，其他指令中使用到指针类型变量，表示对指针类型变量间接寻址操作，即对指针类型变量指向的软元件或数组变量的值操作。对指针类型变量间接寻址操作，编程中以"＊指针类型变量"表示。指针类型变量地址操作如图 8-14 所示。

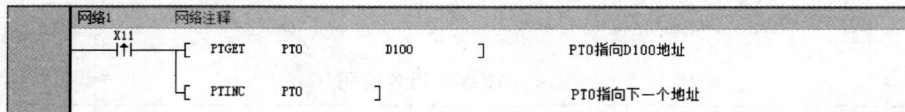

图 8-14　指针类型变量地址操作

指针类型变量间接寻址如图 8-15 所示。

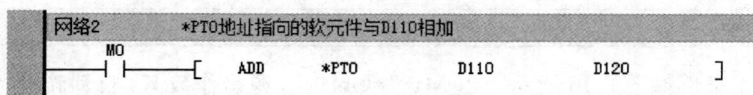

图 8-15　指针类型变量间接寻址

141

编程时，除表 8-6 中对指针地址操作的指令外，其他指令中使用到的指针类型变量，编程软件会自动在变量前加"＊"，用户也可以手动输入"＊"。

（2）获取指针类型变量指向地址。指针类型变量指向地址可由指针变量赋值指令（PTGET）获取。如：

LD M100

PTGET PT0 D10

M100 为 ON，指令能流有效时，指针类型变量 PT0 指向 D10，即 PT0 得到 D10 软元件的地址。指针类型变量可以指向位元件（X、Y、M、S、B）、字元件（D、R、W）和自定义数组变量。

（3）PT 指针地址操作。指针类型变量获取指针地址后，可以对指针类型变量的指针地址加减操作，表示指针类型变量指向的元件偏移。如：

LD M101

PTINC PT0

M100 为 ON，指令能流有效时，将指针类型变量 PT0 指针地址指向的软元件偏移增 1 个。如 PT0 原来指向 D10，执行 PTINC 指令后，PT0 指向 D11。执行 PTINC 后，系统会根据指针类型变量指向的元件或数组变量类型自动适应偏移增 1 个。执行 PTINC 指令前后 PT0 指针的变化见表 8-8。

表 8-8 执行 PTINC 指令前后 PT0 指针的变化

PT0 当前指针	执行 PTINC 后 PT0 指针
D10	D11
M200	M201
diVal [3]	diVal [4]

若执行 PTDEC 指令，指令能流有效时，将指针类型变量 PT0 指针地址指向的软元件偏移减 1 个。如 PT0 原来指向 D10，执行 PTINC 指令后，PT0 指向 D9。执行 PTDEC 后，系统会根据指针类型变量指向的元件或数组变量类型自动适应偏移减 1 个。

六、彩灯控制用功能指令

1. 传送（MOV）指令

传送指令的助记符为 MOV，源操作数包括 K、H、D、R、W、自定义变量、指针变量等；目的操作数包括 D、R、W、自定义变量、指针变量等。传送指令将源址 S 中的数据复制到目的地 D，即 [S]→[D]。

传送（MOV）指令说明见表 8-9。

表 8-9 传送（MOV）指令说明

16 位指令		MOV 连续执行/MOVP 脉冲执行			
32 位指令		DMOV 连续执行/DMOVP 脉冲执行			
操作数	名称	描述	范围	数据类型	
S	数据源	进行传送的数据或数据存储字软元件地址	—	INT/DINT	
D	数据复制目的地	目的地数据存储字软元件地址	—	INT/DINT	

传送指令使用举例如图 8-16 所示。当 M1 为 ON 时，源操作数 K3 自动转换为二进制数传送到目标操作数 D0 中。

图 8-16 传送指令使用举例

MOV 指令需要触点驱动，有 2 个操作变量，将 S 的值复制到 D 中。

当为 32bit 指令（DMOV）时，S 和 D 都会使用相邻高地址的变量单元参与运算。如语句［DMOV D10 D20］的操作结果是：D10→D20；D11→D21。

2. 循环左移（ROL）指令

循环左移指令的助记符为 ROL，目的操作数 D 包括 D、R、自定义变量、指针变量等，单次移动位数 n 包括 K、H、D、R、W、自定义变量、指针变量等。

当驱动条件成立时，D 中数据向左移动 n 位，移出 D 的高位数据循环进入 D 的低位。

ROL 数据循环左移见表 8-10。

表 8-10   **ROL 数据循环左移**

16 位指令	ROL 连续执行/ROLP 脉冲执行			
32 位指令	DROL 连续执行/DROLP 脉冲执行			
操作数	名称	描述	范围	数据类型
D	将循环的操作数	数据存储字软元件地址	—	INT/DINT
n	单次移动位数	有效范围：$1 \leqslant n \leqslant 16$（16 位），$1 \leqslant n \leqslant 32$（32 位）	1~16/32	INT/DINT

本指令一般使用脉冲执行型指令。当为 32 位指令时，寄存器变量则占用后续相邻地址的共 2 个单元。循环移动的最终位被存入进位标志中。循环左移指令执行如图 8-17 所示。

七、PLC 程序设计

1. PLC 的 I/O 分配

PLC 的 I/O 分配见表 8-1。

2. PLC 接线图

PLC 接线图如图 8-18 所示。

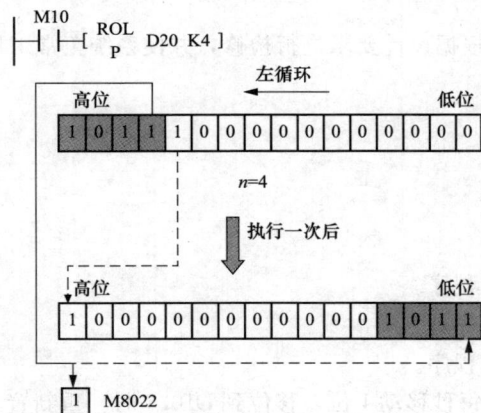

图 8-17 循环左移指令执行

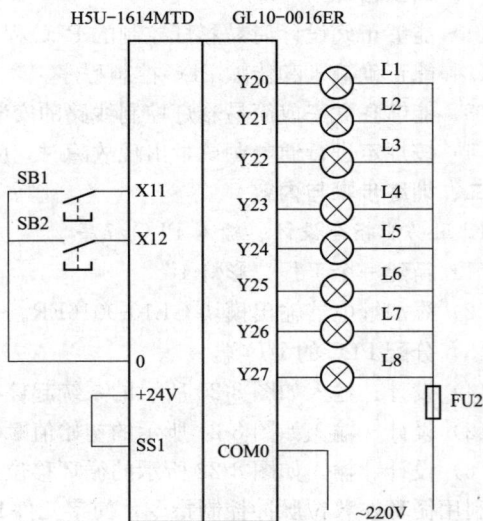

图 8-18 PLC 接线图

3. 用功能指令的彩灯控制程序

用功能指令的彩灯控制程序如图 8-19 所示。

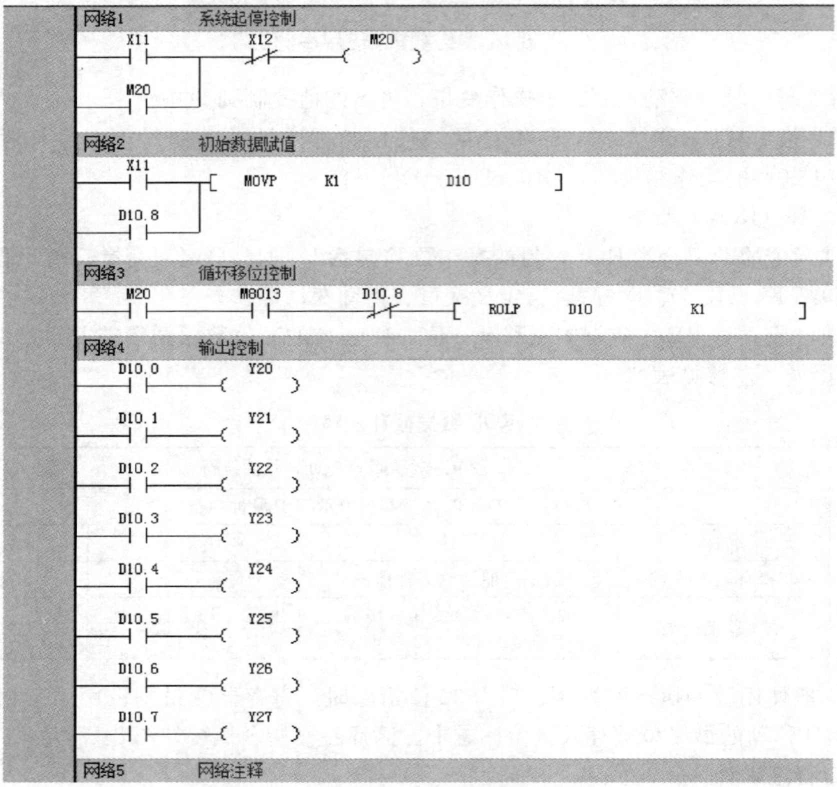

图 8-19　用功能指令的彩灯控制程序

技能训练

一、训练目标

（1）能够正确设计简易彩灯控制的 PLC 程序。

（2）能正确输入和传输 PLC 控制程序。

（3）能够独立完成简易彩灯控制线路的安装。

（4）按规定进行通电调试，出现故障时，应能根据设计要求进行检修，并使系统正常工作。

二、训练步骤与内容

1. 用功能指令设计、输入 PLC 程序

（1）新建一个工程"彩灯 1"。

（2）添加继电器输出模块 GL10-0016ER。

（3）分配 PLC 的 I/O 端。

（4）设计、输入如图 8-20 所示的系统起停控制程序。

（5）设计、输入如图 8-21 所示的初始值赋值程序。

（6）设计、输入如图 8-22 所示的循环移位控制程序。

利用循环左移位脉冲控制指令，使字元件 D10 每秒移动 1 位，移位到 D10.8 时，重新置 1 给 D10，D10.0 开始下一轮的循环。使用字元件 D10 的位输出逐个驱动 Y20～Y27。

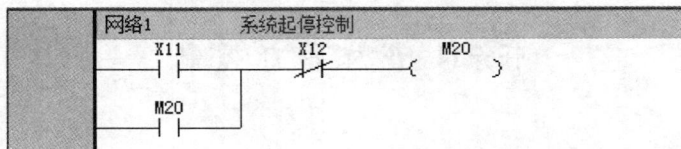

图 8-20　系统起停控制程序

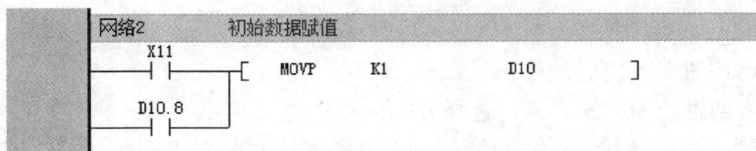

图 8-21　初始值赋值程序

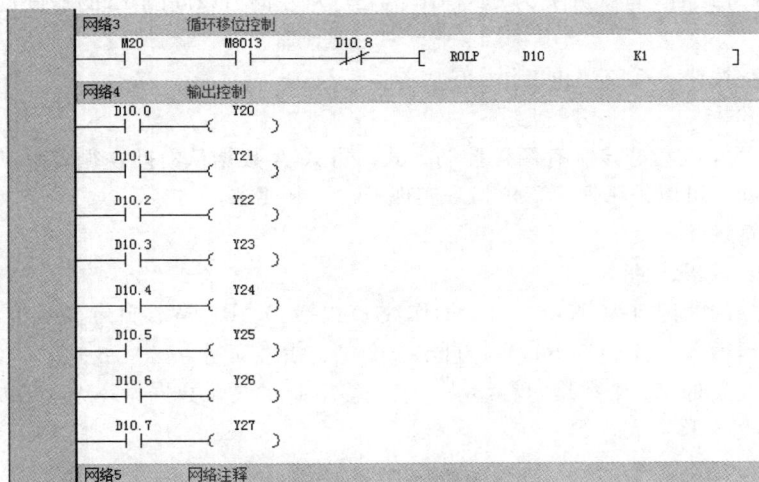

图 8-22　循环移位控制程序

2. 系统安装与调试

(1) 按图 8-18 接线。

(2) 将 PLC 程序下载到 PLC，并使 PLC 处于连线运行状态。

(3) 按下起动按钮 SB1，观察输出点 Y20～Y27 的状态变化，观察彩灯的状态变化。

(4) 按下停止按钮 SB2，观察输出点 Y20～Y27 的状态变化，观察彩灯的状态变化。

3. 用基本指令控制彩灯

(1) 按图 8-18 接线。

(2) 配置 PLC 辅助继电器、定时器软元件。

(3) 根据控制要求写出彩灯控制函数。

(4) 根据控制函数，设计 PLC 基本指令彩灯控制程序。

(5) 将 PLC 程序下载到 PLC，使 PLC 处于连线运行状态。

(6) 按下起动按钮 SB1，观察 PLC 的定时器 T1～T8 的定时值变化，观察输出点 Y20～Y27 的状态变化，观察彩灯的状态变化。

(7) 按下停止按钮，观察 PLC 的定时器 T1～T8 的定时值变化，观察 PLC 的输出点 Y20～Y27 的状态变化，观察彩灯的状态变化。

任务 14 花样彩灯控制

基础知识

一、任务分析

1. 控制要求

（1）按下起动按钮，系统启动运行。

（2）彩灯共有两种控制方式，通过选择开关进行选择。

1）如果选择方式 A，选择开关为 OFF，16 盏彩灯从右向左以间隔 1s 的速度逐个点亮 1s，如此循环。

2）如果选择方式 B，选择开关为 ON，16 盏彩灯从左向右以间隔 1s 的速度逐个点亮 1s，如此循环。

（3）按下停止按钮，系统停止工作。

2. 控制要求分析

由控制要求可知该彩灯控制有两种控制方式，方式 A 数据从右向左循环移动。方式 B 数据从左向右循环移动。可以采用循环移位指令实现上述控制要求。

二、PLC 程序设计

1. 循环右移（ROR）指令

循环右移指令的助记符为 ROR，目的操作数 D 包括 D、R、W、自定义变量、指针变量等，单次移动位数 n 包括 K、H、D、R、W、自定义变量、指针变量等。

当驱动条件成立时，D 中数据向右移动 n 位，移出 D 的高位数据循环进入 D 的低位。

ROL 数据循环左移见表 8-11。

表 8-11　　　　　　　　　　　　ROL 数据循环左移

16 位指令		ROR 连续执行/ROLP 脉冲执行			
32 位指令		DROR 连续执行/DROLP 脉冲执行			
操作数	名称	描述		范围	数据类型
D	将循环的操作数	数据存储字软元件地址		—	INT/DINT
n	单次移动位数	有效范围：1≤n≤16（16 位），1≤n≤32（32 位）		1~16/32	INT/DINT

本指令一般使用脉冲执行型指令。当为 32 位指令时，寄存器变量则占用后续相邻地址的共 2 个单元。

循环移动的最终位被存入进位标志中，循环右移指令执行如图 8-23 所示。

当 M10 由 OFF 变化到 ON 时，循环右移指令使 D20 数据循环右移 3 位。

2. PLC 接线图

PLC 接线图如图 8-24 所示。

3. PLC 控制程序

PLC 控制花样彩灯程序如图 8-25 所示。

三、汇川触摸屏

1. 汇川触摸屏 IT7070E

InoTouchPad 是汇川技术自主研发的 HMI 组态软件，功能强大，界面友好易用，面向 IT7000 系列 HMI。

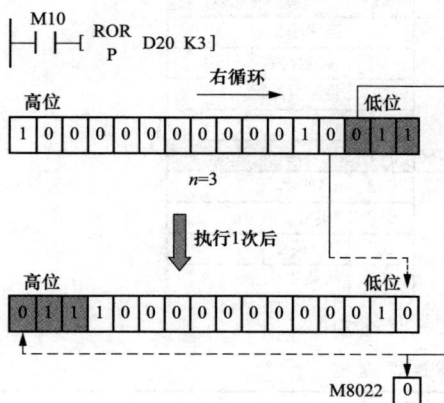

图 8-23　循环右移指令执行

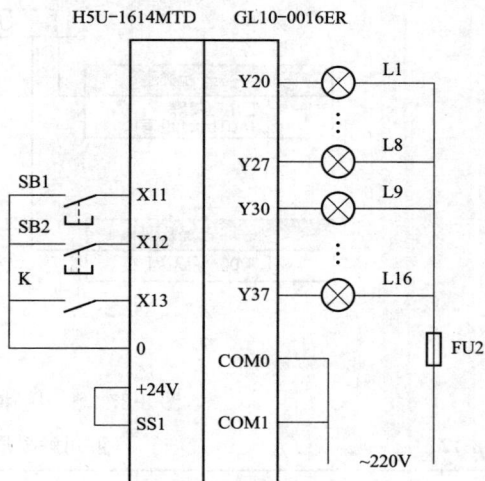

图 8-24　PLC 接线图

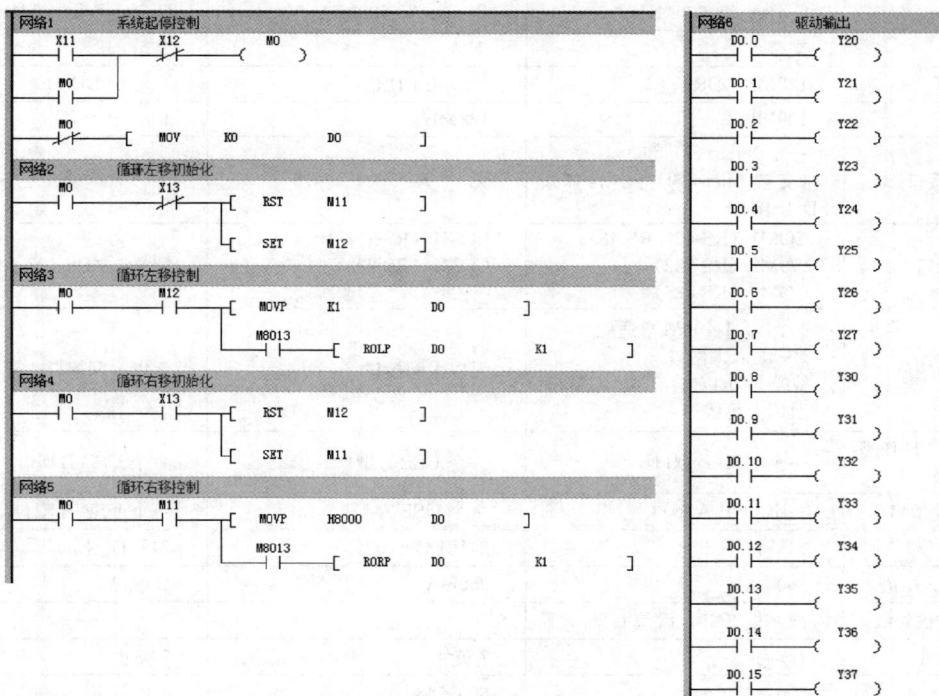

图 8-25　花样彩灯控制程序

IT7000 系列 HMI 采用高性能处理器，数据处理、响应速度更快。该产品基于 Linux，采用 Android 风格高清大显示屏，为用户提供界面友好的交互式体验，支持自定义样式，VNC 远程桌面，支持矢量格式图标，脚本编程等功能。

（1）产品外观与型号。汇川触摸屏产品外观如图 8-26 所示。汇川触摸屏型号命名规则如图 8-27 所示。

（2）基本参数。汇川触摸屏基本参数见表 8-12。

图 8-26　汇川触摸屏产品外观

IT 7 070 E

标识	产品类别
IT	汇川触摸屏（InoTouch缩写）

标识	辅助特征
E	高级配置
T	标准配置
S	经济型配置

标识	产品系列
7	7000产品系列

标识	屏幕尺寸
043	4.3英寸
070	7英寸
100	10.1英寸
150	15英寸

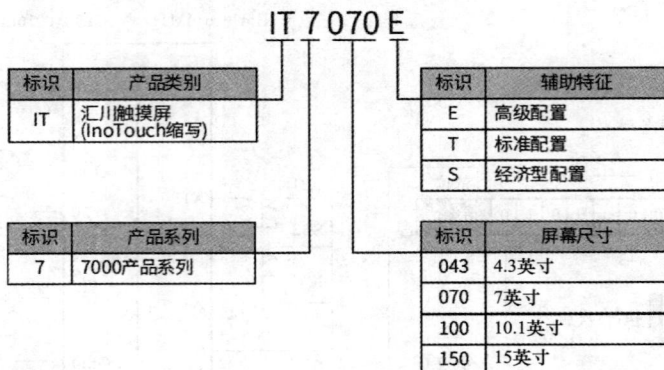

图 8-27　汇川触摸屏型号命名规则

表 8-12　　　　　　　　　　　　汇川触摸屏基本参数

项目	产品型号		
	IT7070E	IT7070T	IT7070S
CPU	Cortex A8 600MHz	Cortex A8 600MHz	Cortex A8 600MHz
RTC	支持	支持	支持
DRAM	128MB DDR3	128MB DDR3	128MB DDR3
Flash	128MB	128MB	128MB
SD 卡接口	一个 Micro SD 接口（支持 Micro SD 卡，自弹式 SD 卡卡座）	无	无
串行端口	COM1（RS-422/RS-485）COM2（RS-232）COM3（RS-485）	COM1（RS-422/RS-485）COM2（RS-232）	COM1（RS-422/RS-485）
以太网接口	1 个 10M/100M 自适应 RJ-45 以太网口线缆 100m 以内，五类（CAT5）及以上等级	无以太网接口	无以太网接口
Mini USB B 型接口	一个 USB B 型口	一个 USB B 型口	一个 USB B 型口
USB A 型口	一个 USB A 型口	一个 USB A 型口	一个 USB A 型口
输入电压	24V DC±20%	24V DC±20%	24V DC±20%
额定输入电流	250mA	250mA	250mA
面板防护等级	前面板 IP65，后盖 IP20		
显示尺寸	7 英寸	7 英寸	7 英寸
分辨率	800×480	800×480	800×480
亮度（cd/m²）	350	350	350
显示颜色	24 位真彩色	24 位真彩色	24 位真彩色
背光源	LED	LED	LED
背光灯寿命	35000hrs	35000hrs	35000hrs
开孔尺寸（mm）	193×139	193×139	193×139
外壳颜色	银色	银色	黑色
工作温度	−10～55℃	−10～55℃	0～50℃
存储温度	−20～70℃	−20～70℃	−20～70℃
工作湿度	10%～90%RH（无冷凝）	10%～90%RH（无冷凝）	10%～90%RH（无冷凝）
冷却方式	自然冷却		

2. 电气设计参考

（1）汇川触摸屏接口。汇川触摸屏前后视图如图 8-28 所示。端子说明如下：①电源接口；②串口 DB9 公座；③以太网接口；④RESET 按钮；⑤USB A 型口；⑥Mini USB 口；⑦固件升级端口；⑧Micro SD 卡接口；⑨电源指示灯。

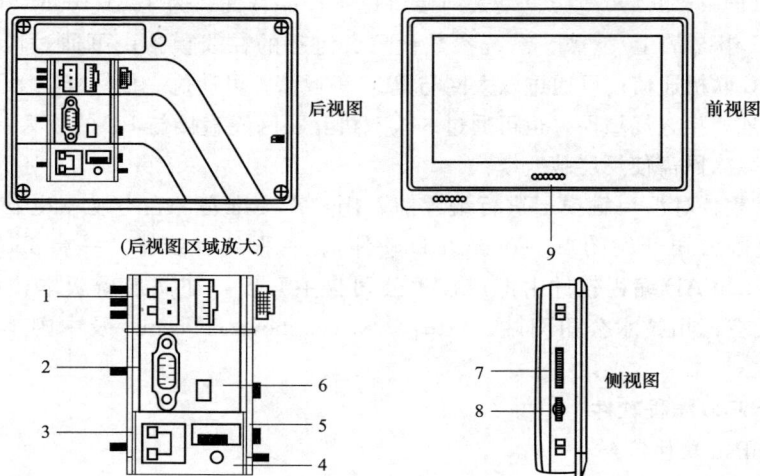

图 8-28　汇川触摸屏前后视图

（2）各端口的接线说明。

1）电源端口连接。汇川触摸屏采用 24V 直流电源供电，将外部电源正极接到"＋24V"端子，电源负极接到"0V"端子；标号 ⏚ 的端子为接地端，用于本产品的接地线连接。本产品只能使用直流电源供电（范围 24V±20％），电源可提供的容量不小于该机型规格要求。直流电源必须与交流主电源正确地隔离开；本产品不宜和感性负载电路（如电磁阀）共用电源，否则可能造成电磁干扰。

24V 供电电源线和通信电缆也应避免和交流电源线缆或者是电动机驱动线等强干扰线缆并行走在一起，建议至少保持 30cm 距离。接地线的导体推荐使用一条独立的 ♯14AWG 规格导线，直接连接到系统接地点，不要经过其他电气设备的外壳或接线端后接地，这可以保证接地导体不会承受其他支路的电流；要保证接地的导体长度尽量短。

2）通信端口连接。汇川触摸屏提供 1 个 DB9 通信端口（DB9 公座），内部提供了 1～3 个独立的串行通信端口，可用来连接 PLC、变频器、打印机或其他智能设备等。本产品内置多种通信协议，常作为通信主站来访问外部设备的数据。串口通信端子结构及丝印如图 8-29 所示。

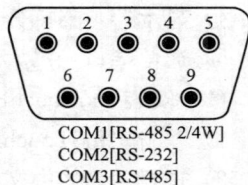

COM1[RS-485 2/4W]
COM2[RS-232]
COM3[RS-485]

图 8-29　串口通信端子结构及丝印

与不同的外部设备连接需要不同的通信电缆，不要将通信电缆与交流电源的电缆布在一起或者将通信电缆布在靠近电气噪声源的位置。不要在通信过程中拔插通信电缆。为避免发生通信的问题，在连接 RS-485/RS-422 的设备时应注意通信电缆长度不得超过 150m，在连接 RS-232 设备时应注意通信电缆的长度不得超过 15m。如果通信存在问题，显示屏上有"连接失败：连接 _ 1，站 1．err：10001"的故障提示，直到通信正常建立。在通信电缆较长或者通信电缆需要穿过存在电气噪声的环境时，必须采用屏蔽电缆来制作通信电缆。

3）USB 接口。

USB mini 型接口用于与 PC 连接，进行上载/下载用户组态程序和设置 HMI 系统参数，可通过一条通用的 USB 通信线缆和 PC 机连接；USB A 型接口用于与 U 盘、USB 鼠标及 USB 键盘等设备连接，即插即用。

4）以太网（EtherNET）连接。以太网接口位于产品背面，为 10M/100M 自适应以太网端口，可用于 HMI 组态的上/下载、系统参数设置、组态的在线模拟；可通过以太网连接多个 HMI 构成多 HMI 联机通信；可通过以太网与 PLC 等通信；可通过一根标准以太网线与 HUB 或以太网交换机相连，接入局域网，也可通过一根双机互联网线直接与 PC 的以太网口连接。为确保通信稳定性，以太网需使用屏蔽线缆。

（3）编程参考。对汇川触摸屏进行编程前，用户需要准备一台电脑（电脑上必须安装有汇川控制技术有限公司开发的 InoTouchPAD 软件）、一根编程线缆、一台 InoTouch 7000 系列 HMI。InoTouchPAD 编程软件由汇川技术公司自主开发，如需最新版本，可向您的 HMI 供应商获取，或在汇川技术公司网站（http：//www. inovance. com）及中国工控网汇川主题上下载。

四、InoTouchPad 编程软件

1. InoTouchPad 软件简介

InoTouchPad 是面向汇川技术 InoTouch 系列触摸屏的组态软件，采用集成化的开发环境，具有丰富强大的开发功能。该软件适用于汇川 IT7000 系列 HMI 人机界面产品，也适用于独立运行于 PC 上作为小型 SCADA 数据采集与监视控制系统软件，可对 HMI 人机界面工程进行组态、编译、调试、上载/下载操作，用户界面友好。

2. InoTouchPad 与 HMI 人机界面连接

通过 USB/以太网电缆将安装有 InoTouchPad 软件的 PC 与 IT7000 连接，在 InoTouchPad 中编写好工程后便可下载到 IT7000 系列触摸屏运行调试。

3. 安装 InoTouchPad

（1）计算机配置要求。

1）CPU：主频 2G 以上的 Intel 或 AMD 产品。

2）内存：1GB 或以上。

3）硬盘：最少有 1GB 以上的空闲磁盘空间。

4）显示器：支持分辨率 1024×768 以上的彩色显示器。

5）通信端口：以太网（EtherNET）端口或 USB 口。

（2）安装 InoTouchPad。

1）双击"InoTouchPadsetup. exe"可执行文件，将会弹出选择安装语言对话框。

2）选择"简体中文"后，单击"OK"按钮，弹出"InoTouchPad V0. 8. 8. 10-R 安装"对话框，如图 8-30 所示。

3）单击"下一步"，InoTouchPad 软件安装采用默认路径，可根据需要进行更改。单击"安装"即可开始安装。

4）安装过程中，会自动安装 USB 驱动程序；

5）安装过程大约 1min，随后会弹出"正在安装完成 InoTouchPad 软件安装向导"窗口。若想安装完成后立即运行 InoTouchPad 软件，请勾选"运行 InoTouchPad V0. 8. 8. 10-R"，然后单击"完成"按钮完成安装并打开该软件；若不勾选，则完成安装并退出。

4．InoTouchPad 界面

InoTouchPad 界面包括以顶部菜单栏、顶部工具栏、左侧项目树、详细视图、画面编辑区、右侧工具栏、属性视图和输出视图等部分。InoTouchPad 界面如图 8-31 所示。

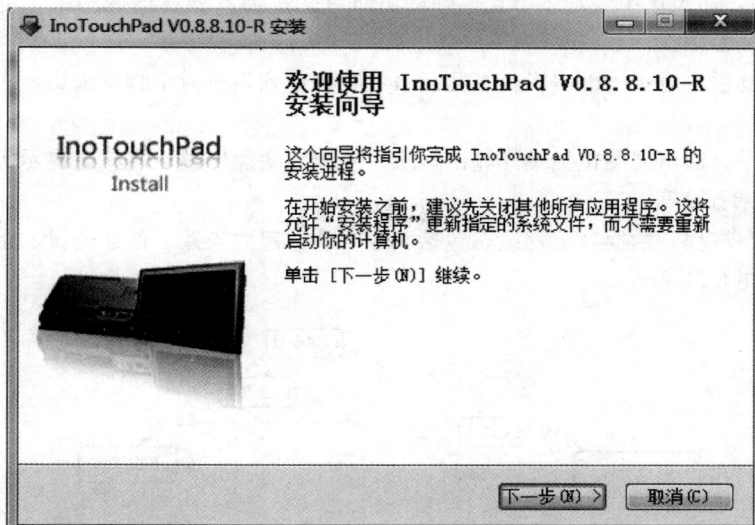

图 8-30　安装向导对话框

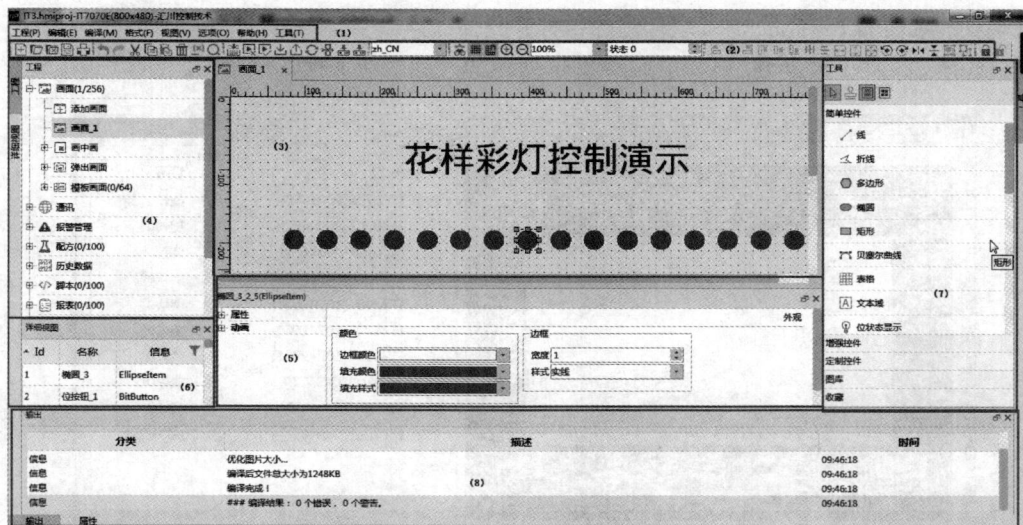

图 8-31　InoTouchPad 界面

（1）顶部菜单栏。顶部菜单有工程、编辑、编译、格式、视图、选项、帮助、工具等。

（2）顶部工具顶部工具栏。顶部工具栏框架有工程、编辑、编译三大类工具栏和一些功能模块工具栏。

（3）画面编辑区。画面编辑区即功能编辑页面，最多能打开 20 个编辑页面。

（4）左侧项目树。左侧为项目功能组织树，包括画面、通信、报警管理、配方、脚本、历史数据等。

（5）左侧对象框。在画面组态时，单击项目树中画面/变量组/配方/文本列表/图形列表项，可以拖拽对象框中对象到画面中生成对应控件。

（6）详细视图。选中项左侧目树中的画面对象节点，组态的控件对象会罗列在该视图中（画面中若有成组对象，可在详细视图中，选中成组对象中的任意一个控件后，可在属性栏中单独编辑该控件的属性），如果选中变量组节点，则该组所有变量会罗列在该视图中，可直接在该视图中将变量拖拽到画面中。

（7）右侧工具栏。对于画面编辑，右侧显示各种控件列表；对于脚本编辑，右侧显示函数和代码模板向导。

（8）输出视图。输出视图包括编译输出显示、功能模块操作提示、状态提示等。

5. 触摸屏工程组态

（1）工程组态流程。触摸屏工程组态包括新建工程、建立连接、创建变量、组态画面、下载工程等操作，如图 8-32 所示。

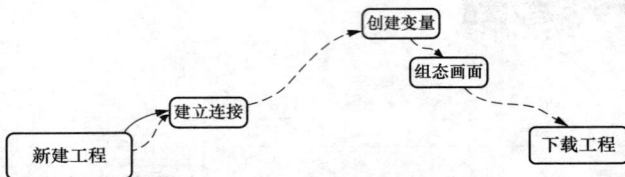

图 8-32　工程组态流程

（2）新建工程。

1）双击桌面的 InoTouchPad 软件图标，打开软件。

2）选择"工程"→"新建"，弹出如图 8-33 所示的"创建新工程"对话框。

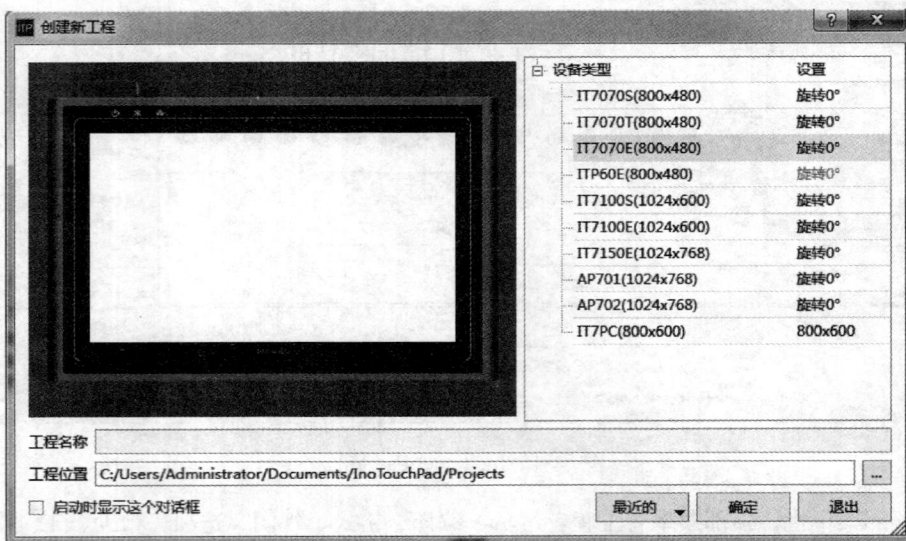

图 8-33　新建工程对话框

3）在"创建新工程"对话框，根据需要选择使用的触摸屏设备类型（这里选择 IT7070E），然后输入"工程名称"名为"指示灯 1"并选择工程的保存位置，单击确定即可创建好新工程。

（3）建立连接。"连接"是指上位机软件与目标设备间采用的通信方式，创建连接如图 8-34 所示，步骤如下。

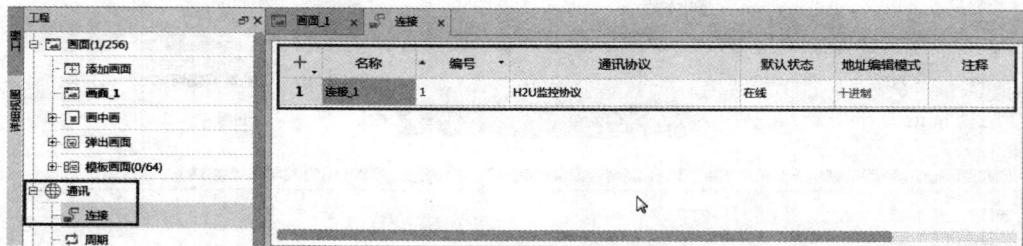

图 8-34 创建连接

1）双击项目窗口"通讯"文件夹中的"连接"，或者右击"连接"在快捷菜单中选择"打开编辑器"。

2）组态连接，单击连接表上方的添加连接 + 按钮，可以添加一个新的"连接"。

3）修改连接名称为"M _ TCP"，单击通信协议栏右边的下拉列表剪头，选择"莫迪康"下的"Modbus TCP 协议"，修改通信协议如图 8-35 所示。

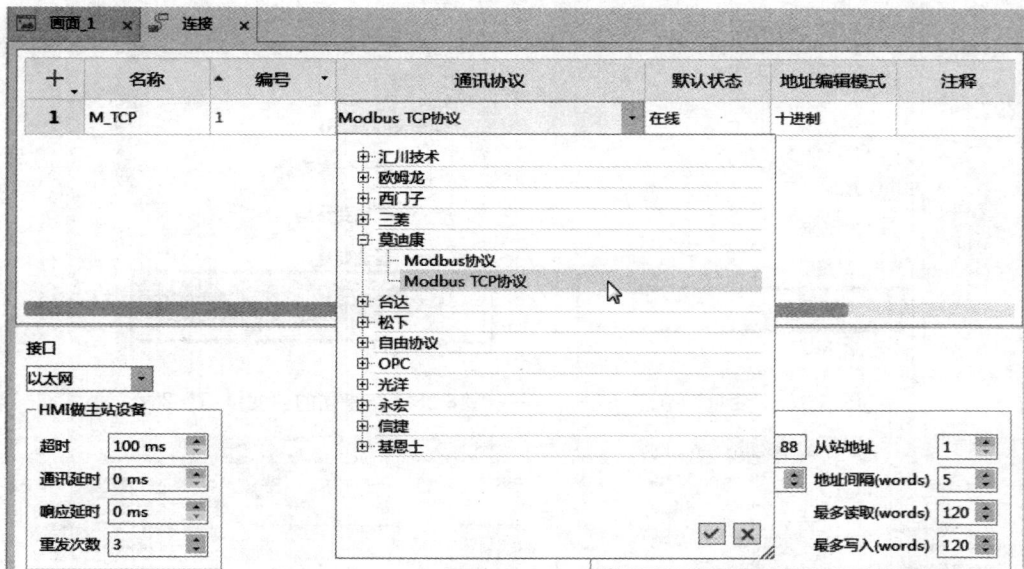

图 8-35 修改通信协议

4）修改通信协议中地从站设备地址为"192.168.1.88"，使其与 H5U 的 PLC 的网络地址保持一致，如图 8-36 所示。

（4）创建变量。HMI 工程中创建的外部变量可以传送给 PLC，方便两者进行数据交换。在变量模块中，具体创建的变量可分为内部变量、系统变量和外部变量，创建变量的步骤如下。

1）找到工程视图左侧目录树"通信"节点下的"变量"节点，如图 8-37 所示。

2）打开变量的子选项，系统默认已建立"变量组 _ 2"，如图 8-38 所示。用户也可根据自身建立的工程需要添加变量组；双击"变量组 _ 2"打开变量编辑器。

3）在变量编辑器的工作区，单击 + 按钮新建一个变量，指示灯 1 工程的变量如图 8-39 所示。

变量的 Modbus 地址：

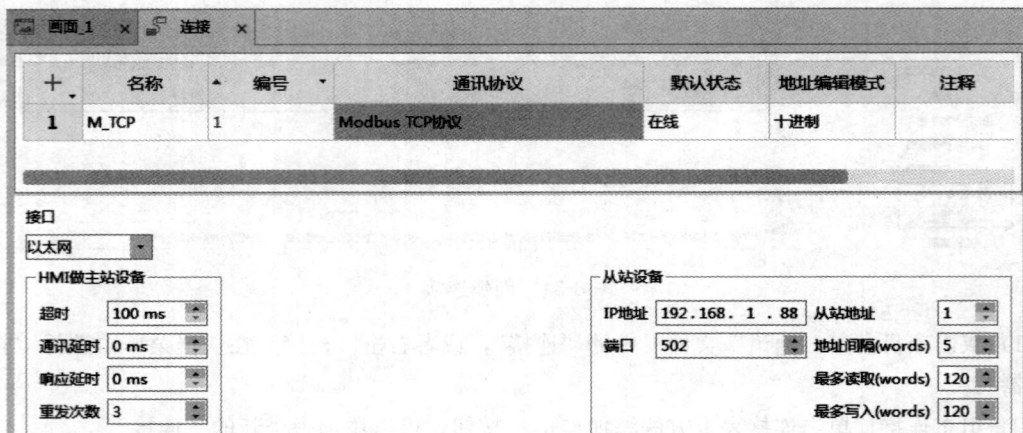

图 8-36　修改通信协议中从站设备地址

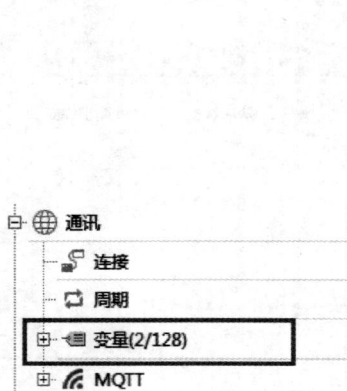

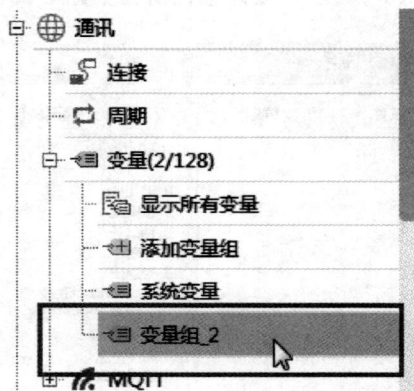

图 8-37　"变量"节点　　　　　　　图 8-38　已建立的"变量组_2"

图 8-39　新建一个变量

- PLC 位变量 M0～M7999（8000 点）的地址是 0x0～0x1F3F（0～7999）；
- X0～X1777（8 进制）的地址是 0xF800～0xFBFF（63488～64511），共 1024 点；
- Y0～Y1777（8 进制）的地址是 0xFC00～0xFFFF（64512～65535），共 1024 点；
- S0～S4095（4096 点）的地址是 0xE000～0xEFFF；
- D0～D7999（8000 点）的地址是 0x0～0x1F3F（0～7999）。

4）在变量表下面的属性视图中，可根据实际应用设置变量的其他属性。

（5）组态画面。画面是 HMI 工程的主要元素，是 HMI 与用户进行交互的前端显示。创建画面控件，具体操作步骤如下。

1）打开工程进入默认画面（画面_1），或者从工程视图的树节点"画面"中，打开子选项"画面_1"，如图 8-40 所示。

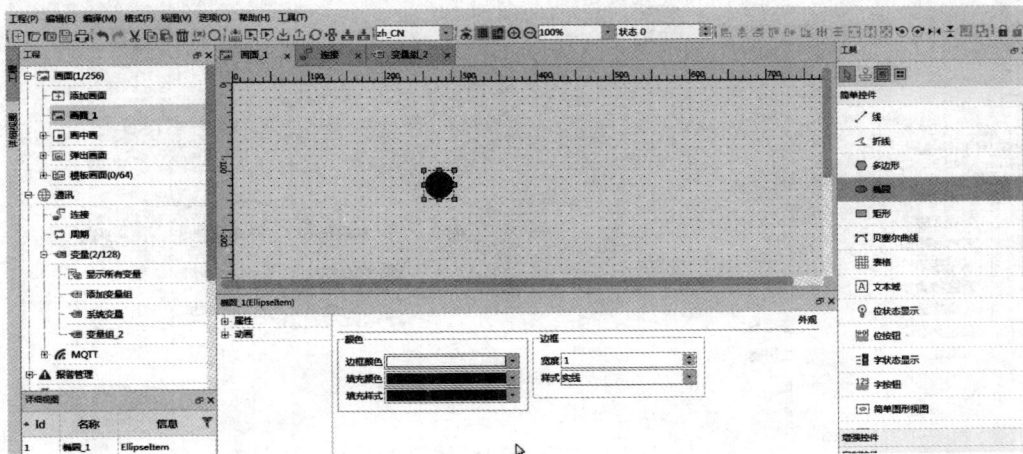

图 8-40　进入默认画面（画面_1）

2）在画面右侧工具栏选择"简单控件"→"椭圆"，将控件拖放或绘制到画面上后，可对外观基本属性进行设置，如图 8-40 所示，设置外观边框颜色、填充颜色、填充样式、边框宽度、边框样式等。

3）单击"动画"→"外观变化"设置，并勾选"启用"项。外观变化属性设置见图 8-41，该控件采用初始创建的变量 M0，类型设置为"位"，并在表格单击"＋"按钮添加两个位号，位号为 0 的表格栏对应背景色为红色＃ff0000，位号为 1 的表格栏对应的背景色绿色＃00ff00（二者对应指示灯的不同状态，便于区分，用户可根据实际需求进行设置）。

4）复制对象 M0，再粘贴，出现新的椭圆控件对象。

5）移动新的椭圆控件至对象 M0 的右边适当位置，修改其外观变化属性，外观变化关联的变量采用初始创建的变量 Y20。

6）在画面右侧工具栏选择"简单控件"→"按钮控件"，将按钮控件拖放或绘制到画面上后，对按钮常规基本属性进行设置，按钮常规基本属性设置如图 8-42 所示。读变量是与按钮关联的变量，这个按钮对应的是 M1，写变量设置按钮动作时，写入的变量，这里设置与读变量相同，写入变量模式设置的是按钮动作时的写入模式，分别有置位、复位、取反、按下为 ON、按下为 OFF 等。这里设置为按下为 ON，即按钮对象按下时，M1 为 ON。

7）单击位按钮设置区的属性，属性有状态、外观、布局、样式、其他等可以设置，单击状态，设置按钮状态属性，将 0 状态的文本显示设置为"START"启动。按钮状态属性设置如图 8-43 所示。

8）复制按钮对象 M1，再粘贴，出现新的按钮控件对象，修改常规属性，读变量设置为 M2。

9）单击位按钮设置区的属性，单击状态，设置按钮状态属性，将 0 状态的文本显示设置为"STOP"停止。

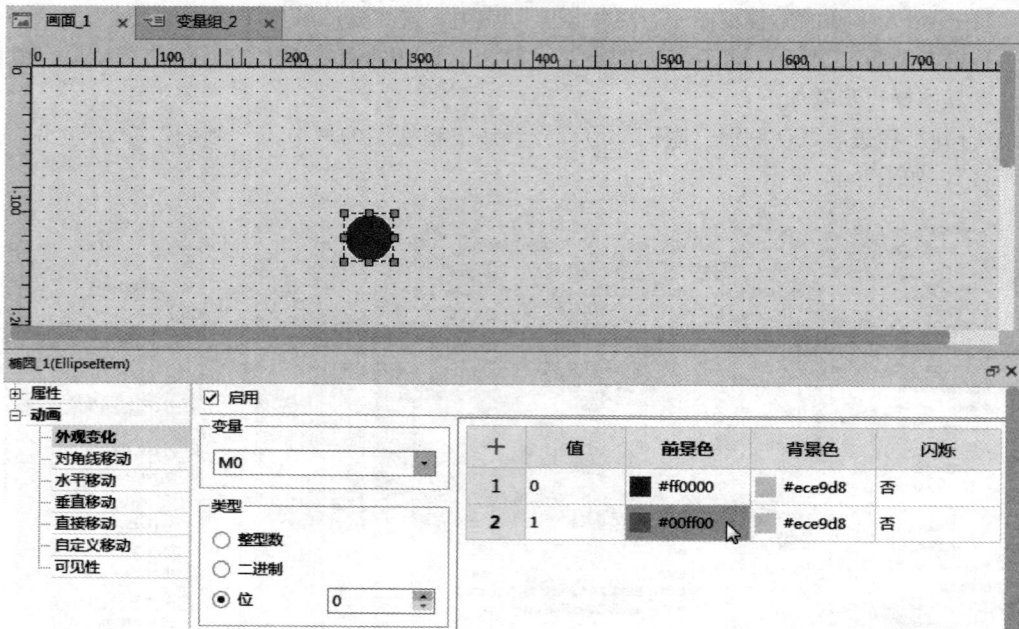

图 8-41 外观变化属性设置

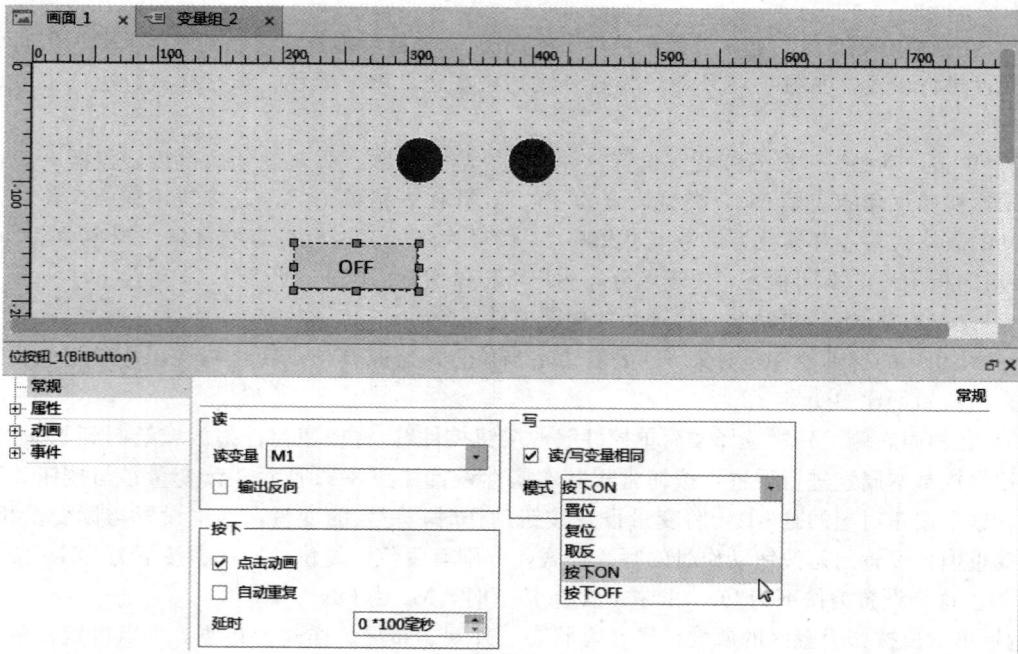

图 8-42 按钮常规基本属性设置

（6）下载工程。

1）创建完工程后，选择"编译"→"编译"，或单击工具栏上的编译 按钮，完成编译，编译结果在信息输出栏显示，检查工程设计是否有错。

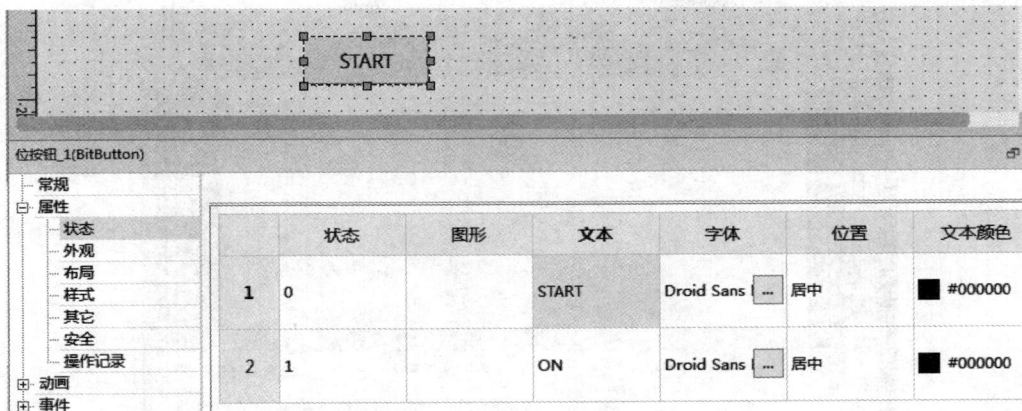

图 8-43 按钮状态属性设置

2）然后选择"编译"→"下载工程"，或单击工具栏上的下载 ↓ 按钮，或按快捷键 F7，将工程下载到触摸屏上运行。工程下载有通过以太网和 USB 下载两种方式。下载时，若用户已设置了下载密码，需在下载界面的密码输入框中输入正确密码，随后可执行下载。

（7）工程仿真。

1）当指示灯工程组态完成后，选择"编译"→"启动离线模拟器"，编译工程，并启动离线仿真模拟器，离线仿真模拟器如图 8-44 所示。

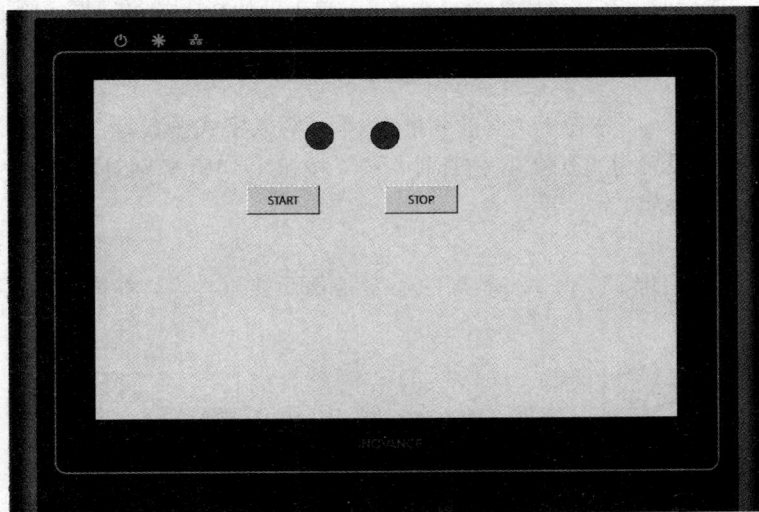

图 8-44 离线仿真模拟器

项目八

2）单击电脑底部状态条的"HIMSimulator"触摸屏仿真器，打开触摸屏仿真器对话框，触摸屏仿真器对话框如图 8-45 所示。

3）在触摸屏仿真器对话框中改变"当前值"和"设置数值"来观察画面中对象的动态变化效果。在变量栏，选择 M0，在其设置数值栏输入 1，单击开始栏下的复选框，画面中对象 M0 显示为绿色。在设置数值栏输入 0，单击开始栏下的复选框，画面中对象 M0 显示为红色。

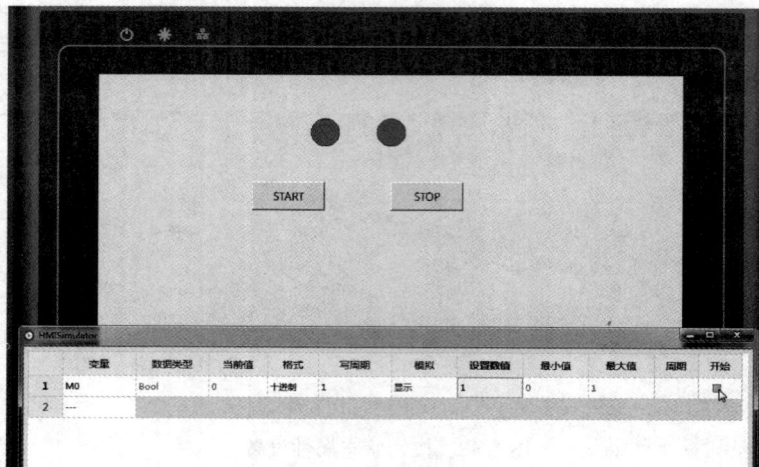

图 8-45　触摸屏仿真器对话框

4）在变量栏选择 Y20，在其设置数值栏输入 1，单击开始栏下的复选框，画面中对象 Y20 显示为绿色。在设置数值栏输入 0，单击开始栏下的复选框，画面中对象 Y20 显示为红色。

5）在变量栏选择 M1，在其设置数值栏输入 1，单击开始栏下的复选框，画面中对象 M1 按钮显示字符为 ON。在设置数值栏输入 0，单击开始栏下的复选框，画面中对象 M1 显示字符为 START。

6）在变量栏选择 M2，在其设置数值栏输入 1，单击开始栏下的复选框，画面中对象 M2 显示字符为 ON。在设置数值栏输入 0，单击开始栏下的复选框，画面中对象 M2 显示字符为 STOP。

7）如果在画面组态时，按钮 1 关联的变量为 M0，写入模式设置为"置位"，按钮 2 关联的变量为 M0，写入模式设置为"复位"，仿真时，按下按钮 1，M0 椭圆对象显示为绿色，按下按钮 2，M0 椭圆对象显示为红色。

（8）运行测试。

1）在 PLC 中输入启停 M0 和 Y20 程序的触摸屏 PLC 测试程序，触摸屏 PLC 测试程序如图 8-46 所示。

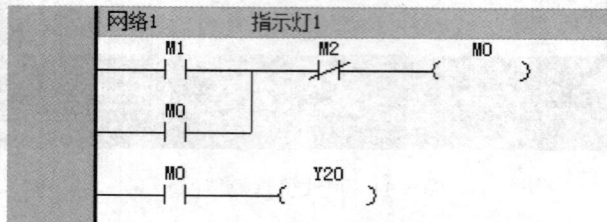

图 8-46　触摸屏 PLC 测试程序

2）将触摸屏 PLC 测试程序下载到 PLC。

3）关断电源，通过以太网缆线连接触摸屏和 PLC，触摸屏 USB 接口连接电脑 USB。

4）接通电源，将触摸屏指示灯 1 工程下载到触摸屏 IT7070E。

5）触摸按钮 1，触摸屏 M0 对象和 Y20 对象显示绿色。

6）触摸按钮 2，触摸屏 M0 对象和 Y20 对象显示红色。

技能训练

一、训练目标

（1）能够正确设计花样彩灯控制的 PLC 程序。

（2）能正确输入和传输 PLC 控制程序。

（3）能够独立完成花样彩灯控制线路的安装。

（4）按规定进行通电调试，出现故障时，应能根据设计要求进行检修，并使系统正常工作。

二、训练步骤与内容

1. 设计、输入 PLC 程序。

（1）新建工程"花样彩灯控制"。

（2）添加添加继电器输出模块 GL10-0016ER。

（3）PLC I/O 分配见表 8-13。

表 8-13 　　　　　　　　　　　　　　PLC I/O 分配

输入		输出			
按钮 1	X11	彩灯 1	Y20	彩灯 9	Y30
按钮 2	X12	彩灯 2	Y21	彩灯 10	Y31
开关 K	X13	彩灯 3	Y22	彩灯 11	Y32
		彩灯 4	Y23	彩灯 12	Y33
		彩灯 5	Y24	彩灯 13	Y34
		彩灯 6	Y25	彩灯 14	Y35
		彩灯 7	Y26	彩灯 15	Y36
		彩灯 8	Y27	彩灯 16	Y37

（4）其他软元件分配见表 8-14。

表 8-14 　　　　　　　　　　　　　　其他软元件分配

元件名称	软元件	作用
辅助继电器 1	M0	系统控制
辅助继电器 2	M11	方式 A
辅助继电器 3	M12	方式 B

（5）输入如图 8-47 所示的系统起、停控制程序。

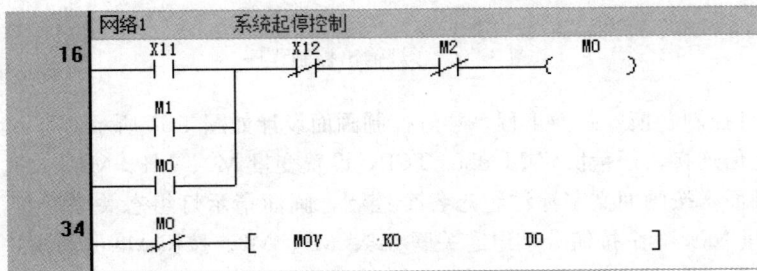

图 8-47　系统起、停控制程序

（6）输入如图 8-48 所示的方式 A 循环左移控制程序。

159

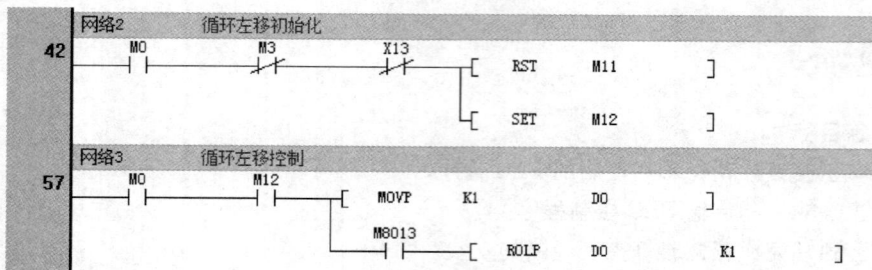

图 8-48 方式 A 循环左移控制程序

（7）输入如图 8-49 所示的方式 B 循环右移控制程序。

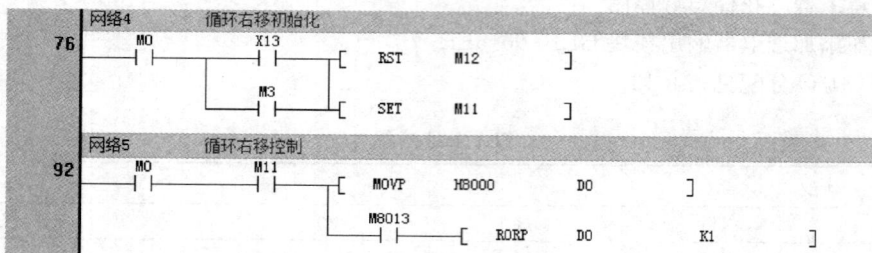

图 8-49 方式 B 循环右移控制程序

（8）输入如图 8-50 所示的彩灯输出控制程序。

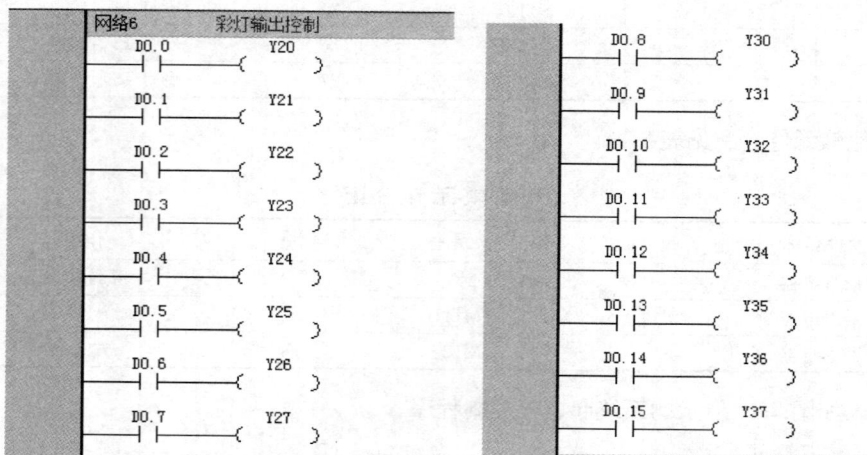

图 8-50 彩灯输出控制程序

（9）创建彩灯控制触摸屏画面工程，彩灯控制画面设计如图 4-51 所示。

（10）建立通信连接，通信协议 Modbus TCP，设置变量 M0、M1、M2、M3、Y20～Y37。

（11）组态画面，按画面文字标注组态各个控制，画面指示灯组态关联变量 Y20～Y37，指示灯 M0 关联变量 M0，3 个按钮分别组态关联 M3、M1、M2。按钮 M3 的写模式为"取反"，按钮 M1、M2 的写模式为"按下为 ON"。

（12）下载花样彩灯控制工程。

（13）离线仿真模拟。

1）选择"编译"→"启动离线模拟器"编译工程，并启动离线仿真模拟器。

2）单击电脑底部状态条的"HIMSimulator"触摸屏仿真器，打开触摸屏仿真器对话框。

3）在触摸屏仿真器对话框中改变"当前值"和"设置数值"来观察画面中对象的动态变化效果。在变量栏，选择 M0，在其设置数值栏输入 1，单击开始栏下的复选框，画面中对象 M0 显示为绿色。在设置数值栏输入 0，单击开始栏下的复选框，画面中对象 M0 显示为红色。

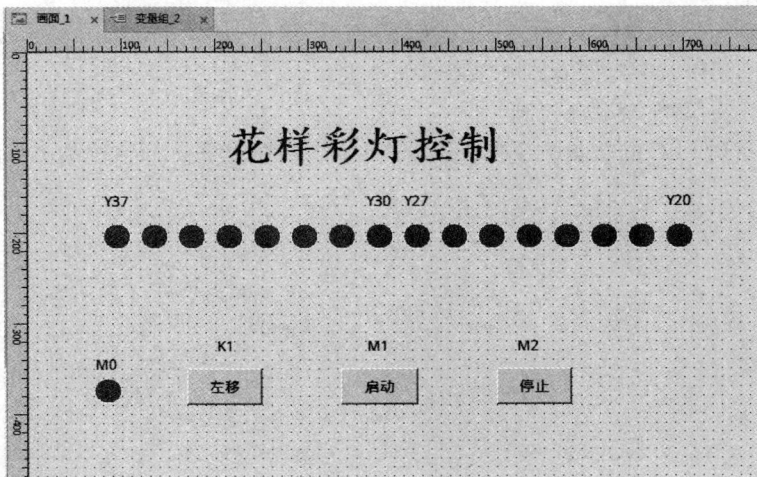

图 8-51 彩灯控制画面设计

4）在变量栏选择 Y20，在其设置数值栏输入 1，单击开始栏下的复选框，画面中对象 Y20 显示为绿色。在设置数值栏输入 0，单击开始栏下的复选框，画面中对象 Y20 显示为红色。

5）在变量栏选择 M1，在其设置数值栏输入 1，单击开始栏下的复选框，画面中对象 M1 按钮显示字符为绿色启动。在设置数值栏输入 0，单击开始栏下的复选框，画面中对象 M1 显示字符为黑色启动。

6）在变量栏选择 M2，在其设置数值栏输入 1，单击开始栏下的复选框，画面中对象 M2 显示字符绿色停止。在设置数值栏输入 0，单击开始栏下的复选框，画面中对象 M2 显示字符为黑色停止。

2. 系统安装与调试

（1）通过以太网缆线连接触摸屏和 PLC。

（2）按图 8-24 接线。

（3）将 PLC 程序下载到 PLC，并使 PLC 处于运行状态。

（4）按下起动按钮 SB1，观察 PLC 的输出点 Y20～Y37 的状态变化，观察彩灯的状态变化。

（5）按下停止按钮，观察观察 PLC 的输出点 Y20～Y37 的状态变化，观察彩灯的状态变化。

（6）闭合方式选择开关，按下起动按钮 SB1，观察 PLC 的输出点 Y20～Y37 的状态变化，观察彩灯的状态变化。

（7）按下停止按钮，观察 PLC 的输出点 Y20～Y37 的状态变化，观察彩灯的状态变化。

（8）触摸触摸屏的按钮 1，观察触摸屏上 Y20～Y37 状态的变化，观察 PLC 的输出点 Y20～Y37 的状态变化，观察彩灯的状态变化。

（9）触摸触摸屏的按钮 2，观察触摸屏上 Y20～Y37 状态的变化，观察 PLC 的输出点 Y20～Y37 的状态变化，观察彩灯的状态变化。

（10）触摸触摸屏的按钮 K1，再触摸按钮 1，观察触摸屏上 Y20～Y37 状态的变化，观察 PLC 的输出点 Y20～Y37 的状态变化，观察彩灯的状态变化。

（11）触摸按钮 2，观察触摸屏上 Y20～Y37 状态的变化，观察 PLC 的输出点 Y20～Y37 的状态变化，观察彩灯的状态变化。

习题 8

1. H5U 的位元件、字元件的掉电保持有何特点？

2. 如何使用定时器实现顺序控制？

3. 在 H5U 系列 PLC 的功能指令中，如何读取位元件的状态，如何控制多个位元件的输出？

项目九　电梯控制

学习目标

（1）学会使用逻辑控制法设计 PLC 控制程序。

（2）学会应用汇川 PLC 的计数器加、减控制。

（3）学会使用旋转编码器。

（4）学会用 PLC 控制电梯。

任务15　三层电梯控制

基础知识

一、任务分析

1. 控制要求

（1）当电梯停于1层或2层时，如果按 3AX 按钮呼叫，则电梯上升到3层，由行程开关 3LS 停止。

（2）当电梯停于3层或2层时，如果按 1AS 按钮呼叫，则电梯下降到1层，由行程开关 1LS 停止。

（3）当电梯停于1层时，如果按 2AS 按钮呼叫，则电梯上升到2层，由行程开关 2LS 停止。

（4）当电梯停于3层时，如果按 2AX 按钮呼叫，则电梯下降到2层，由行程开关 2LS 停止。

（5）当电梯停于1层时，如果按 2AS、3AX 按钮呼叫，则电梯先上升到2层，由行程开关 2LS 暂停3s，继续上升到3层，由 3LS 停止。

（6）当电梯停于3层时，如果按 2AX、1AS 按钮呼叫，则电梯先下降到2层，由行程开关 2LS 暂停3s，继续下降到一层，由 1LS 停止。

（7）电梯上升途中，任何反方向的下降按钮呼叫无效。电梯下降途中，任何反方向的上升按钮呼叫无效。

2. 逻辑控制设计法

逻辑控制设计法就是应用逻辑代数以逻辑控制组合的方法和形式设计 PLC 电气控制系统。

对于任何一个电气控制线路，线路的接通或断开，都是通过继电器的触点来实现的，故电气控制线路的各种功能必定取决于这些触点的断开、闭合两种逻辑控制状态。因此，电气控制线路从本质上来说是一种逻辑控制线路，它可用逻辑代数来表示。

PLC 的梯形图程序的基本形式也是逻辑运算与、或、非的逻辑组合，逻辑代数表达式与梯形图有一一对应关系，可以相互转化。

电路中常开触点用原变量表示，常闭触点用反变量表示。触点串联可用逻辑与表示，触点并

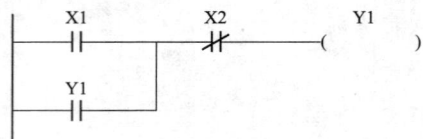

图 9-1　梯形图程序 1

联可用逻辑或表示，其他更复杂的电路，可用组合逻辑表示。

对于图 9-1 所示的梯形图程序，可以写出对应的逻辑控制函数表达式为

$$Y1 = (X1 + Y1)\overline{X2}$$

对于逻辑控制函数表达式 $Y3 = (X1 \cdot M1 + X2 \cdot \overline{M2}) \cdot M3 \cdot \overline{M4}$，对应的梯形图程序如图 9-2 所示。

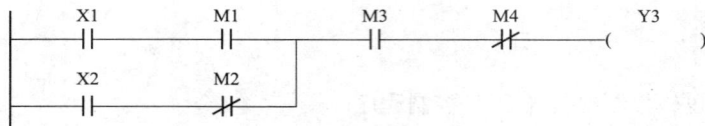

图 9-2　梯形图程序 2

用逻辑设计法设计 PLC 程序的步骤如下。

(1) 通过分析控制课题，明确控制的任务和要求。

(2) 将控制任务、要求转换为逻辑控制课题。

(3) 列真值表分析输入、输出关系或直接写出逻辑控制函数。

(4) 根据逻辑控制函数画出梯形图。

3. 3 层电梯控制分析

3 层电梯控制输入、输出均为开关量，按控制逻辑 $Y = (QA + Y) \cdot \overline{TA}$ 表达式，分析 QA 进入条件、TA 退出条件，可直接逐条进行逻辑控制设计。

PLC 的 I/O 分配见表 9-1。

表 9-1　　　　　　　　　　　　　　　　PLC 的 I/O 分配

输入		输出	
1 层上行呼叫 1AS	X1	上行输出	Y21
2 层上行呼叫 2AS	X2	下行输出	Y22
2 层下行呼叫 2AX	X3		
3 层呼叫 3AX	X4		
1 层行程开关 1LS	X11		
2 层行程开关 2LS	X12		
3 层行程开关 3LS	X13		

(1) 当电梯停于 1 层或 2 层时，如果按 3AX 按钮呼叫，则电梯上升到 3 层，由行程开关 3LS 停止。这一条逻辑控制中的输出为上升，其进入条件为 3AX 呼叫，且电梯停在 1 层或 2 层，用 1LS、2LS 表示停的位置，因此，进入条件可以表示为

$$(1LS + 2LS) \cdot 3AX = (X11 + X12) \cdot X4$$

退出条件为行程开关 3LS 动作，因此逻辑输出方程为

$$Y21 = [(1LS + 2LS)3AX + Y21] \cdot \overline{3LS} = [(X11 + X12)X4 + Y21] \cdot \overline{X13}$$

(2) 当电梯停于 3 层或 2 层时，如果按 1AS 按钮呼叫，则电梯下降到 1 层，由行程开关 1LS 停止。此条逻辑控制中输出为下降，其进入条件为

$$(2LS + 3LS) \cdot 1AS = (X12 + X13) \cdot X1$$

退出条件为行程开关 1LS 动作，逻辑输出方程为

$$Y22 = [(2LS + 3LS)1AS + Y22] \cdot \overline{1LS} = [(X12 + X13)X1 + Y22] \cdot \overline{X11}$$

（3）当电梯停于 1 层时，如果按 2AS 按钮呼叫，则电梯上升到 2 层，由行程开关 2LS 停止。此条逻辑控制中输出为上升，其进入条件为

$$1LS \cdot 2AS = X11 \cdot X2$$

退出条件为行程开关 2LS 动作，逻辑输出方程为

$$Y21 = (1LS \cdot 2AS + Y21) \cdot \overline{2LS} = (X11 \cdot X2 + Y21) \cdot \overline{X12}$$

（4）当电梯停于 3 层时，如果按 2AX 按钮呼叫，则电梯下降到 2 层，由行程开关 2LS 停止。此条逻辑控制中输出为下降，其进入条件为

$$3LS \cdot 2AX = X13 \cdot X3$$

退出条件为行程开关 2LS 动作，逻辑输出方程为

$$Y22 = (X13 \cdot X3 + Y22) \cdot \overline{X12}$$

（5）当电梯停于 1 层时，如果按 2AS、3AX 按钮呼叫，则电梯先上升到 2 层，由行程开关 2LS 暂停 3s，继续上升到 3 层，由 3LS 停止。此条逻辑控制中输出为上升，为了控制电梯到二层后暂停 3s，要用定时器 T1，其进入条件为

$$1LS \cdot 2AS \cdot 3AX + T1 = X11 \cdot X2 \cdot X4 + T1$$

退出条件为行程开关 2LS 或 3LS 动作，逻辑输出方程为

$$Y21 = (X11 \cdot X2 \cdot X4 + T1 + Y21) \cdot \overline{X12 + X13}$$
$$= (X11 \cdot X2 \cdot X4 + T1 + Y21) \cdot \overline{X12} \cdot \overline{X13}$$

（6）当电梯停于 3 层时，如果按 2AX、3AX 按钮呼叫，则电梯先下降到 2 层，由行程开关 2LS 暂停 3s，继续下降到 1 层，由行程开关 1LS 停止。此条逻辑控制中输出为下降，为了控制电梯到二层后暂停 3s，要用定时器 T2，其进入条件为

$$3LS \cdot 2AX \cdot 1AS + T2 = X13 \cdot X3 \cdot X1 + T2$$

退出条件为行程开关 2LS 或 1LS 动作，逻辑输出方程为

$$Y22 = (X13 \cdot X3 \cdot X1 + T2 + Y22) \cdot \overline{X12 + X11}$$
$$= (X13 \cdot X3 \cdot X1 + T2 + Y22) \cdot \overline{X12} \cdot \overline{X11}$$

（7）电梯上升途中，任何反方向的下降按钮呼叫无效。电梯下降途中，任何反方向的上升按钮呼叫无效。为了实现电梯上升途中，任何反方向的下降按钮呼叫无效，只需在下降输出方程中串联 Y1 的"非"，即实现联锁，当 Y21 动作时，不允许 Y22 动作。为了在实现电梯下降途中任何反方向的上升按钮呼叫无效控制要求，可以通过在上升输出方程中串联 Y22 的"非"来实现。由于 Y21、Y22 由多个逻辑表达式实现，画梯形图及编程不方便，使用辅助继电器 M31、M33、M35、M37 分别表示第 1、3、5 条控制要求的输出函数和 T1 的控制。使用辅助继电器 M32、M34、M36、M38 分别表示第 2、4、6 条控制要求的输出函数和 T2 的控制。上升逻辑控制输出方程整理为

$$M31 = [(X11 + X12)X4 + M31] \cdot \overline{X13}$$
$$M33 = (X11 \cdot X2 + M33) \cdot \overline{X12}$$
$$M35 = (X11 \cdot X2 \cdot X4 + T1 + M35) \cdot \overline{X12} \cdot \overline{X13}$$

为了达到电梯上行到 2 层时暂停 3s 定时时间到可以继续上升的控制要求，M35 应修改为进入优先式设计，控制逻辑按 $Y = QA + Y \cdot \overline{TA}$ 进入优先式表达式进行设计，即

$$M35 = X11 \cdot X2 \cdot X4 + T1 + M35 \cdot \overline{X12} \cdot \overline{X13}$$

$$M37 = (X12 \cdot M35 + M37) \cdot \overline{T1}$$

$$T1 = M37$$

$$Y21 = (M31 + M33 + M35) \cdot \overline{Y22}$$

下降逻辑输出方程整理为

$$M32 = [(X12 + X13)X1 + M32] \cdot \overline{X11}$$

$$M34 = (X13 \cdot X3 + M34) \cdot \overline{X12}$$

$$M36 = (X13 \cdot X3 \cdot X1 + T2 + M36) \cdot \overline{X12} \cdot \overline{X11}$$

为了达到电梯下行到 2 层时暂停 3s 定时时间到可以继续下降的控制要求，M46 应修改为进入优先式设计，控制逻辑按 $Y = QA + Y \cdot \overline{TA}$ 进入优先式表达式进行设计，即

$$M36 = X13 \cdot X3 \cdot X1 + T2 + M36 \cdot \overline{X12} \cdot \overline{X11}$$

$$M38 = (X12 \cdot M36 + M38) \cdot \overline{T2}$$

$$T2 = M38$$

$$Y22 = (M32 + M34 + M36) \cdot \overline{Y21}$$

二、PLC 简易电梯控制

1. PLC 配置

（1）PLC 的 I/O 分配见表 9-1。

（2）其他软元件分配见表 9-2

表 9-2　　　　　　　　　　　　　　**其他软元件分配**

元件名称	软元件	作用
定时器 T1	M1	定时
定时器 T2	M2	定时

2. PLC 接线图

PLC 接线图如图 9-3 所示。

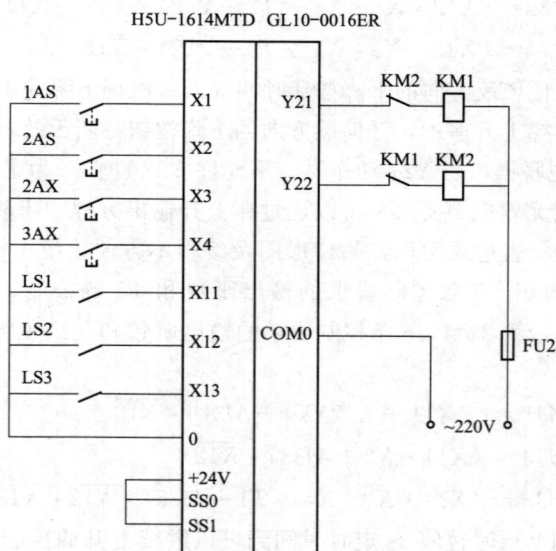

图 9-3　PLC 接线图

3. PLC 程序设计

根据逻辑输出方程可画出 3 层电梯控制梯形图程序，上升控制程序图如图 9-4 所示，下降控制程序图如图 9-5 所示。

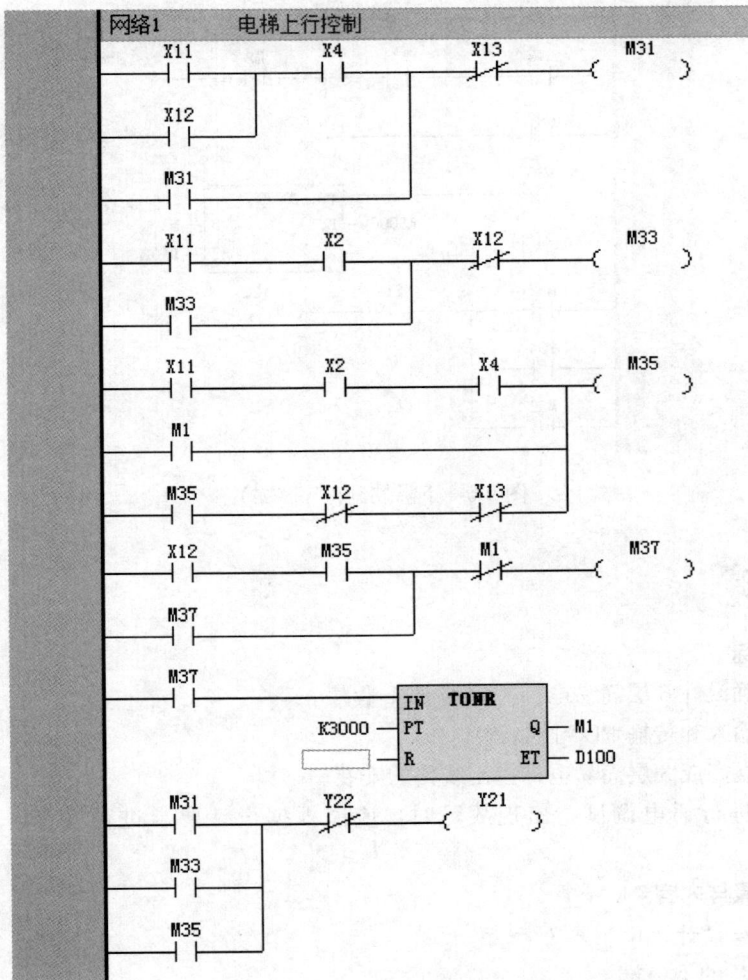

图 9-4 上升控制程序

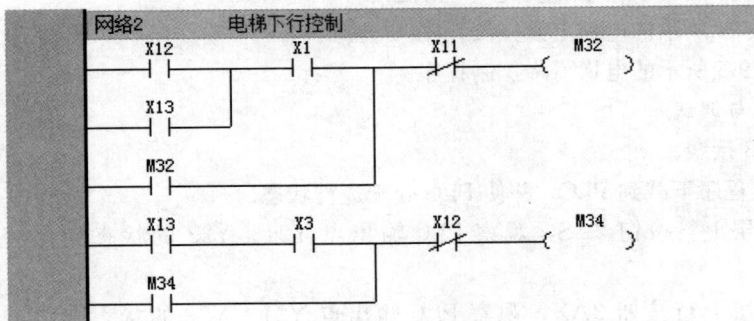

图 9-5 下降控制程序（一）

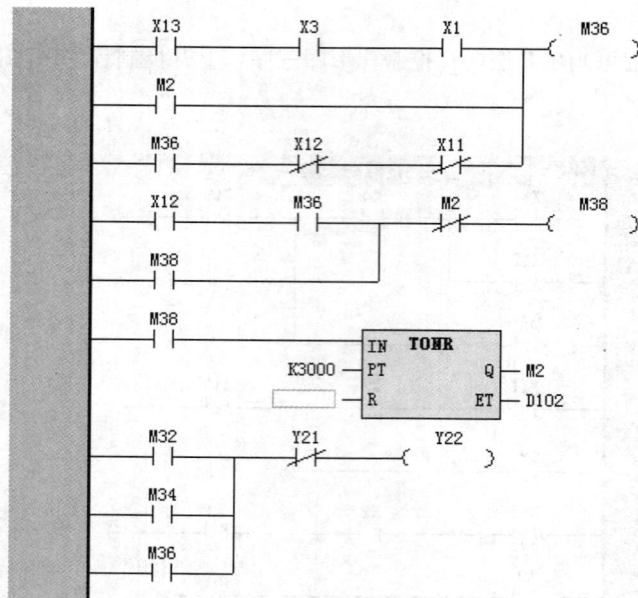

图 9-5　下降控制程序（二）

技能训练

一、训练目标

（1）能够正确设计 3 层简易电梯控制的 PLC 程序。

（2）能正确输入和传输 PLC 控制程序。

（3）能够独立完成 3 层简易电梯控制线路的安装。

（4）按规定进行通电调试，出现故障时，应能根据设计要求进行检修，并使系统正常工作。

二、训练步骤与内容

1. 用基本指令设计、输入 PLC 程序

（1）分配 PLC 的 I/O 端。

（2）配置 PLC 辅助继电器、定时器软元件。

（3）根据控制要求写出 3 层简易电梯控制函数。

（4）输入图 9-4 所示的电梯上升控制程序。

（5）输入图 9-5 所示的电梯下降控制程序。

2. 系统安装与调试

（1）按图 9-3 接线。

（2）将 PLC 程序下载到 PLC，并使 PLC 处于运行状态。

（3）按下 2 层上行按钮 2AS，观察 PLC 输出点 Y21、Y22 的状态变化，观察电梯运行状况。

（4）按下 3 层上行按钮 3AX，观察 PLC 输出点 Y21、Y22 的状态变化，观察电梯运行状况。

（5）按下 2 层下行按钮 2AX，观察 PLC 输出点 Y21、Y22 的状态变化，观察电梯运行状况。

（6）按下 1 层上行按钮 1AS，观察 PLC 输出点 Y21、Y22 的状态变化，观察电梯运行状况。

（7）同时按下按 2 层上行按钮 2AS、3 层上行按钮 3AX，观察 PLC 输出点 Y21、Y22 的状态变化，观察电梯运行状况。

（8）同时按下按 1 层下行按钮 1AS、2 层下行按钮 2AX，观察 PLC 输出点 Y21、Y22 的状态变化，观察电梯运行状况。

任务 16　带旋转编码器的电梯控制

基础知识

一、任务分析

1. 控制要求

（1）当电梯停于 1 层、2 层时，如果用户在 3 层按 3AX 下行呼叫按钮，则电梯上升到 3 层停止。

（2）当电梯停于 3 层或 2 层时，如果用户按 1AS 上行呼叫按钮，则电梯下降到 1 层停止。

（3）当电梯停于 1 层时，如果用户在 2 层按 2AX 下行呼叫或 2AS 上行呼叫按钮，则电梯上升到 2 层停止。

（4）当电梯停于 3 层时，如果用户在 2 层按 2AX 下行呼叫或 2AS 上行呼叫按钮，则电梯下降到 2 层停止。

（5）当电梯停于 1 层时，如果 2 层、3 层同时呼叫，电梯上行至 2 层停止，延时 T_1 s 后继续上行至 3 层停止。

（6）当电梯停于 3 层时，如果 2 层、1 层同时呼叫，电梯下行至 2 层停止，延时 T_2 s 后继续下行至 1 层停止。

（7）电梯上行时，下行呼叫无效。电梯下行时，上行呼叫无效。

（8）电梯经过各层楼时，电梯轿厢上的位置感应器动作，轿厢位置计数器计数。

（9）电梯轿厢位置通过 LED 指示灯显示。

（10）电梯到达指定层楼时，先减速后平层，减速过程中，采用旋转编码器计数，减速脉冲数根据现场平层要求确定。

（11）电梯具有快车速度（变频器对应频率 50Hz）和爬行速度（变频器对应频率 10Hz），当平层停车信号到来时，控制电梯运行的变频器的频率从 10Hz 减少到 0。

（12）电梯具有上、下行延时起动和电梯运行方向指示。

2. 控制分析

（1）呼叫信号的登记与销号。呼叫信号登记可以采用置位（SET）指令，到达指定楼层额可以用复位（RST）指令。

（2）轿厢位置指示。电梯运行经过各层楼时，轿厢上的感应器动作，触发轿厢位置指示继电器动作。

（3）电梯定向控制。将呼叫信号与电梯轿厢位置信号做比较，呼叫信号大于轿厢位置信号时，电梯定向为上行。呼叫信号小于轿厢位置信号时，电梯定向为下行。上、下行信号分别驱动上下行指示灯指示电梯运行方向。

（4）电梯运行控制。电梯定向完毕或电梯到达 2 层且有多层呼叫时，延时 1s，电梯起动，上行时驱动上行输出继电器，控制电梯正转运行，带动电梯上行。下行时驱动下行输出继电器，控制电梯反转运行，带动电梯下行。

二、高速计数器轴简介

高速计数器在 AutoShop 软件和工程应用中以编码器轴形式实现管理应用，高速计数器与轴关联后统称为高速计数器轴。

H5U 支持 4 轴 32 位高速计数器，可实现 AB 相 1/2/4 倍频、CW/CCW、脉冲＋方向和单相计数，计数信号源可选择外部脉冲输入或内部 1ms/1us 时钟计数；配合其他输入信号，可实现计数器的预置和锁存功能。

1. 创建计数器轴

在 AutoShop 编程软件中使用计数器前，需要先将计数器和轴关联。

（1）在"工程管理"栏，右击"配置"下的运动控制轴，选择"添加轴"，创建一个运动控制轴。

（2）双击新添加的轴，打开设置页面，在"基本设置"界面选择"本地编码器轴"作为轴类型，选择"高速计数器"作为输入设备，如图 9-6 所示，即可将轴和计数器关联。轴号作为轴标识在程序中使用，实现对应计数器轴的控制。

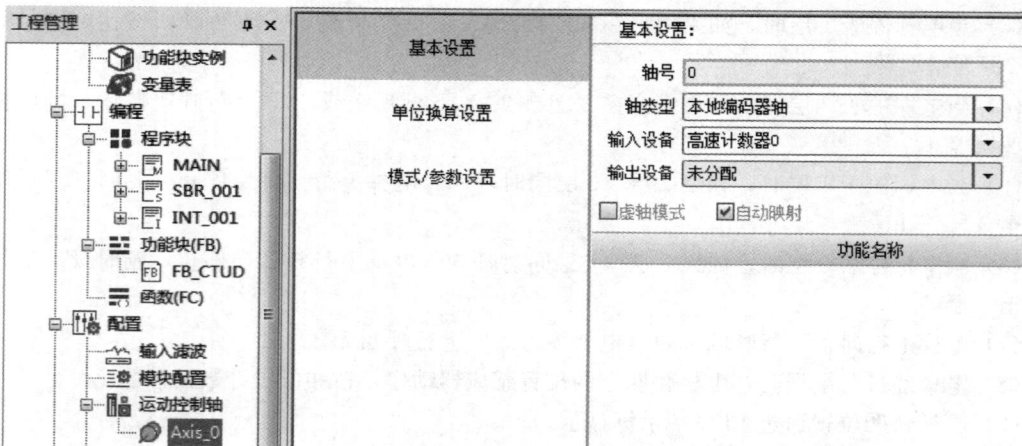

图 9-6　轴的基本设置

2. 计数器轴用户单位及换算

高速计数器对编码器信号解码时采用脉冲单位，计数器指令则使用如 mm、℃等常见的度量单位，称之为用户单位（Unit）。通过单位换算可将脉冲数转换为用户单位（Unit），用户单位（Unit）根据实际应用可定义为设备相关单位（mm、r 等）。编码器脉冲变换示意如图 9-7 所示。

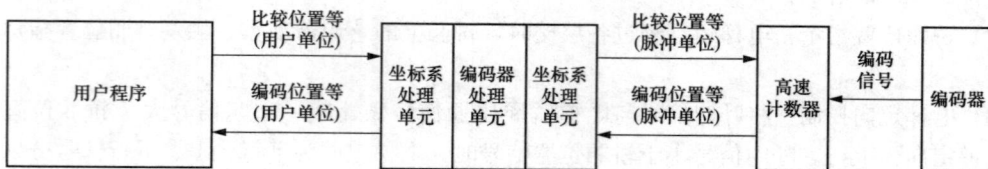

图 9-7　编码器脉冲变换示意

单位换算需要设置的参数见表 9-3

表 9-3   单位换算需要设置的参数

参数名称	功能
电机/编码器旋转一圈脉冲数	根据编码器分辨率，设定电动机转 1 圈的脉冲数
是否使用变速装置	指定是否使用变速装置
电机/编码器旋转一圈的移动量	在不使用变速装置时电动机转 1 圈的工件移动量
共检测转一圈的移动量	使用变速装置时工件侧转 1 圈的移动量
工件侧齿轮比	设定工件侧的齿轮比
电机侧齿轮比	设定电动机侧的齿轮比

如伺服电动机通过减速机连接丝杆带动工作台运动，通过 PLC 控制器对编码器计数反馈工作台位置，计数器对编码器脉冲计数，以脉冲为单位；计数器轴表示工作台位置，则以 mm 为单位。

因此，在程序中统一以用户单位（Unit）表示计数器轴的用户单位。

用户单位（Unit）和脉冲的单位换算设置如图 9-8 所示。

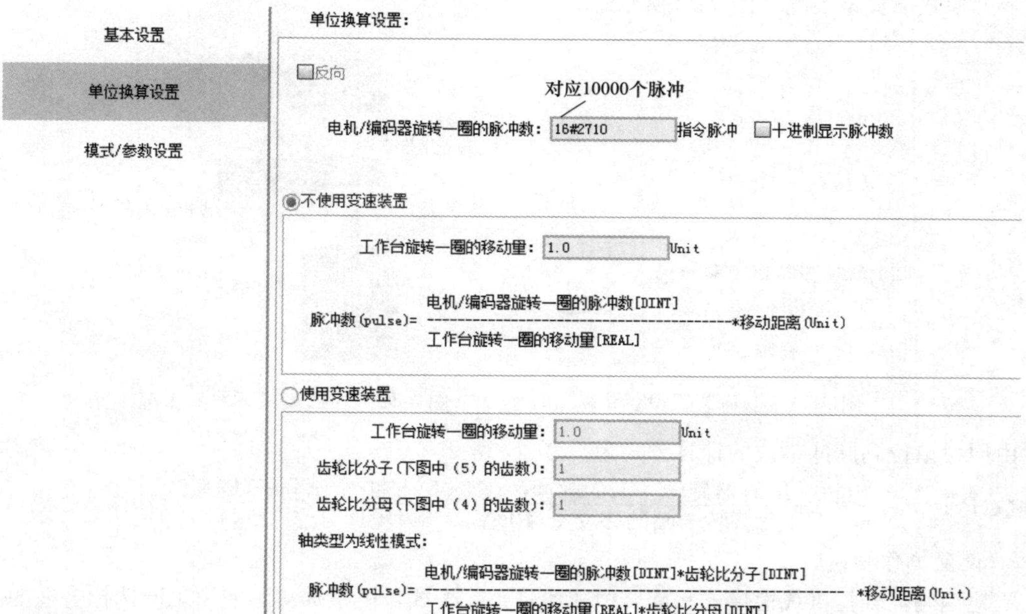

图 9-8   单位换算设置

单位换算设置中，需要根据实际设备设置相应参数。

（1）电机/编码器旋转一圈的脉冲数设置。输入框内 16 # 表示十六进制数，如编码器旋转一圈的脉冲数为 10000 个脉冲，对应十六进制值为 2710，则输入 16 # 2710。

（2）工作行程设置。工作行程设置可以不使用变速装置或使用变速装置。

1）不使用变速装置。当不使用变速装置时，用户单位到脉冲单位的转换公式为

$$\text{脉冲数（Pulse）} = \frac{\text{电机／编码器旋转一圈的脉冲数（DINT）}}{\text{电机／编码器旋转一圈的移动量（REAL）}} \times \text{移动距离（Unit）}$$

如编码器旋转一圈对应的工作轴旋转一圈，用户单位（Unit）为转，则"电机/编码器旋转

一圈的工作行程"设置为 1 即可，如图 9-9 所示。

2）使用变速装置。线性模式下典型工况如图 9-10 所示。

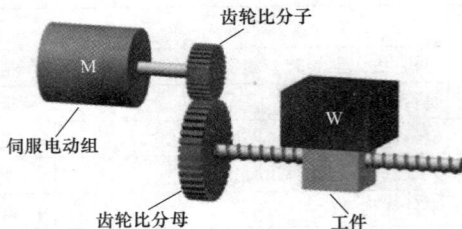

图 9-10　线性模式下典型工况

电机/编码器旋转一圈的工作行程：| 1 | Unit

图 9-9　"电机/编码器旋转一圈的工作行程"设置为 1

由用户单位到脉冲单位的计算公式为

$$脉冲数(Pulse) = \frac{电机/编码器旋转一圈的脉冲数(DINT) \times 齿轮比分子(DINT)}{电机/编码器旋转一圈的移动量(REAL) \times 齿轮比分母(DINT)} \times 移动距离(Unit)$$

如伺服电动机通过减速机连接丝杆带动工作台运动，丝杆旋转一圈的工作行程为 5mm，减速比为 20∶10。变速装置设置示例如图 9-11 所示。

环形模式下典型工况如图 9-12 所示。

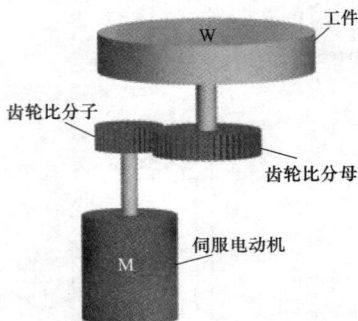

工作台旋转一圈的工作行程：| 5.0 | Unit

齿轮比分子：| 20

齿轮比分母：| 10

图 9-11　变速装置设置示例　　　　　　图 9-12　环形模式下典型工况

由用户单位到脉冲单位的计算公式为

$$脉冲数(Pulse) = \frac{电机/编码器旋转一圈的脉冲数(DINT) \times 齿轮比分子(DINT)}{工作台旋转一圈的移动量(REAL) \times 齿轮比分母(DINT)} \times 移动距离(Unit)$$

3. 设置工作模式

本地编码器轴提供线性模式和旋转模式两种工作模式，可根据实际使用工况选择合适的工作模式。

（1）线性模式。计数器轴的位置在负向限制值和正向限制值之间变化，计数器轴的位置达到限制值后，继续输入同向脉冲；计数器轴报溢出，同时计数器轴位置保持不变。计数器轴报溢出后，输入反向脉冲，计数器轴反向计数，溢出错误撤除。线性模式下，可以在界面中设置计数器轴的负向和正向位置限制值，位置单位为用户单位（Unit）。负向限制值必须小于或等于 0，正向限制值必须大于或等于 0。由于高速计数器为 32 位计数器，负向限制值与正向限制值换算为脉冲单位后必须在 32 位整数范围 [−2147483648，2147483647]。在线性模式下，高速计数器在 [负向限制值，正向限制值] 的闭区间内工作。当方向为负向时，计数值向负方向减小，到达负向限制值后，计数值不再减小；当方向为正向时，计数值向正方向增加，到达正向限制值后，计数值不再增加。

1）正向脉冲计数。线性模式下，输入正向脉冲，计数器轴位置增计数达到限制值后，继续输入正向脉冲，计数器轴报正向溢出错误，计数器轴位置值保持不变。输入负向脉冲，计数器轴位置减计数，正向溢出错误撤除。

2）负向脉冲计数。线性模式下，输入负向脉冲，计数器轴位置减计数达到限制值后，继续输入负向脉冲，计数器轴报负向溢出错误，计数器轴位置值保持不变。输入正向脉冲，计数器轴位置增计数，负向溢出错误撤除。

（2）旋转模式。计数器轴的位置在旋转周期内循环变化，增计数时计数器轴的位置达到旋转周期最大值后变为 0，减计数时计数器轴的位置为 0 后，从旋转周期最大值往下减。旋转模式下，可以在界面中设置计数器轴的旋转周期，周期单位为用户单位（Unit）。由于高速计数器为 32 位计数器，旋转周期换算为脉冲单位后必须在 32 位整数范围 [−2147483648，2147483647]。

4. 设置计数器参数

计数器参数设置主要包括计数模式、探针、锁存、比较输出功能。

（1）计数模式。本地编码器轴支持多种信号计数模式，如 A/B 相（1/2/4 倍频）、CW/CCW、脉冲＋方向、单相计数等，根据不同的计数模式，可以选择不同的信号源。计数模式和信号源为对应关系。各计数模式下支持的信号源输入端口见表 9-4。不同的本地编码器轴可以选择相同的信号源输入端口。

表 9-4　　　　　　　　　　各计数模式下支持的信号源输入端口

模式 ＼ 端口	X0	X1	X2	X3	内部 1ms	内部 1μs
A/B 相	A 相	B 相	A 相	B 相	×	×
CW/CCW	CW	CCW	CW	CCW	×	×
脉冲＋方向	脉冲	方向	脉冲	方向	×	×
单相计数	脉冲	脉冲	脉冲	脉冲	脉冲	脉冲

注：当所选工作模式下需要两个输入信号时，X0 与 X1、X2 与 X3 分别为两组输入信号。

H5U 支持的 4 个计数器可以任意选择上面计数模式和信号源，不同计数器可以复用计数模式或信号源。

（2）A/B 相模式。在 A/B 相模式下，编码器产生两个相位相差 90°的正交相位脉冲信号，即 A 相信号和 B 相信号。当 A 相信号超前 B 相信号时，计数器增计数；当 B 相信号超前 A 相信号时，计数器减计数。A/B 相脉冲可以设置为 1 倍频、2 倍频或者 4 倍频模式工作。

1）A/B 相 1 倍频模式下，只对 A 相脉冲的上升沿计数，A 相上升沿计数如图 9-13 所示。

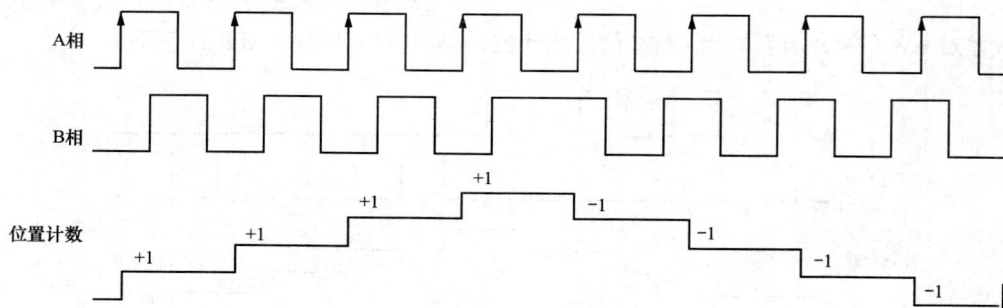

图 9-13　A 相上升沿计数

2）A/B 相 2 倍频模式下，对 A 相脉冲的上升/下降沿计数，2 倍频计数模式如图 9-14 所示。

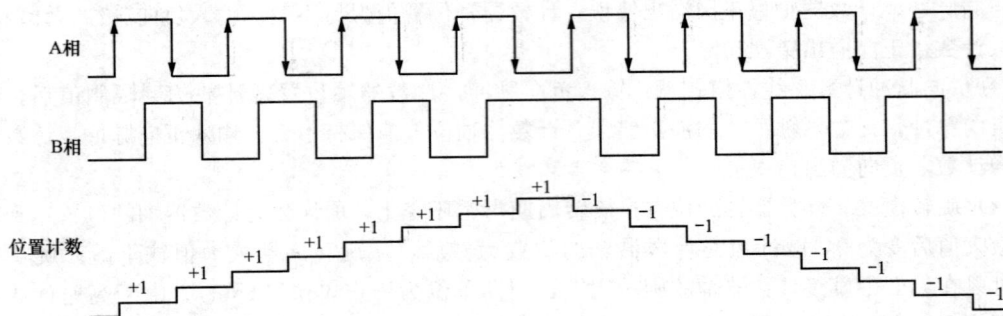

图 9-14　2 倍频计数模式

3）A/B 相 4 倍频模式下，对 A 相脉冲和 B 相脉冲的上升/下降沿计数，4 倍频计数模式如图 9-15 所示。

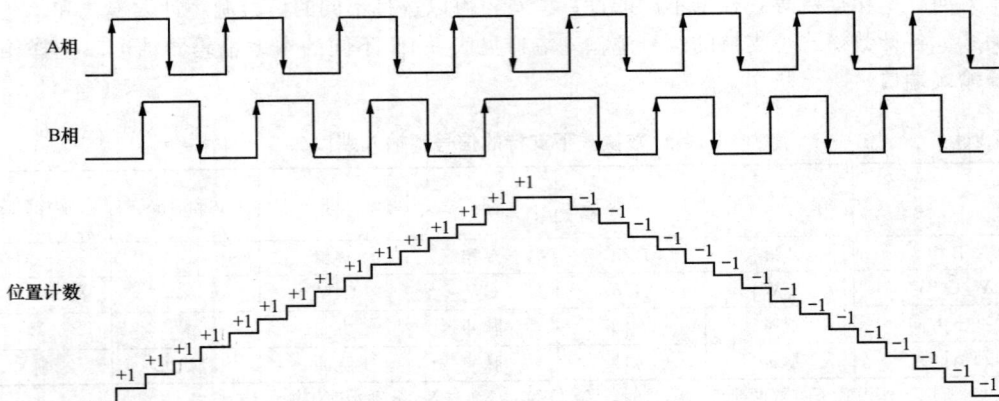

图 9-15　4 倍频计数模式

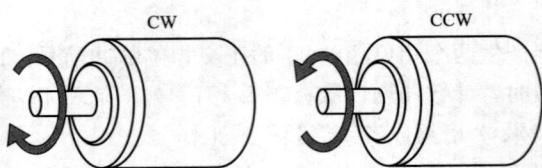

图 9-16　编码器的 CW/CCW 模式

（3）CW/CCW 模式。W（Clock Wise）为正转脉冲信号，CCW（Counter Clock Wise）为反转脉冲信号。当编码器正转时，CW 输出脉冲信号；当编码器反转时，CWW 输出脉冲信号。编码器的 CW/CCW 模式如图 9-16 所示。

本地编码器轴工作在该计数模式时，高速计数器对 CW 信号增计数，对 CCW 信号减计数，CW/CCW 计数如图 9-17 所示。

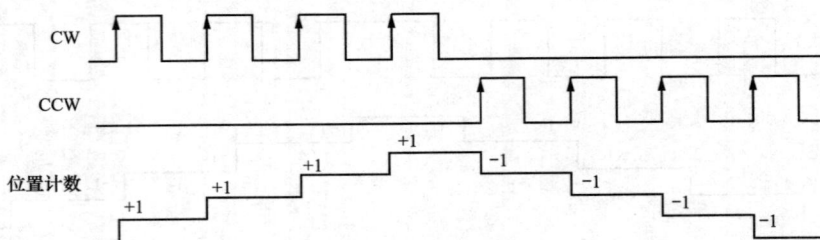

图 9-17　CW/CCW 计数

（4）脉冲＋方向模式。在该模式下，方向信号为 ON 时，高速计数器对脉冲信号增计数，方向信号为 OFF 时，高速计数器对脉冲信号减计数。单相模式下，高速计数器对脉冲信号增计数，在输入脉冲上升沿时，位置计数加 1。

（5）探针端子设置。每个计数器支持 2 路外部输入锁存计数器当前值，实现探针功能。通过勾选探针使能启用外部输入的计数器轴位置锁存，输入端子可任意选择 X0～X7 输入。启用探针后，通过 HC＿TouchProbe 功能块指令读取计数器轴的探针位置。

（6）预置端子设置。通过勾选预置使能启用外部输入预置计数器值，输入端子可任意选择 X0～X7 输入，触发条件可选择上升沿或下降沿。启用预置功能后，通过功能块指令实现外部输入对编码器轴位置预置。

（7）比较输出端子设置。勾选"比较输出使能"后，不通过软件处理即可实现比较相等时硬件输出，实时性高，输出响应可达微秒级别。比较输出是直接通过硬件控制端口输出，不通过软件处理，因此不能通过程序中的 Y 软元件显示比较输出的状态。Y 软元件和比较输出对输出端口控制为或关系，若 Y 软元件持续控制为 ON 状态，则实际端口输出保持为 ON。

1）启动比较输出功能后，配合功能块指令，比较相等时通过硬件电路控制输出为 ON，输出端子可任意选择 Y0～Y4，输出为 ON 的脉冲宽度可选择为时间单位或用户单位（Unit）。

2）每个本地编码器轴配备一路比较输出功能，可根据需求配置输入端子与输出脉冲宽度。

3）配置完成后，通过 HC＿Compare、HC＿ArrayCompare、HC＿StepCompare 功能块指令，实现轴位置比较输出。

4）单位选择 ms 时，设置的时间范围为 0.1～6553.5ms。单位选择 Unit 时，应确保设置的值转换为脉冲单位后在 1～65535 的范围。

5. 计数器轴指令应用。

AutoShop 软件中设置计数器轴后，配合功能块指令，可实现轴位置计数/速度测量、轴位置预置、轴位置锁存和比较功能。

（1）轴位置计数/速度测量指令。使用 HC＿Counter 指令，可对计数器轴的位置计数和速度测量。计数器轴位置值根据模式设置，在计数器轴模式的范围内变化，位置单位为 Unit。计数器轴速度为当前实时速度，速度单位为 Unit/s。计数器轴可测量的最小速度为 1s 时间内计数器 1 个脉冲对应的速度，如计数器 1 个脉冲对应 0.01Unit，则可测量的最小速度为 0.01Unit/s。HC＿Counter 指令应用如图 9-18 所示。

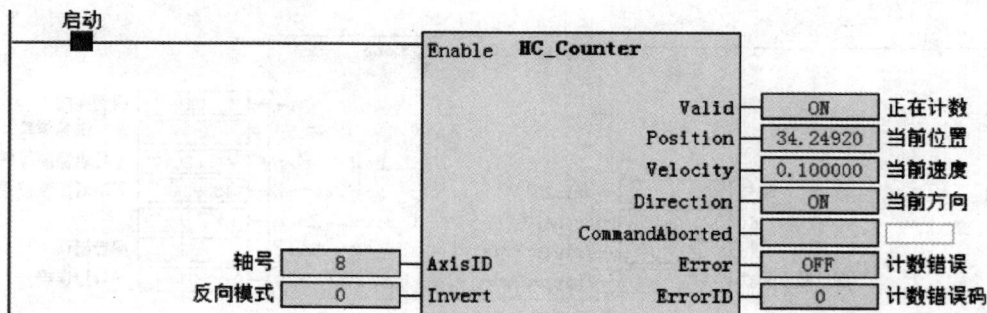

图 9-18　HC＿Counter 指令

HC＿Counter 指令中可通过 Invert 参数设置，实现计数方向的更改。更改 Invert 的设置后，需要重新使能功能块指令生效。Invert 设置和计数方向的关系见表 9-5。

表 9-5 　　　　　　　　　　　　Invert 设置和计数方向的关系

Invert	A/B 相	脉冲＋方向	CW/CCW	单相计数
0	A 相超前 B 相增计数 B 相超前 A 相减计数	方向信号低电平减计数 方向信号高电平增计数	A 相增计数 B 相减计数	增计数
1	A 相超前 B 相减计数 B 相超前 A 相增计数	方向信号低电平增计数 方向信号高电平减计数	A 相减计数 B 相增计数	减计数

（2）轴位置预置指令。使用 HC_Preset 指令如图 9-19 所示，根据预置条件，实现对计数器轴位置赋值。

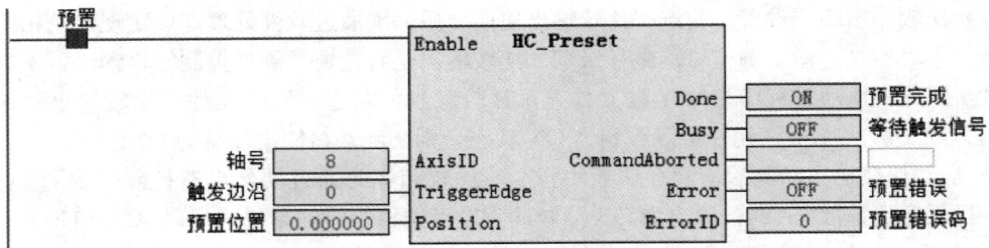

图 9-19　使用 HC_Preset 指令

预置条件 TriggerType 可选择指令上升沿触发或外部 X 输入触发见表 9-6。

表 9-6 　　　　　　　　　　　　预置条件 TriggerType 设置

	0	指令能流上升沿触发
TriggerType	1	外部 X 上升沿触发
	2	外部 X 下降沿触发
	3	外部 X 上升沿或下降沿触发

预置条件选择外部 X 输入触发时，需要在计数器参数设置勾选预置功能，选择输入端子和触发条件，输入端子可任意设置选择 X0～X7，触发条件可选择上升沿或下降沿。

（3）探针指令。使用 HC_TouchProbe 功能块指令，探针指令应用如图 9-20 所示，可在外部输入触发条件有效时，锁存计数器轴位置值。

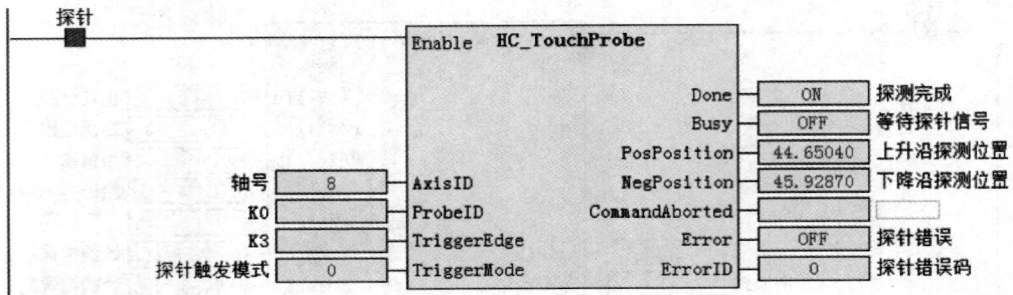

图 9-20　探针指令应用

每个计数器轴支持 2 路探针，使用时，需要在计数器参数设置勾选对应的探针功能，选择输入端子和触发条件，输入端子可任意设置选择 X1～X7。

参数 ProbeID 设置计数器使用的探针号，见表 9-7。

表 9-7   参数 ProbeID 设置

ProbeID	0	指令能流上升沿触发
	1	外部 X 上升沿触发

参数 TriggerEdge 设置探针触发边沿，见表 9-8。上升沿触发位置锁存在输出参数 PosPosition 中，下降沿触发位置锁存在输出参数 NegPosition 中。

表 9-8   参数 TriggerEdge 设置

TriggerEdge	1	外部 X 上升沿触发
	2	外部 X 下降沿触发
	3	外部 X 上升沿或下降沿触发

指令中 TriggerMode 参数可设置单次触发和连续触发模式。

1）使用单次触发模式，功能块指令能流有效，外部输入触发条件有效时，锁存 1 次计数器轴位置，输出完成信号。探针位置根据触发边沿实时锁存计数器轴位置，不受程序执行影响。程序指令执行时，受扫描周期影响，程序扫描执行到锁存指令时，将锁存位置更新到指令输出参数中。

2）使用连续触发模式，功能块指令能流有效，外部输入触发条件有效时，锁存计数器轴位置，输出完成信号，完成信号有效时间 1 个扫描周期。完成信号变为 OFF 后，外部输入触发条件有效，会继续锁存计数器轴位置，并输出有效时间为 1 个扫描周期的完成信号。在完成信号有效的 1 个扫描周期时间内，若外部输入触发条件有效，此时不会锁存计数器轴的位置。

3）使用双边沿触发模式时，当上升沿和下降沿都触发完成锁存后，输出完成后信号。单次触发模式时，完成信号持续到指令完成；连续触发模式时，完成信号有效时间 1 个扫描周期，完成信号有效的 1 个扫描周期内，不响应触发锁存信号。

（4）比较指令。使用 HC_Compare、HC_StepCompare、HC_ArrayCompare 指令可实现计数器轴的单个位置比较、等间距连续比较和多位置连续比较。

1）HC_Compare 指令。HC_Compare 指令如图 9-21 所示，用于实现计数器轴与单个位置比较。指令能流有效时，计数器轴位置达到比较位置后，输出完成信号。

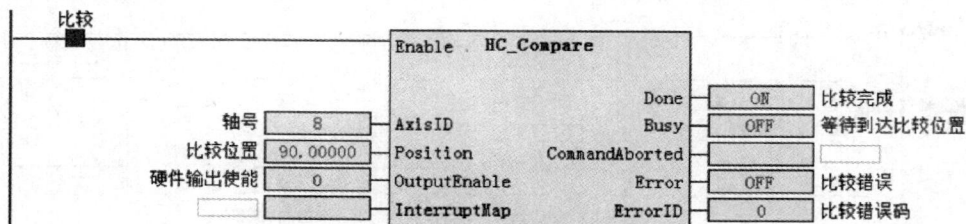

图 9-21　HC_Compare 指令

2）HC_StepCompare 指令。HC_StepCompare 指令如图 9-22 所示，用于实现计数器轴与等间距连续位置比较。指令能流有效时，计数器轴位置与 StartPosition 位置开始比较，比较相等后，比较位置增加或减小 Step 间距后继续比较，同时输出一个扫描周期完成信号。等间距比较完最后一个比较位置后，完成信号持续输出。

a. StartPosition 小于 EndPostion 时，每次比较相等时，比较位置增加 Step 间距，当前比较位置加 Step 间距后大于 EndPosition 时，当前比较位置即为最后一个比较位置。

b. StartPosition 大于 EndPostion 时，每次比较相等时，比较位置减小 Step 间距，当前比较位置减小 Step 间距后小于 EndPosition 时，当前比较位置即为最后一个比较位置。

等间距比较

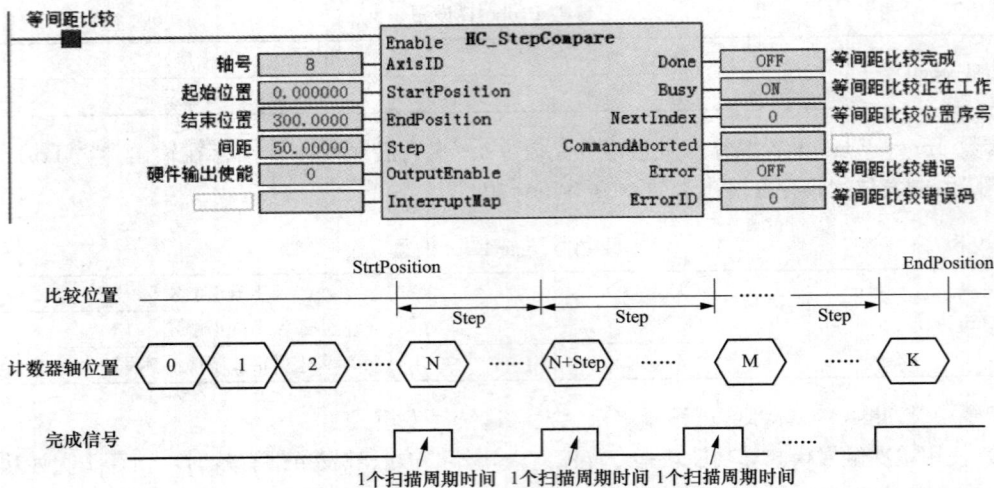

图 9-22　HC_StepCompare 指令

c. 输出参数 NextIndex 指示下一个比较点标号，即已完成比较相等的个数。

3）HC_ArrayCompare 指令。HC_ArrayCompare 指令如图 9-23 所示，用于实现计数器轴与数组多位置连续比较。指令能流有效时，计数器轴位置与数组第 1 个位置开始比较，比较相等后，与数组下一个位置值比较，同时输出一个扫描周期完成信号。

数组比较

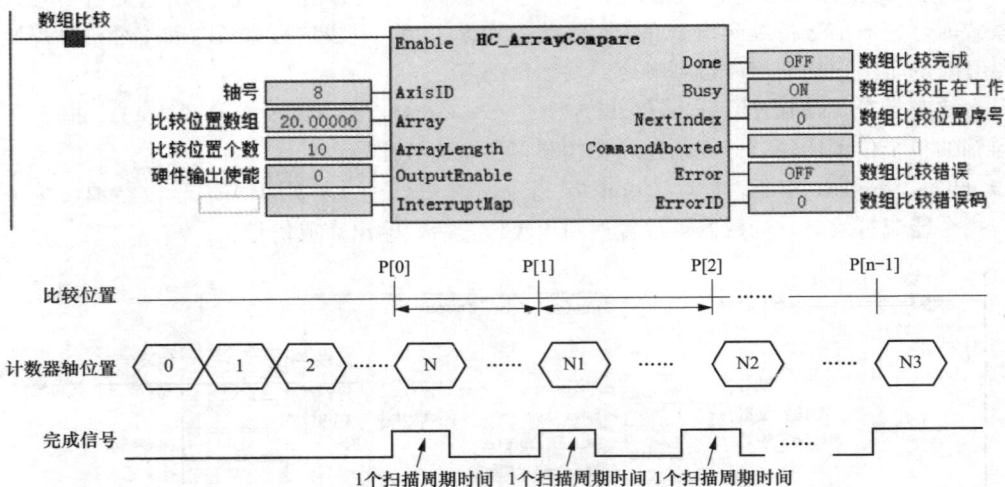

图 9-23　HC_ArrayCompare 指令

a. 指令中 ArrayLength 设定数组长度，所有数组长度设定的数组位置比较完成后，完成信号持续输出，完成多位置连续比较。

b. 输出参数 NextIndex 指示下一个比较点标号，即已完成比较相等的个数。

6. 高速比较硬件输出

计数器轴可实现位置比较硬件输出，计数器轴与比较位置相等时直接通过硬件电路控制输出为 ON，输出延时小于 $1\mu s$。

（1）设置计数器轴的比较输出功能。在计数器轴的参数设置界面中勾选比较输出使能，输出端子可任意选择 Y0～Y4，输出宽度设置输出为 ON 的脉冲宽度，输出宽度可选择为时间单位或用户单位（Unit）。脉冲输出宽度选择为时间单位时，输出脉冲宽度时间精度为 $100\mu s$，最大可输出 6500ms 时间；脉冲输出宽度选择为用户单位（Unit），最大可输出 65535 脉冲对应的单位宽度。

（2）在比较指令中使能 OutputEnable 参数。使用 HC_Compare、HC_StepCompare、HC_ArrayCompare 比较指令，将 OutputEnable 设为 1，即在指令比较相等时关联硬件输出。当指令执行比较相等时，直接通过硬件电路控制设定的输出端子为 ON，持续输出宽度后输出变为 OFF。高速比较硬件输出是直接通过硬件控制端口输出，不能通过程序中的 Y 软元件显示比较输出的状态。Y 软元件与比较输出对输出端口控制为或关系，若 Y 软元件持续控制为 ON 状态，则实际端口输出保持为 ON。

（3）比较中断。计数器轴比较相等时，可关联比较中断，执行中断子程序。具体操作步骤如下。

1）在"工程管理"的"编程"项目下，右击"程序块"，选择"插入"中断子程序。

2）右击插入的中断子程序（如 INT_001），选择"属性"即可打开中断子程序设置页面。

3）单击"中断事件"字段后的 ▣ 图标，选择比较中断后，即可在 INT_001 中编写中断子程序。

4）在主程序或子程序中调用 HC_Compare、HC_StepCompare、HC_ArrayCompare 指令，将参数 InterruptMap 与比较中断编号关联，即 InterruptMap 参数设置为比较中断编号。程序中开启 EI，当指令执行比较相等时会触发执行对应的比较中断子程序。

7. 加减计数器功能块

（1）创建加减计数器块 FB_CTUD。在"编程"节点下右击"功能块（FB）"，选择新建，在弹出的对话框中输入功能块名"FB_CTUD"，单击"确定"即完成加减计数器块的新建。

（2）创建加减计数器功能块变量表。在"功能块（FB）"节点下双击新建的功能块，进入功能块程序编辑界面，在输入输出和局部变量定义窗口，创建加减计数器功能块变量，见表 9-9。

表 9-9 加减计数器功能块变量

序号	类别	名称	数据类型	初始值	掉电保持
1	IN	CU	BOOL	OFF	不保持
2	IN	Mud	BOOL	OFF	不保持
3	IN	ReSet	BOOL	OFF	不保持
4	OUT	CV	INT	0	不保持

（3）编辑加减计数器功能块程序。加减计数器功能块程序如图 9-24 所示。

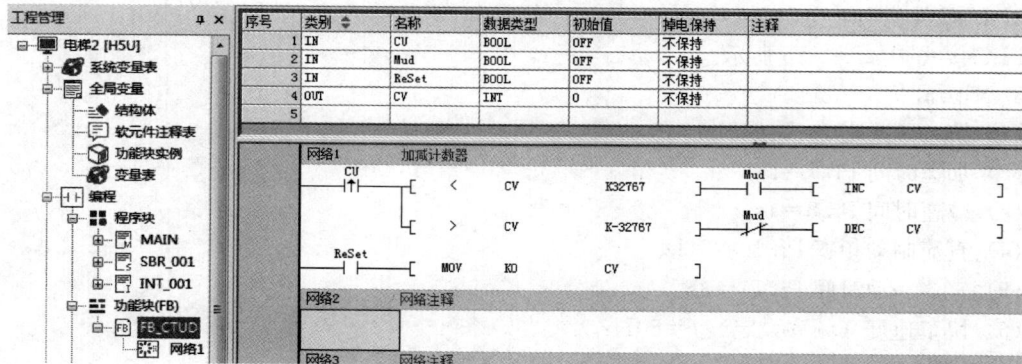

图 9-24 加减计数器功能块程序

CU 为加减计数脉冲信号，当加减计数器当前值小于 32767 和加计数条件 MUD 满足时，使 CV 当前值加 1；当加减计数器当前值大于-32767 和减计数条件 MUD 满足时，使 CV 当前值减 1。

三、PLC 控制程序设计

1. PLC 配置

（1）PLC 的 I/O 分配见表 9-10。

表 9-10　　　　　　　　　　　PLC 的 I/O 分配

输入		输出	
高速计数脉冲输入	X0	1AS 呼叫指示灯	Y10
1 层呼叫 1AS	X11	2AX 呼叫指示灯	Y11
2 层上行呼叫 1AS	X12	2AS 呼叫指示灯	Y12
2 层下行呼叫 2AX	X13	3AX 呼叫指示灯	Y13
3 层呼叫 3AX	X14	上行指示灯	Y14
轿厢位置感应器	X15	下行指示灯	Y15
底层极限开关	X17	减速继电器	Y30
		轿厢在 1 层	Y31
		轿厢在 2 层	Y32
		轿厢在 3 层	Y33
		上行运行	Y35
		下行运行	Y36

（2）其他软元件分配见表 9-11。

表 9-11　　　　　　　　　　其 他 软 元 件 分 配

元件名称	软元件	元件名称	软元件
1AS 位置	M11	定向下行	M22
2AX 位置	M12	减速运行	M16
2AS 位置	M13	延时定时器	T1
3AX 位置	M14		
同时 2 个呼叫信号	M4		
暂停信号	M5		
存在呼叫信号	M20		
定向上行	M21		

2. PLC 接线图

PLC 接线图如图 9-25 所示。

3. 变频器参数设置

（1）第一段速度 Pr.4＝6Hz。

（2）加速时间 Pr.7＝2s。

（3）减速时间 Pr.8＝1s。

（4）直流制动频率 Pr.10＝3Hz。

（5）直流制动时间 Pr.11＝3s。

（6）快车速度（频率设定）f＝50Hz。

4. 电梯控制程序

（1）呼叫登记控制。呼叫登记控制程序如图 9-26 所示。

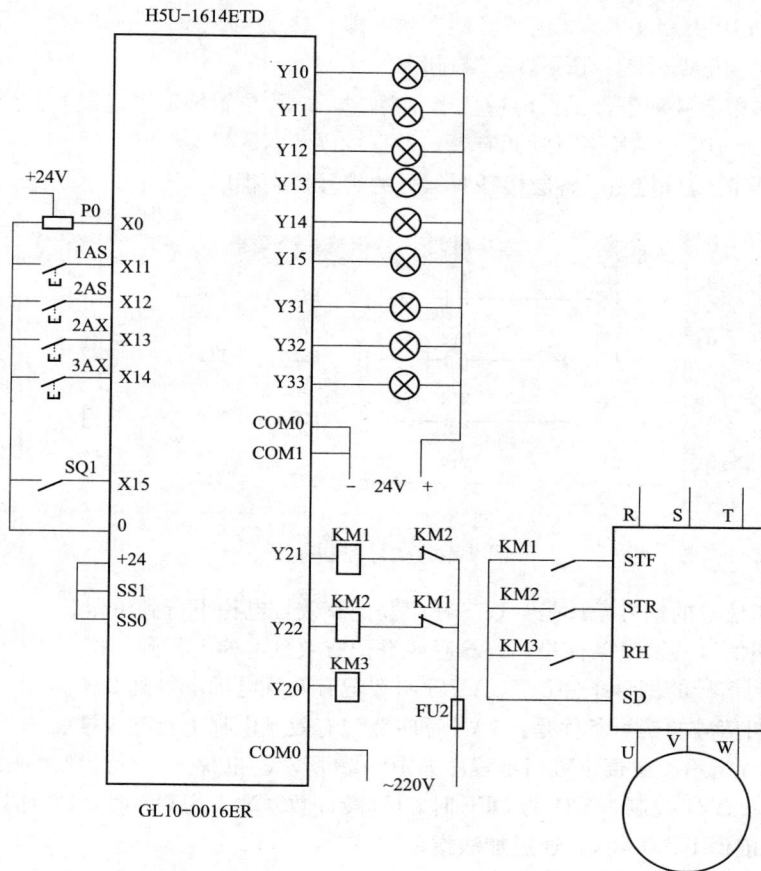

图 9-25 PLC 接线图

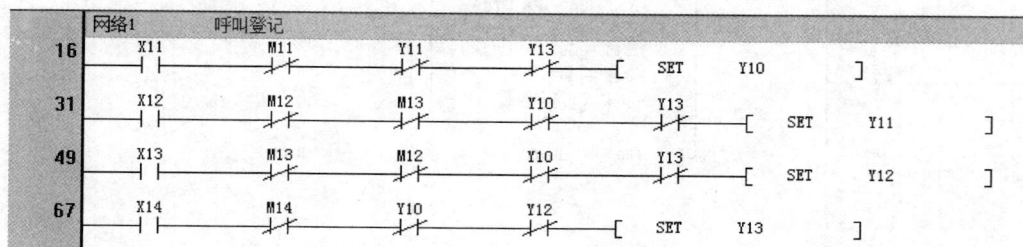

图 9-26 呼叫登记控制程序

1）1AS 呼叫登记条件是：按下 1AS 按钮。

2）1AS 呼叫限制登记条件是：电梯位于 1 楼，即 1AS 位置辅助继电器 M11 为 ON；2AS 上行呼叫有效，即 Y11 为 ON；3AX 上行呼叫有效，即 Y13 为 ON。

3）2AS 呼叫登记条件是：按下 2AS 按钮。

4）2AS 呼叫限制登记条件是：电梯位于 2 楼，即 1AS 位置辅助继电器 M12 为 ON；1AS 上行呼叫有效，即 Y10 为 ON；3AX 上行呼叫有效，即 Y13 为 ON。

5）2AX 呼叫登记条件是：按下 2AX 按钮。

6）2AX 呼叫限制登记条件是：电梯位于 2 楼，即 2AX 位置辅助继电器 M13 为 ON；1AS 上行呼叫有效，即 Y10 为 ON；3AX 上行呼叫有效，即 Y13 为 ON。

7）3AX 呼叫登记条件是：按下 3AX 按钮。

8）3AX 呼叫限制登记条件是：电梯位于 3 楼，即 3AX 位置辅助继电器 M14 为 ON；1AS 呼叫有效，即 Y10 为 ON；2AX 下行呼叫有效，即 Y12 为 ON。

（2）呼叫信号的销号控制。各层楼呼叫信号的销号控制程序如图 9-27 所示。

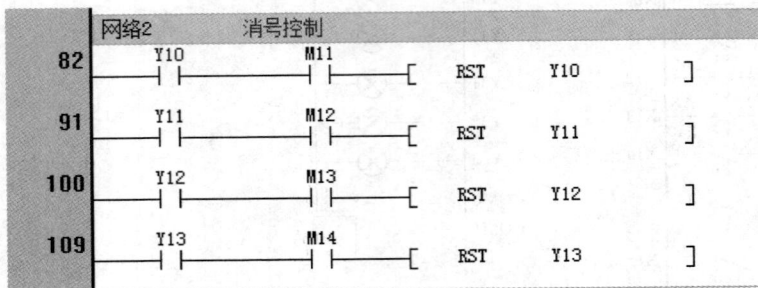

图 9-27　销号控制程序

1）1AS 呼叫信号的销号条件是：1AS 呼叫登记有效且电梯下行到 1 楼。

2）2AS 呼叫信号的销号条件是：2AS 呼叫登记有效且电梯上行到 2 楼。

3）2AX 呼叫信号的销号条件是：2AX 呼叫登记有效且电梯下行到 2 楼。

4）3AX 呼叫信号的销号条件是：3AX 呼叫登记有效且电梯上行到 3 楼。

（3）层楼位置指示。层楼位置指示程序如图 9-28 所示。电梯上下行计数由加减计数器 C0 完成，加减计数通过 Y21 控制，Y21 为 OFF 时，C0 减计数。Y21 为 ON 时，C0 加计数。层楼位置 D101 比 C0 的当前值 D100 多 1，通过加法指令实现。

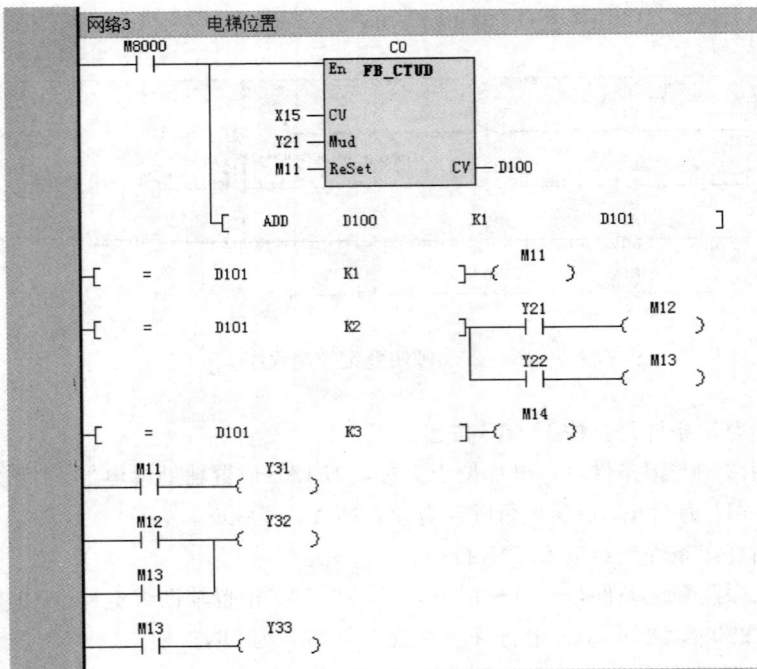

图 9-28　层楼位置指示

1）电梯运行到1层，M11为ON，轿厢1楼位置指示Y31为ON。

2）电梯运行到2层，M12、M13为ON，轿厢2楼位置指示Y32为ON。

3）电梯运行到3层，M14为ON，轿厢3楼位置指示Y33为ON。

（4）电梯定向控制。电梯定向控制程序如图9-29所示。

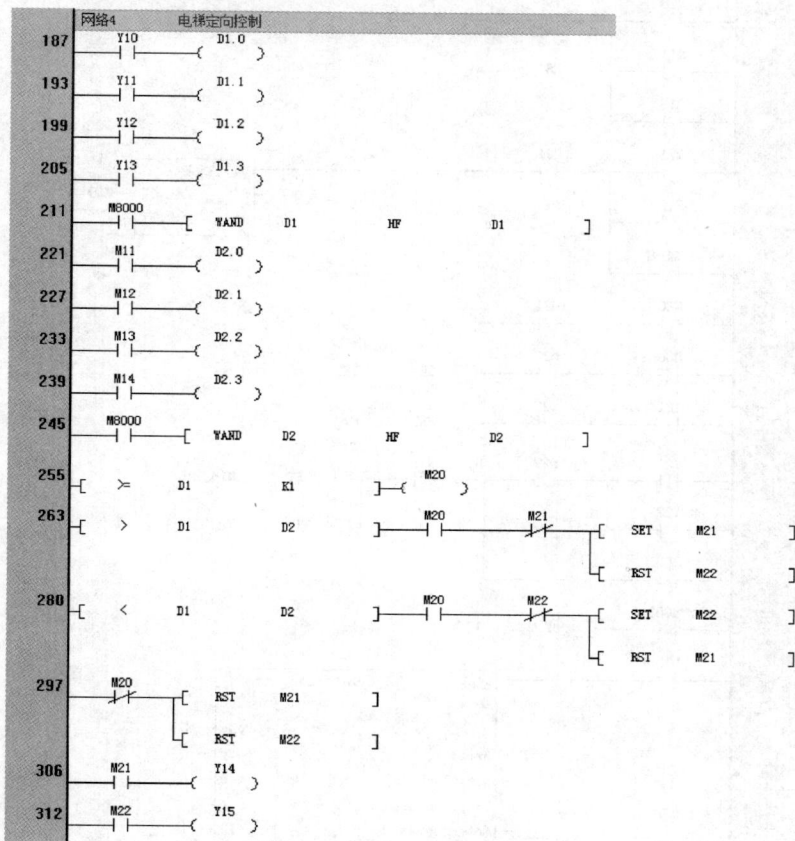

图9-29　电梯定向控制程序

当电梯存在呼叫信号时，通过呼叫信号与层楼位置信号比较确定电梯的运行方向。呼叫信号大于层楼位置信号时，电梯定向为上行。呼叫信号小于层楼位置信号时，电梯定向为下行。

（5）电梯运行控制。电梯运行控制程序如图9-30所示。

1）电梯定向完成，延时1s。

2）延时时间到，如果定向为上行，置位上行输出Y21，驱动变频器带动交流电动机正转，拖动电梯轿厢上行。如果定向为下行，置位下行输出Y22，驱动变频器带动交流电动机反转，拖动电梯轿厢下行。

3）单一呼叫时，到达指定层楼位置，产生减速平层信号，置位减速辅助继电器M16，置位减速运行输出Y20。

4）多层运行时，轿厢经过各层感应位置时，置位减速辅助继电器M16，置位减速运行输出Y20。

5）减速辅助继电器M16驱动高速计数器HC_Compare对接在输入端X0的旋转编码器送来的脉冲进行计数。当HC_Compare计数脉冲数达到平层设定数时，M18为ON，复位Y20～Y22，使电梯停车，复位M20。

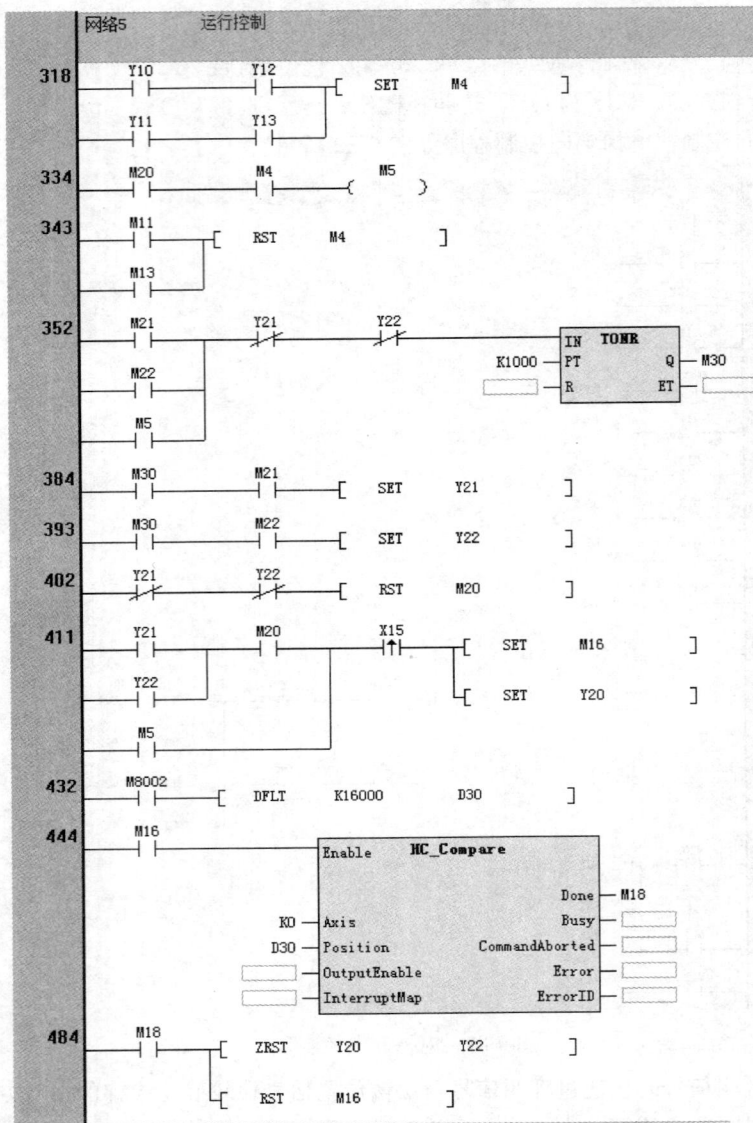

图 9-30 电梯运行控制程序

技能训练

一、训练目标

（1）能够正确设计带旋转编码器电梯控制的 PLC 程序。

（2）能正确输入和传输 PLC 控制程序。

（3）能够独立完成带旋转编码器电梯控制线路的安装。

（4）按规定进行通电调试，出现故障时，应能根据设计要求进行检修，并使系统正常工作。

二、训练步骤与内容

1. 根据控制要求设计带旋转编码器电梯控制程序

（1）分配 PLC 输入、输出端。

（2）配置 PLC 辅助继电器、定时器、数据寄存器等软元件。

（3）创建加减计数器功能模块 FB_CTUD。

（4）设计呼叫登记控制程序，设计呼叫信号的消号程序。

（5）设计电梯层楼位置计数、显示程序。

（6）设计电梯定向控制程序。

（7）设计电梯运行控制程序。

2. 输入电梯控制程序

（1）输入呼叫登记控制程序。

（2）输入呼叫信号的消号程序。

（3）输入电梯层楼位置计数、显示程序。

（4）输入电梯定向控制程序。

（5）输入电梯运行控制程序。

3. 系统安装与调试

（1）按图 9-25 所示的 PLC 接线图接线。

（2）将 PLC 程序下载到 PLC，并使 PLC 处于运行状态。

（3）按下 2 层上行按钮 2AS，观察 PLC 输出点 Y0～Y13 的状态变化，观察电梯运行状况。

（4）按下 3 层上行按钮 3AX，观察 PLC 输出点 Y0～Y13 的状态变化，观察电梯运行状况。

（5）按下 2 层下行按钮 2AX，观察 PLC 输出点 Y0～Y13 的状态变化，观察电梯运行状况。

（6）按下 1 层上行按钮 1AS，观察 PLC 输出点 Y0～Y13 的状态变化，观察电梯运行状况。

（7）同时按下按 2 层上行按钮 2AS、三层上行按钮 3AX，观察 PLC 输出点 Y0～Y13 的状态变化，观察电梯运行状况。

（8）同时按下按 1 层下行按钮 1AS、二层下行按钮 2AX，观察 PLC 输出点 Y0～Y13 的状态变化，观察电梯运行状况。

习题 9

1. 设计 7 层站电梯控制程序，控制要求如下。

（1）电梯具有轿内指令呼梯信号。

（2）电梯厅外具有上、下行呼梯信号。

（3）内指令信号优先，上、下行呼梯信号互锁，即上行呼梯时，下行呼梯无效。下行呼梯时，上行呼梯无效。

（4）电梯各层楼设有层楼位置感应器。

（5）电梯轿厢位置通过数码管显示。

（6）电梯开、关门均设有限位开关。

（7）电梯具有上行平层、门区平层、下行平层感应器。

（8）电梯具有自动选层、换速控制。

（9）电梯具有启动加速、匀速运行、减速运行、平层停车控制。

2. 设计 7 层站电梯控带旋转编码器的电梯控制程序，控制要求如下。

（1）电梯具有轿内指令呼梯信号。

（2）电梯厅外具有上、下行呼梯信号。

（3）内指令信号优先，上、下行呼梯信号互锁，即上行呼梯时，下行呼梯无效。下行呼梯时，上行呼梯无效。

(4) 电梯轿厢位置通过数码管显示。

(5) 电梯开、关门均设有限位开关。

(6) 电梯具有上行平层、门区平层、下行平层感应器。

(7) 电梯具有自动选层、换速控制。

(8) 电梯平层减速由旋转编码器、高速计数器控制。

(9) 电梯具有启动加速、匀速运行、减速运行、平层停车控制。

项目十　串口通信

1. 能够正确设置 PLC 的 Modbus 通信协议。
2. 能够正确设置触摸屏的 Modbus 通信协议。
3. 学会组态触摸屏 Modbus 通信画面工程。
4. 学会设计 PLC 的 Modbus 通信程序。
5. 学会调试 Modbus 通信系统。

任务 17　Modbus 通信

基础知识

一、H5U 串口通信基础

H5U 系列 PLC 集成一路串行通信接口，支持波特率为 9600、19200、38400、57600、115200bit/s。

1. H5U 系列 PLC 支持的通信协议

H5U 系列 PLC 支持的串口通信协议包括自由协议、Modbus-RTU/ASCII 主站、Modbus-RTU/ASCII 从站等。

（1）自由通信协议，PLC 配合 SerialRS 指令，实现自由发送/接收数据。

（2）Modbus-RTU/ASCII 主站，PLC 作为标准 Modbus-RTU/ASCII 主站，通过 Modbus 配置读写从站数据。

（3）Modbus-RTU/ASCII 从站，PLC 作为标准 Modbus-RTU/ASCII 从站，通过 Modbus 实现与主站的数据交换。

2. 硬件接口

PLC 的 RS-485 接口与 CAN 通信接口集成在一个 6PIN 端口中，CAN/RS-485 通信端口定义如图 10-1 所示。

通信端口引脚定义见表 10-1。

3. 串口通信网络

（1）通信匹配电阻拨码开关。通信匹配电阻拨码开关位于电池卡座内，ON 表示匹配电阻接入（出厂默认全为 OFF），拨码开关如图 10-2 所示。

（2）RS-485 串口通信组网。RS-485 总线连接拓扑结构如图 10-3 所示。

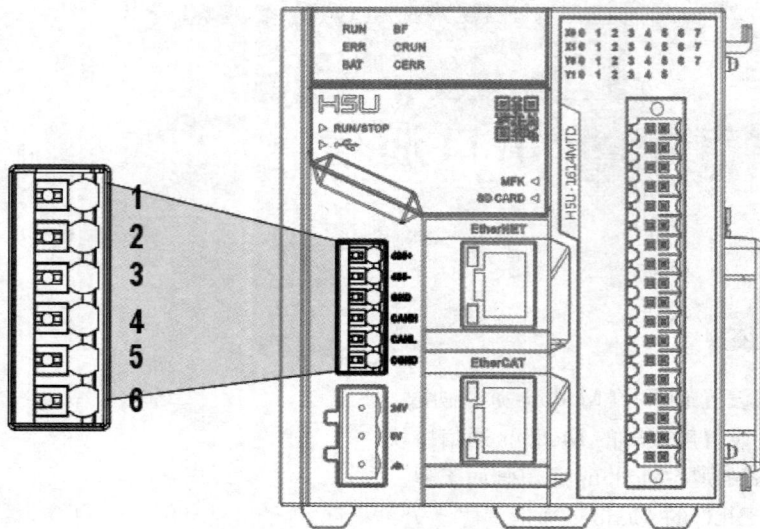

图 10-1　CAN/RS-485 通信端口定义

表 10-1　　　　　　　　　　　通 信 端 口 引 脚 定 义

引脚	信号定义	说明
1	485＋	COM0 的 RS-485 差分对正信号
2	485-	COM0 的 RS-485 差分对负信号
3	GND	COM0 的电源地
4	CANH	CAN 通信接收数据端
5	CANL	CAN 通信发送数据端
6	CGND	CAN 通信接地端

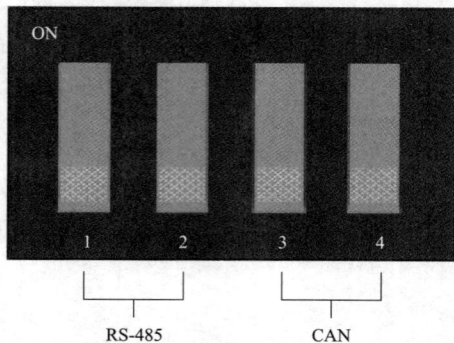

图 10-2　拨码开关

RS-485 总线推荐使用带屏蔽双绞线连接，485＋、485－采用双绞线连接；总线两端分别连接 120Ω 终端匹配电阻，防止信号反射；所有节点 485 信号的参考地 GND 连接在一起。最多连接 31 个节点，每个节点支线的距离要小于 3m。H5U 的 RS-485 接口内置 120Ω 终端电阻，可通过拨码开关选择是否使用终端电阻。

4. 自由协议配置

双击"COM"，在弹出的"COM 通讯参数配置"对话框中根据要求选择"自由协议"，并相应设置串口参数，然后点击"确定"。此时在用户程序中始可使用 SerialRS 指令进行收发数据。自由协议配置如图 10-4 所示。

5. 主站配置

（1）Modbus-RTU/ASCII 主站。

1）串口设置。双击"COM"，在弹出的"COM 通讯参数配置"对话框中根据要求选择"MODBUS-RTU 主站"或"MODBUS-ASC 主站"，并相应设置串口参数。主站串口通信协议设置如图 10-5 所示。

项目十

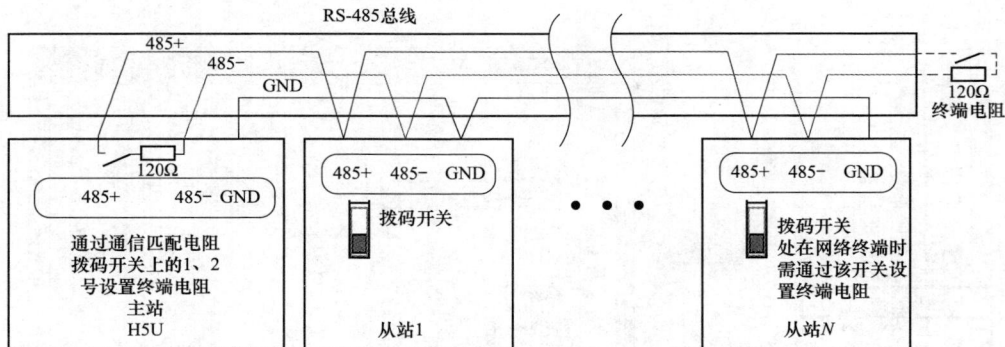

图 10-3　RS-485 总线连接拓扑结构

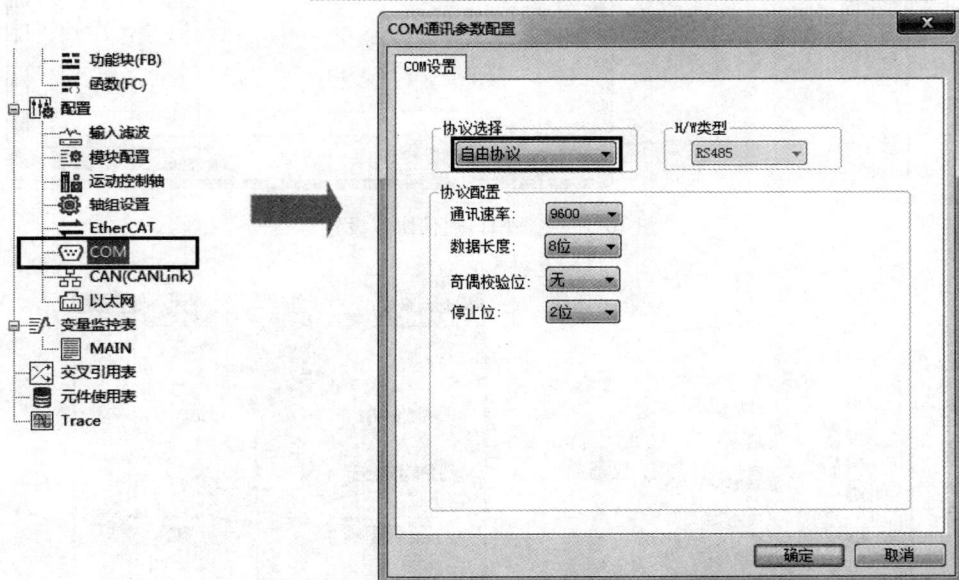

图 10-4　自由协议配置

2）添加 Modbus 配置。右击"COM"选择"添加 Modbus 配置"，打开"Modbus 配置"对话框，如图 10-6 所示。

a. 超时时间：主站等待从站应答超时时间，单位为 ms。

b. 使能控制：用于控制连接使能/禁用，支持使用自定义变量。不设置使能控制，则主站默认为固定使能。

c. 打开详细配置。在添加 Modbus 配置后，在 COM 端口下会出现 COM0 Modbus Config 子项，如图 10-7 所示。双击子项"COM0 Modbus Config"可打开"Modbus 配置"对话框。

（2）Modbus 主站配置表。配置完成的 Modbus 主站配置表如图 10-8 所示。

1）名称：用于标注该条件配置的名称。

2）从站站号：指定需要访问的从站站号。

3）触发方式与触发条件：通信方式支持"循环"和"触发"两种方式，使用"循环"时"触发条件"用于设置循环周期时间，单位为 ms，配置按指定的周期执行。注意当设置的循环周

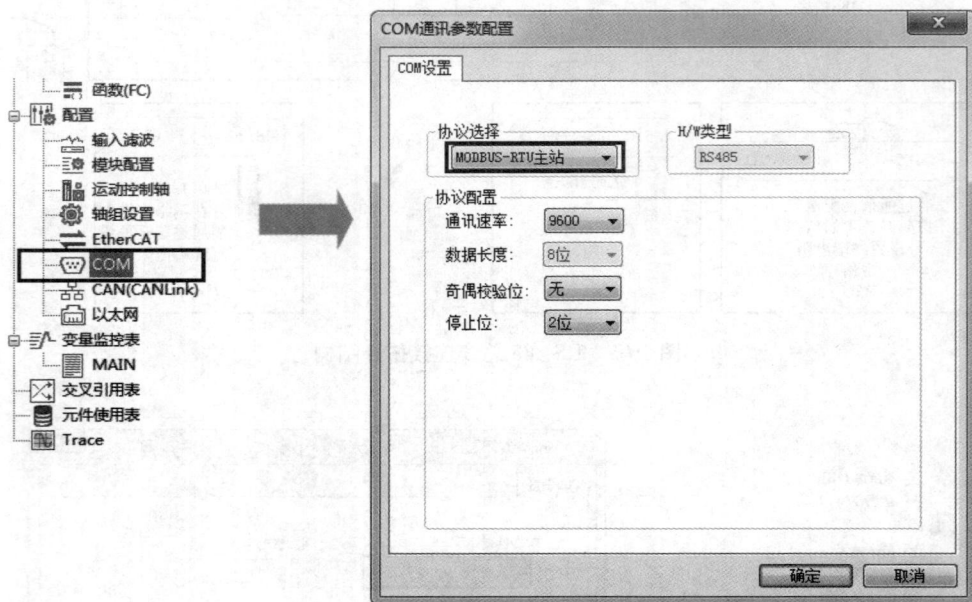

图 10-5　主站串口通信协议设置

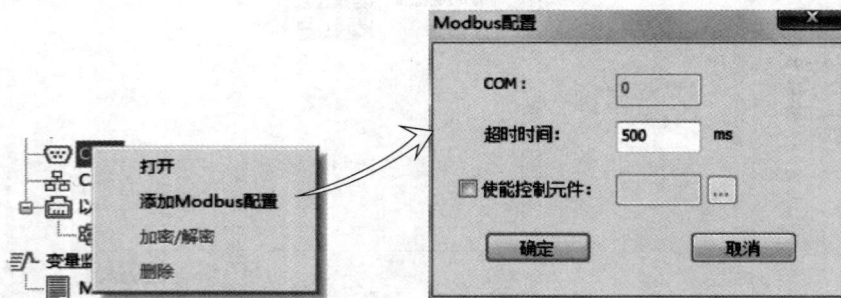

图 10-6　添加 Modbus 配置

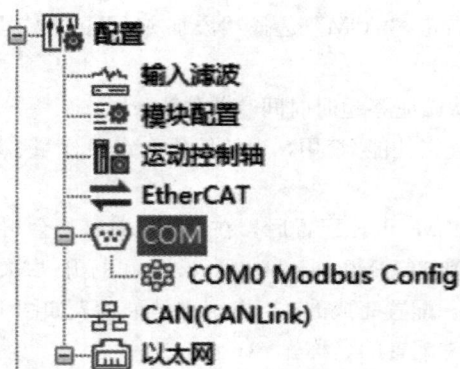

图 10-7　COM0 Modbus Config 子项

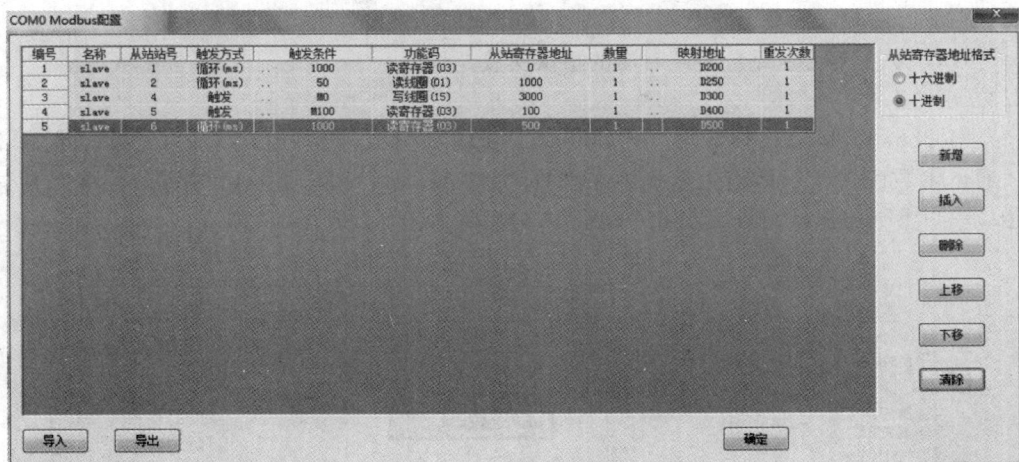

图 10-8　Modbus 主站配置表

期时间小于通信需要的时间时，配置将按通信需要的时间执行。如设置的循环周期为 10ms，而实际从站应答需要 20ms，则实际执行的周期时间为 20ms。

使用"触发"时，"触发条件"用于设置触发条件变量/元件。在该方式下，通过置位触发条件触发一次通信，当通信完成（从站正常应答、无错误）后，触发条件将自动复位，否则触发条件保持不变。如果使用同一个触发变量/元件触发多条配置，触发条件置位后，所触发的配置全部执行完成后，才会自动复位，已经触发的配置不会重复执行。

4）功能码及定义见表 10-2。

表 10-2　　　　　　　　　　　　　　　　功 能 码 及 定 义

功能码	定义
0x01（01）	读线圈
0x02（02）	读离散量
0x03（03）	读寄存器
0x04（04）	读输入寄存器
0x0f（15）	写多线圈
0x10（16）	写多寄存器

5）从站寄存器地址：需要访问的从站寄存器地址。通过选择从站寄存器地址格式可以修改显示格式。

6）数量：访问线圈/离散量/寄存器的数量。功能码对应的数量见表 10-3。

表 10-3　　　　　　　　　　　　　　　　功 能 码 对 应 的 数 量

功能码	定义	最大数量
0x01（01）	读线圈	2000
0x02（02）	读离散量	2000
0x03（03）	读寄存器	125
0x04（04）	读输入寄存器	125
0x0f（15）	写多线圈	1968
0x10（16）	写多寄存器	123

7）映射地址：线圈/离散量状态、主站中缓存地址。支持使用自定义变量。

8）重试次数：等待从站应答超时后的重试次数。

6. 从站配置

（1）Modbus-RTU/ASCII 从站。Modbus 从站配置如图 10-9 所示。双击"COM"，在弹出的"COM 通讯参数配置"对话框中根据要求选择"Modbus-RTU 从站"或"Modbus-ASC 从站"，设置相应串口参数与从站站号后点击"确定"，最后将工程下载到 H5U 即可。

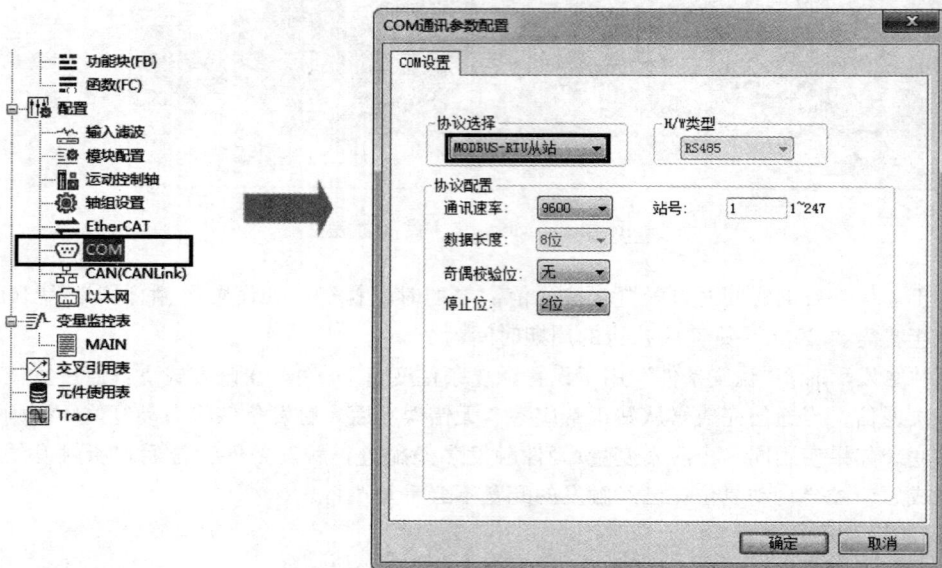

图 10-9　Modbus 从站配置

（2）功能码与地址。

1）作为从站使用时支持的功能码见表 10-4。

表 10-4　　　　　　　　　　　作为从站使用时支持的功能码

功能码	定义
0x01	读线圈
0x02	读离散量（同 0x01）
0x03	读寄存器
0x04	读输入寄存器（同 0x03）
0x05	写单线圈
0x06	写单寄存器
0x0f	写多线圈
0x10	写多寄存器
0x80-0xFF	标准 Modbus 错误功能码

2）作为从站使用时可以被访问的线圈地址见表 10-5。

表 10-5 　　　　　　　　　　　　作为从站使用时可以被访问的线圈地址

变量名称	数量	地址范围定义
M0-M7999	8000	0x0000～0x1F3F 　（0～7999）
B0-B32767	32768	0x3000～0xAFFF （12288～45055）
S0-S4095	4096	0xE000～0xEFFF （57344～61439）
X0-X1777（8 进制）	1024	0xF800～0xFBFF （63488～64511）
Y0-Y1777（8 进制）	1024	0xFC00～0xFFFF （64512～65535）

3）作为从站使用时可以被访问的寄存器地址见表 10-6。

表 10-6 　　　　　　　　　　　　作为从站使用时可以被访问的寄存器地址

变量名称	数量	起始地址
D0-D7999	8000	0x0000～0x1F3F 　（0～7999）
R0-R32767	32768	0x3000～0xAFFF （12288～45055）

注　不支持 W 元件，不支持 Pointer 指针变量。

二、Modbus RTU 通信应用示例

1. 程序要求

本例程使用两台 H5U 设备进行串口连接，并通过 Modbus-RTU 协议进行通信，主站 PLC 配置为每 10ms 读取从站 PLC D100 寄存器里面的数值，并让从站 D100 里面的值每 1s 加 1。

（1）从站配置。

1）双击 COM 图标，打开串口配置界面。

2）在弹出串口设置好通信协议，通信参数以及从站站号，此例使用 Modbus-RTU 协议，通信参数为 9600-8N2，站号为 1。从站通信参数配置如图 10-10 所示。

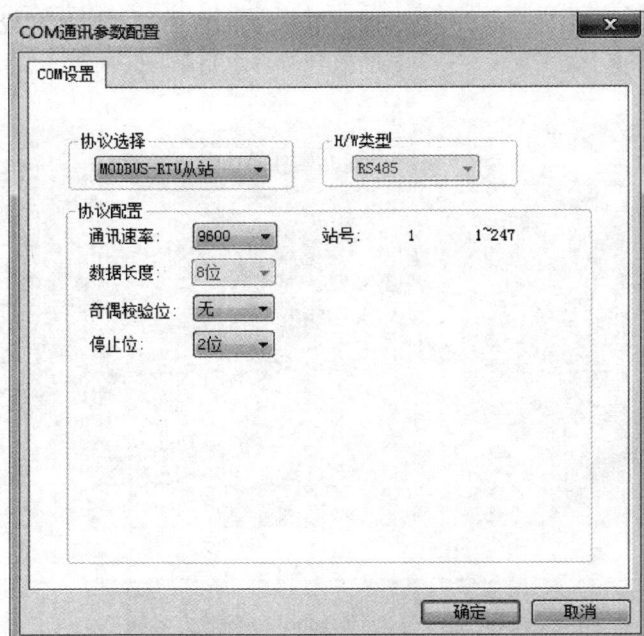

图 10-10　从站通信参数配置

3）设置完成之后点击确定按钮，保存设置。

4）编辑程序，让从站 D100 的值，每秒加 1。从站程序如图 10-11 所示。编辑完成之后单击下载即生成从站配置，将程序下载到 PLC 中。

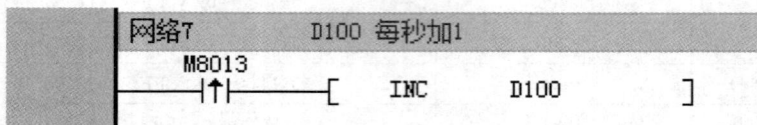

图 10-11 从站程序

（2）主站配置。

1）双击 COM 图标，打开串口配置界面。

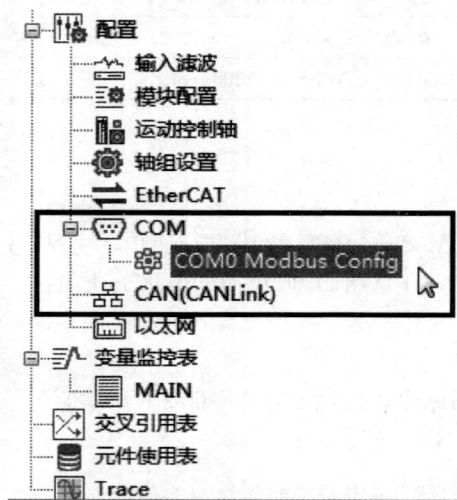

图 10-12 生成主站配置

2）在弹出串口设置好通信协议，通信参数，此例使用 Modbus-RTU 协议，通信参数为 9600-8N2，设置完成之后点击确定按钮，保存设置。

3）右击 COM 图标，在弹出对话框中选择，添加 Modbus 配置，用户可在弹出对话框中配置超时时间，以及使能控制元件，此例选择默认配置，即超时时间为 500ms，不使用使能控制元件。

4）完成设置之后，单击确定，即生成主站配置，在 COM 端口节点下生成 COM0 Modbus Config 子项，如图 10-12 所示。

5）双击主站配置子项 COM0 Modbus Config，打开如图 10-13 所示的 "COM0 Modbus 配置" 配置界面，单击 "新增"，即可添加配置，此例将从站 D100 的值存放到主站 D200 中。

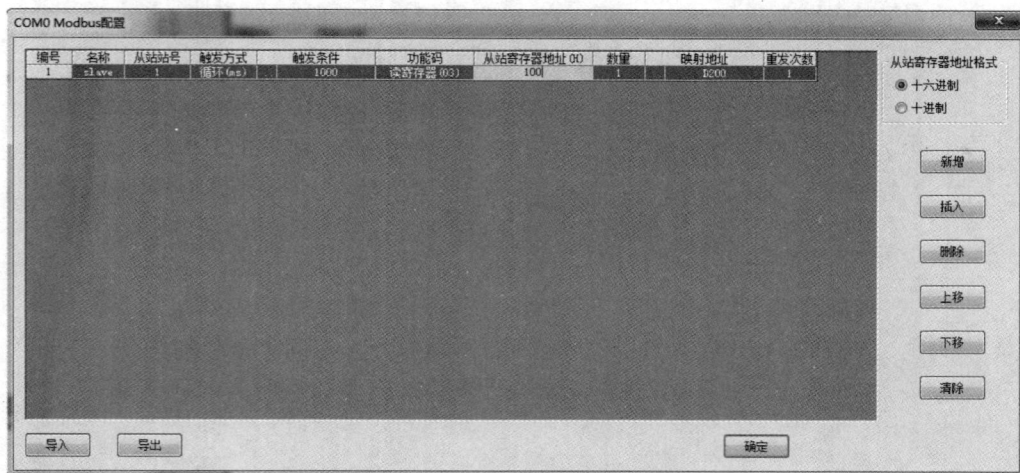

图 10-13 "COM0 Modbus 配置" 界面

6）编辑完成之后单击下载 按钮，将程序下载到主站 PLC 中。

2. 应用效果

通过上述配置之后，可以在主站 PLC 的 D200 中，读取到从站 D100 的值。读取从站数据如图 10-14 所示。

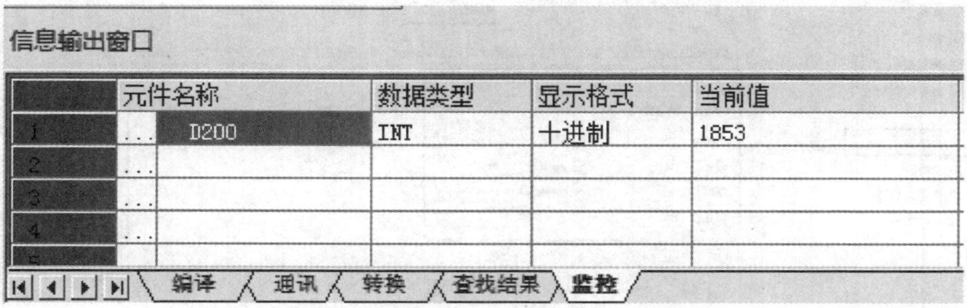

	元件名称	数据类型	显示格式	当前值
1	... D200	INT	十进制	1853
2	...			
3	...			
4	...			
5				

信息输出窗口

编译　通讯　转换　查找结果　监控

图 10-14　读取从站数据

技能训练

一、训练目标

（1）能够正确设置 PLC 的 Modbus 通信协议。

（2）能够正确设置触摸屏的 Modbus 通信协议。

（3）组态触摸屏 Modbus 通信画面工程。

（4）能设计和输入 PLC 的 Modbus 通信程序。

（5）能正确输入和传输 PLC 控制程序。

（6）能够独立完成触摸屏与 PLC 的 Modbus 通信控制线路的安装。

（7）按规定进行通电调试，出现故障时，应能根据设计要求进行检修，并使系统正常工作。

二、训练步骤与内容

1. 组态触摸屏 Modbus 通信画面

（1）新建 Modbus 通信工程。

1）双击桌面的 InoTouchPad 软件图标，打开软件。

2）选择"工程"→"新建"，弹出"创建工程"对话框。

3）在"创建新工程"对话框，根据需要选择使用的触摸屏设备类型，（这里选择 IT7070E），然后输入"工程名称"名为"Modbus 通信"并选择工程的保存位置，单击确定即可创建好新工程。

（2）建立连接。

1）双击项目窗口"通讯"文件夹中的"连接"图标，打开连接编辑器。

2）点击连接表上方的添加连接 + 按钮，可以添加一个新的"连接"见图 8-34。

3）修改连接名称为"Modbus1"，单击通信协议栏右边的下拉列表剪头，选择"莫迪康"下的"Modbus 协议"。

4）修改通信协议中的从站设备地址为"1"，修改 Modbus _ RTU 协议使其与 H5U 的 PLC 的 Modbus 通信协议 9600-8N2 保持一致，Modbus 协议设置如图 10-15 所示。

（3）创建变量。

1）找到工程视图左侧目录树"通讯"节点中的"变量"节点，打开变量的子选项"变量组 _ 2"，双击变量组，打开变量编辑器。

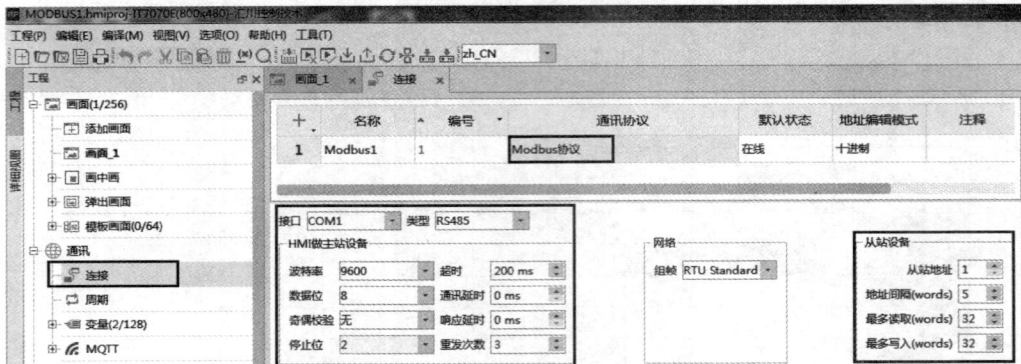

图 10-15　Modbus 协议设置

2）在变量编辑器的工作区，单击新建 **+** 按钮新建一个变量。

3）创建的 Modbus 通信工程变量如图 10-16 所示。

+	名称	编号	连接	数据类型	长度	数组计数	地址	采集周期	采集模式
1	D0	1	Modbus1	Int16	2	1	4x 0	100ms	循环使用
2	M0	2	Modbus1	Bool	1	1	0x 0	100ms	循环使用
3	M1	3	Modbus1	Bool	1	1	0x 1	100ms	循环使用
4	M2	4	Modbus1	Bool	1	1	0x 2	100ms	循环使用
5	Y10	5	Modbus1	Bool	1	1	0x 64520	100ms	循环使用
6	Bit_Tag	6	<内部变量>	Bool	1	1	LW 0.0	1s	循环使用

图 10-16　创建的 Modbus 通信工程变量

（4）组态画面。创建通信工程画面控件，具体操作步骤如下。

1）打开工程进入默认画面（画面 1）。

2）在画面右侧工具栏选择"收藏"→"系统库"→"按钮和指示灯控件"→"位指示 _ 1"，将控件拖放到画面上，对外观基本属性进行设置，设置外观边框颜色为白色、填充颜色为红色、填充样式为实心、边框宽度为 1、边框样式为实线等。

3）单击设置"动画"→"外观变化"，并勾选"启用"项。外观变化属性设置，设置控件采用初始创建的变量 M0，类型设置为"位"，并在表格点击"＋"添加两个位号，位号为 0 的表格栏对应背景色为红色（＃＃ff0000），位号为 1 的表格栏对应的背景色绿色（＃＃00ff00）。

4）复制对象 M0，再粘贴。

5）移动新的椭圆控件至对象 M0 的右边适当位置，修改其外观变化属性，外观变化关联的变量采用初始创建的变量 Y10。

6）在画面右侧工具栏选择"简单控件"→"按钮控件"，将按钮控件拖放或绘制到画面上后，对按钮常规基本属性进行设置，读变量是与按钮关联的变量，这个按钮对应的是 M1，写变量设置按钮动作时，写入的变量，这里设置与读变量相同，写入变量模式设置为按下为 ON，即按钮按下时，M1 为 ON。

7）单击位按钮设置区的属性，属性有状态、外观、布局、样式、其他等可以设置，单击状态，设置按钮状态属性，将 0 状态的文本显示设置为"START"启动。

8）复制按钮对象 M1，粘贴，移动新的按钮控件至对象 M1 的右边适当位置，外观变化关联的变量采用初始创建的变量 M2。

9）在画面右侧工具栏选择"简单控件"→"数值 IO 域"，将控件拖放或绘制到画面上，常规属性设置，类型为"输入/输出"，过程变量选 D0，格式类型为十进制，移动小数点为 0，字符域长度为 16。

10）组态完成的通信工程画面如图 10-17 所示。

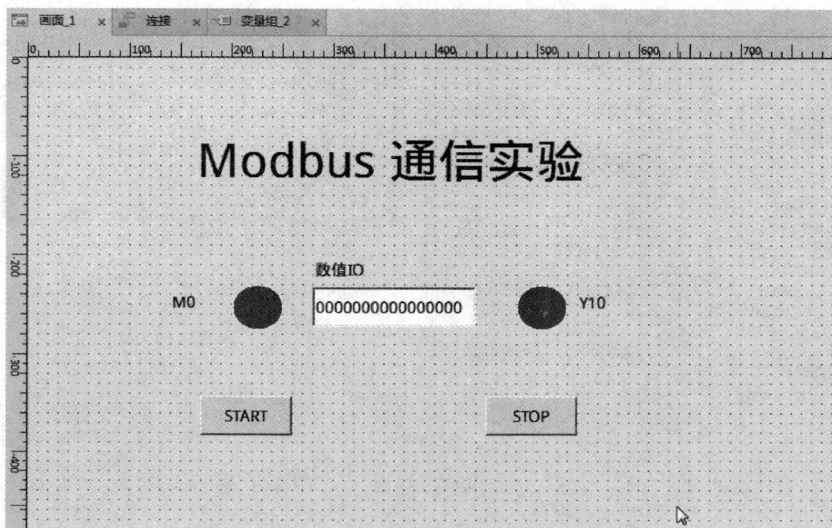

图 10-17　组态完成的通信工程画面

（5）下载工程。

1）创建完工程后，选择"编译"→"编译"，或单击工具栏上的编译▦按钮，完成编译，编译结果在信息输出栏显示，检查工程设计是否有错。

2）然后选择"编译"→"下载工程"，或单击工具栏上的下载↓按钮，或按快捷键 F7 可将工程下载到触摸屏上运行。

2. 设计和输入 PLC 的 Modbus 通信程序

（1）创建 Modbus 通信工程。

1）打开 AutoShop 软件。

2）创建新工程，命名为"Modbus 通信"。

（2）设置 COM 通信协议。

1）双击项目树配置下 COM，打开 COM 通信参数配置对话框。

2）在协议选择项下，单击下拉列表，选择 Modbus _ RTU 从站。

3）Modbus _ RTU 从站协议为 9600-8N2，站号设置为 1，如图 10-18 所示。

（3）输入如图 10-19 所示的 PLC 的 Modbus 通信程序。

1）M1、M2 控制系统启停。

2）M0 控制两个接通延时定时器交替定时。

3）定时器输出 M11 控制输出 Y10。

3. 系统安装与调试

（1）将 PLC 程序下载到 PLC。

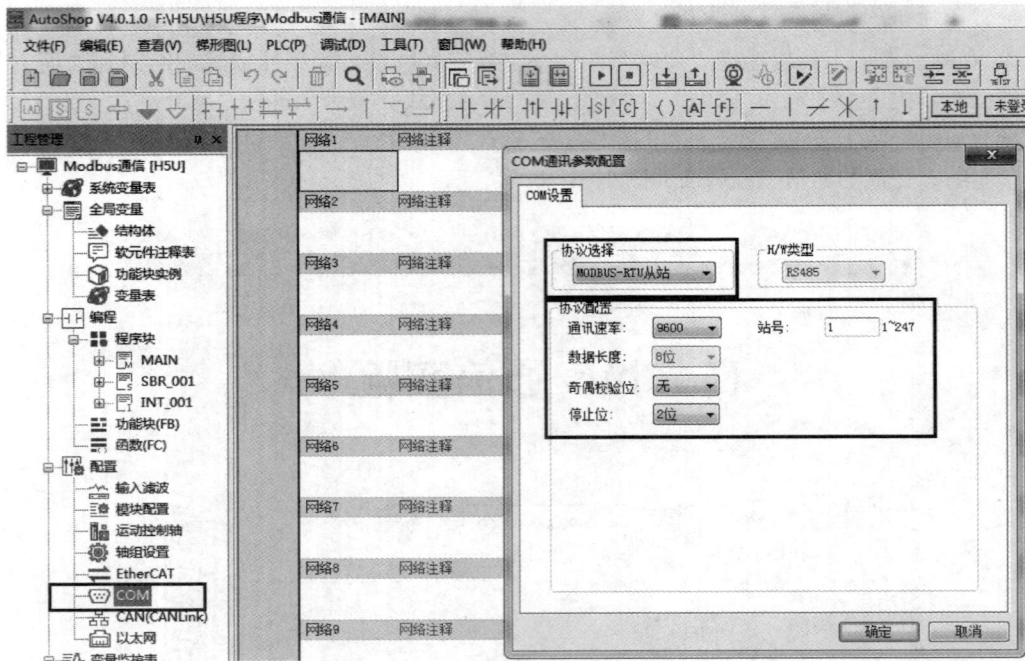

图 10-18　Modbus＿RTU 从站协议设置

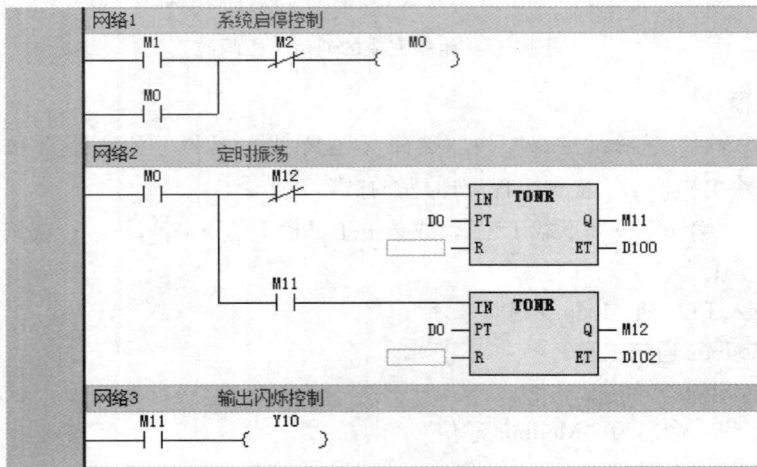

图 10-19　PLC 的 Modbus 通信程序

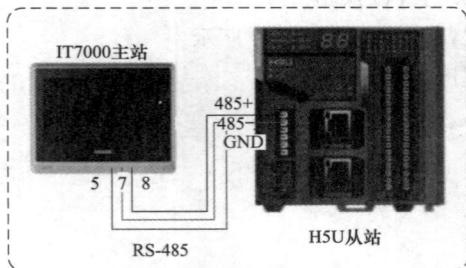

图 10-20　PLC 与触摸屏接线图

（2）按图 10-20 所示的 PLC 与触摸屏接线图接线。

（3）使 PLC 处于运行状态，电脑监控 PLC 的运行。

（4）按下触摸屏的起动按钮 M1，观察触摸屏指示灯 M0 的变化，观察触摸屏数值输入 IO 窗口数据变化，观察 PLC 的输出点 Y10 的闪烁状态变化，观察定时器的参数变化，PLC 初始运行监控画面如图 10-21 所示。

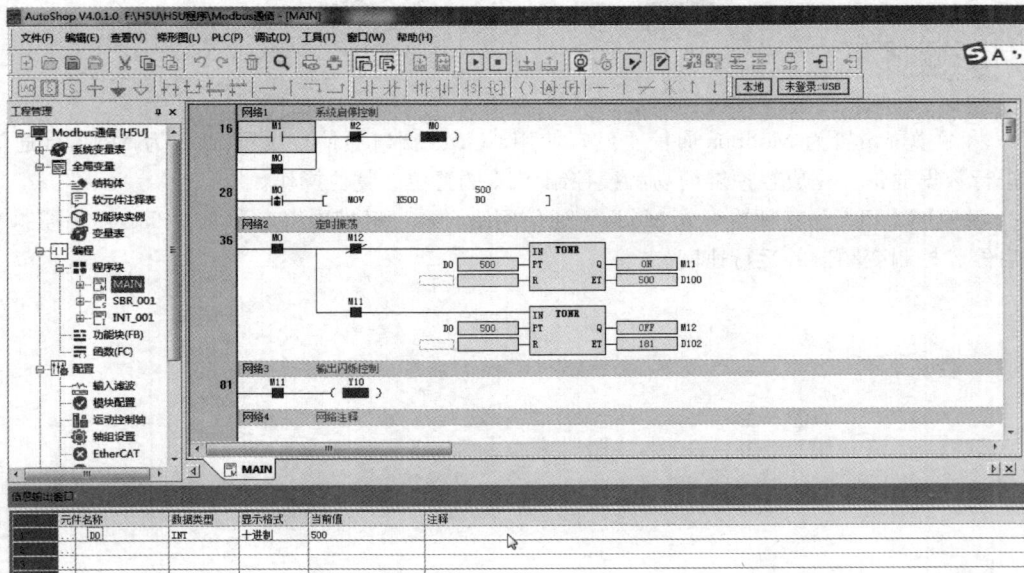

图 10-21　PLC 初始运行监控画面

（5）单击触摸屏数值输入框，在弹出的输入软键盘和窗口中，按键输入 1000，按软键盘的 Enter 输入确认键，观察触摸屏数值输入窗口数据变化，观察指示灯 Y10 闪烁变化。定时参数变化后监控画面如图 10-22 所示。

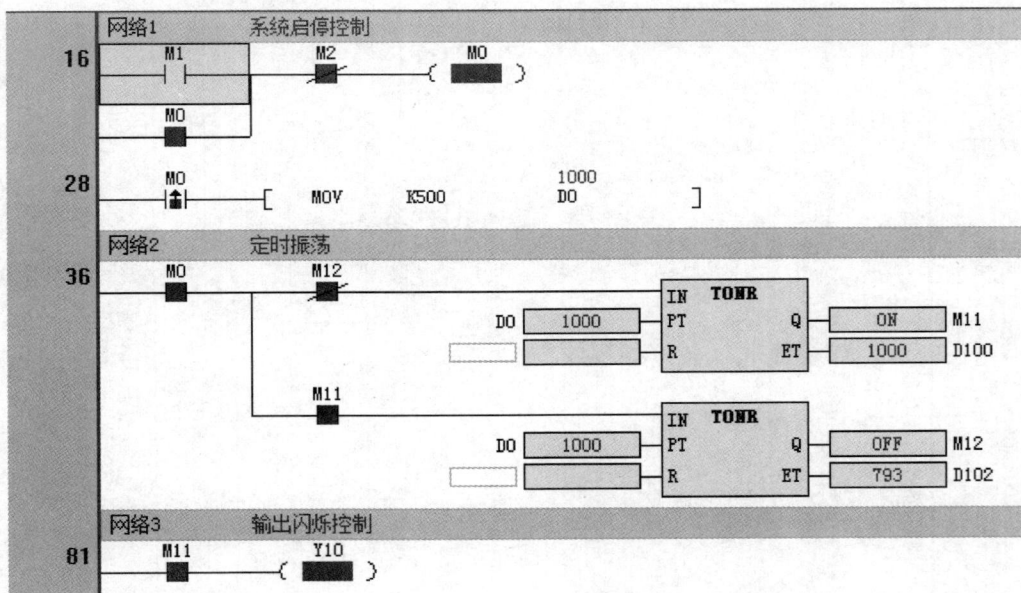

图 10-22　定时参数变化后监控画面

（6）按下触摸屏的停止按钮 M2，观察触摸屏指示灯 M0 的变化，观察触摸屏数值输入 IO 窗口数据变化，观察 PLC 的输出点 Y10 的闪烁状态变化，观察定时器的参数变化。

项目十

习题 10

1. 将触摸屏设置为 Modbus 通信主站，使用 COM3 端口通信，设置 PLC 为 Modbus 通信从站，进行数据通信，完成触摸屏简易触摸控制 Y10 的置位、复位操作。

2. 触摸屏、PLC、变频器组成 Modbus 通信网络，通过触摸屏组态画面、PLC 程序控制变频器的启停、控制变频器的运行速度。

项目十

项目十一　PLC 以太网通信

学习目标

(1) 能够正确设置 PLC 的以太网 Modbus TCP 通信协议。

(2) 能够正确设置触摸屏的以太网 Modbus TCP 通信协议。

(3) 学会组态触摸屏以太网 Modbus TCP 通信画面工程。

(4) 学会设计 PLC 的以太网 Modbus TCP 通信程序。

(5) 学会调试以太网 Modbus TCP 通信系统。

任务 18　PLC 以太网通信

基础知识

一、PLC 以太网通信基础

H5U 集成一路以太网接口。使用 AutoShop 可以通过以太网方便、快捷对 H5U 进行行监控、下载、上载以及调试等操作。同时也可以通过以太网与网络中的其他设备进行数据交互。

H5U 集成了 Modbus-TCP 协议，包括服务器与客户端。可轻松实现与支持 Modbus-TCP 的设备进行通信与数据交互。对于不支持 Modbus-TCP 的设备，H5U 提供了套接字（socket）指令，通过套接字指令可方便实现任意基于 TCP/UDP 的应用协议。

1. 硬件接口

H5U 支持标准以太网接口（1 路 RJ-45 接口），支持 Modbus TCP 以太网通信协议。

以太网接口规格见表 11-1。

表 11-1　以太网接口规格

项目	以太网接口
传输速度	10Mbps：10BASE-T 100Mbps：100BASE-TX 10Mbps/100Mbps 自适应
调制	基带
拓扑	星形
传送介质	5 类以上双绞线或者带铝箔和编织网的屏蔽双绞线
传送距离	节点间的距离：100m 或以下
连接数	31

2. IP 地址设置

（1）恢复默认 IP 地址。H5U 出厂默认 IP 地址为 192.168.1.88，可以通过面板的 MFK 键恢复默认 IP 地址，操作如下。

1）首先将 H5U 切换到停止状态，然后长按 MFK 键不放，当数码管显示"IP"后短按（按下时间小于 2s）MFK 键。

2）这时数码管开始倒计时，倒计时到 0 后 IP 地址恢复到默认值。在倒计时期间可再短按 MFK 键来取消操作。

（2）使用以太网设置 IP 地址。有关如何使用以太网设置 IP 地址的详细信息，请参见"任务 3 应用 AutoShop 编程软件"中以太网连接的相关介绍。

3. 主站配置

（1）Modbus-TCP 主站。Modbus-TCP 主站即 Modbus-TCP 客户端，通过 Modbus-TCP 配置，可最多支持同时与 31 个 Modbus-TCP 服务器（从站）进行通信。右击目录树配置选项下的以太网选项，在右键菜单中选择"添加以太网配置"，如图 11-1 所示，打开"Modbus TCP 配置"对话框，如图 11-2 所示。其中超时时间指主站等待从站应答超时时间，单位为 ms；使能控制用于控制连接使能/禁用，支持使用自定义变量，不设置使能控制，则主站默认为固定使能。

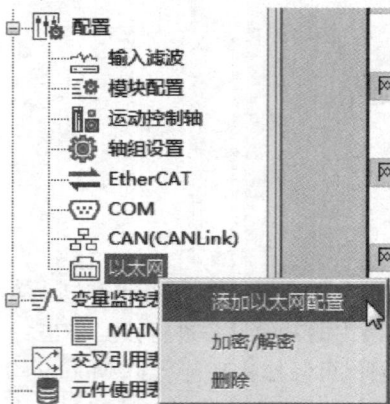

图 11-1　在右键菜单中选择"添加以太网配置"

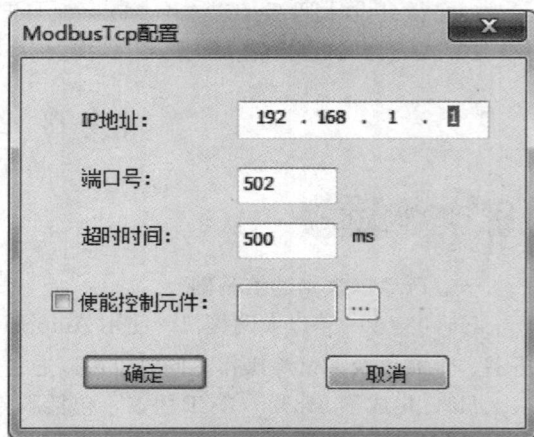

图 11-2　"ModbusTCP 配置"对话框

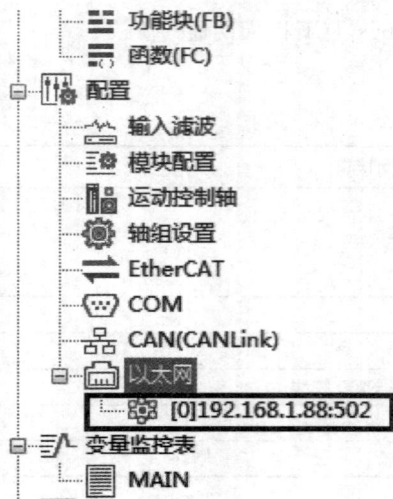

图 11-3　打开详细配置

1）设置 H5U 的 IP 地址，将 IP 地址修改为 192.168.1.88。

2）单击确认按钮，出现连接站点。

3）添加 Modbus-TCP 连接。

4）打开详细配置。双击以太网下的站点，如图 11-3 所示，打开详细配置窗口。

（2）Modbus 主站配置表。ModbusTCP 配置表如图 11-4 所示。

1）名称：用于标注该条件配置的名称。

2）从站站号：专门用于通过以太网 TCP/IP 网络和 Modbus 串行链路之间的网关对 Modbus 或 Modbus＋串行链路从站的通信。Modbus 客户机在请求中设置这个域，在响应中服务器必须利用相同的值返回这个域。

3）触发方式与触发条件：通信方式支持"循环"和"触发"两种方式。

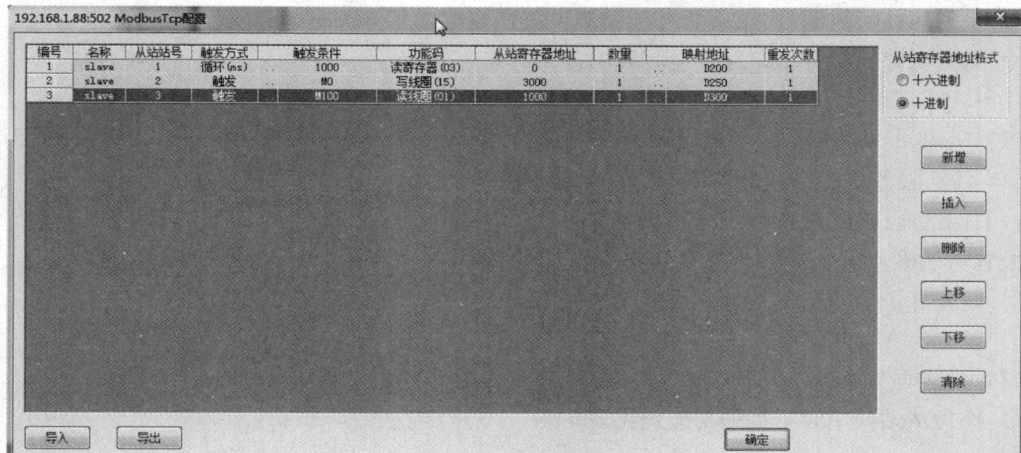

图 11-4　ModbusTCP 配置表

a. 使用"循环"时，"触发条件"用于设置循环周期时间，单位为 ms。配置按指定的周期执行。

注意当设置的循环周期时间小于通信需要的时间时，配置将按通信需要的时间执行。如设置的循环周期为 10ms，而实际从站应答需要 20ms，则实际执行的周期时间为 20ms。

b. 使用"触发"时，"触发条件"用于设置触发条件变量或元件。在该方式下，通过置位触发条件触发一次通信，当通信完成（从站正常应答、无错误）后，触发条件将自动复位，否则触发条件保持不变。如果使用同一个触发变量或元件触发多条配置，触发条件置位后，所触发的配置全部执行完成后，才会自动复位，已经触发的配置不会重复执行。

4）功能码及定义见表 11-2。

表 11-2　　　　　　　　　　　　　　功 能 码 及 定 义

功能码	定义
0x01（01）	读线圈
0x02（02）	读离散量
0x03（03）	读寄存器
0x04（04）	读输入寄存器
0x0F（15）	写多线圈
0x10（16）	写多寄存器

5）从站寄存器地址：需要访问的从站寄存器地址。通过选择从站寄存器地址格式可以修改显示格式，有十六进制和十进制两种格式选择。

6）数量：访问线圈/离散量/寄存器的数量。功能码对应的数量见表 11-3。

表 11-3　　　　　　　　　　　　　功 能 码 对 应 的 数 量

功能码	名称	最大数量
0x01（01）	读线圈	2000
0x02（02）	读离散量	2000
0x03（03）	读寄存器	125
0x04（04）	读输入寄存器	125
0x0F（15）	写多线圈	1968
0x10（16）	写多寄存器	123

7）映射地址：线圈/离散量状态、主站中缓存地址。支持使用自定义变量。

8）重试次数：等待从站应答超时后的重试次数。

4．从站配置参考信息

（1）Modbus TCP 从站。Modbus TCP 从站，即 Modbus TCP 服务器，H5U 默认固定开启 Modbus TCP 服务，端口号为 502。H5U 最多支持 16 个 Modbus TCP 客户端同时连接。

1）右击目录树配置选项下的以太网选项，在菜单中选择"添加以太网配置"，打开 Modbus TCP 配置对话框。

2）设置好 H5U 的 IP 地址（设置与主站不同的 IP 地址）。

3）设置与 Modbus TCP 主站客户机连接该 IP 的 502 端口。

（2）功能码与地址。

1）作为从站使用时支持的功能码见表 11-4。

表 11-4　　　　　　　　　　　　作为从站使用时支持的功能码

功能码	定义
0x01	读线圈
0x02	读离散量（同 0x01）
0x03	读寄存器
0x04	读输入寄存器（同 0x03）
0x05	写单线圈
0x06	写单寄存器
0x0F	写多线圈
0x10	写多寄存器
0x80～0xFF	标准 Modbus 错误功能码

2）作为从站使用时可以被 Modbus 访问的线圈地址见表 11-5。

表 11-5　　　　　　　　作为从站使用时可以被 Modbus 访问的线圈地址

变量名称	数量	地址范围定义
M0-M7999	8000	0x0000～0x1F3F　（0～7999）
B0-B32767	32768	0x3000～0xAFFF　（12288～45055）
S0-S4095	4096	0xE000～0xEFFF　（57344～61439）
X0-X1777（8 进制）	1024	0xF800～0xFBFF　（63488～64511）
Y0-Y1777（8 进制）	1024	0xFC00～0xFFFF　（64512～65535）

3）作为从站使用时可以被 Modbus 访问的寄存器地址见表 11-6。

表 11-6　　　　　　　　作为从站使用时可以被 Modbus 访问的寄存器地址

变量名称	数量	起始地址
D0-D7999	8000	0x0000～0x1F3F　（0～7999）
R0-R32767	32768	0x3000～0xAFFF　（12288～45055）

注　不支持 W 元件，不支持 Pointer 变量。

5．Modbus TCP 通信应用示例

（1）程序要求。本例程使用两台 H5U 设备进行以太网连接，并通过 ModbusTCP 协议进行通信，主站 PLC 配置为每 10ms 读取从站 PLC D100 寄存器里面的数值，并让从站 D100 里面的值每 1s 加 1。

（2）从站配置。

1）单击测试通信状态 按钮，打开"通信设置"对话框，并单击"修改 IP/设备名"。

2）在弹出的"修改 IP/设备名"对话框设置从站的 IP 地址、子网掩码以及网关等，如图 11-5 所示，设置完成之后单击"修改 IP"执行修改。本例设置 IP 地址为 192.168.1.100，子网掩码为 255.255.255.0，默认网关为 192.168.1.1。

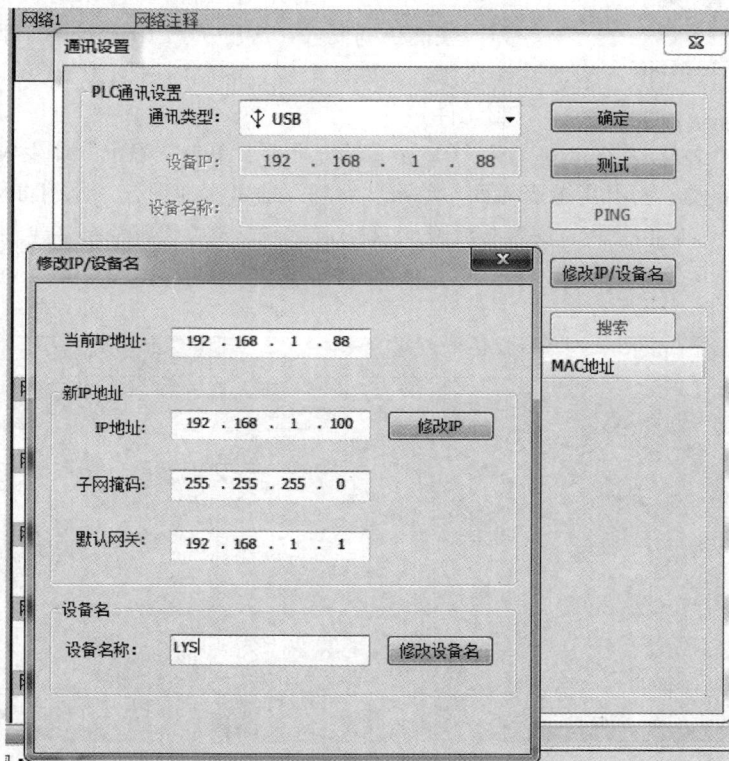

图 11-5　设置从站的 IP 地址、子网掩码以及网关等

3）操作执行正确则会弹出提示"修改 IP 成功"，单击"确定"即可关闭对话框。

（3）编辑、下载从站程序。

1）让从站 D100 的值，每 1s 加 1，从站程序如图 11-6 所示。

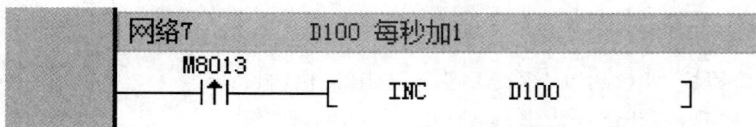

图 11-6　从站程序

2）编辑完成之后点击下载 按钮，将程序下载到 PLC 中。

（4）主站配置。

1）单击测试通信状态 按钮，打开"通信设置"对话框，并单击"修改 IP/设备名"。

2）在弹出的"修改 IP/设备名"对话框设置主站的 IP 地址，子网掩码以及网关等，这里设

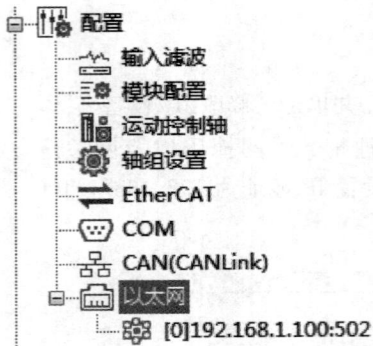

图 11-7 以太网图标

置 IP 地址为 192.168.1.99，子网掩码为 255.255.255.0，默认网关为 192.168.1.1。

3）操作执行正确则会弹出提示"修改 IP 成功"，单击"确定"即可关闭对话框。

4）在以太网图标上右击，如图 11-7 所示，在弹出的快捷菜单中选择"添加以太网配置"。

5）用户可在弹出对话框中配置从站 IP 地址，超时时间，以及使能控制元件，这里从站 IP 地址为 192.168.1.100，其余配置使用默认配置，即超时时间为 500ms，不使用使能控制元件。

6）完成设置之后，单击"确定"即生成主站配置。

7）双击主站配置，打开配置表界面，单击"新增"即可添加配置，此例将从站 D100 的值存放到主站 D200 中。Modbus TCP 配置表如图 11-8 所示。编辑完成之后单击下载 按钮，将程序下载到 PLC 中。

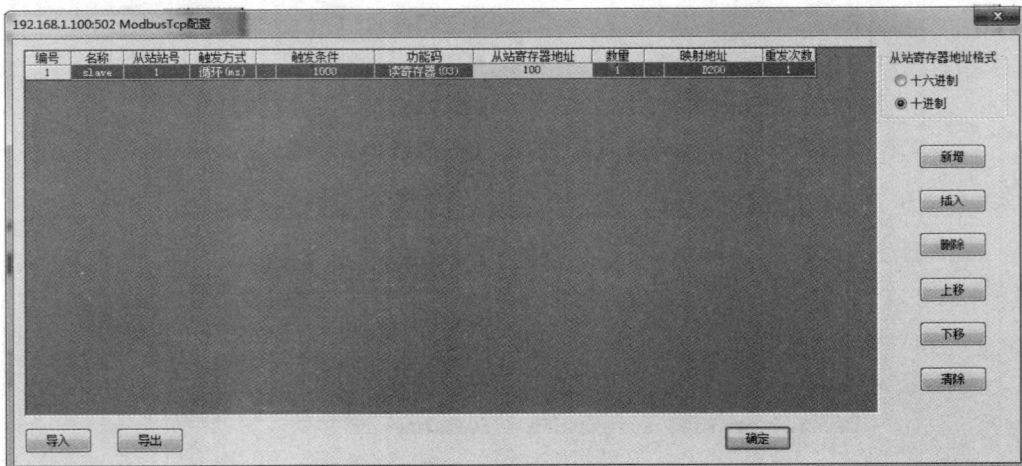

图 11-8 Modbus TCP 配置表

技能训练

一、训练目标

（1）能够正确设置 PLC 的以太网 Modbus TCP 通信协议。

（2）能够正确设置触摸屏的以太网 Modbus TCP 通信协议。

（3）组态触摸屏以太网 Modbus TCP 通信画面工程。

（4）能设计和输入 PLC 的 Modbus TCP 通信程序。

（5）能正确输入和传输 PLC 控制程序。

（6）能够独立完成触摸屏与 PLC 的以太网 Modbus TCP 通信控制线路的安装。

（7）按规定进行通电调试，出现故障时，应能根据设计要求进行检修，并使系统正常工作。

二、训练步骤与内容

1. Modbus TCP 通信

(1) 创建 Modbus TCP 组态画面工程。

1) 双击桌面的 InoTouchPad 软件图标，打开软件。

2) 选择"工程"→"新建"，在弹出的"创建新工程"对话框中根据需要选择使用的触摸屏设备类型，（这里选择 IT7070E），然后输入"工程名称"名为"Modbus TCP 通信"并选择工程的保存位置，单击"确定"即可创建好新工程。

(2) 建立连接。

1) 双击项目窗口"通讯"文件夹中的"连接"图标，打开连接编辑器。

2) 单击连接表上方的添加连接 + 按钮，可以添加一个新的"连接"。

3) 修改连接名称为"Modbus_TCP"，单击通信协议栏右边的下拉列表剪头，选择"莫迪康"下的"Modbus TCP 协议"，如图 11-9 所示。

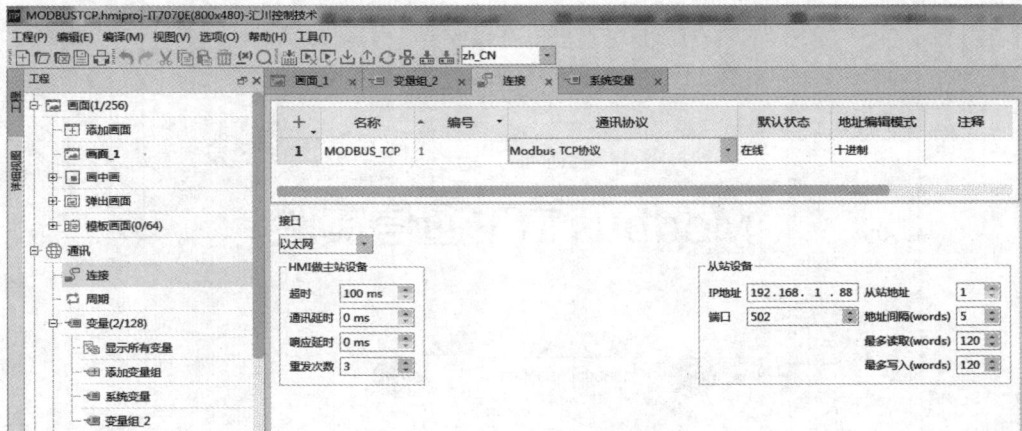

图 11-9 Modbus TCP 协议

4) 修改通信协议中的从站设备 IP 地址为 192.168.1.88，与 H5U 的 PLC 的 IP 地址一致。

(3) 创建变量。

1) 找到工程视图左侧目录树"通讯"节点中的"变量"节点，打开变量的子选项"变量组_2"，双击变量组，打开变量编辑器。

2) 在变量编辑器的工作区，单击新建 + 按钮新建一个变量。

3) 新建的 Modbus_TCP 通信变量如图 11-10 所示。

(4) 组态画面。

1) 打开工程进入默认画面（画面 1）。

2) Modbus_TCP 通信组态画面如图 11-11 所示。

(5) 下载工程。

1) 创建完工程后，选择"编译"→"编译"，或单击工具栏上的编译 按钮，完成编译，编译结果在信息输出栏显示，检查工程设计是否有错。

2) 然后选择"编译"→"下载工程"，将工程下载到触摸屏上运行。

(6) 设计和输入 PLC 的 Modbus TCP 协议通信程序。

1) 创建 PLC 新工程，命名为 Modbus TCP 协议通信。

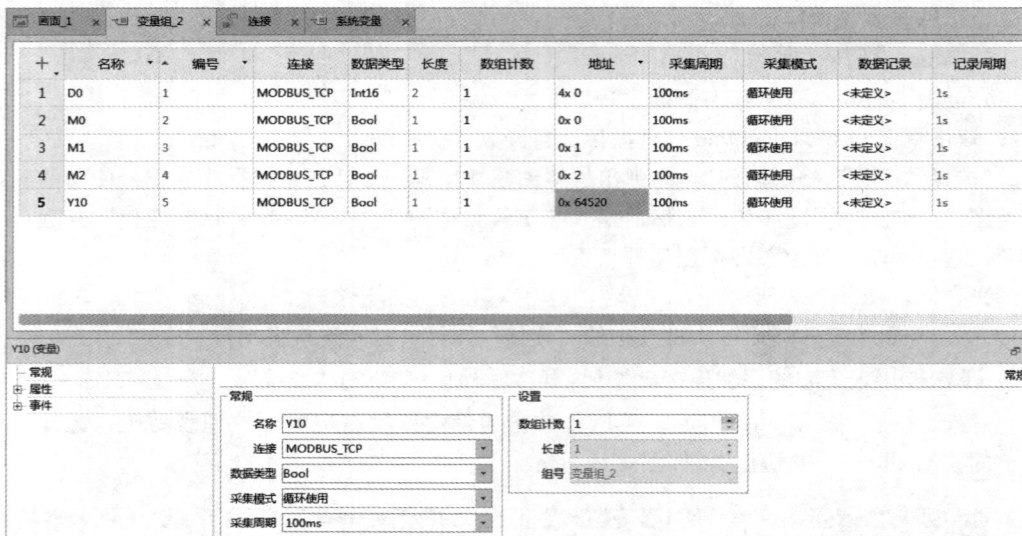

	名称	编号	连接	数据类型	长度	数组计数	地址	采集周期	采集模式	数据记录	记录周期
1	D0	1	MODBUS_TCP	Int16	2	1	4x 0	100ms	循环使用	<未定义>	1s
2	M0	2	MODBUS_TCP	Bool	1	1	0x 0	100ms	循环使用	<未定义>	1s
3	M1	3	MODBUS_TCP	Bool	1	1	0x 1	100ms	循环使用	<未定义>	1s
4	M2	4	MODBUS_TCP	Bool	1	1	0x 2	100ms	循环使用	<未定义>	1s
5	Y10	5	MODBUS_TCP	Bool	1	1	0x 64520	100ms	循环使用	<未定义>	1s

图 11-10　新建的 Modbus _ TCP 通信变量

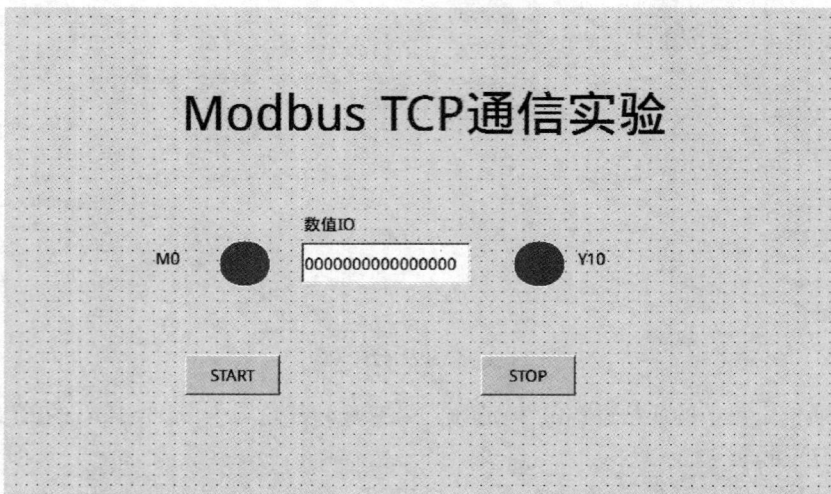

图 11-11　Modbus _ TCP 通信组态画面

2）输入图 11-12 所示的 Modbus TCP 协议通信程序。

3）将程序下载到 PLC。

（7）调试运行。

1）通过以太网电缆连接触摸屏与 PLC。

2）使触摸屏与 PLC 处于运行状态。

3）按下触摸屏的起动按钮 M1，观察触摸屏指示灯 M0 的变化，观察触摸屏数值输入 IO 窗口数据变化，观察 PLC 的输出点 Y10 的闪烁状态变化，观察定时器的参数变化。

4）单击触摸屏数值输入框，在弹出的输入软键盘和窗口中，按键输入 500，按软键盘的 Enter 输入确认键，观察触摸屏数值输入窗口数据变化，观察指示灯 Y10 闪烁变化。

5）按下触摸屏的停止按钮 M2，观察触摸屏指示灯 M0 的变化，观察触摸屏数值输入 IO 窗口数据变化，观察 PLC 的输出点 Y10 的闪烁状态变化，观察定时器的参数变化。

项目十一

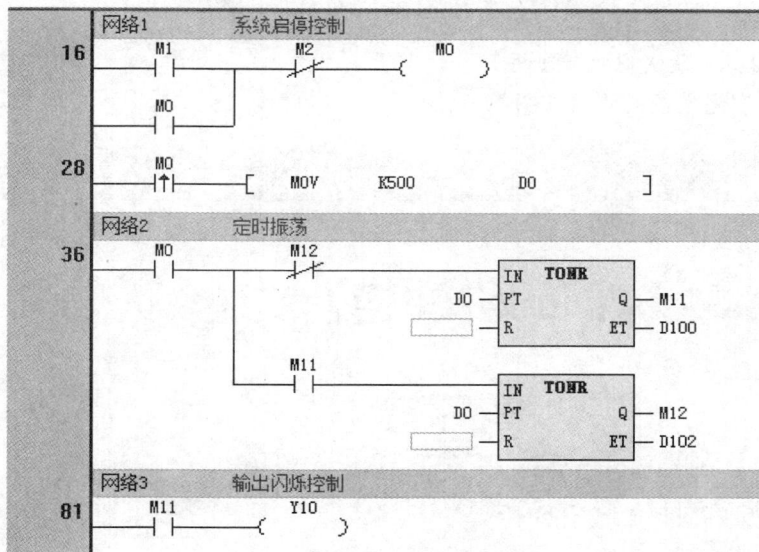

图 11-12　Modbus TCP 协议通信程序

2. 汇川 H5U 的 Qlink TCP 通信

（1）创建 Qlink TCP 组态画面工程。

1）双击桌面的 InoTouchPad 软件图标，打开软件。

2）选择"工程"→"新建"，在弹出的"创建新工程"对话框选择使用的触摸屏设备类型 IT7070E，然后输入"工程名称"名为"Qlink TCP 通信"并选择工程的保存位置，单击"确定"即可创建好新工程。

（2）建立连接。

1）双击项目窗口"通讯"文件夹中的"连接"图标，打开连接编辑器。

2）单击连接表上方的添加连接 + 按钮，可以添加一个新的"连接"。

3）修改连接名称为"Qlinktcp"，单击通信协议栏右边的下拉列表剪头，选择汇川技术下的"H5U Qlink TCP 协议"。

4）修改以太网 IP 地址为 192.168.1.88，与 H5U 的 PLC 的 IP 地址一致。

（3）创建变量表。

1）找到工程视图左侧目录树"通讯"节点中的"变量"节点，打开变量的子选项"变量组 _ 2"，双击变量组，打开变量编辑器。

2）在变量表编辑器，按表 11-7 编辑 Qlink _ TCP 通信用变量表。

表 11-7　　　　　　　　　　　　Qlink _ TCP 通信用变量表

名称	连接	数据类型	长度	数组计数	地址	采集周期
D0	Qlinktcp	Int16	2	1	D0	100ms
M0	Qlinktcp	Bool	1	1	M0	100ms
M1	Qlinktcp	Bool	1	1	M1	100ms
M2	Qlinktcp	Bool	1	1	M2	100ms
Y10	Qlinktcp	Bool	1	1	Y10	100ms

（4）组态画面。

1）打开工程进入默认画面（画面1）。

2）Qlink TCP 通信组态画面如图 11-13 所示。

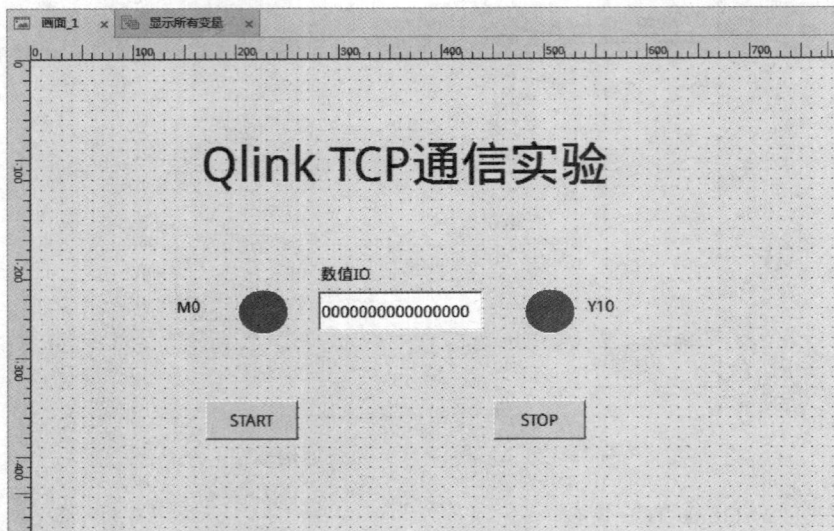

图 11-13　Qlink TCP 通信组态画面

（5）下载工程。选择"编译"→"下载工程"，将工程下载到触摸屏上运行。

（6）设计和输入 PLC 的 Qlinktcp 协议通信程序。

1）创建 PLC 新工程，命名为 Qlinktcp 协议通信。

2）输入图 11-12 所示的 PLC 程序。

3）将程序下载到 PLC。

（7）调试运行。

1）通过以太网电缆连接触摸屏与 PLC。

2）使触摸屏与 PLC 处于运行状态。

3）按下触摸屏的起动按钮 M1，观察触摸屏指示灯 M0 的变化，观察触摸屏数值输入 IO 窗口数据变化，观察 PLC 的输出点 Y10 的闪烁状态变化，观察定时器的参数变化。

4）单击触摸屏数值输入框，在弹出的输入软键盘和窗口中，按键输入 1000，按软键盘的 ENTER 输入确认键，观察触摸屏数值输入窗口数据变化，观察指示灯 Y10 闪烁变化。

5）按下触摸屏的停止按钮 M2，观察触摸屏指示灯 M0 的变化，观察触摸屏数值输入 IO 窗口数据变化，观察 PLC 的输出点 Y10 的闪烁状态变化，观察定时器的参数变化。

习题 11

1. 汇川 PLC 的 Modbus TCP 协议控制与 Qlink TCP 协议的区别有哪些？

2. 使用触摸屏，采用 Qlink TCP 协议与 PLC 通信，完成 8 只彩灯的左移、右移循环控制。

项目十二　CAN 总线通信

（1）能够正确设置 PLC 的 CAN 总线通信协议。
（2）能够正确设置 CAN 总线通信主站。
（3）能够正确设置 CAN 总线通信从站。
（4）学会设计 PLC 的 CAN 总线通信程序。
（5）学会调试 CAN 总线通信系统。

任务 19　PLC 的 CAN 总线通信

基础知识

一、CAN 总线通信基础

H5U 集成一路 CAN 通信接口，支持 CANlink 通信协议与 CANopen 通信协议，最多可扩展 63 个 CAN 总线通信从站。

1. 硬件接口

PLC 的 CAN 通信端口与 RS-485 集成在一个 6PIN 端口中，CAN 总线通信端口如图 12-1 所示。

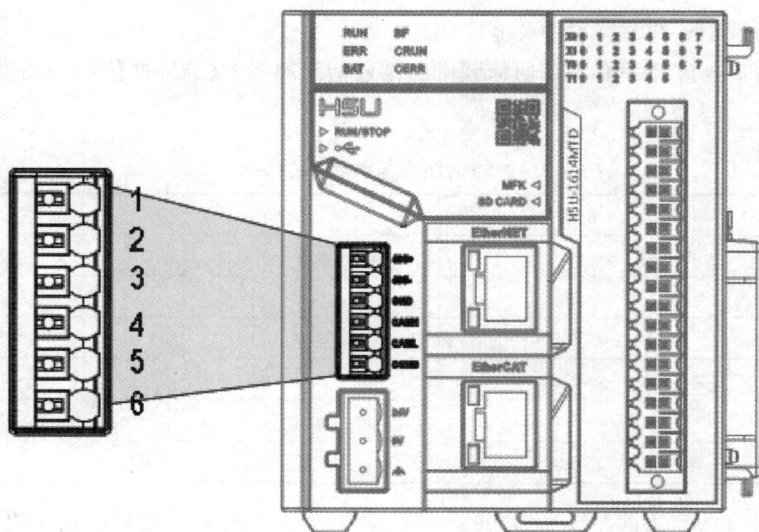

图 12-1　CAN 总线通信端口

串口通信端口引脚定义见表 12-1。

表 12-1 串口通信端口引脚定义

引脚	信号定义	说明
1	485+	COM0 的 RS-485 差分对正信号
2	485-	COM0 的 RS-485 差分对负信号
3	GND	COM0 的电源地
4	CANH	CAN 通信接收数据端
5	CANL	CAN 通信发送数据端
6	CGND	CAN 通信接地端

2. CAN 通信网络

（1）CAN 通信组网。组成 CAN 总线通信网络时，所有设备的 3 根线均要一一对应连在一起。所有设备的 CGND 需连接在一起。总线的两端均要加 120Ω 的终端电阻（H5U 内置电阻，可通过拨码选择是否接入）。CAN 总线通信接线图如图 12-2 所示。

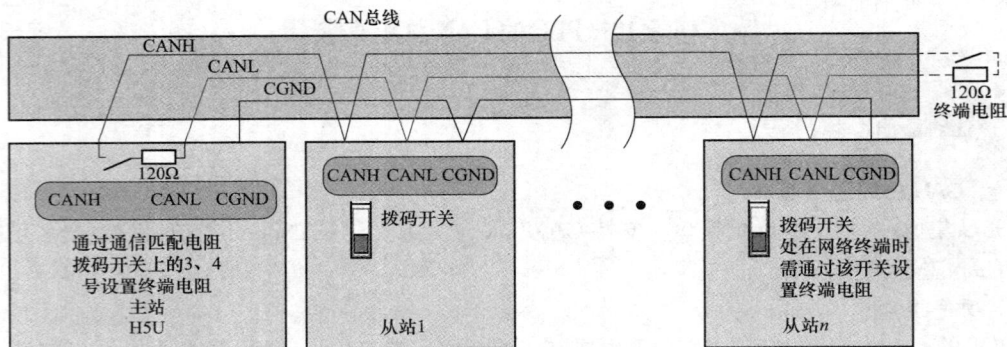

图 12-2　CAN 总线通信接线图

（2）CAN 通信距离与波特率的关系。

CAN 通信距离与波特率有关，通信频率高则通信距离短，CAN 通信距离与波特率的关系见表 12-2。

表 12-2 CAN 通信距离与波特率的关系

波特率/（kbit/s）	距离/m	最小线径/mm²	最大接入点数
1000	20	0.3	18
500	80	0.3	32
250	150	0.3	63
125	300	0.5	63
100	500	0.5	63
50	1000	0.7	63

（3）CAN 接口系统变量。H5U 提供了一个名为 _CAN 的系统变量，用于查看或监控 CAN 接口状态。_CAN 是一个数据类型为 _sCAN 的结构体变量，结构体变量成员定义见表 12-3。

表 12-3 结构体变量成员定义

成员	数据类型	说明
BaudRate	INT	波特率，单位为 kbit/s
LoadRate	INT	网络负载率，单位为%
RxPexSec	INT	每秒接收的报文数量，单位为 FPS
TxPexSec	INT	每秒发送的报文数量，单位为 FPS
RxErrCnt	INT	CAN 控制器接收错误计数器
TxErrCnt	INT	CAN 控制器发送错误计数器
Protocol	INT	通信协议，0 表示 CANlink，1 表示 CANopen

3. CANlink 通信说明

(1) CANlink3.0 通信原理。先理解 CANlink3.0 网络配置的原理，有助于正确填写"CAN 网络配置"表。

1) CANlink3.0 的通信应用编程时，不是以往的 CAN 通信指令方式，而是以"CAN 网络配置"方式，将需要进行的通信交互内容事先配置好，在下载用户程序时，同时将"CAN 网络配置"下载到 PLC 中。

2) CANlink3.0 网络中，必需只有 1 个通信主站，及 1 个或多个通信从站。

3) CANlink3.0 网络中的主站从站设备，均采用主动发送"通信写"数据的方式，而非询问应答方式。比如：

a. 主站要将数据发送给从站，实现方法是主站依据 CANlink 通信配置，在满足触发条件时，将指定寄存器的数据"写入"到指定从站的寄存器中。

b. 主站需要向从站读取的数据，是从站依据 CANlink 通信配置，自动向主机发送数据，将数据通信"写入"到主站的接收单元中的方式实现。

c. 从站之间要交互的信息，是通过从站依据 CANlink 通信配置，自动向指定从站发送数据，将数据通信"写入"到指定从站的接收单元中的方式实现。

d. 站点要向多个站点发送的信息，是依据 CANlink 通信配置，自动向自己发送"写操作"数据（等效于广播），而其他站点将这些数据有选择性地接收，自动保持到预设的接收单元中的方式实现。

e. 为了提高网络通信中数据交互的效率，主站、从站都可以将"听到"的其他站号发出的广播数据保存下来，主站、从站中需要设置"接收配置"，将所需接收从站的站号地址事先设置好，对来自站号设置以外站点的广播数据，不予理睬。

4) 因 CANlink3.0 从站不需配置，而是通过主站 PLC 向从站转达 CANlink 配置，故在主站的 CANlink3.0 通信配置项中，有对主站的配置、有分别对各从站的配置，这些对从站的配置项，是由 CANlink 主站通过配置帧进行转发的。在主站每次开始运行时，都会向 CANlink 从站发送一次配置帧，将各从站的"通信任务清单"布置下去，一旦运行起来，各从站按照该任务清单，主动对外发送各项数据。对于需要多个从机同时动作响应的通信应用，如由伺服驱动的多轴同步控制、位置控制的高速运动应用，需要主站配置中采用"同步写"的配置选项中填写。实际运行时，主站先分别对各从站写入数据后，再发送同时生效的广播命令帧，使得各从站同时操作。

5) CANlink3.0 配置项中内容包括：待发送数据的寄存器地址、目标接收从站地址、数据个数、接收寄存器地址、通信发送的时间间隔、触发条件等，这些都是一般的通信指令中必需的内容。与一般的通信不同的是，这些"通信写"操作默认为不需要操作是否成功的应答的。

(2) CANlink 的配置。系统通过以下步骤完成 CANlink 网络的配置。

1）通过 AutoShop 完成 CANlink 网络组态，定义需要交换的数据。

2）把配置信息下载到 H5U 系列 PLC 中。当通信协议选择为"CANlink"时，系统会自动根据是否有 CANlink 配置，决定本机是作为 CANlink 主站还是 CANlink 从站，建立工程后，在"工程管理"的"配置"中双击"CAN"，弹出"CAN 配置"对话框，如图 12-3 所示。

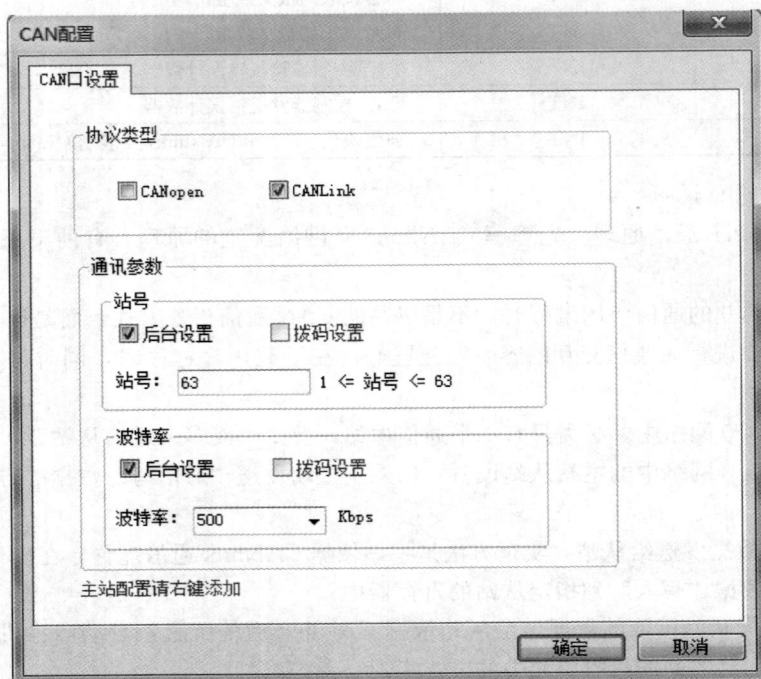

图 12-3　"CAN 配置"对话框

选择勾选 CANlink，并根据需求设置好站号和波特率后单击"确定"按钮。此时，CAN 被配置为 CANlink 从站，通过在"工程管理"的"配置"中右击"CAN"，在弹出菜单中选择"添加 CAN 配置"将其配置为 CANlink 主站，如图 12-4 所示。

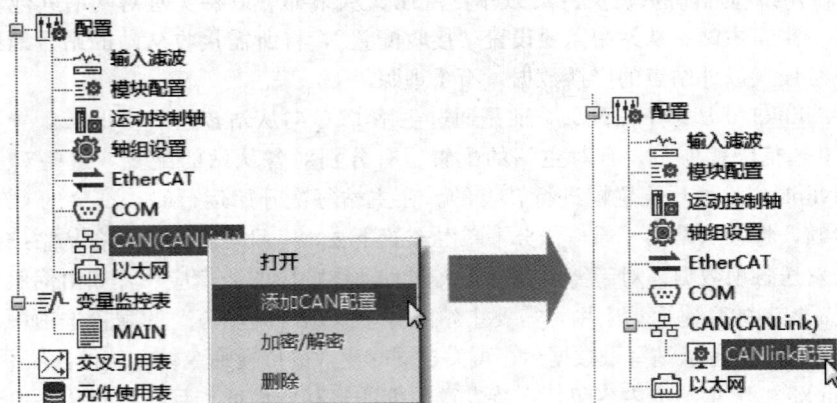

图 12-4　配置为 CANlink 主站

双击"CANlink 配置"，将弹出"CANlink 3.0 配置向导"对话框，如图 12-5 所示。

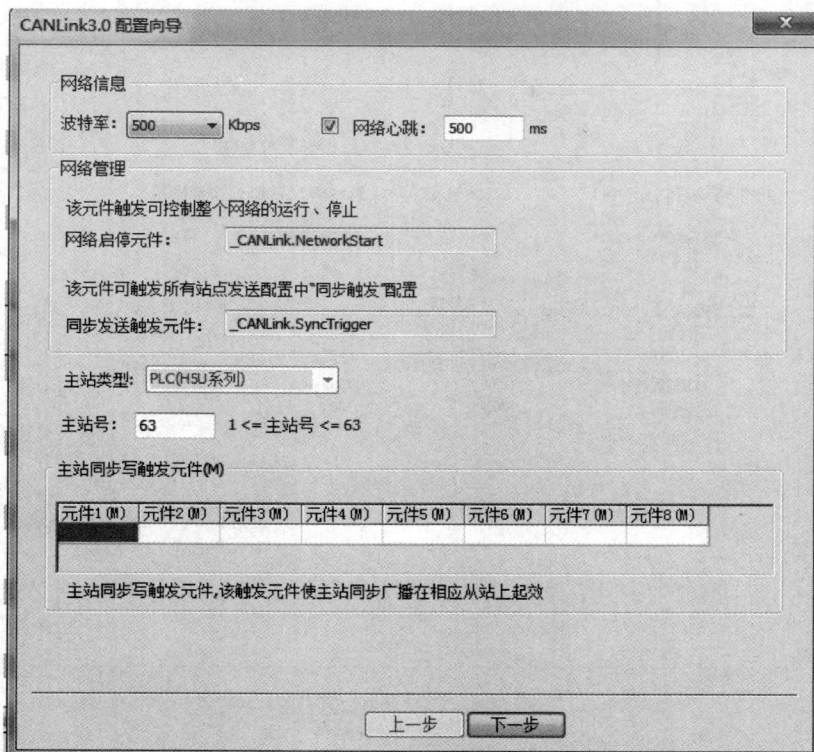

图 12-5　"CANlink 3.0 配置向导"对话框

（3）CANlink 配置内容。

1）波特率（必选）。波特率有 20、50、100、125、250、500、800kbit/s 和 1Mbit/s 共 8 种，以满足不同使用场合的需求，可通过下拉选择需要的波特率，配置下载到主站即可生效，用户可以根据总线负载情况以及实际通信距离选择适当的波特率。

2）网络心跳（可选）。所有站点以该时间间隔发送心跳给主站，主站通过心跳机制监控网络中各站点的状态（不在线、在线），从站通过主站心跳监控主站状态。（建议设置时间大于200ms）如果将网络心跳前的勾选去掉，则网络心跳功能将取消，将无法对网络进行监控。

3）主站号（必选）。主站号是整个网络中的主站站号，及下载配置的 PLC 主站站号，仅配置用，不能在这里改变主机站号，如果这里填写的站号与实际站号不一致，则即使配置下载到PLC，PLC 也不会执行，而是把它当作无效配置处理。

4）主站同步写配置触发元件（可选）。主站"同步写"配置的触发元件，触发元件（M）置位则对应触发配置有效，发送完成自动复位。

点击下一步，弹出从站添加窗口，添加从站如图 12-6 所示。

5）添加。设置好从站信息后，单击添加，站点列表中将会添加相应的从站。

6）删除。列表中选择站点后单击"删除"按钮，在提示"是否删除"时单击"确定"即可删除（可同时选中多个删除）。

7）修改。列表中选中单个从站，在"站点信息"中修改相应信息，单击"修改"按钮即可（站点类型不能修改）。

8）从站站号。设置将要访问的 CANlink 从站站号。

9）状态寄存器（D）。状态寄存器用于保存用从站心跳帧反馈的从站运行状态。

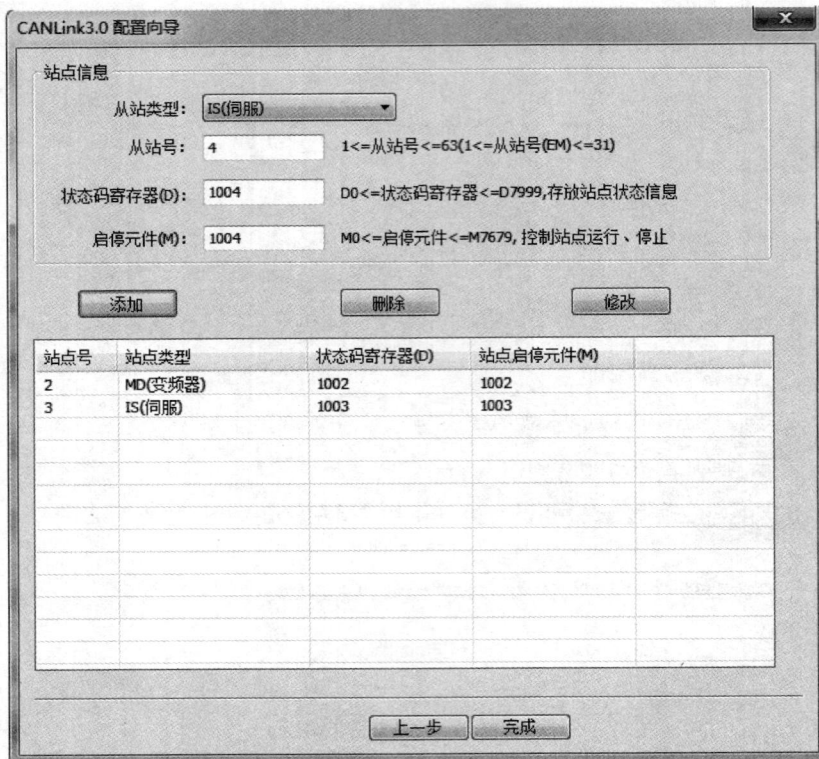

图 12-6　添加从站

10）启停元件（M）。启停元件控制从站通信启动或者停止的 M 元件。当 M＝ON 时，该从站通信启动；当 M＝OFF 时，该从站通信停止。

注意：在配置向导窗口中，单击"完成"按钮可保存向导中修改并退出；单击窗口右上角 ⊠ 则取消修改操作并退出。添加站点后单击"完成"将弹出主从站配置信息窗口，主从站配置信息如图 12-7 所示。

11）网络信息。波特率即主站波特率。网络心跳：勾选后网络的心跳功能将被使能。网络负载：计算网络的实时负载（只有在运行中监控才可以显示）。网络负载≤50 为绿色（良好）；50＜网络负载≤75 为黄色（警告）；75＜网路负载≤90 为红色（严重警告）；网络负载＞90 为 ERR 红底（错误）。

12）站点状态监控。站点的在线状态将被更新到 _ CANlink. NodeState［64］系统变量中，其中 _ CANlink. NodeState［0］为本机状态， _ CANlink. NodeState［站号］为对应的从站状态。状态值为1，表示有从站配置信息；状态值为2，当前从站运行；状态值为5，表示当前从站掉线。

13）网络管理。启动/关闭网络（启动监控状态下可用）：控制整个网络通信的启动与停止。

a. 同步发送：同步配置将被触发，用户程序也可以通过置位 _ CANlink. SyncTrigger 实现此功能，当同步数据帧发送完成后 _ CANlink. SyncTrigger 会自动复位。

b. 启动/停止监控：控制网络监控的启动与停止。

c. 设备类型：筛选显示的站点。

d. 从站启停：在从站列表中选择任一从站后，单独控制此从站的通信启动与停止。

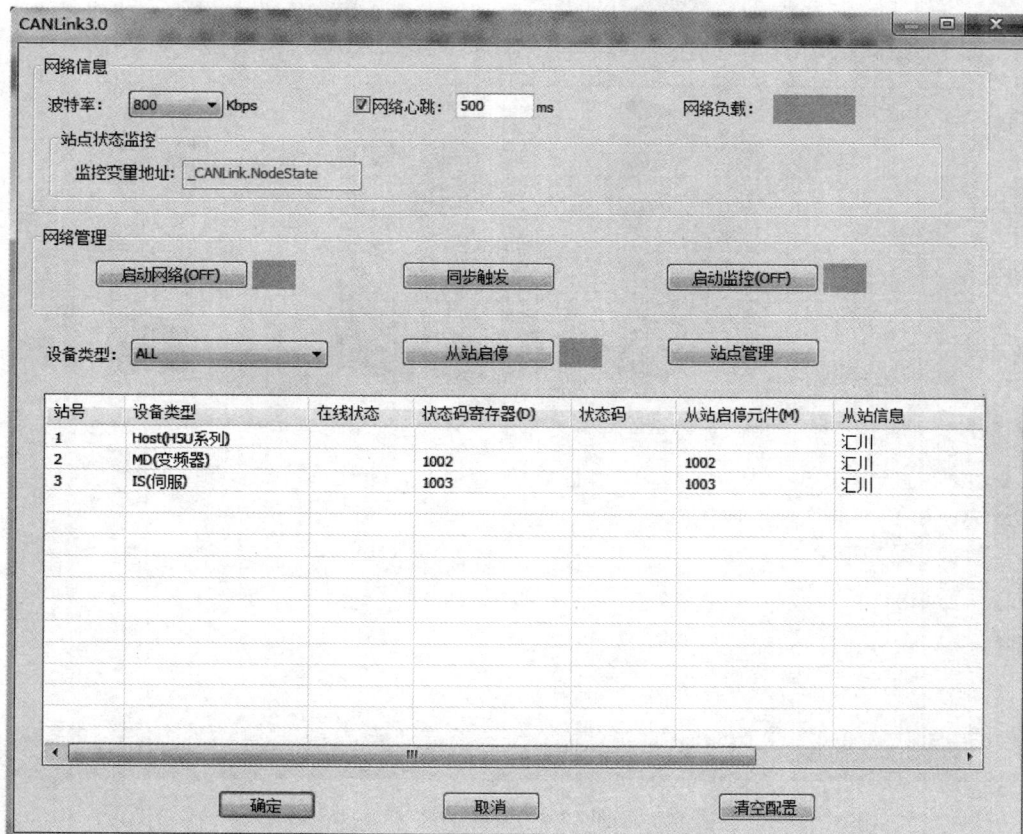

图 12-7　主从站配置信息

e. 站点管理：点击后将出现初始设置向导，可以对主/从站相关参数进行修改。

f. 站点配置：在"主界面"中双击任一站点，即可打开站点的通信配置窗口。通信配置包括发送配置、接收配置、同步配置（仅主站）3 部分。其中发送配置如图 12-8 所示。

14）触发方式。

a. 时间（ms）：适用所有设备，本站以固定间隔时间（触发条件）执行本条通信配置，设置范围 1～30000ms。

b. 事件（M）：适用 HOST、PLC，本站触发条件（M 元件）置位时执行本条通信配置，允许使用相同 M 元件触发，完成发送后自动复位。用户程序中需要使用沿触发指令操作相应的 M 元件，否则将导致网络负载过大。

c. 同步：适用所有设备，主站系统变量 _ CANlink. SyncTrigger 置位时执行本条通信配置，发送完毕后自动复位。

d. 事件（ms）：适用 IS、MD、远程扩展模块（TCM/NTCM），本站检测到发送寄存器的值发生改变且满足禁止时间（触发条件）执行本条通信配置。

e. 禁止时间：同一配置相邻两次发送的最小间隔时间。

f. 发送配置允许单站最大条数：HOST 主站 256 条，单个从站 16 条，且从站总条数 256 条。选择一条配置，按"Insert"，会在这条配置后增加一条空配置行。同样，选择一条配置后按"Delete"会删除这条配置；另外可通过快捷键或右键快捷菜单实现"复制""粘贴""删除""行插入""行删除"等。

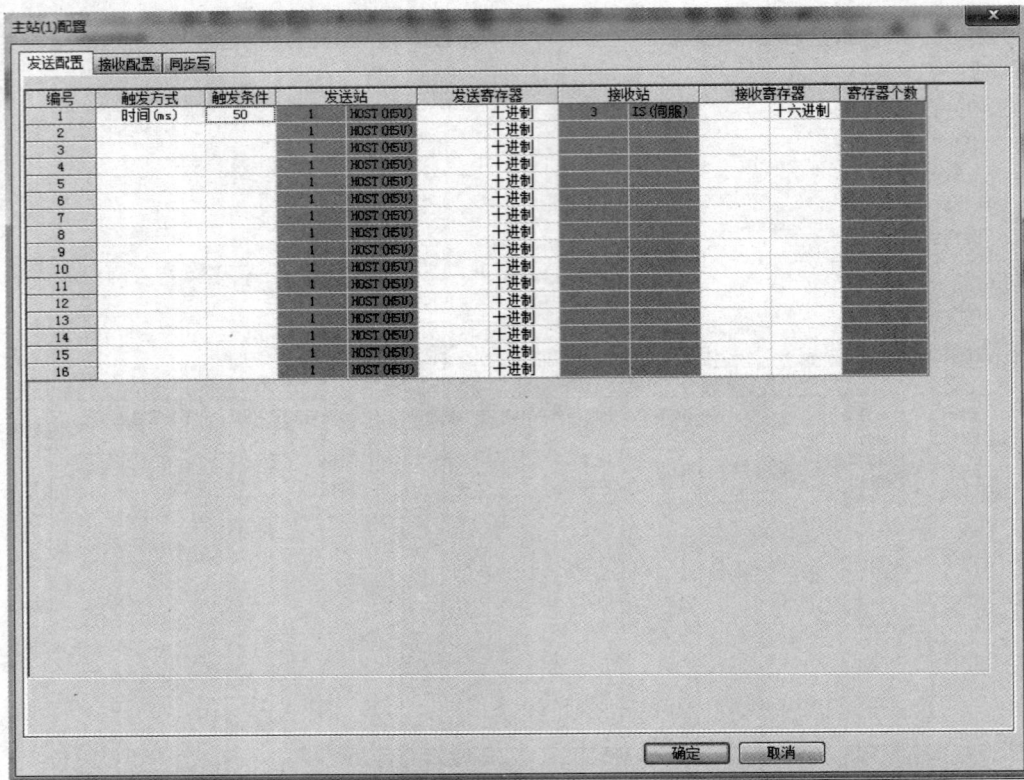

图 12-8 发送配置

15）寄存器。HOST、PLC 中寄存器值为对应 D 元件；IS、MD 中寄存器值为对应功能码；TCM/NTCM 对应 BFM 区。

16）寄存器个数。表示发送、接收的连续 D 元件或功能码的个数。

17）点对多配置。发送、接收站相同时为点对多配置，该配置不指定接收站；任何将该发送站站号配置到"接收配置"的站点都可以接收该配置发送的数据，接收寄存器为接收站点对应的 D 元件或功能码。

18）本站接收。红色分割线下的灰色部分是其他站点发送给本站的数据，包括点对点、点对多两种数据。可以通过这部分直观地查看哪些站的哪些元件或功能码会对本站造成影响。

19）接收配置。接收配置主要用于该站点接收其他站点的点对多数据，每个站点可以接收其他 8 个站点的点对多数据。

接收配置如图 12-9 所示。

主站 1 号每 100ms 将 D1000 的值以点对多数据帧的格式发往接收站的 D192，按照从站 10号、20 号、30 号的接收配置的情况，10 号和 20 号站将接收该数据帧并写入 D192 中，而 30 号站没有配置其接收 1 号站的点对多数据，所以会将该数据帧直接忽略。

注意：点对多可以实现数据的同时生效，相当于主站同步配置，但已不局限于主站才能发送。每站最多可以接收 8 个不同站点的点对多数据，但每个站发出的点对多数据不局限接收站的数目，即网络中所有除了发出站自身外都可以接收，只要接收配置里已经配置了接收该站点。

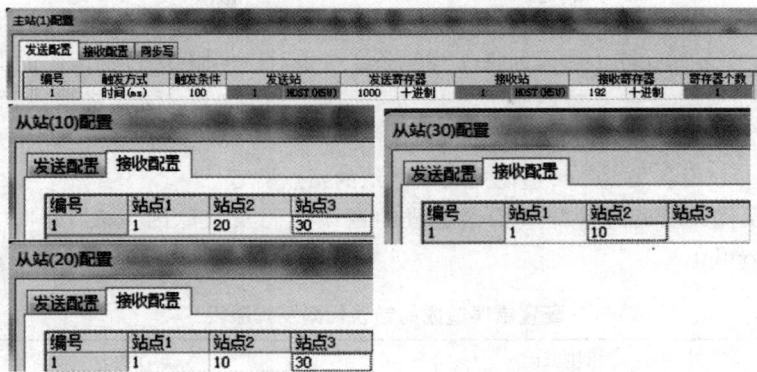

图 12-9　接收配置

（4）主站同步写配置如图 12-10 所示。

图 12-10　主站同步写配置

触发条件 M 置位时对应主站同步发送配置起效。选择不同"触发条件（M）"即可查看、添加、修改、删除该触发元件对应的主站同步配置信息。同步配置主要适用于需要同时启动某一操作的场合。在图 12-10 中，当主站的 M1＝1 时，将会把上述 3 条配置依次发出，从站收到该配置后会将数据存放到缓存区中，在最后一条发送成功后，主站会自动发送一个生效命令，所有在网从站收到该命令后自动将缓冲区中的数据写到相应的元件或功能码中，在图 12-10 中，10 号 PLC 将前面接收到的主站 D10 的值写入 D10，20 号伺服将前面接收到的主站 D20 的值写入 H200，30 号变频器将前面接收到的主站的 D30 的值写入 HF003，即上述所有的值在收到生效命令后同时写入。生效命令成功发出后，主站将自动复位触发元件 M1。用户程序中需要使用边沿触发指令操作相应的 M 元件，否则将导致网络负载过大。触发条件（M）相关注意事项如下。

1）每个触发条件最多关联 16 条配置，该"触发条件（M）"可决定其关联的主站同步配置是否有效，整个网络允许最多 8 个不同的触发条件（M）。

2）单击触发元件（M）即可下拉切换不同的触发元件。

项目十二

3）如需对伺服的 32 位寄存器进行同步配置，请在同一触发元件将数据和地址分为高 16 位和低 16 位进行操作，即在同一触发元件下写两条，一条对应伺服 32 位功能码的低地址位，一条对应高地址位，如只写一条或将两条分在两个不同触发元件下，伺服将报错而不能进行相关操作。

4）设备类型。"设备类型"可过滤列表中显示的站点类型。

5）主站错误代码及处理。配置错误造成的错误代码及其原因见表 12-4，查看系统变量为 _ CANlink. ConfigErr。

表 12-4   配置错误造成的错误代码及其原因

错误代码	出错原因	解决办法
XX00	保留	无配置错误
XX01	配置编码错误	内部定义出错
XX02	配置索引错误	检查配置机器类型选择是否正确
XX03	配置信息错误	检查配置地是否有效及读写属性
XX04	保留	保留
XX05	配置数据长度错误	请确认配置长度是不是超出范围
XX06	配置帧在指定时间未响应	请检查连接是否正常

运行过程中出现的错误代码及其原因见表 12-5，查看系统变量为 _ CANlink. SyncWrErr。

表 12-5   异常错误代码及其原因

错误代码	出错原因	解决办法
XX00	保留	保留
XX01	非法命令码	内部定义出错
XX02	地址异常	检测地址是否异常或地址是否禁止访问
XX03	数据异常	检查数据是否在规定的范围内
XX04	操作无效	查看当前状态下操作是否禁止
XX05	长度无效	请确认数据长度是不是超出范围
XX06	回复超时	请检查连接是否正常

注意：①十进制显示，XX 表示站号，即配置 XX 站或向 XX 站发命令时出错；②PLC 从站的错误代码与主站相比，只有编号，没有站号，其他部分无差异。

二、CANopen 通信说明

1. CANopen 通信协议

H5U 支持 CANopen 通信标准协议 DS301，CANopen 通信标准见表 12-6。

表 12-6   CANopen 通信标准

软件功能模块	从站	主站
支持协议	DS301 V4.02	DS301 V4.02
最大 TPDO 数目	8	64
最大 RPDO 数目	8	64
从站节点数	/	30
波特率与通信距离	1（Mbit/s）/25m 800（kbit/s）/50m 500（kbit/s）/100m	1（Mbit/s）/25m 800（kbit/s）/50m 500（kbit/s）/100m

续表

软件功能模块	从站	主站
波特率与通信距离	250（kbit/s）/250m 125（kbit/s）/500m 50（kbit/s）/1000m 20（kbit/s）/2500m 100kbit/s 10kbit/s	250（kbit/s）/250m 125（kbit/s）/500m 50（kbit/s）/1000m 20（kbit/s）/2500m 100kbit/s 10kbit/s
数据交互软件元件	W300～W363	D0～D7999（可配置）

2. CANopen 轴控指令列表

H5U 支持的 CANopen 轴控指令列表见表 12-7。

表 12-7　　　　　　　　　　　　CANopen 轴控指令列表

指令名称	功能
MC _ Power _ CO	通信控制伺服轴使能
MC _ Reset _ CO	通信控制伺服轴故障复位
MC _ ReadActualPosition _ CO	通信控制读取轴当前实际位置
MC _ ReadActualVelocity _ CO	通信控制读取轴当前实际速度
MC _ Halt _ CO	通信控制伺服轴终止运动
MC _ Stop _ CO	通信控制伺服轴停止
MC _ MoveAbsolute _ CO	通信控制轴绝对定位
MC _ MoveRelative _ CO	通信控制轴相对定位
MC _ MoveVelocity _ CO	通信控制轴速度运行模式
MC _ Jog _ CO	通信控制轴点动
MC _ Home _ CO	通信控制轴原点回归
MC _ WriteParameter _ CO	通信控制写入轴参数
MC _ ReadParameter _ CO	通信控制读取轴参数

3. CANopen 相关术语说明

（1）网络管理服务。NMT（Network Management），网络管理服务，应用层管理、网络状态管理和节点 ID 分配管理等。服务模式为主从通信模式，即在 CAN 网络中，只能有一个 NMT 主站及一个或多个从站。主要用于控制从站状态。

（2）服务数据对象。SDO（Server Data Object），服务数据对象，可以通过索引和子索引访问从站设备对象字典中的数据。这个主要用于从站配置过程。每一帧 SDO 都需要回复确认。

（3）过程数据对象。PDO（Process Data Object），过程数据对象，主要用来传输实时数据。数据传送限制在 1～8 个字节。PDO 数据的传输分为同步和异步两种方式。PDO 帧是在从站启动后主要的数据交互帧。

（4）同步服务。SYNC（SynchrONous），同步服务，采用主从通信模式，由 SYNC 主节点定时发送 SYNC 对象，SYNC 从节点收到后同步执行任务。这个帧主要用于 PDO 的同步方式传输。

（5）CAN 帧的通信对象标识符。COB-ID（CommunicatiON Object Identifier），每个 CANopen 帧以一个 COB-ID 开头，COB-ID 作为 CAN 帧的通信对象标识符。COB-ID 不等于从站站号。但一般默认初始化为与从站站号关联。

4. CANopen 指示灯

CANopen 指示灯说明见表 12-8。

表 12-8   CANopen 指示灯说明

LED 灯状态	CAN RUN（绿色）	CAN ERR（红色）
灭	无	没有错误
亮	工作状态	总线关闭
慢闪（周期 0.8s）	预运行状态	预运行状态
单闪（周期 1.2s）	停止状态	CAN 控制器至少有一个错误计数器到达或者超出警戒值（错误帧太多）
双闪（周期 1.6s）	无	错误控制事件（节点保护或心跳超时）

5. CANopen 配置

当通信协议选择为"CANopen"时，系统会自动根据是否有 CANopen 配置，决定本机是作为 CANopen 主站还是 CANopen 从站。

（1）建立工程后，在"工程管理"的"配置"中双击"CAN"弹出如下 CAN 配置对话框。

（2）勾选 CANopen，并根据需求设置好站号和波特率后单击"确定"按钮。

（3）为 CAN 被配置为 CANopen 从站，在"工程管理"的"配置"中右击"CAN"，在弹出的快捷菜单中选择"添加 CAN 配置"，如图 12-11 所示，将其配置为 CANopen 主站。

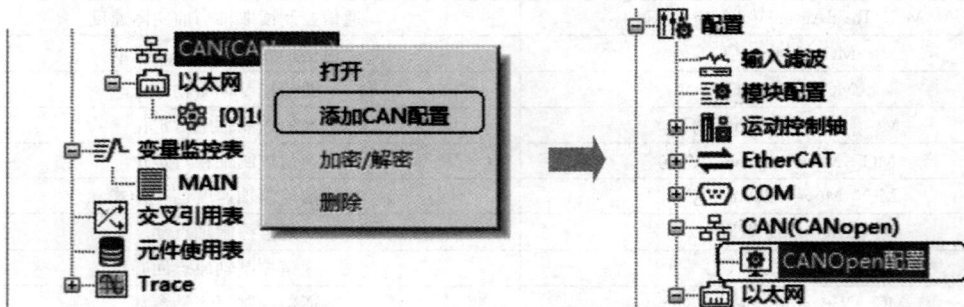

图 12-11 选择"添加 CAN 配置"

（4）双击"CANopen 配置"打开 CANopen 组态界面，如图 12-12 所示。

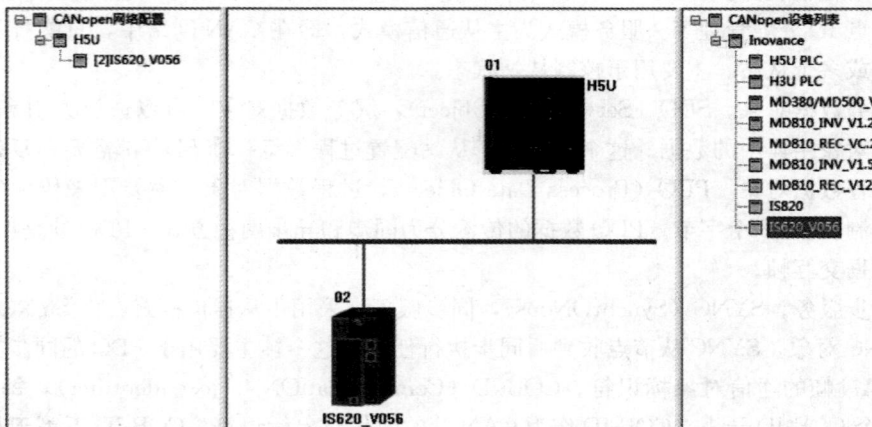

图 12-12 CANopen 组态界面

（5）在设备列表双击或者拖动添加 CANopen 从站，如图 12-13 所示。

（6）如果从站设备不在列表中，可以在 CANopen
设备列表上右击，选择"导入 EDS 文件"（EDS 文件可
从设备供应商处获取）。

6．主站信息界面

（1）设置主站参数。双击网络中的 H5U 主站打开
H5U 对话框，主站信息如图 12-14 所示。

1）网络管理。

a. 节点 ID：设置网络主站站号。当此站号与 PLC
本身站号相同时，此 PLC 被初始化成 CANopen 主站。
不相同时，被初始化为 CANopen 从站。

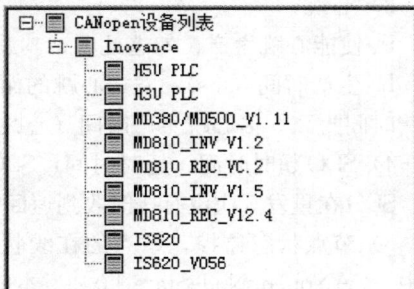

图 12-13　添加 CANopen 从站

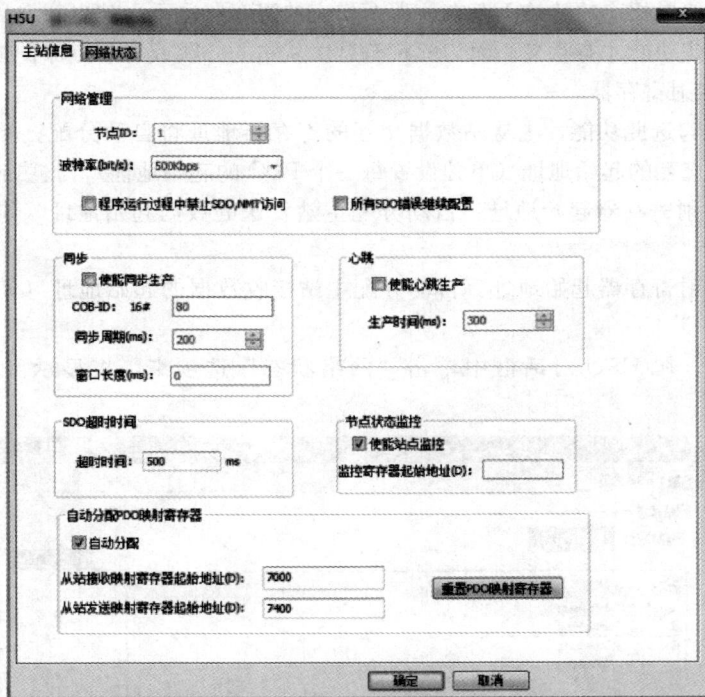

图 12-14　主站信息

b. 波特率：主站生效的通信波特率。

c. 程序运行过程中禁止 SDO，NMT 访问：勾选此功能后，运行过程中将不能使用在线调试
功能。此功能仅针对后台软件的限制。

d. 所有 SDO 错误继续配置：勾选此功能后，如果出现 SDO 配置错误（校验错误除外），将
继续进行配置。此功能对所有从站都有效。不勾选此功能，发生 SDO 错误时，主站将广播复位
从站。

2）同步。

a. 使能同步生产：勾选此项，本站将会按照"同步周期（ms）"设置的时间循环发送同步帧。

b. COB-ID：同步帧发送 ID，此项使用默认值 0x80，不允许设置。

c. 同步周期（ms）：发送同步帧的循环周期。默认 200，单位 ms。注意：一个网络里面只可
以存在一个同步帧发送。

d. 同步窗口（ms）：此项默认为 0，不允许设置。

3）心跳。

a. 使能心跳生产：勾选此项，本站将按照"生产时间（ms）"设置的时间循环发送心跳帧。

b. 生产时间（ms）：发送心跳的循环周期。默认 300，单位 ms。注意：主站的默认心跳监控消费时间为 2.5 倍心跳生产时间（心跳监控超时时间为 2.5 倍心跳产生时间）。

4）SDO 超时时间。超时时间：SDO 等待时间。默认 500，单位 ms。SDO 帧主要作为网络配置。SDO 在重发 3 次没有按时收到返回帧，主站判定配置超时。每帧的等待间隔时间为此时间。

5）节点状态监控。站点的在线状态将被更新到 _ CANopen. NodeState［64］系统变量中，其中 _ CANopen. NodeState［0］为本机状态，_ CANopen. NodeState［站号］为对应的从站状态。站点的在线状态为 0，表示初始化状态；站点的在线状态为 4，表示停止状态；站点的在线状态为 5，表示运行状态；站点的在线状态为 127，表示预运行状态；站点的在线状态为 255，表示掉线状态。注意如果相应的从站不存在，那么相应的寄存器也不会被更新。从站需设置心跳或者节点保护功能，此功能才有意义。因为此状态是由从站的心跳或者节点保护帧反馈。

6）自动分配映射寄存器

a. 自动分配：勾选此功能，主从站数据交互的寄存器地址将自动分配；不勾选此功能，用户需手动设置数据交互的起始地址（单独设置每一个 PDO 的起始地址），此功能默认勾选。

b. 从站接收映射寄存器起始地址：自动分配主站发送的数据起始地址（勾选自动分配才有意义）。

c. 从站发送映射寄存器起始地址：自动分配主站接收数据的起始地址（勾选自动分配才有意义）。

（2）网络状态。在 H5U 对话框中单击"网络状态"选项卡，将显示网络状态信息，如图 12-15 所示。

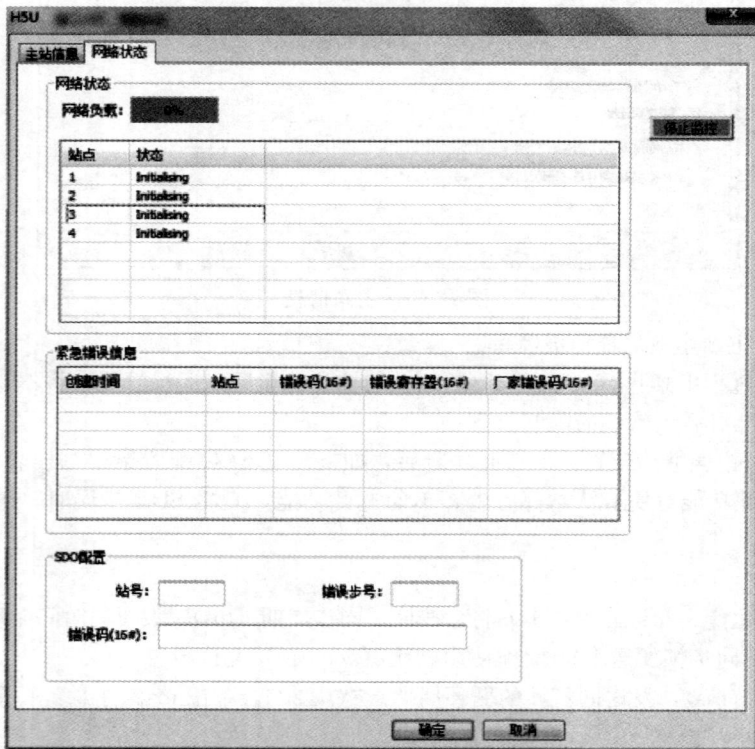

图 12-15　网络状态信息

1）启动监控：单击此项后，启动本页的信息监控。再次点击，退出网络监控。

2）网络负载：实时监控网络负载状况。

3）网络状态表：显示当前网络站点运行状态。仅监控主站有意义，此状态值来自节点状态监控寄存器。

4）紧急错误信息。显示当前网络中的紧急错误信息。仅监控主站有意义。PLC 主站仅缓存最新的一条错误信息。如果不关闭后台，后台将最多缓存 5 条信息。

5）SDO 配置。

a. 站号：SDO 配置错误站号。

b. 错误步号：SDO 错误的编号。相应参数错误的从站"服务数据对象"选项卡查看相应编号信息。

c. 错误码：SDO 错误码（CANopen 标准错误码）。

7. 从站配置

本节以 IS620 从站为例，介绍 CANopen 从站的配置过程和相关参数。

（1）双击网络中的从站，出现从站配置界面，如图 12-16 所示。

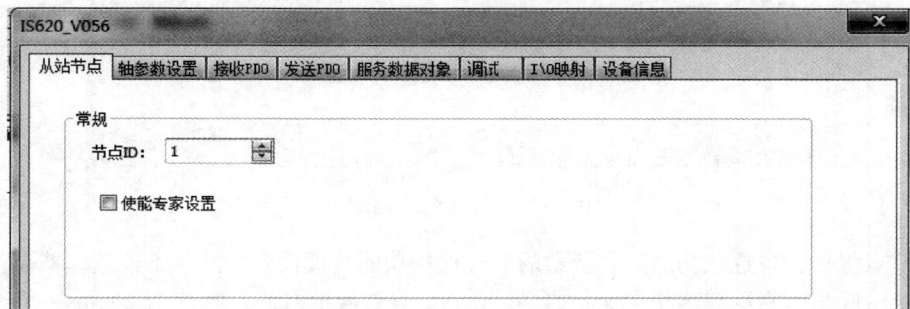

图 12-16　从站配置界面

（2）勾选使能专家设置后，出现详细的从站配置，如图 12-17 所示（默认情况下，此功能不被勾选）。

1）常规设置。

a. 节点 ID 为将要配置的从站节点站号。

b. 使能专家设置。勾选此功能将出现详细的从站配置。默认情况不勾选。

c. SDO 错误继续配置。勾选表示有效，即出现配置错误将继续配置下一条配置（校验类型错误除外）；不勾选则为无效，即出现配置错误主站将不继续进行配置，并且在网络启动的情况下会停止整个网络。此选项默认为不勾选。

d. 创建所有 SDO。选择此功能后，将添加所有 EDS 中可写的对象字典，在配置过程中初始化。默认不勾选。

e. 不初始化。选择此功能后，此从站将不进行初始化配置（在使用默认配置情况下才可以选择）。默认不勾选。

f. 出厂设置。勾选此功能后，将可以选择后面的相应操作。默认不勾选（此功能需所选从站支持相应功能才可以勾选）。

2）错误控制。

a. 节点保护属性。节点保护是一种有回帧的主站与从站间互相监控的网络评估功能。心跳和节点保护功能仅可以选择其中一种。

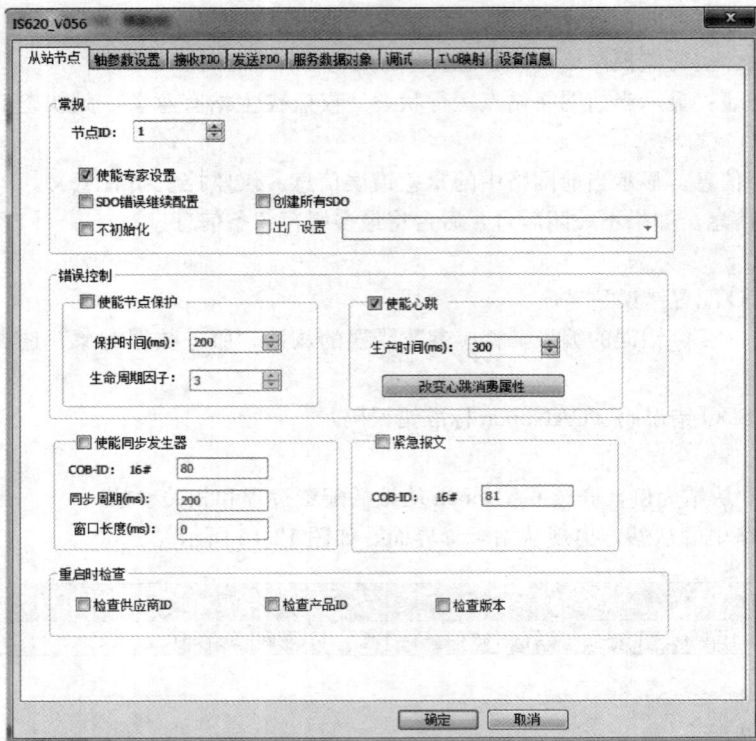

图 12-17　详细的从站配置

使能节点保护：勾选此功能后，从站的节点保护功能将被设置，默认不勾选。节点保护超时时间＝保护时间×生命周期因子。保护时间（ms）：节点保护时间，默认为 200ms。生命周期因子：节点保护因子，默认为 3。

b. 心跳属性。使能心跳：勾选功能后，从站将会产生心跳。默认勾选。从站勾选心跳后，主站默认监控此从站心跳状态。生产时间（ms）：心跳循环发送的时间。改变心跳消费属性：此功能用于设置本从站将要监控的其他站点心跳。此功能默认不选择。此功能还需要从站支持心跳监控功能。

3）同步（如果从站支持）。

a. 使能同步发生器：勾选此项，本站将会按照"同步周期（ms）"设置的时间循环发送同步帧。注意：一个网络里面只可以存在一个同步帧发送。

b. COB-ID：同步帧发送 ID，此项使用默认值 0x80，不允许设置。

c. 同步周期（ms）：发送同步帧的循环周期。默认 200，单位 ms。

d. 同步窗口（ms）：此项默认为 0，不允许设置。

4）紧急报文。紧急报文：勾选此功能，在配置过程中将进行紧急报文 COB-ID 设置。默认不勾选。

5）重启检查项。检查项有检测供应商 ID、检测产品 ID、检测版本，勾选相应的功能，在从站开始配置前将进行相应的校验。如果校验不通过，网络将无法启动。

（3）接收 PDO/发送 PDO。

单击"接收 PDO"或"发送 PDO"后出现相应界面，接收 PDO 为主站发送给从站的数据，发送 PDO 为从站发送给主站的数据。接收 PDO 如图 12-18 所示。

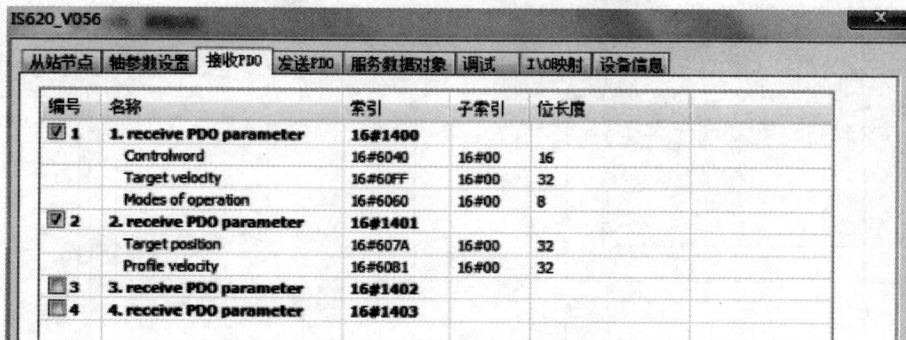

图 12-18　接收 PDO

1）PDO 使能。编号栏前面的勾选框用来选择本条 PDO 是否有效。首次进入勾选的是该从站 EDS 文件中默认生效的 PDO。

2）PDO 映射编辑。通过窗口中的"增加 PDO 映射""编辑""删除"等按钮对 PDO 映射进行编辑。

3）PDO 属性设置。双击某条 PDO，将出现"PDO 属性"对话框，如图 12-19 所示。

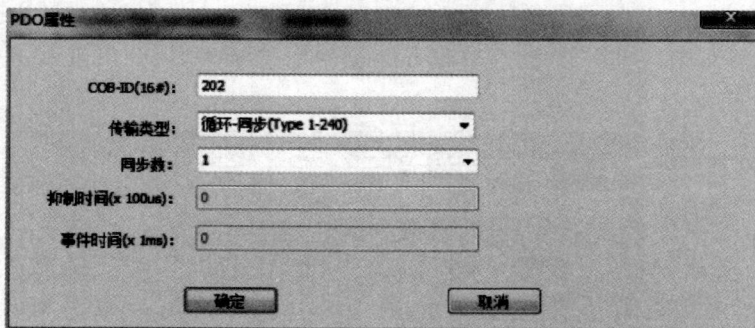

图 12-19　"PDO 属性"对话框

a. COB-ID：PDO 发送使用的 ID 号。根据 CANopen DS301 协议的规定，前 4 条 PDO 有默认的 COB-ID 初始值，其他的需要用户自行设置（如果从站支持）。设置原则为整个网络不可以出现重复的 COB-ID，设置范围为 0x180～0x57F。

b. 传输类型：PDO 传输类型见表 12-9。其中循环—同步（Type2）如图 12-20 所示。

表 12-9　　　　　　　　　　　　　　　　　PDO 传输类型

类型	数据发送条件	数据生效条件
循环-同步（Type0）	数据发生变化，并且接收到一帧同步帧	接收到数据后不立即生效，需接收到一帧同步才生效
循环-同步（Type1～Type240）	在接收到相应的"同步数"帧同步后数据发送	接收到数据后不立即生效，需接收到一帧同步才生效
异步-只有 RTR（Type252）	不支持	不支持
异步-只有 RTR（Type253）	不支持	不支持
异步-生产厂商指定（Type254）	由各个厂家自定义	由各个厂家自定义
异步-设备配置文件指定（Type255）	数据变化或满足事件时间，并且变化频率小于抑制时间	立即生效

注　使用同步类型时需要使能某一站点的同步生产，通常使能主站的同步生产。

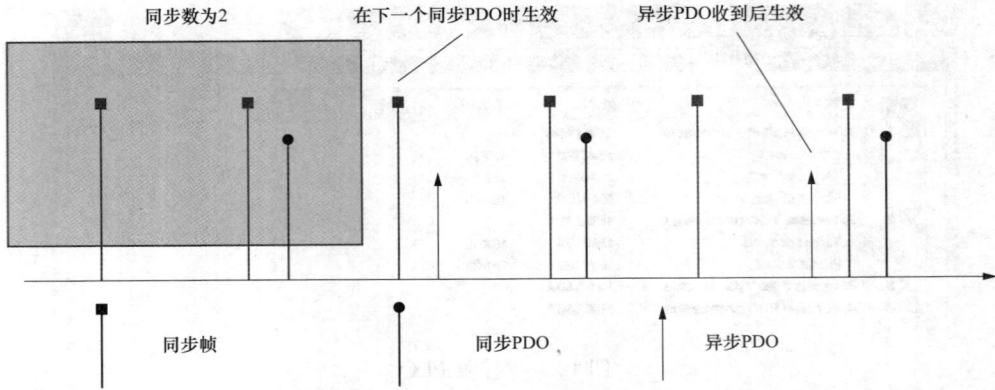

图 12-20　循环—同步（Type2）

c. 同步数：选择循环-同步（Type1～Type240）后有效，设置同步数。

d. 抑制时间：选择异步-设备配置文件指定（Type255）后可以设置，为 0 时表示此功能无效，不为 0 时为帧发送的最小间隔。

e. 事件时间：选择异步-设备配置文件指定（Type255）后可以设置，为 0 时此功能无效，不为 0 时表示定时发送的周期（此发送情况也要受抑制时间的限制）。

（4）服务数据对象（SDO）。选择"服务数据对象选项卡"，会出现服务数据对象表如图 12-21 所示。

图 12-21　服务数据对象表

服务数据对象表中的信息是根据用户的设置自动生成的 SDO 配置数据。在"SDO 编辑"中，"添加"按钮为添加用户配置，主要作用为给从站对象字典赋初始值；"编辑"按钮为重新编辑用户配置；"删除"按钮为删除用户配置。

（5）在线调试功能。选择"调试"选项卡，将出现在线调试界面，如图 12-22 所示。注意：如果在主站中选择了【程序运行中禁止 SDO，NMT 访问】，则此功能将无法使用。

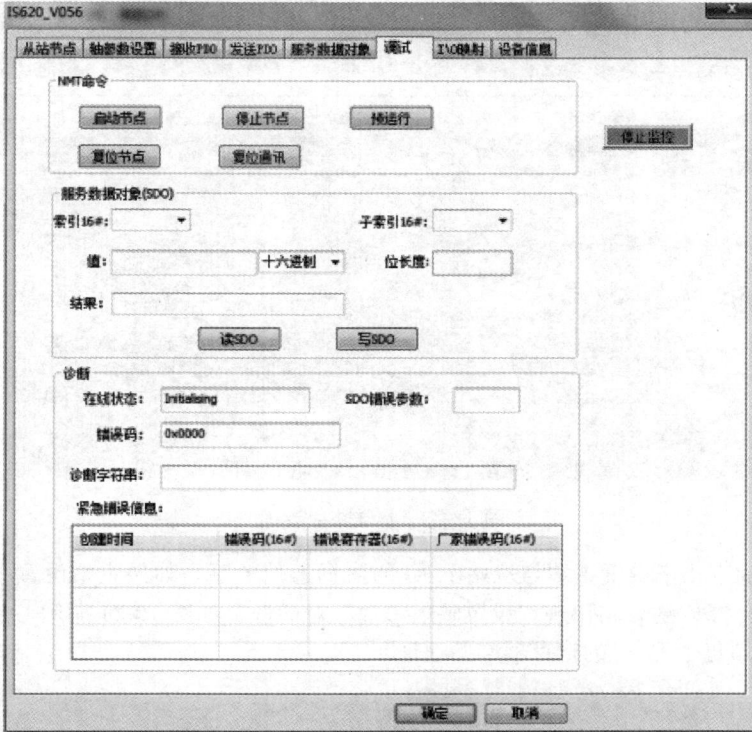

图 12-22　在线调试界面

1）NMT 命令。

a. 启动节点：向本从站发送启动节点命令。

b. 停止节点：向本从站发送停止节点命令。

c. 预运行：向本节点发送预运行命令。

d. 复位节点：向本节点发送复位节点命令。

e. 复位通信：向本节点发复位通信命令。

2）服务数据对象（SDO）。

a. 索引与子索引：仅可以选择从站 EDS 中提供的对象字典。

b. 值：发送或返回的数据。

c. 位长度：根据 EDS 中对象字典自动生成，不可以修改。

d. 结果：异常信息。

e. 读 SDO、写 SDO：执行相应的对象字典读写操作。

3）诊断。

a. 在线状态：当前从站的状态（根据心跳或节点保护反馈）。

b. SDO 错误步数：配置过程中发生 SDO 的错误编号。此编号为"服务数据对象"选项卡相应的编号。

c. 诊断字符串：当前的错误信息（SDO 错误）。

d. 紧急错误信息：网络中产生的紧急错误帧（监控实时产生的错误，通过后台可以缓存 5 条错误，PLC 仅可以保持最近的一条紧急错误信息）。

（6）I/O 映射。选择"I/O 映射"选项卡，将出现 I/O 映射界面，如图 12-23 所示。

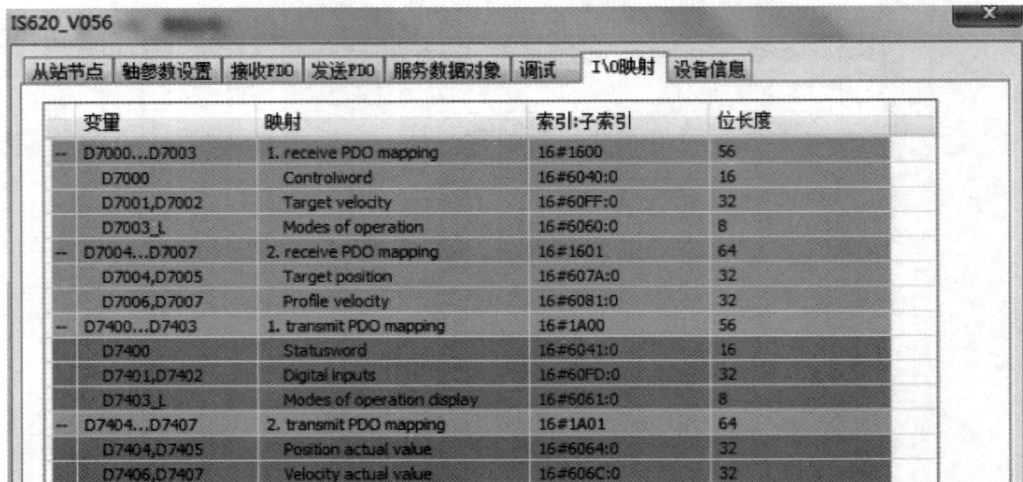

变量	映射	索引:子索引	位长度
— D7000...D7003	1. receive PDO mapping	16#1600	56
D7000	Controlword	16#6040:0	16
D7001,D7002	Target velocity	16#60FF:0	32
D7003_L	Modes of operation	16#6060:0	8
— D7004...D7007	2. receive PDO mapping	16#1601	64
D7004,D7005	Target position	16#607A:0	32
D7006,D7007	Profile velocity	16#6081:0	32
— D7400...D7403	1. transmit PDO mapping	16#1A00	56
D7400	Statusword	16#6041:0	16
D7401,D7402	Digital inputs	16#60FD:0	32
D7403_L	Modes of operation display	16#6061:0	8
— D7404...D7407	2. transmit PDO mapping	16#1A01	64
D7404,D7405	Position actual value	16#6064:0	32
D7406,D7407	Velocity actual value	16#606C:0	32

图 12-23　I/O 映射界面

I/O 映射选项卡用来设置主站与从站 PDO 的数据通信关系。如果主站设置中没有勾选自动分配，双击其中一条映射，将出现"设置映射参数"对话框，如图 12-24 所示，从中可以自行设置主站中对应从站每个 PDO 的寄存器起始地址。

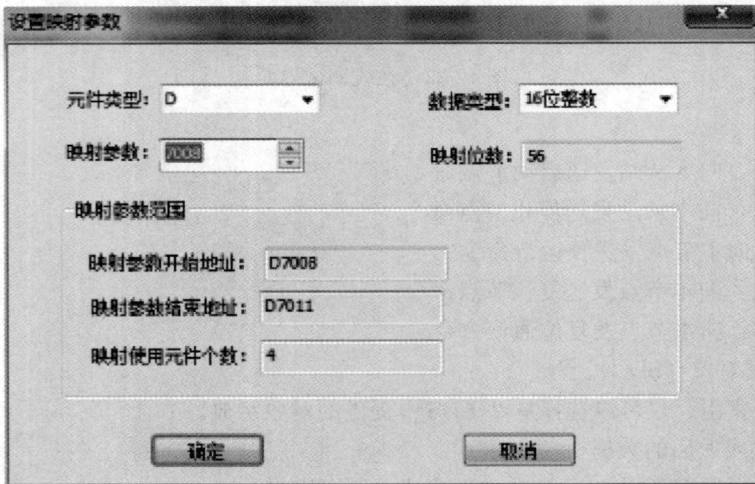

图 12-24　"设置映射参数"对话框

（7）设备信息。

选择"设备信息"选项卡，将出现设备信息界面。从站的设备信息由从站的 EDS 文件获得。

8. CANopen 通信故障排除

（1）常规排障步骤。

1）检查匹配电阻。所有设备断电，用万用表测量网络任一端的 CANH 与 CANL 之间的阻值，应在60Ω左右，如果过小，则说明网络中不只是两端接入了匹配电阻，在其他位置还有错误接入，将错误接入的匹配电阻断开即可。如果只接入一个配备电阻，则会为120Ω左右，网络会通信质量很差。完全不接入配备电阻，网络无法通信，应接入网络首尾两个站点的匹配电阻。

2) 检查波特率。设备波特率需要重新上下电或停止再运行后才可以生效。

通信距离与波特率的关系可参见表12-2。

3) 检查接线。必须把所有CAN设备的CGND端连接在一起，从而保持所有设备共CAN通信电源CGND端。

检查通信线、屏蔽线、电源间是否有短路现象。

4) 其他。如果现场干扰很大，在没有办法排除故障时，可尝试降低通信波特率。

（2）紧急错误码故障代码列表。SDO错误码详见《H5U系列可编程逻辑控制器编程与应用手册》。

技能训练

一、训练目标

(1) 了解CAN通信基础知识。

(2) 学会配置CANlink主站。

(3) 学会配置CANlink从站。

(4) 学会设计PLC的CAN总线通信程序。

(5) 学会调试CAN总线通信系统。

二、技能训练步骤与内容

1. 实训要求

由一台H5U系列PLC和一台H3U系列PLC，通过CANlink总线通信，实现H5U系列PLC输入对H3U系列PLC的控制，实现H3U系列PLC输入对H5U系列PLC的控制等功能。

2. CANlink总线拓扑连接

CANlink总线拓扑连接如图12-25所示。

H3U系列PLC的CAN总线连接时，注意将PLC输出24V电源与CAN总线的24V电源端子要连接好。

3. 配置CANlink主站、从站

（1）AutoShop中右击CAN（CANlink），选择"添加CAN配置"，配置H5U主站的站号为63，波特

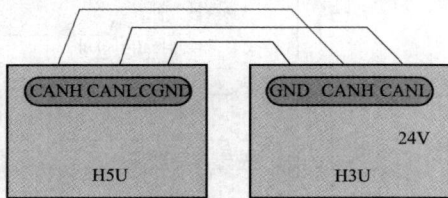

图12-25 CANlink总线拓扑连接

率为500kbit/s，协议类型选择CANlink。主站的CAN配置如图12-26所示。

（2）添加从站。

1) 双击"CANlink配置"，弹出CANlink3.0配置向导。

2) 单击"下一步"按钮，弹出从站类型配置对话框。

3) 在从站类型下列列表中，选择"PLC（H3U系列）"，站号设置为1，状态寄存器设置为1001（D1001），启停元件设置为1001（M1001）。从站配置如图12-27所示。

4) 单击"添加"按钮，添加一个PLC从站。

5) 单击"完成"，弹出主站、从站信息汇总对话框。

6) 在主站、从站信息汇总对话框中，双击主站配置，进入主站收发配置界面，如图12-28所示。在主站配置的发送配置中，触发方式选"时间（ms）"，触发条件设置为20，发送寄存器

100，接收站设置为 1，接收寄存器设置为 200，寄存器个数设置 1。即主站每隔 20ms，将主站 D100 数据发送到从站 D200 一次。

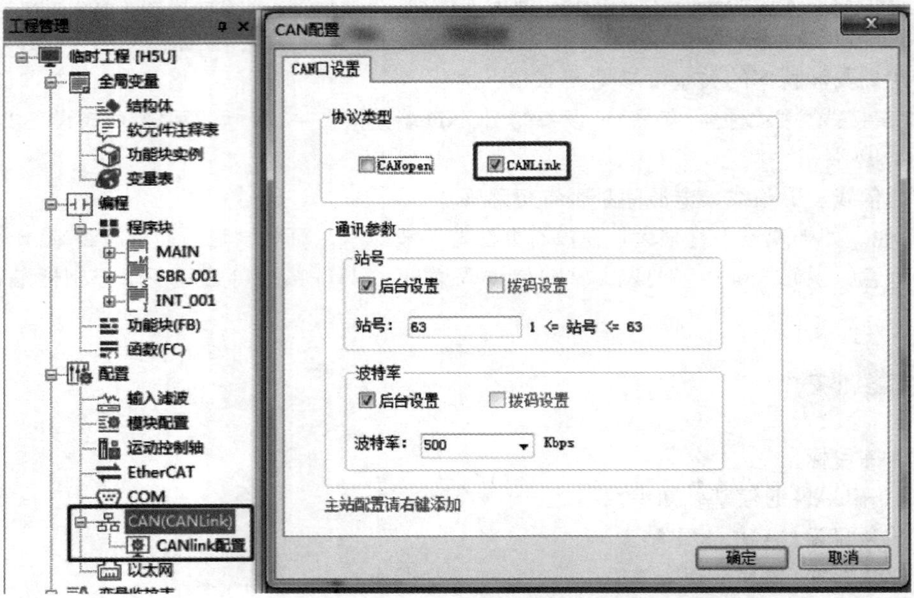

图 12-26　主站的 CAN 配置

图 12-27　从站配置

7）单击"接收配置"，配置接收 1 号站数据。

8）单击"确定"按钮，返回主站、从站信息汇总对话框。

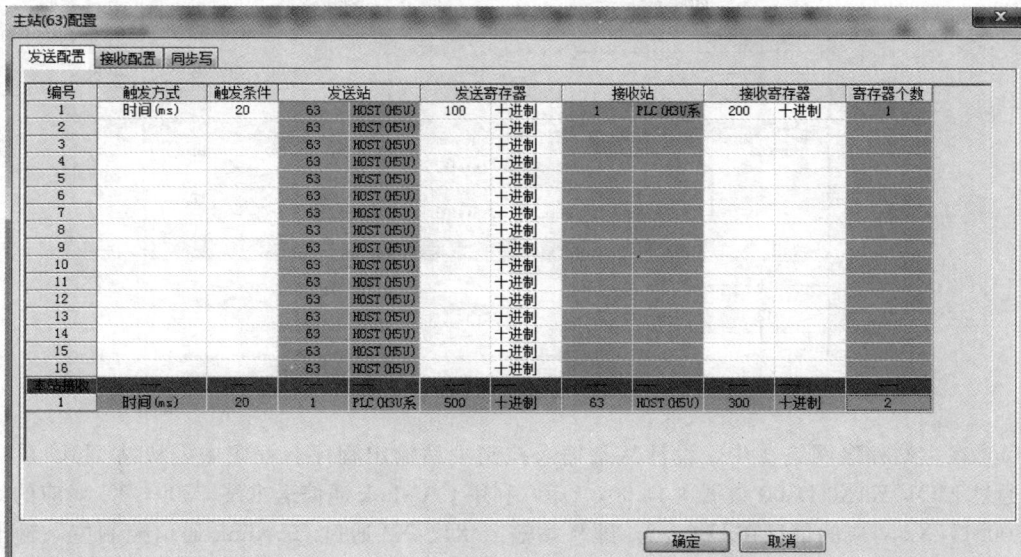

图 12-28　主站收发配置界面

9）双击 1 号从站配置，从站收发配置界面如图 12-29 所示。在从站配置的发送配置中，触发方式选"时间（ms）"，触发条件设置为 20，发送寄存器 500，接收站设置为 63，接收寄存器设置为 300，寄存器个数设置 1。即主站每隔 20ms，将从站 D500 数据发送到主站 D300 一次。

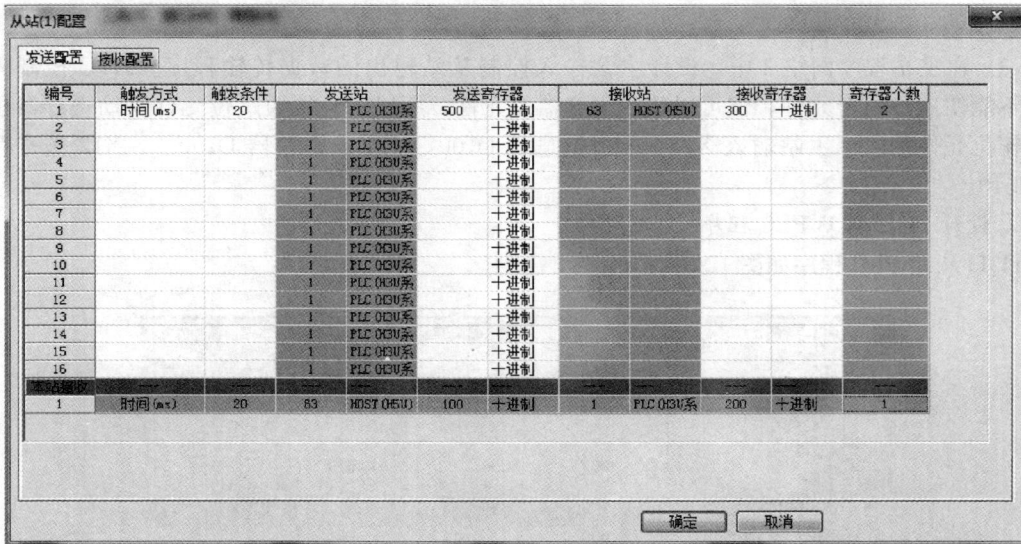

图 12-29　从站收发配置界面

10）单击"接收配置"，配置接收 63 号主站数据。

11）单击"确定"按钮，返回主站、从站信息汇总对话框。

12）单击"确定"按钮，保存主站、从站配置信息。

4. 设计 H5U 主站 PLC 程序

H5U 主站 PLC 程序如图 12-30 所示。

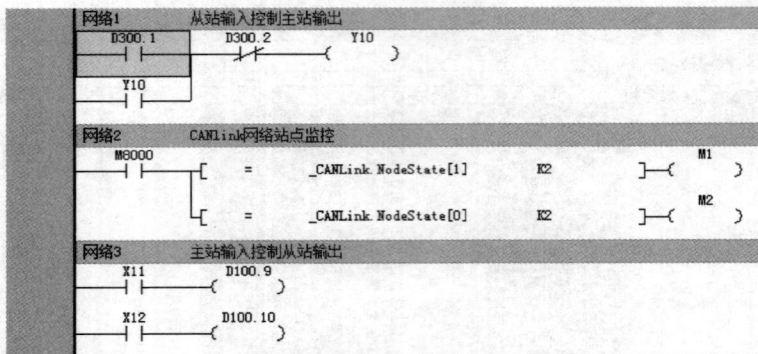

图 12-30　H5U 主站 PLC 程序

（1）在主站程序网络 1 中，设计从站输入控制主站输出程序。程序中，从站 H3U 系列的 PLC 通过 MOV K4X0 D500 数据送 D500，D500 利用 CANlink 通信送主站 D300，X1 对应的信息在 D300.1，X2 对应的信息在 D300.2，即从站输入 X1、X2 通过 CANlink 通信控制主站输出的 Y10。

（2）在主站程序网络 2 中，设计 CANlink 网络站点监控程序。

1）从站状态监控通过比较指令，比较 _ CANlink.NodeState［1］站点的值来确定，站号在方括号中。监控值为 2，表示从站 CAN 通信正常，驱动从站正常标志 M1。

2）主站状态监控通过比较指令，比较 _ CANlink.NodeState［0］站点的值来确定，由于在主站中写程序，所以站号为本站点，即 0。若监控值为 2，表示主站 CAN 通信正常，驱动主站正常标志 M2。

（3）在主站程序网络 3 中，设计主站输入控制从站输出的数据传输程序。H5U 控制程序中，不能使用位组合元件，但可以使用寄存器位元件，所以，必须通过位元件驱动寄存器位元件传输位元件信息。主站输入 X11、X12 信息送 D100，X11 送寄存器 D100.9，X12 送寄存器 D100.10。

5. 设计 H3U 从站 PLC 程序

H3U 从站 PLC 程序如图 12-31 所示。

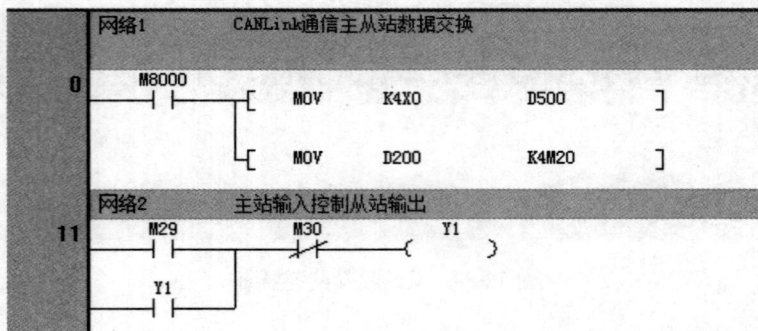

图 12-31　H3U 从站 PLC 程序

1）H3U 系列 PLC 可以使用位组合元件，所以，通过 MOV K4X0 D500，将从站输入信息送 D500。

2）通过 MOV D200 K4M20，将 D200 寄存器信息，传输给位组合元件 K4M20。

3）主站 X11、X12 信息对应从站 M29、M30，所以用 M29、M30 控制从站 Y1。

6. CANlink 通信系统调试

（1）主站程序下载到 H5U 的 PLC。

（2）从站程序下载到 H3U 的 PLC。

（3）按图 12-25 连接 CANlink 总线。

（4）使主站 PLC、从站 PLC 处于运行状态。

（5）应用主站 X11、X12 控制从站输出 Y1。

（6）应用从站 X1、X2 控制主站输出 Y10。

习题 12

1. 使用 H3U 的 PLC 作 CAN 通信主站，H5U 的 PLC 作 CAN 通信从站，完成主站 PLC 对从站 PLC 的相互控制。

2. 应用 H5U 的 PLC 作 CAN 通信主站，MD320 变频器作 CAN 通信从站，通过 PLC 控制变频器的启停和运行频率。

项目十三　EtherCAT 通信

学习目标

(1) 了解 EtherCAT 通信规格。

(2) 能够正确配置 PLC 的 EtherCAT 通信主站。

(3) 能够正确配置 PLC 的 EtherCAT 通信从站。

(4) 学会设计 PLC 的 EtherCAT 通信程序。

(5) 学会连接 PLC 的 EtherCAT 通信线路。

(6) 学会调试 EtherCAT 通信系统。

任务 20　PLC 的 EtherCAT 通信

基础知识

一、EtherCAT 通信基础

EtherCAT 是一种基于以太网的开放式工业现场技术，具有通信刷新周期短、同步抖动小、硬件成本低等特点。

H5U 支持标准 EtherCAT 接口（1 路 RJ-45 接口），最多支持 72 个 EtherCAT 从站，采用线性拓扑结构，EtherCAT 总线周期最小可以设置为 1ms。

EtherCAT 接口规格见表 13-1。

表 13-1　　　　　　　　　　　　EtherCAT 接口规格

项目	EtherCAT
传输速度	100Mbit/s：100BASE-TX
调制	基带
拓扑	线、菊花链
传送介质	五类（CAT5）以上双绞线或者带铝箔和编织网的屏蔽双绞线
传送距离	节点间的距离：100m 或以下
连接数	72

1. 主站配置

（1）导入设备 XML。导入设备 XML 是指将符合 ETG（EtherCAT 技术委员会）标准的设备描述文件（后缀名为".XML"）导入到编程软件 AutoShop，经过软件的文件解析处理后生成可供用户添加、删除等操作的 EtherCAT 组态设备。编程软件 AutoShop 内部集成了汇川常用的 EtherCAT 从站设备，无须单独安装。如需使用第三方 EtherCAT 设备，必须先安装该设备的描

述文件。下面以导入汇川直线电机驱动器 SV520N 为例。

1）新建 H5U 工程，打开工具箱，找到 EtherCAT Devices，如图 13-1 所示。

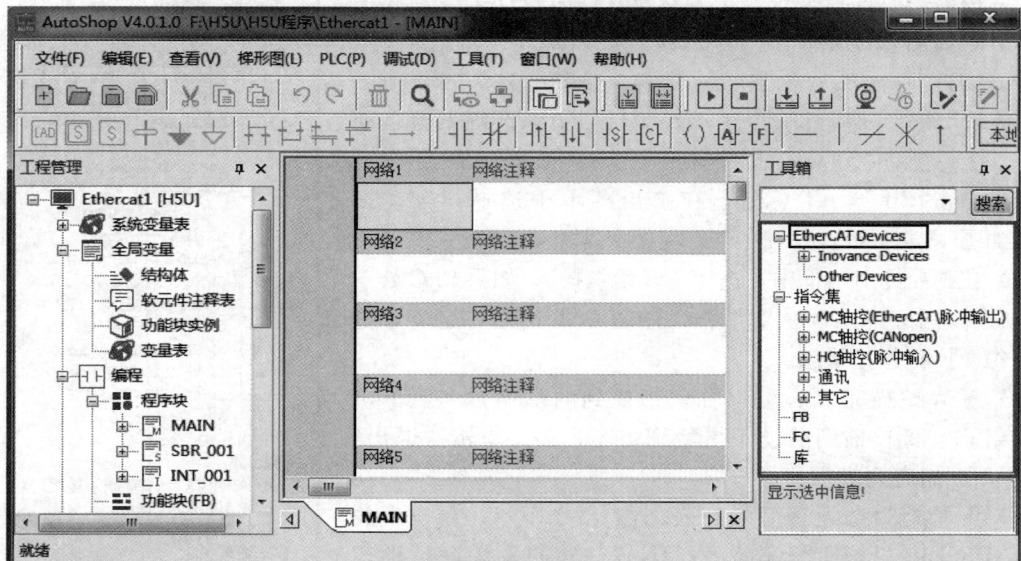

图 13-1　EtherCAT Devices

2）右击 EtherCAT Devices 选择"导入设备 XML"，选择需要添加的 XML 文件，如图 13-2 所示。

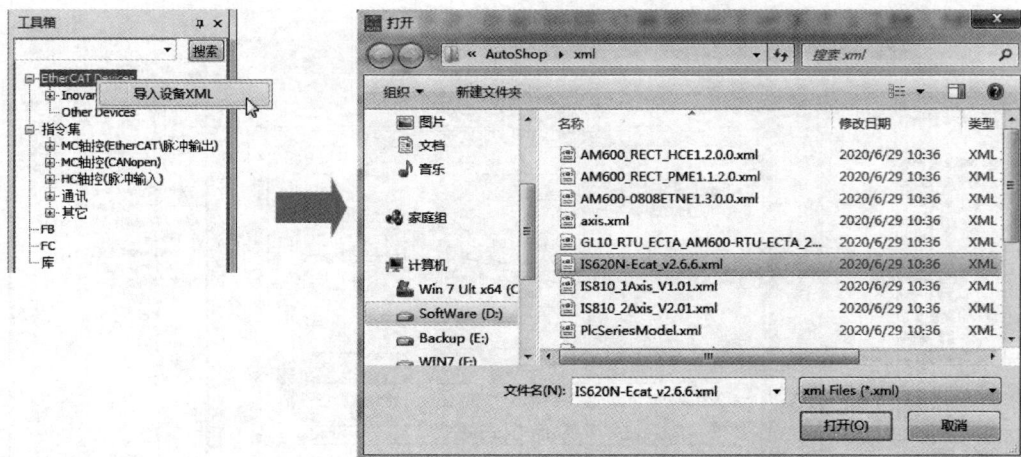

图 13-2　添加的 XML 文件

3）新导入的 XML 需要重启软件生效，如果需要导入多个设备，可以重复步骤 2，待全部导入后再重启软件。

4）单击"确定"后，需手动重启软件才能使新添加的设备生效。

5）重新打开软件后可以看到新添加的设备，如图 13-3 所示。

（2）扫描设备。H5U 只能在 PLC 处于停止模式下才可以扫描 EtherCAT 从站。

1）选择目标 H5U 主机，单击测试按钮上在弹出的"通讯设置"对话框中单击"搜索"，选择目标主机后单击"测试"进行测试，确认连通后在弹出的确认对话框中按"确定"按钮，如图 13-4 所示。

2）根据需要选择是否勾选"新建从站时自动创建轴并关联从站"，如图 13-5 所示。

勾选时，每添加一个驱动器类型（如 IS660N）的 EtherCAT 从站，将自动添加一个运动控制轴；不勾选则不会自动添加。

3）右击 EtherCAT 标签，在弹出菜单中选择"自动扫描"，如图 13-6 所示。

4）在弹出的对话框中，选择"开始扫描"，如果 PLC 处于运行状态，则会弹出确认对话框，如图 13-7 所示，需要单击"是"先切换到停止状态。

5）等待扫描完成后可以看到扫描到的从站设备，单击"更新组态"将扫描到的设备更新到组态列表，单击"退出"则不更新到组态列表。

6）更新到组态列表后的列表如图 13-8 所示，组态中的 IS620N、GL10-4PME 和 GR10-2PHE 模块将自动关联运动控制轴。

（3）主站设置。双击目录树的"EtherCAT"选项，打开 EtherCAT 设置对话框，在常规设置界面中可以设置 EtherCAT 主站的循环时间和同步偏移。

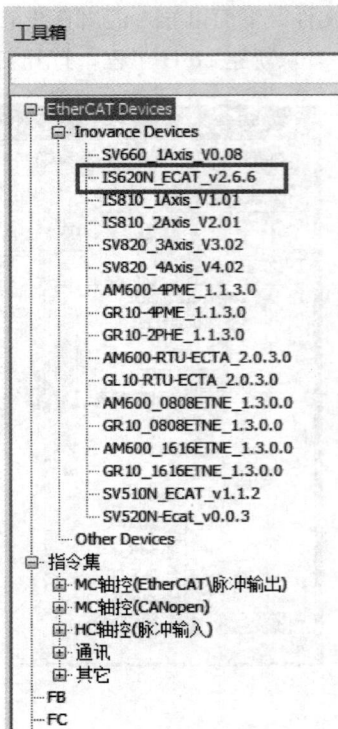

图 13-3　新添加的设备

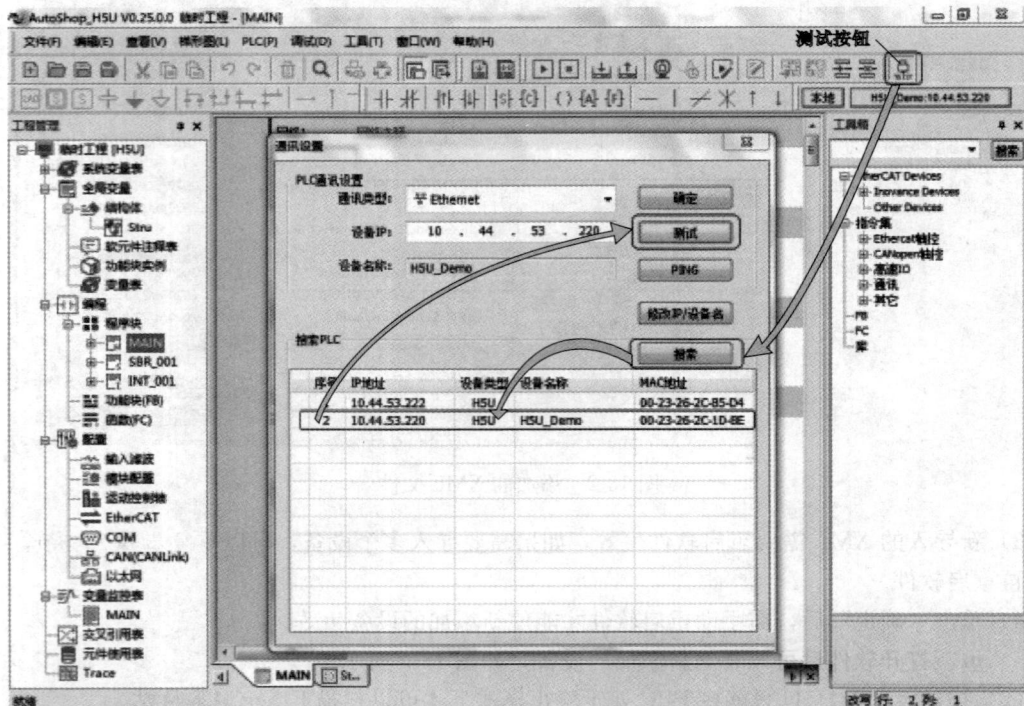

图 13-4　测试并确认连通

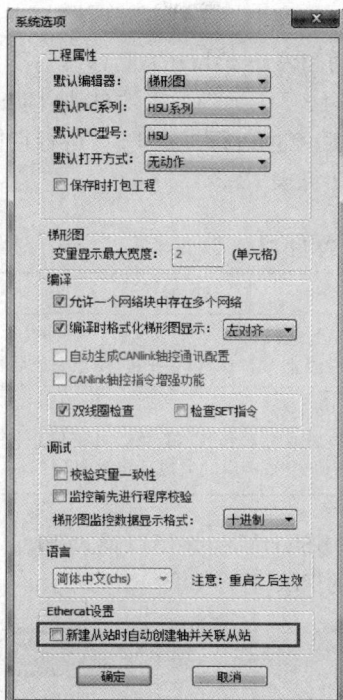

图 13-5　新建从站时自动创建轴并关联从站

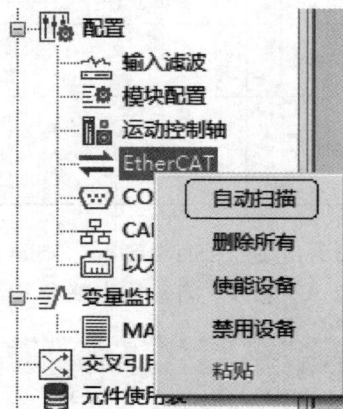

图 13-6　选择"自动扫描"

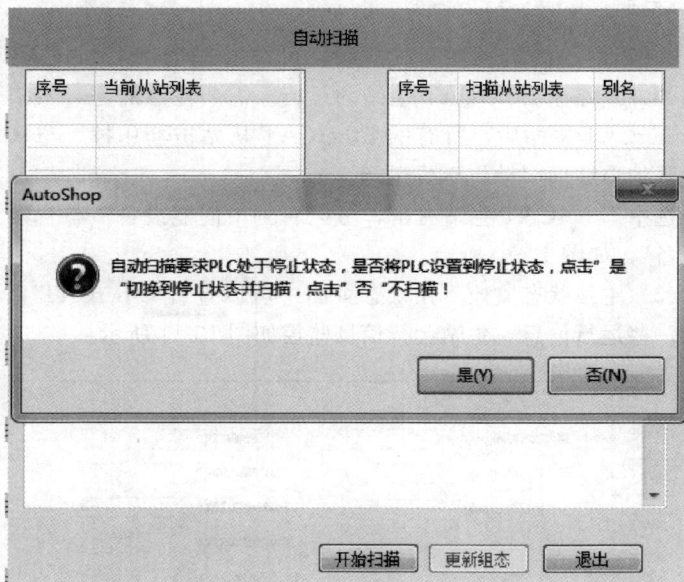

图 13-7　确认是否将 PLC 设置到停止状态

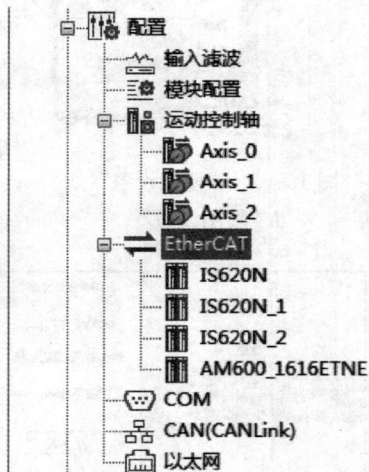

图 13-8　更新到组态列表

1) 循环时间：EtherCAT 数据帧发送间隔和 EtherCAT 任务的循环时间。

2) 同步偏移：EtherCAT 任务相对于从站的 Sync0 中断的相对偏移的百分比。

3) 自动重启从站：勾选该选项后，可自动重启从站。

（4）启停、禁用、使能。

1）启停控制。H5U 的 EtherCAT 支持整体启动和停止 EtherCAT 总线，不支持停止和启动单个从站。在 PLC 由 STOP 状态切换到 RUN 状态时，EtherCAT 主站自动启动运行。在 PLC 由 RUN 状态切换到 STOP 状态时，EtherCAT 主站自动停止运行。在 PLC 运行期间可以通过系统变量停止和启动 EtherCAT 主站。启停控制变量说明见表 13-2。

表 13-2 <center>启 停 控 制 变 量 说 明</center>

系统变量	数据类型	功能
bStopMaster	BOOL	停止 EtherCAT 主站的运行； 在变量输入的上升沿停止 EtherCAT 主站，停止完成后变量自动复位
bStartMaster	BOOL	启动 EtherCAT 主站的运行； 当 EtherCAT 总线故障或者 EtherCAT 总线处于停止模式时，在变量输入的上升沿重启 EtherCAT 主站，启动完成后自动复位

配合系统变量 iSlavesState、iSlavesLinkState 和 bStartMaster 可以通过 PLC 程序自动重启整个 EtherCAT 总线。自动重启整个 EtherCAT 总线的 PLC 程序如图 13-9 所示。

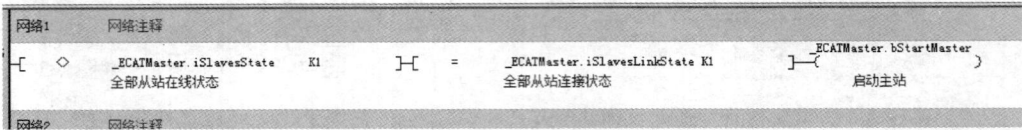

图 13-9　自动重启整个 EtherCAT 总线的 PLC 程序

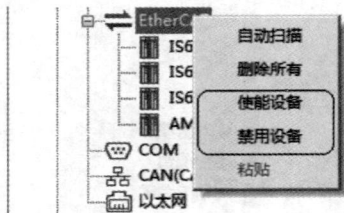

图 13-10　"使能设备"与"禁用设备"

2）禁用与使能。在调试阶段，可以通过禁用 EtherCAT 主站的方式停止 EtherCAT 主站的运行。需要注意的是，当禁用 EtherCAT 主站后，所有的 EtherCAT 从站被禁用掉，与从站关联的总线伺服轴将不再运行。

选中 EtherCAT 主站右击，可以看到"使能设备"与"禁用设备"，如图 13-10 所示。

（5）主站状态监控。在状态页面中可以查看 EtherCAT 总线的一些运行信息，主站运行信息监控如图 13-11 所示。

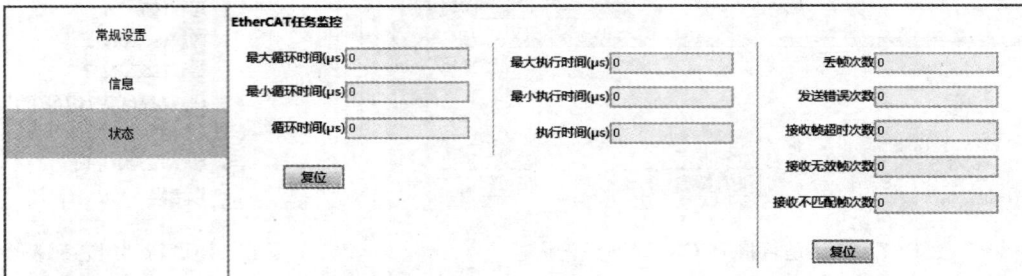

图 13-11　主站运行信息监控

图 13-11 中，左边一栏用于显示 EtherCAT 任务的执行信息。功能及相对应的系统变量见表 13-3。

项目十三

表 13-3   功能及相对应的系统变量

系统变量	数据类型	功能
dMaxCycleTime	DINT	EtherCAT 任务的最大循环周期
dMinCycleTime	DINT	EtherCAT 任务的最小循环周期
dCycleTime	DINT	EtherCAT 任务的上一周期的循环周期
dMaxExeTime	DINT	EtherCAT 任务的最大执行时间
dMinExeTime	DINT	EtherCAT 任务的最小执行时间
dExeTime	DINT	EtherCAT 任务在上一周期的执行时间
bResetTime	BOOL	复位执行时间和循环时间

图 13-11 中，右边一栏用于显示当前 EtherCAT 总线数据收发的状态，见表 13-4。

表 13-4   总 线 数 据 收 发 状 态

系统变量	数据类型	功能
dtx _ error _ cnt	DINT	EtherCAT 数据帧发送错误次数
drx _ timeout _ cnt	DINT	EtherCAT 数据帧接收超时次数
drx _ corrupt _ cnt	DINT	EtherCAT 接收无效帧次数
drx _ unmatch _ cnt	DINT	EtherCAT 接收不匹配帧次数
dLoss _ frames	DINT	EtherCAT 丢失数据帧次数
bClearFrameCounter	BOOL	复位 EtherCAT 数据帧统计寄存器

另外可以通过系统变量监控主站的运行、停止、连接状态，监控主站系统变量见表 13-5。

表 13-5   监 控 主 站 系 统 变 量

系统变量	数据类型	功能
bMasterRunState	BOOL	EtherCAT 主站运行状态： 当 EtherCAT 主站接收到运行命令且所有从站启动完成后变成 TRUE； 注：在 EtherCAT 运行期间如果有部分从站掉线，该变量仍然未 TRUE
bLinkState	BOOL	主站连接状态： 只要有一个从站跟主站物理连接正常，变量输出有效，否则输出无效
iSlavesState	BOOL	全部从站在线状态： 当组态里面的全部从站处于运行状态时为 1，只要有一个从站处于非运行状态时为 0
iFirstErrorSlave	INT	组态中有从站故障（状态机切换到非 OP 状态或掉线）时该变量用于显示第一个掉线的从站的组态位置
iSlavesLinkState	INT	全部从站的物理连接状态： 当组态里面的全部从站物理连接正常时该变量为 1，否则为 0

2. 从站配置

（1）常规设置。

1）组态地址。从站的组态地址指在 AutoShop 设备树中的顺序地址，从 0 开始，顺序递增。该地址用于向从站系统变量数组时的下标或者读写 SDO 功能块的从站地址。

2）分布式时钟。该部分用于设置从站的同步运行模式，如图 13-12 所示。

同步模式选择：通常来讲 EtherCAT 从站可选项有自由运行模式（FreeRun）、同步于输入输出事件的运行模式（SM-Synchron）和同步于分布时钟的运行模式（DC-Synchron）。选择的从站不同，同步模式支持的选项会有不同。以 GL10-RTU-ECTA 模块为例，本模块只支持 SM-Synchron 模式，SYNC0 和 SYNC1 均不可设置。时钟从站内部仅有数据输入输出事件一个中断，从站内部处理逻辑同步于输入输出事件。SM-Synchron 模式如图 13-13 所示。

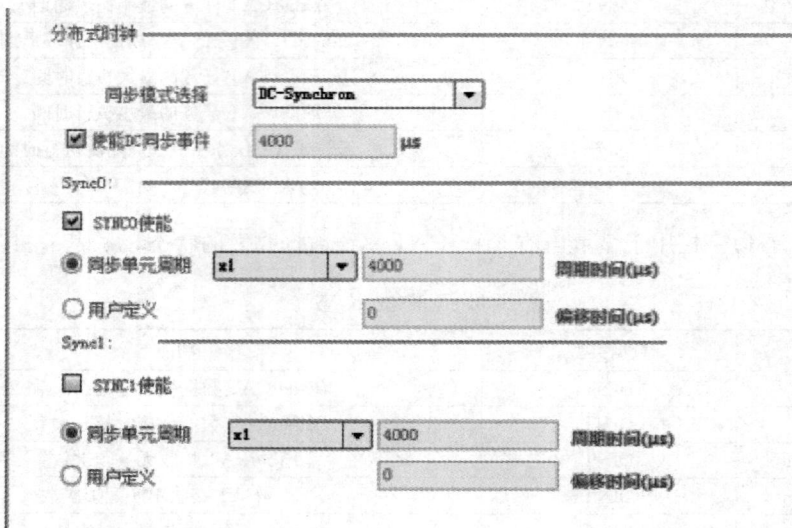

图 13-12　从站的同步运行模式

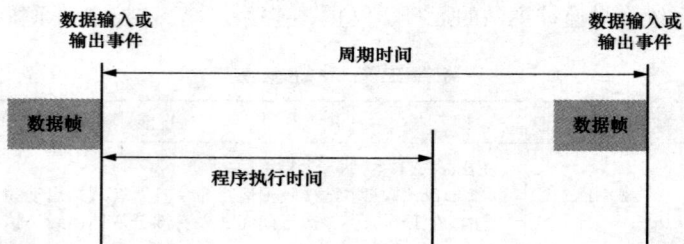

图 13-13　SM-Synchron 模式

以 GR10-4PME 模块为例，本模块只支持 DC-Synchron 模式，在该模式下，从站的 Sync 中断可以配置，默认使能 DC 同步事件，SYNC0 中断使能，SYNC0 中断的周期与 EtherCAT 主站循环时间相同，SYNC1 中断不使能。DC-Synchron 模式如图 13-14 所示。

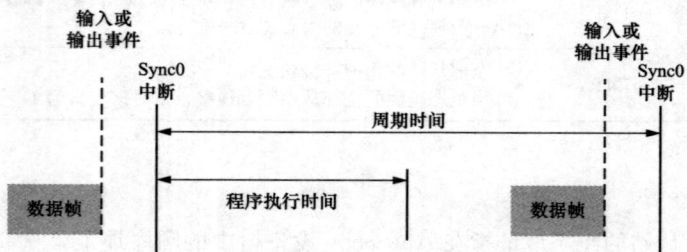

图 13-14　DC-Synchron 模式

DC-Synchron 模式下不建议客户修改默认配置，除非对 EtherCAT 通信原理比较了解。

（2）站点别名设置。只有使能专家模式后才可以设置从站的站点别名。要正确使用站点别名功能首先需要设置从站的站点别名，汇川伺服可以通过功能码设置，GR10-0808ETNE 模块可以通过拨码设置，GL10-RTU-ECTA 需要通过 EtherCAT 主站设置。H5U 要设置 ECTA 模块的站点别名需要遵循以下步骤。

1）建立组态，不勾选"别名使能"，下载程序后等待从站正常启动。

2）勾选"使能专家设置"，在写入站点别名框中根据需要写入站点别名，然后单击"写入 EEPROM"按钮，等待写入完成。站点别名写入如图 13-15 所示。

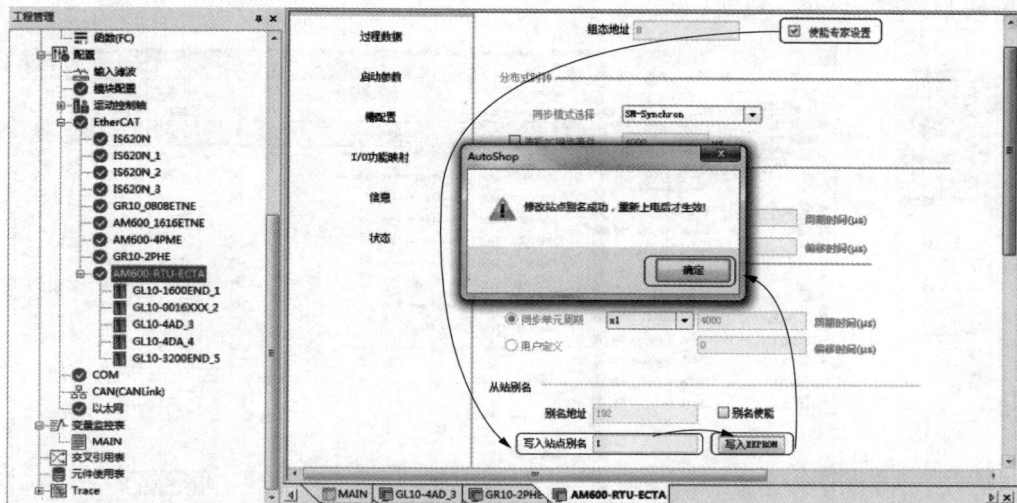

图 13-15 站点别名写入

3）将从站重新上电，可以通过自动扫描的方式查看别名是否真的写入成功。

4）在组态中勾选"别名使能"，在"别名地址"输入框中输入此时从站的实际站点别名，重新下载程序后生效。

注意：H5U 中不建议站点别名和站点正名混合使用；在使用站点别名功能后，读写 SDO 的功能块和访问从站的系统变量仍然采用组态地址。

（3）过程数据。程序数据界面用于编辑 PDO。

过程数据界面如图 13-16 所示。

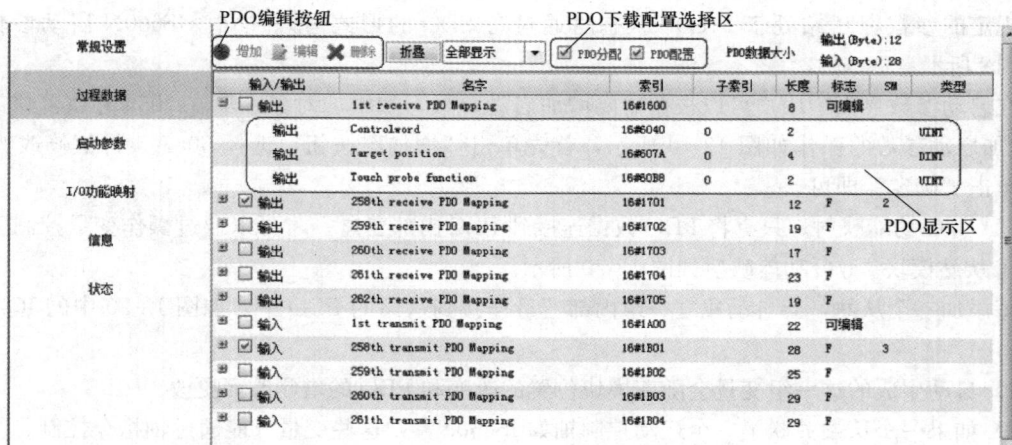

图 13-16 过程数据界面

PDO 按照数据流向分为输出组 PDO 和输入组 PDO。输出组 PDO 表示 EtherCAT 主站发送给 EtherCAT 从站的过程数据，如控制字 0x6040，输入组 PDO 表示 EtherCAT 从站发送给主站的过程数据。每一个从站可以有多组 PDO，其中有的组 PDO 可以编辑而有的 PDO 不可以编辑。图 13-16 中第一组输出 PDO 和第一组输入 PDO 为可编辑编辑 PDO，它们可以执行增加、编辑、删除的操作。新增 PDO 操作如图 13-17 所示，先选中第一组内的一个 PDO，单击"增加"按钮，选中 6060 后单击"确定"即可。

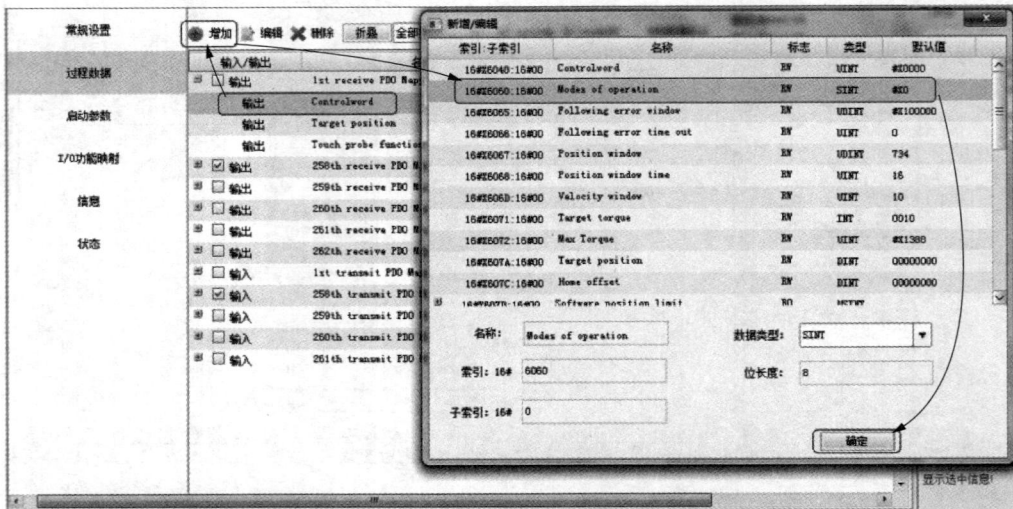

图 13-17　新增 PDO 操作

当一个从站有多组 PDO 时，PDO 的组与组之间可能有互斥关系，如 IS660N。每一次只能选择一组。这种互斥关系是随从站不同而不同的，如 GL10-RTU-ECTA 允许勾选多组。主站通过 PDO 分配和 PDO 映射将 PDO 配置关系通过启动参数的形式下载到 EtherCAT 从站里面。PDO 分配选择的 PDO 的组号下载到从站，PDO 配置用于将可编辑的一组内部的 PDO 下载到从站。当更改 PDO 而不勾选这两项有可能导致从站启动失败。在启动参数列表中可以查看这些配置信息。

（4）启动参数。启动参数是将从站的 PDO 配置信息、厂家设置参数和一些协议（如 402 协议）规定的参数在从站处于 PreOP 状态时通过写 SDO 的形式写入从站。IS660N 启动参数如图 13-18 所示。

在启动参数界面中用户可以根据需要增加启动参数，如增加对象字典 0x605a 并将值修改为 5，增加启动参数的操作如图 13-19 所示，首先单击"增加"按钮，选择 605A，将值修改为 5，之后单击"确定"即可。

（5）I/O 功能映射。只有将 PDO 数据连接到 PLC 内部变量，才可以通过操作变量控制 EtherCAT 从站模块。I/O 功能映射如图 13-20 所示。

每添加一个从站，会自动建立一组内部变量连接到从站的 PDO 中，如图 13-20 中的 IQ2 _ 0 所示。

1）自动生成的这一组变量会随着模块位置的改变和 PDO 的增删改而更改。

2）如果一个从站关联了一个运动控制轴如 IS660N，则这些变量只能通过轴指令控制。

（6）关联变量。如需修改关联的变量，请按照如下步骤操作（以 GR10-1616ETNE 模块为例）。

244

1）打开 PLC 变量表，新增变量。

2）在 I/O 功能映射界面关联变量的操作如图 13-21 所示，首先打开从站设备，选择"I/O 功能映射"，单击 ⋯ 按钮，选择变量表并选择指定变量后单击"确定"即可。

图 13-18　IS660N 启动参数

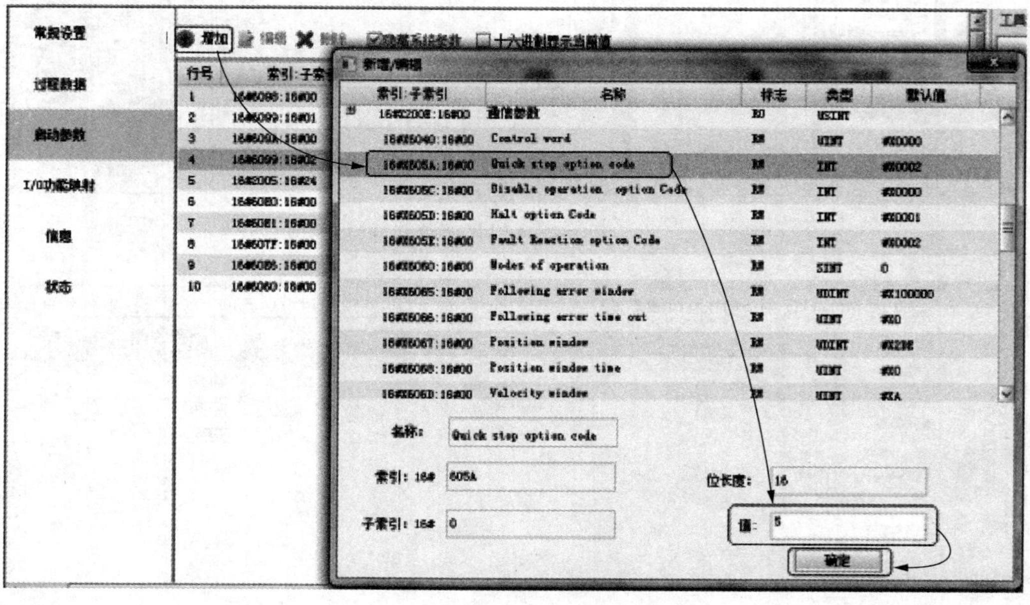

图 13-19　增加启动参数的操作

3）关联完成后的界面如图 13-22 所示。

图 13-20　I/O 功能映射

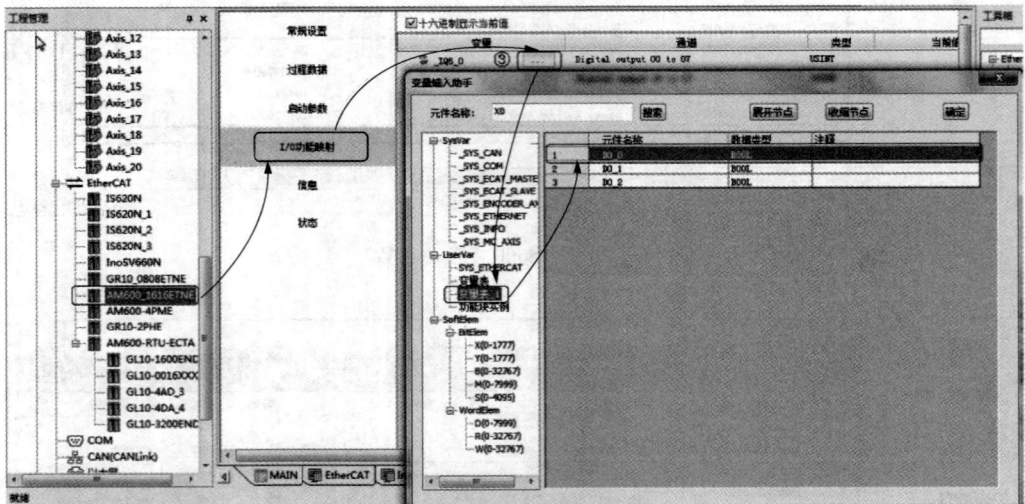

图 13-21　在 I/O 功能映射界面关联变量的操作

图 13-22　关联完成后的界面

4）通过 PLC 程序控制从站的 DO_0 每 1s 闪烁 1 次，与控制主站的 PLC 变量一样。

(7) 映射规则。在 H5U 中，自定义变量的数据类型只有 BOOL、INT、DINT、REAL 3 种基本数据类型，而 EtherCAT 从站的 PDO 变量数据类型比较多，因此需要映射。H5U 的 IO 映射规则见表 13-6。

表 13-6   H5U 的 IO 映射规则

数据类型	位长度	映射方式
BOOL	1	BOOL
BYTE	8	INT：低 8 位有效，高 8 位保留； BOOL [8]：采用 8 位 BOOL 型数组
SINT	8	INT：低 8 位有效，高 8 位保留； BOOL [8]：采用 8 位 BOOL 型数组
USINT	8	INT：低 8 位有效，高 8 位保留； BOOL [8]：采用 8 位 BOOL 型数组
BITARR8	8	INT：低 8 位有效，高 8 位保留； BOOL [8]：采用 8 位 BOOL 型数组
BIT8	8	INT：低 8 位有效，高 8 位保留； BOOL [8]：采用 8 位 BOOL 型数组
INT	16	INTBOOL [16]：16 位 BOOL 型数组
UINT	16	INTBOOL [16]：16 位 BOOL 型数组
WORD	16	INT； BOOL [16]：16 位 BOOL 型数组
BITARR16	16	INT； BOOL [16]：16 位 BOOL 型数组
DINT	32	DINTBOOL [32]：32 位 BOOL 型数组
UDINT	32	DINTBOOL [32]：32 位 BOOL 型数组
DWORD	32	DINT； BOOL [32]：32 位 BOOL 型数组
BITARR32	32	DINT； BOOL [32]：32 位 BOOL 型数组
REAL	32	REAL

(8) 启停、禁用、使能。H5U 不支持单独启停控制单个从站，仅支持启停控制整个 EtherCAT 总线。当组态中的从站多余实际接入的设备时，可以通过禁用组态中不存在的从站达到匹配的目的。禁用的操作方式为选中目标从站，右击选择禁用（使能）功能。

(9) 从站系统变量见表 13-7。

表 13-7   从 站 系 统 变 量

系统变量	数据类型	功能描述
bSlaveRunState	BOOL	从站的运行状态： 当从站处于 OP 模式为 TRUE，否则为 FALSE
bSetAliasState	BOOL	设置站点别名状态（后台专用）： TRUE：设置忙； FALSE：空闲或设置完成
bSetAliasError	BOOL	设置站点别名失败（后台专用）： TRUE：设置站点别名失败； FALSE：无故障

续表

系统变量	数据类型	功能描述
bSetAlias	BOOL	设置站点别名（后台专用）： 在变量的上升沿，将 wTarAlias 的值写入从站
wALState	INT	从站 EtherCAT 状态机的状态： 1：INIT； 2：PreOP； 4：SafeOP； 8：OP
wAlCode	INT	从站状态机转换失败故障码，详见各从站的手册
wActAlias	INT	从站的实际站点别名，上电初始化一次，修改不生效
wTarAlias	INT	要写入的站点别名（后台专用）
wStationAddress	INT	从站的顺序地址，上电初始化一次，修改不生效

3. 故障与诊断

（1）故障获取。BF 灯用于显示 EtherCAT 总线的故障状态，意义如下：①LED 灭，表示无故障；②LED 闪烁，表示 EtherCAT 总线通信异常；③LED 亮，表示主站申请失败。EtherCAT 指令故障可以通过指令的 ErrorID 获取故障码；EtherCAT 总线的故障可以通过故障诊断界面获取。

（2）故障码。EtherCAT 总线故障码见表 13-8。

表 13-8　　　　　　　　　　　EtherCAT 总线故障码

故障码	原因	解决方案
8001	申请主站失败	查看单板软件和后台版本是否匹配； 重启 PLC
8002	获取从站配置参数失败	查看单板软件和后台版本是否匹配
8003	主站启动超时	查看网络是否接好
8004	申请主站失败	重启 PLC
8200	启动参数写入失败	检查启动参数列表中是否有从站不支持的对象字典 检查对象字典的值是否超范围
8201	运行过程中从站丢失	检查从站之间的网络是否断线 检查从站是否断电
8202	运行过程中从站进入非 OP 状态	检查从站之间的网络是否断线 检查从站是否断电
8203	保留	
8204	从站类型不对	检查网线是否接反 检查组态中的设备和实际接入的设备是否匹配
8205	PDO 地址错误	检查内存是否用尽 确认后台和单板软件的版本是否匹配 断电重启

续表

故障码	原因	解决方案
8206	PDO 长度错误	确认后台和单板软件的版本是否匹配
8301	切换到 INIT 状态失败	确认从站状态机是否支持状态转换
8302	切换到 PerOP 状态失败	确认从站是否支持 CoE 协议
8304	切换到 SafeOP 状态失败	确认 PDO 通信配置是否正确
8308	切换到 OP 状态失败	确认网络通信质量 确认 EtherCAT 任务周期是否合理
8310	FMMU 单元配置错误	确认从站是否支持 FMMU 单元
8311	邮箱配置错误	确认从站是否支持 SM 单元
8400	ECTA 组态错误	确认组态中扩展模块和实际接入的扩展模块是否相同
8401	ECTA 硬件错误	确认 ECTA 和扩展模块之间的是否松动 更换 ECTA
8402	ECTA 挂载的扩展模块错误	根据 ECTA 手册进一步确认扩展模块的故障类型

二、EtherCAT 通信从站模块

1. EtherCAT 通信从站模块 GR10-0808ETNE

GR10-0808ETNE 是 8 点输出、8 点输入的 EtherCAT 通信从站模块。

（1）外部接口如图 13-23 所示。接口功能定义见表 13-9。

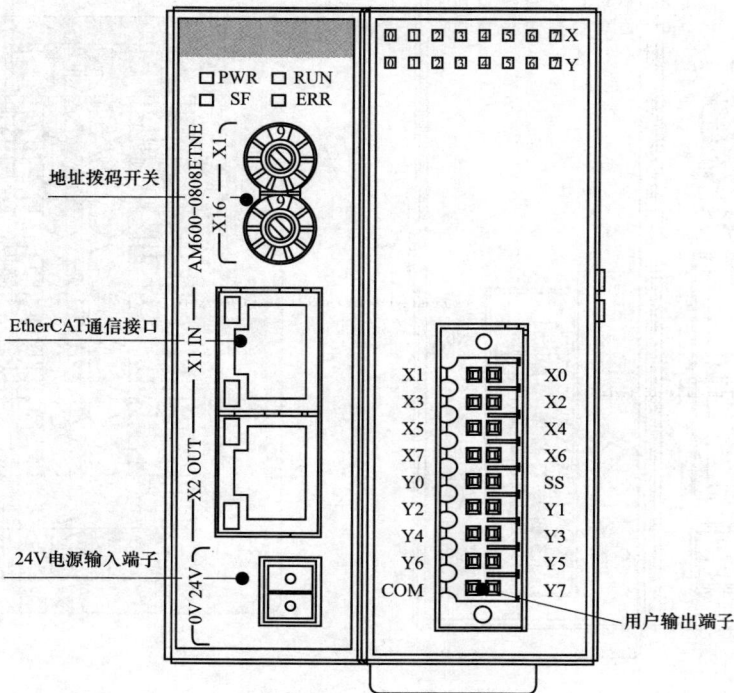

图 13-23　外部接口

表 13-9   接口功能定义

接口名称	功能定义		
EtherCAT 通信接口	X1 IN：EtherCAT 输入口		
	X2 OUT：EtherCAT 输出口，用于连接后级的 EtherCAT 从站		
信号指示灯	PWR	电源指示灯	绿色	电源接通时点亮
	RUN	运行指示灯	绿色	模块正常运行时点亮
	SF	模块故障指示灯	红色	模块故障时点亮
	ERR	状态机错误指示灯	红色	状态机错误时点亮
IO 信号指示灯	分别对应各路输入输出信号指示，输出或输入有效指示灯亮，否则灭		
24V 电源输入端子	模块电源输入		
地址拨码开关	从站地址设置开关为 ADDR1/ADDR0；站点地址码盘开关，地址以十六进制方式设定，从站十进制地址＝ADDR1×16＋ADDR0×1（地址：1～255）		

（2）一般规格。

1）电源规格：24V DC（20.4～28.8V DC）（-15％～＋20％）。

2）通信协议：EtherCAT 工业实时总线协议。

3）最高通信速度：100Mbit/s。

4）网口/网线：标准网口并配以超五类网线，电缆长度＜100m。

5）站号范围：拨码可设置1～255，或者采用网络总线自动分配。

（3）端子信号排列如图 13-24 所示。

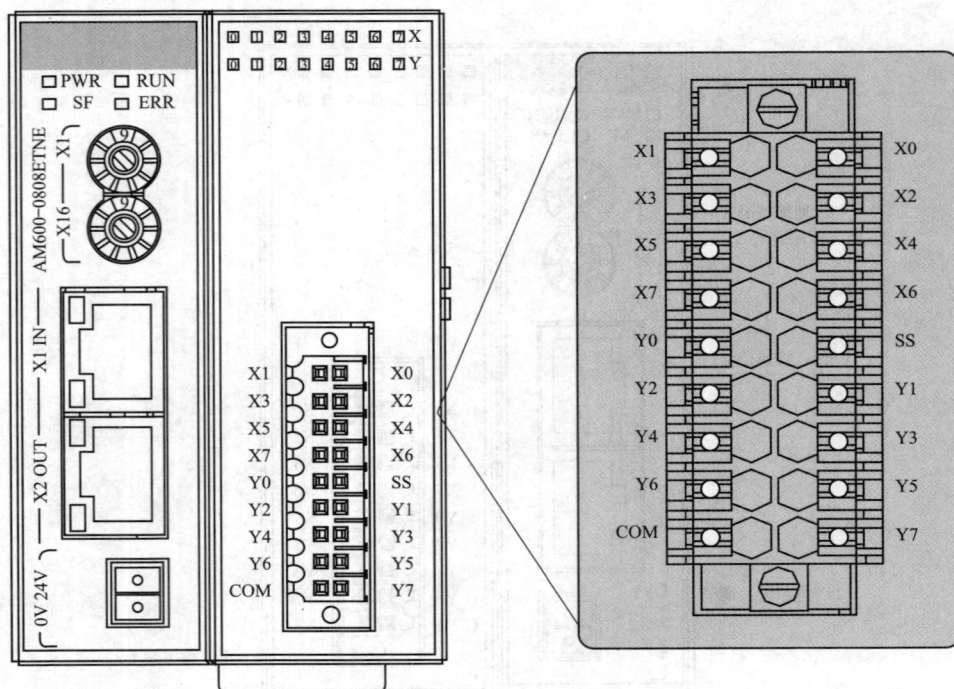

图 13-24　端子信号排列

（4）外部配线见表 13-10。

表 13-10   外 部 配 线

外部配线	信号名称	端子编号		信号名称	外部配线
	B 列			A 列	
	输入公共端				
24VDC	输入 1 (X1)	2	1	输入 0 (X0)	
	输入 3 (X3)	4	3	输入 2 (X2)	
	输入 5 (X5)	6	5	输入 4 (X4)	
	输入 7 (X7)	8	7	输入 6 (X6)	
负载	输出 0 (Y0)	10	9	输入公共端 (SS)	24VDC
负载	输出 2 (Y2)	12	11	输出 1 (Y1)	负载
负载	输出 4 (Y4)	14	13	输出 3 (Y3)	负载
负载	输出 6 (Y6)	16	15	输出 5 (Y5)	负载
24VDC	输出公共端 (COM)	18	17	输出 7 (Y7)	负载
				输出公共端	24VDC

2. GR10-0808ETNE 应用

(1) 创建一个新工程。

1) 打开 AutoShop 软件。

2) 选择 "文件"→"新建工程", 创建新工程 "EtherCAT2"。

(2) 添加 EtherCAT 从站模块。

1) 打开右侧的工具箱。

2) 展开 Inovance Devices, 找到 GR10 _ 0808ETNE。

3) 双击 GR10 _ 0808ETNE, 将 GR10 _ 0808ETNE 添加到 "配置" 选项下的 EtherCAT 子项下。添加 EtherCAT 从站模块如图 13-25 所示。

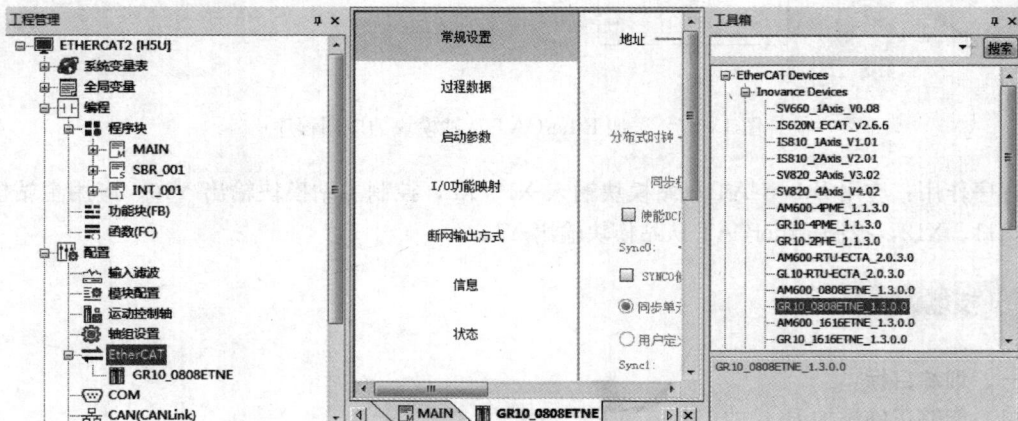

图 13-25   添加 EtherCAT 从站模块

（3）查看 EtherCAT 从站模块映射地址。

1）双击目录树 EtherCAT 子项下 GR10＿0808ETNE，打开"GR10＿0808ETNE 配置"对话框。

2）单击 I/O 功能映射，将出现 EtherCAT 从站模块映射地址。查看 EtherCAT 从站模块映射地址如图 13-26 所示。

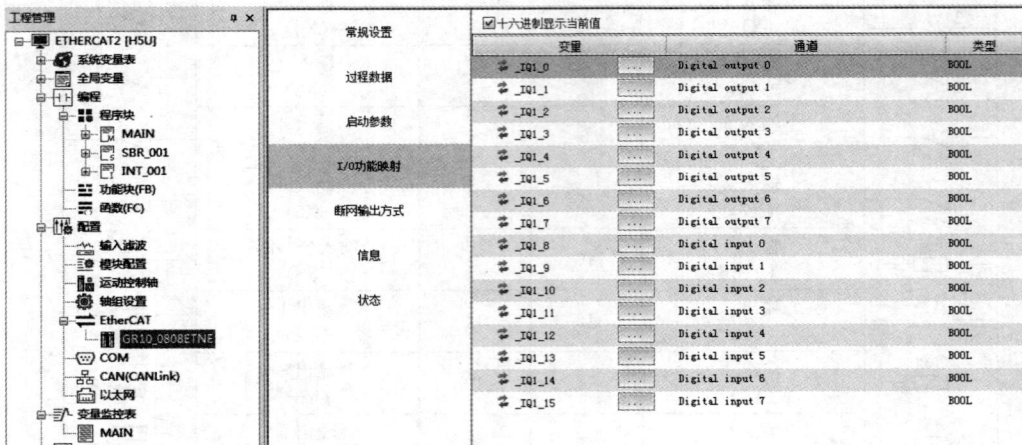

图 13-26　查看 EtherCAT 从站模块映射地址

（4）设计 EtherCAT 从站模块的应用程序。

1）单击工程管理目录树"程序块"下的"MAIN"，打开程序编辑器。

2）在程序编辑器中输入 EtherCAT 从站模块的应用程序，如图 13-27 所示。

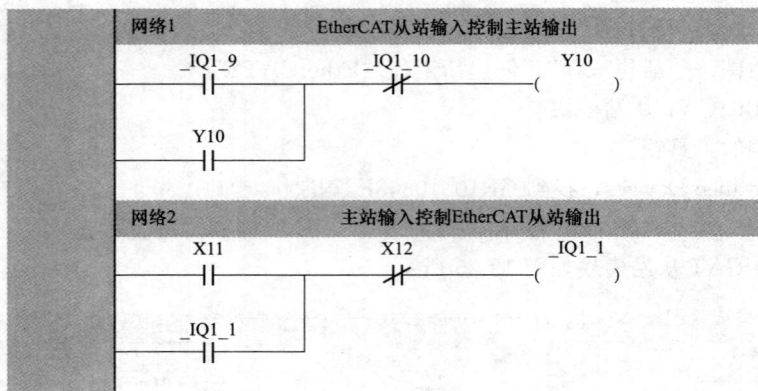

图 13-27　添加 EtherCAT 从站模块的应用程序

程序作用：应用 EtherCAT 从站模块输入 X1、X2，控制主站模块输出 Y10；应用主站模块输入 X11、X12，控制 EtherCAT 从站模块输出 Y1。

技能训练

一、训练目标

（1）能够正确添加 PLC 的 EtherCAT 从站模块。

（2）能够正确配置 EtherCAT 从站模块参数。

（3）能够正确使用 EtherCAT 从站模块 IO 映射地址。

（4）能设计和输入 PLC 的 EtherCAT 从站模块程序。

（5）能够独立完成 PLC 的控制线路的安装。

（6）按规定进行通电调试，应能根据设计要求进行检修，并使系统正常工作。

二、训练步骤与内容

1. 创建一个新工程

（1）打开 AutoShop 软件。

（2）选择"文件"→"新建工程"，创建新工程"EtherCAT2"。

2. 添加 EtherCAT 从站模块

（1）打开右侧的工具箱。

（2）展开 Inovance Devices，找到 GR10 _ 0808ETNE。

（3）双击 GR10 _ 0808ETNE，将 GR10 _ 0808ETNE 添加到"配置"选项下的 EtherCAT 子项下，添加 EtherCAT 从站模块。

3. 查看 EtherCAT 从站模块映射地址

（1）双击目录树"EtherCAT"子项下"GR10 _ 0808ETNE"，打开"GR10 _ 0808ETNE"配置对话框。

（2）单击 I/O 功能映射打开 EtherCAT 从站模块映射地址，查看 EtherCAT 从站模块输入软元件 X0～X7 地址，查看 EtherCAT 从站模块输出软元件 Y0～Y7 地址。

4. 设计 EtherCAT 从站模块的应用程序

（1）单击工程管理目录树"程序块"下的"MAIN"，打开程序编辑器。

（2）在程序编辑器中输入图 13-27 所示的 EtherCAT 从站模块应用程序。

5. 运行调试

（1）使用以太网电缆连接 PLC 和 EtherCAT 从站模块，EtherCAT 从站模块连接直流 24V 电源，EtherCAT 从站模块＋24V 电源线与输入公共 SS 端连接。

（2）接通电源，观察 EtherCAT 从站模块 GL10-0808ETNE 的电源指示灯。

（3）USB 通信线连接 PLC 与电脑。

（4）将程序下载到 PLC，并使 PLC 处于运行状态。

（5）按下连接在 PLC 输入 X11 端的按钮，观察 EtherCAT 从站模块输出端 Y1 的状态变化，体会主站 PLC 对 EtherCAT 从站的控制作用。

（6）按下连接在 PLC 输入 X12 端的按钮，观察 EtherCAT 从站模块输出端 Y1 的状态变化，体会主站 PLC 对 EtherCAT 从站的控制作用。

（7）按下连接在 EtherCAT 从站模块输入 X1 端的按钮，观察 PLC 输出端 Y10 的状态变化，体会 EtherCAT 从站对主站 PLC 的控制作用。

（8）按下连接在 EtherCAT 从站模块输入 X2 端的按钮，观察 PLC 输出端 Y10 的状态变化，体会 EtherCAT 从站对主站 PLC 的控制作用。

习题 13

1. 通过 IT7000 触摸屏与 H5U 的 TCP 监控通信协议，实现对远程扩展模块的控制与应用。

2. 通过 IT7000 触摸屏与 H5U 的 ModbusTCP 通信，实现简易交通灯的控制和监控。

项目十四　运动控制

（1）了解 PLC 运动控制知识。
（2）学会正确配置总线伺服轴。
（3）学会正确配置本地脉冲轴。
（4）能够正确使用 PLC 运动控制指令。
（5）学会设计 PLC 运动控制程序。
（6）学会调试 PLC 运动控制程序。

任务 21　PLC 运动控制

基础知识

一、运动控制轴简介

1. 运动控制轴基本构成和控制逻辑

在 H5U 运动控制系统中，将运动控制的对象称为轴。轴是连接驱动器和 PLC 指令间的桥梁。H5U 的运动控制轴用于控制符合 402 协议的 EtherCAT 总线驱动器、本地脉冲输出和本地脉冲输入。

在 PLC 内部，轴的基本构成和处理逻辑如图 14-1 所示。

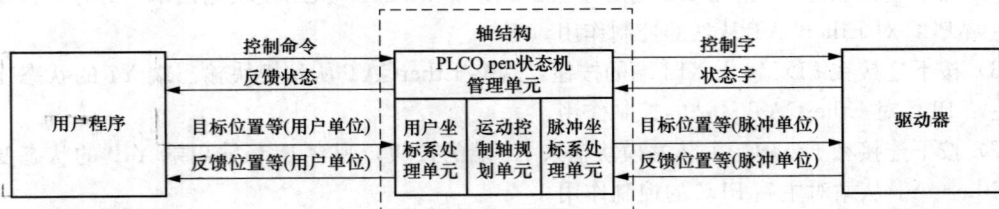

图 14-1　轴的基本构成和处理逻辑

（1）指令类型。轴指令分为控制类（如 MC_Power）、运动类（如 MC_MoveRelative）和状态类（如 MC_ReadStatus）指令。PLC 首先将这些指令解析成控制命令、目标位置（用户单位）等参数传递给轴结构，轴结构在接收到这些命令后通过坐标系转换、PLCopen 状态机管理、运动规划单元处理后转换成符合 402 协议规范的命令形式，控制伺服的相关对象字典，如通过 0x6040 控制伺服的使能，通过 0x607A 控制驱动器的运动。驱动器通过 402 协议将相关状态反馈给轴结构，如通过 0x6041 反馈当前状态，通过 0x6064 反馈当前位置。轴结构接收到这些状态后通过内部控制逻辑反馈给相关的指令。轴控指令在 PLC 任务中解析，PLCopen 状态机和路径规划在 EtherCAT 任务中执行，轴指令两个任务时序调度，如图 14-2 所示。

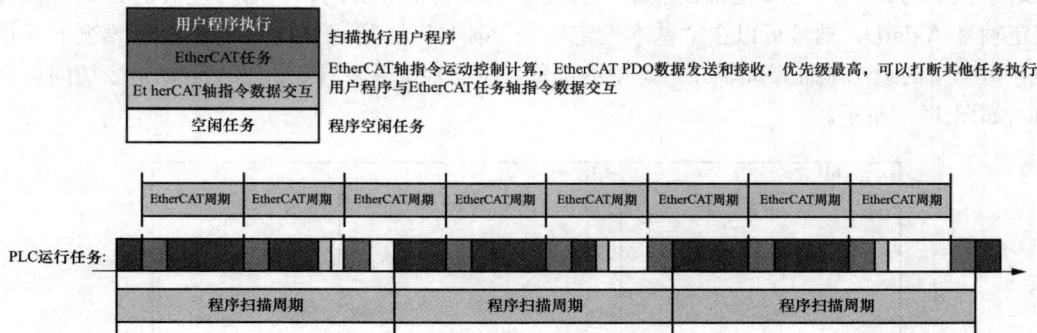

图 14-2　轴指令两个任务时序调整

（2）轴类型。H5U 支持的轴类型包括总线伺服轴、本地脉冲轴、总线编码器轴、本地编码器轴。

1）总线伺服轴。使用 EtherCAT 从站伺服驱动器控制的轴。不使能虚轴模式的情况下，总线伺服轴用于分配给实际的伺服驱动器加以使用。总线伺服轴支持力矩、点位、速度、原点回归几种基本模式的控制。

2）本地脉冲轴。使用本地高速 IO 控制的脉冲驱动器控制的轴。H5U 允许设置 4 个本地脉冲轴，分别为 Y0/Y1、Y2/Y3、Y4/Y5、Y6/Y7，每一路脉冲输出通道可选择设置为脉冲＋方向或者 CW/CCW，每一路脉冲输出通道最多可以设置两路探针端子。本地脉冲轴支持点位、速度、原点回归几种基本模式的控制，不支持力矩模式。

3）本地编码器轴。通过编码器、高速计数器控制的运动轴。

（3）轴属性。为完成的描述轴的属性，监控轴的状态，控制轴的运动，将轴分成 3 个部分。

1）轴配置参数。用于配置轴的各个参数，如齿轮比、原点回归类型、编码器模式等。

2）轴系统变量。用于监控轴的运行状态和异常信息，如当前位置、轴故障码等。

3）轴控指令。在用户程序中，使用 MC 运动控制指令执行轴运动控制。轴控指令分为管理类指令和运动类指令。

（4）配置界面。在工程中，轴的配置界面如图 14-3 所示。

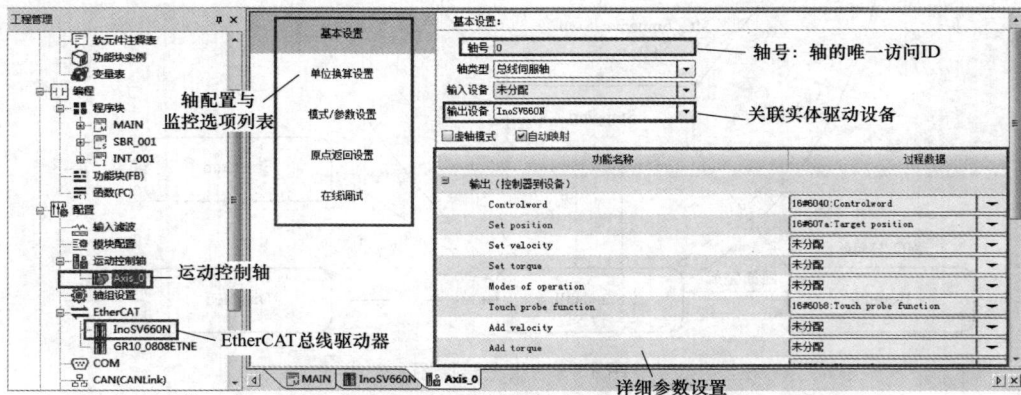

图 14-3　轴的配置界面

（5）运动控制轴访问方式。在 PLC 程序中可以通过运动控制指令和系统变量两种方式访问运动控制轴。

对于 AutoShop 4.0.0.0 之前的版本，通过运动控制指令访问轴。需要注意的是，要在指令中指定轴号 AxisID，轴号可以在"基本设定"→"轴号"一栏设定；系统变量中数组下标指的是轴在组态中的组态地址，即轴在组态中的位置，组态地址从 0 开始。通过运动指令访问运动控制轴，如图 14-4 所示。

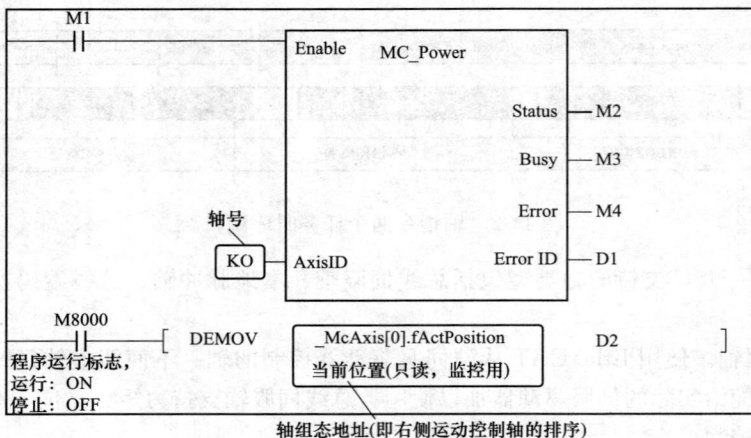

图 14-4　通过运动指令访问运动控制轴

从 AutoShop 4.0.0.0 版本搭配单板软件 3.0.0.0 版本开始，轴指令和轴的系统变量可以通过轴名称的方式访问。

（6）PLCopen 状态机。H5U 基于 PLCopen 状态机对轴的状态和运动进行管理，在每一个不同状态下完成不同的功能，状态转换图如图 14-5 所示。

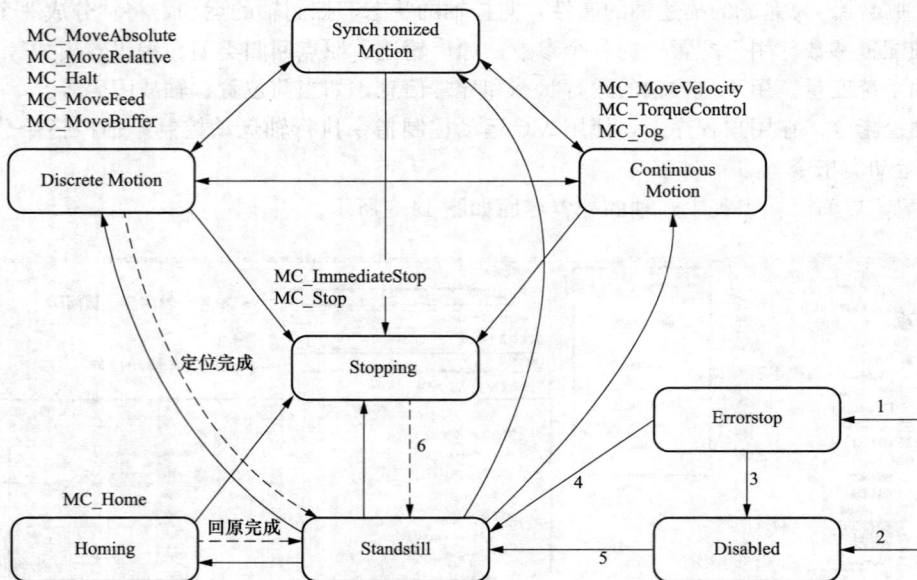

图 14-5　状态转换图

状态转换详细描述见表 14-1。

表 14-1   状态转换详细描述

状态	功能描述
Disabled	未使能状态
ErrorStop	故障停机状态
Standstill	使能状态
Homing	原点回归状态
Stopping	停止状态
Discrete Motion	离散运动
Continuous Motion	连续运行状态
Synchronized Motion	同步运行状态

状态迁移条件见表 14-2。

表 14-2   状 态 迁 移 条 件

转换	转换条件
1	当轴的故障检测逻辑检测到故障时立即进入该状态
2	当轴无故障且 MC_Power.Enable＝FALSE 时
3	当调用 MC_Reset 复位轴故障且 MC_Power.Status＝FASLE 时
4	当调用 MC_Reset 复位轴故障且 MC_Power.Status＝TRUE 时
5	当 MC_Power.Enable＝TRUE 且 MC_Power.Status＝TRUE 时
6	当 MC_Stop（MC_ImmediateStop）.Done＝TRUE 且 MC_Stop（MC_ImmediateStop）.Execute＝FASLE 时

2. 轴的单位

在轴结构中用到两个单位，分别为用户单位和脉冲单位。

（1）用户单位。在指令侧用的以 mm、cm、（°）等为计量单位的称为用户单位，通常用 Unit 表示。用户坐标系根据使用工况的不同由分为线性坐标系和旋转坐标系。

1）线性坐标系通常包含一个零点，目标位置增大时为正向运动，目标位置减小时为反向运动。线性坐标系可以设置正负软限位。

2）旋转坐标系包含一个零点和一个旋转周期，一个循环周期内，目标位置增大时为顺时针运动，目标位置减小时为逆时针运动。

（2）脉冲单位。在驱动器侧使用的以脉冲数为计量的单位，称为脉冲单位，通常用 pluse 表示。驱动器通常包含脉冲零点和电动机转一周编码器的脉冲数两个参数。寻找和设定伺服电动机脉冲零点的过程叫作原点回归。伺服电动机旋转一圈的脉冲数常用于计算工件的移动距离。

3. 轴配置参数

通过设定运动控制轴的属性以满足实际需求，轴的配置参数汇总见表 14-3。

表 14-3   轴 的 配 置 参 数 汇 总

分类	内容	总线伺服轴	本地脉冲轴
基本设定	轴号	√	√
	轴类型	√	√
	输入设备	×	×
	输出设备	√	√
	自动映射	√	×
	虚轴模式	√	√
	循环变量	√	×
	反向	√	√

续表

分类	内容	总线伺服轴	本地脉冲轴
单位换算设置	电机/编码器旋转一圈的指令脉冲数	√	√
	电机/编码器旋转一圈的工作行程	√	√
	齿轮比分子	√	√
	齿轮比分母	√	√
模式/参数设置	编码器模式	√	×
	模式设置	√	×
	软件限位	√	√
	软件出错响应	√	√
	跟随误差	√	√
	轴速度设置	√	√
	扭矩限制	√	×
	探针设置	×	√
	输出设置	×	√
	硬件限位逻辑	×	√
原点返回设置	原点信号	√	√
	正限位	√	√
	负限位	√	√
	Z信号	√	√
	原点返回方向	√	√
	原点输入检测方向	√	√
	原点返回列表	√	√
	原点返回速度	√	√
	原点返回接近速度	√	√
	原点返回加速度	√	√
	原点返回超时时间	√	√
	负限位端子设置	×	√
	正限位端子设置	×	√
	原点信号设置	×	√
在线调试	监控列表	√	√
	运动调试	√	√

4. 轴系统变量

在程序中可以通过轴的系统变量监控轴的当前状态。总线伺服轴/本地脉冲轴的系统变量，详见《H5U 系列可编程逻辑控制器编程与应用手册》。

5. 轴控指令列表

H5U 支持的单轴控制指令见表 14-4。详细用法请参见《H5U 系列可编程逻辑控制器指令手册》。

表 14-4 H5U 支持的单轴控制指令

指令	名称
MC _ Power	使能控制指令
MC _ Reset	复位故障指令
MC _ ReadStatus	读取轴状态指令
MC _ ReadAxisError	读取轴错误指令
MC _ ReadDigitalInput	读取数字量指令
MC _ ReadActualPosition	读取实际位置指令
MC _ ReadActualVelocity	读取实际速度指令

续表

指令	名称
MC _ ReadActualTorque	读取实际力矩指令
MC _ SetPosition	设置定位指令
MC _ TouchProbe	探针指令
MC _ MoveRelative	相对定位指令
MC _ MoveAbsolute	绝对定位指令
MC _ MoveVelocity	速度指令
MC _ Jog	点动运动指令
MC _ TorqueControl	力矩控制指令
MC _ Home	原点回归指令
MC _ Stop	停止指令
MC _ Halt	暂停指令
MC _ ImmediateStop	急停指令
MC _ MoveFeed	中断定长指令
MC _ MoveBuffer	多段位置定位指令

二、运动控制轴设定步骤

目标：新建一个总线伺服轴和一个本地脉冲轴，并通过在线调试界面和指令两种方式实现简单的运动。

1. 新建工程

（1）打开软件，新建工程，工程类型选择 H5U。

（2）工程创建成功后进入工程编辑主界面，如图 14-6 所示。

图 14-6 工程编辑主界面

工程编辑主界面包括菜单栏、快捷工具栏、工程管理区、程序编辑区和运动控制工具箱。

2. 创建工程组态

要控制 IS620N 运动，需要配置一个伺服驱动器和一个总线伺服轴，并将两者连接到一起。H5U 提供了自动扫描和手动添加两种连接模式。

自动扫描模式仅用于添加总线伺服轴，本地脉冲轴需要通过手动添加方式。

（1）自动扫描。

1）检查是否已经勾选"系统选项"中的"新建从站时自动创建轴并关联从站"选项，如果没有勾选，手动勾选上。

2）检查电脑主机是否正常连接 PLC，PLC 的 EtherCAT 网口是否正常链接伺服驱动器。

3）查看工具箱的 EtherCAT 设备列表中是否存在 IS620N，如果不存在，请添加。

4）选中主站，右击选择"自动扫描"后弹出自动扫描对话框。

5）单击"开始扫描"，扫描完成后单击"更新组态"完成总线伺服轴的创建。

6）扫描完成后可在设备树中看到伺服驱动器和总线伺服轴。

（2）手动添加

1）打开工具箱，找到 IS620N。如果没有，需要通过导入设备描述文件的方式将 IS620N 的 ESI 设备描述文件添加到工具箱中。

2）双击工具箱中的 IS620N，可以在设备树 EtherCAT 组态中添加一个 IS620N。如果已经勾选了系统选项中"新建从站时自动创建轴并关联从站"，则添加 IS620N 的同时也会添加一个总线伺服轴，否则不会自动添加总线伺服轴。本例程中假设没有勾选"新建从站时自动创建轴并关联从站"。

3）选中设备树中的"运动控制轴"，右击鼠标选择"添加轴"，随即可以添加一个运动控制轴。此操作重复两次即可建立两个轴。

（3）添加两个轴后的组态。设置第一个轴为总线伺服轴，关联 IS620N，总线伺服轴组态如图 14-7 所示。

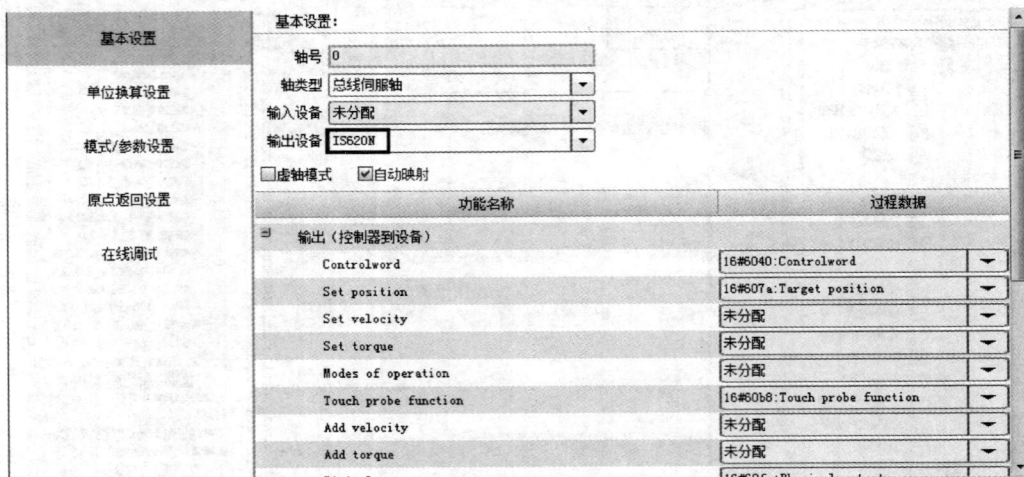

图 14-7　总线伺服轴组态

设置第二个轴为本地脉冲轴，关联 Y0/Y1 通道，本地脉冲轴组态如图 14-8 所示。

3. 设定轴参数

（1）总线伺服轴。根据实际工况及需求设置轴的相关参数，参数设置如下。

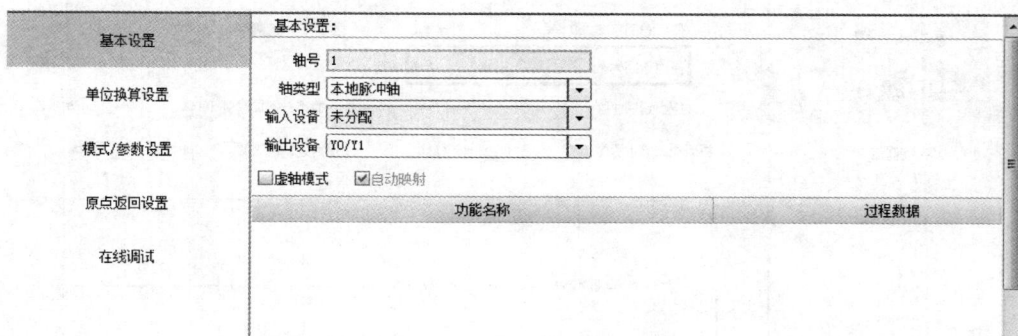

图 14-8　本地脉冲轴组态

1）设置为旋转模式，旋转周期为 10，如图 14-9 所示。

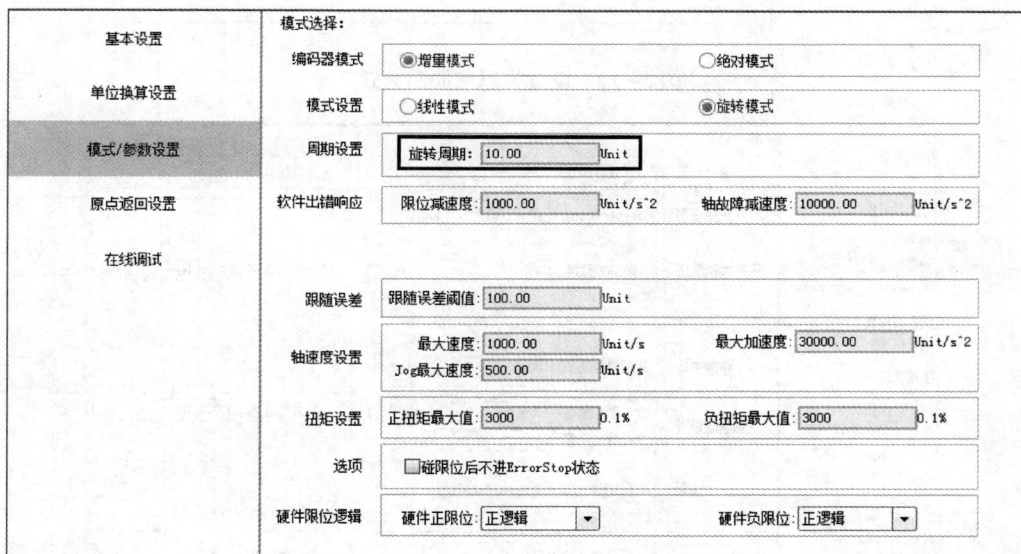

图 14-9　设置为旋转模式

2）设置为原点回归方式，回零方式 33，如图 14-10 所示。

（2）本地脉冲轴。根据实际工况及需求设置轴的相关参数，在本例程中设置如下。

1）修改脉冲输出方式为 CW/CCW，如图 14-11 所示。

2）修改"电机/编码器旋转一圈的指令脉冲数"为 5000（16＃1388），如图 14-12 所示。

3）修改原点回归方式为"回零方式 17"，设置负向限位为 M1000。

4. 编写程序

（1）采用 MC _ Power 功能块控制控制轴的使能，MC _ Power 为指令，控制轴的使能程序如图 14-13 所示。

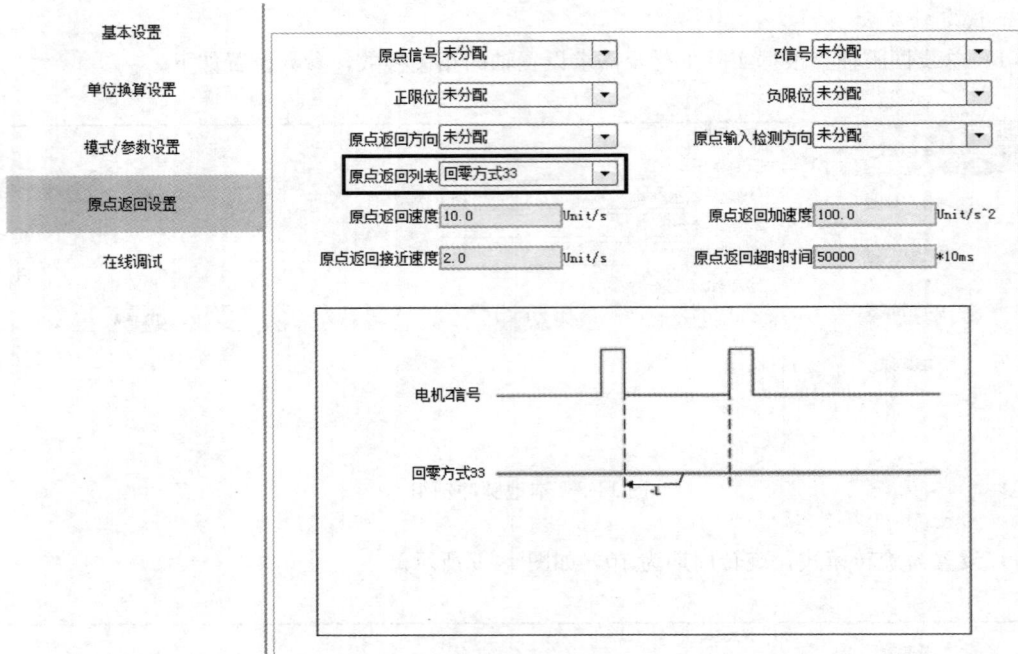

基本设置

单位换算设置

模式/参数设置

原点返回设置

在线调试

原点信号 未分配　　　Z信号 未分配

正限位 未分配　　　负限位 未分配

原点返回方向 未分配　　　原点输入检测方向 未分配

原点返回列表 回零方式33

原点返回速度 10.0 Unit/s　　　原点返回加速度 100.0 Unit/s^2

原点返回接近速度 2.0 Unit/s　　　原点返回超时时间 50000 *10ms

电机Z信号

回零方式33

图 14-10　设置为原点回归方式

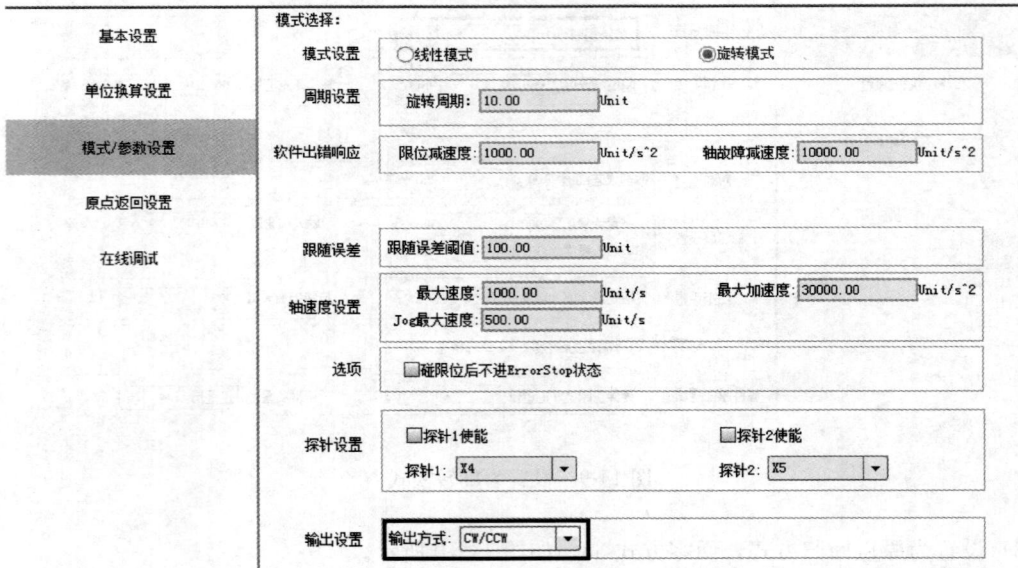

基本设置

单位换算设置

模式/参数设置

原点返回设置

在线调试

模式选择:

模式设置　○线性模式　　　◉旋转模式

周期设置　旋转周期: 10.00 Unit

软件出错响应　限位减速度 1000.00 Unit/s^2　　　轴故障减速度 10000.00 Unit/s^2

跟随误差　跟随误差阈值 100.00 Unit

轴速度设置　最大速度 1000.00 Unit/s　　　最大加速度 30000.00 Unit/s^2
　　　　　　Jog最大速度 500.00 Unit/s

选项　□碰限位后不进ErrorStop状态

探针设置　□探针1使能　　　□探针2使能
　　　　　探针1: X4　　　探针2: X5

输出设置　输出方式: CW/CCW

图 14-11　修改脉冲输出方式

（2）调用点动运动控制 MC ＿Jog 指令测试，点动运动控制程序如图 14-14 所示。

（3）调用回原点 MC ＿Home 指令测试，回原点程序如图 14-15 所示。

（4）调用 MC ＿MoveRelative 指令测试点位运动，程序如图 14-16 所示。

（5）监控轴状态。在 PLC 程序中可以通过功能块或轴系统变量监控轴的状态，监控轴状态程序如图 14-17 所示。

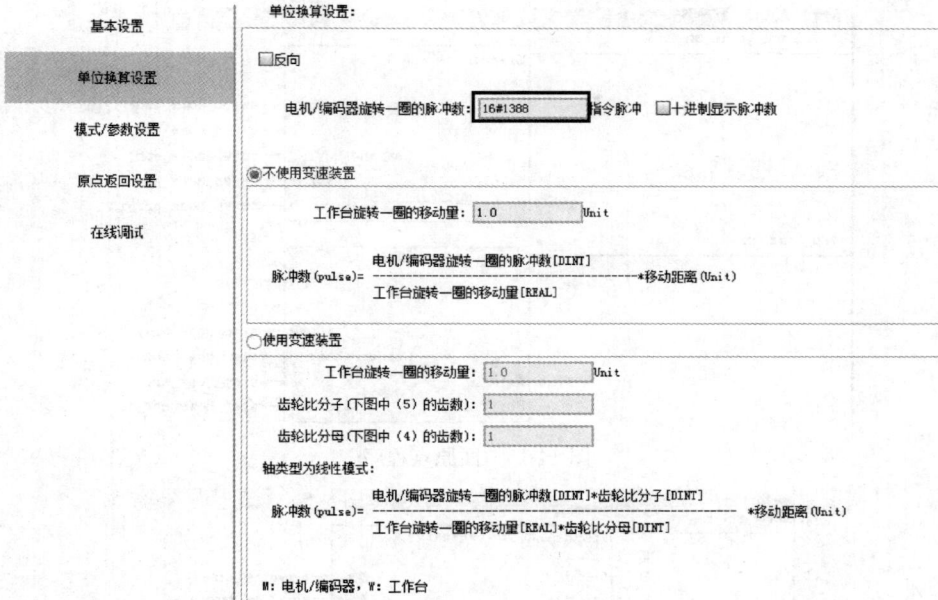

图 14-12　修改脉冲数

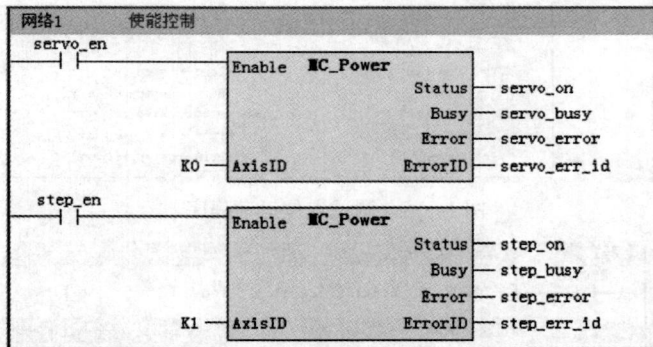

图 14-13　控制轴的使能程序

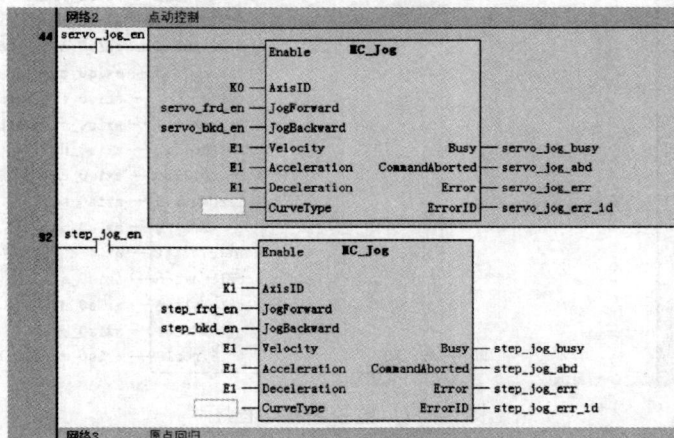

图 14-14　点动运动控制程序

项目十四

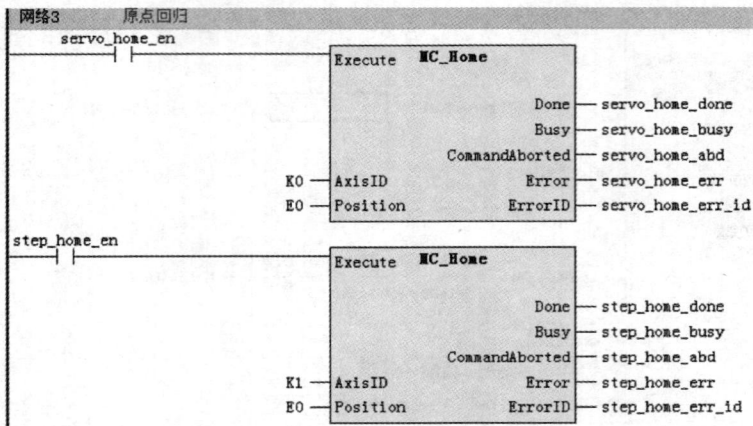

图 14-15　回原点程序

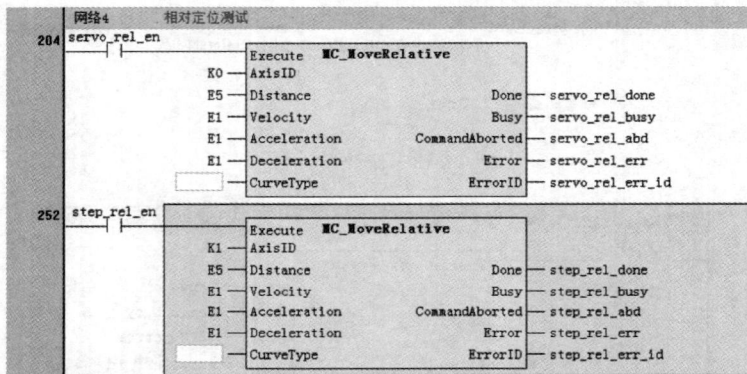

图 14-16　测试点位运动程序

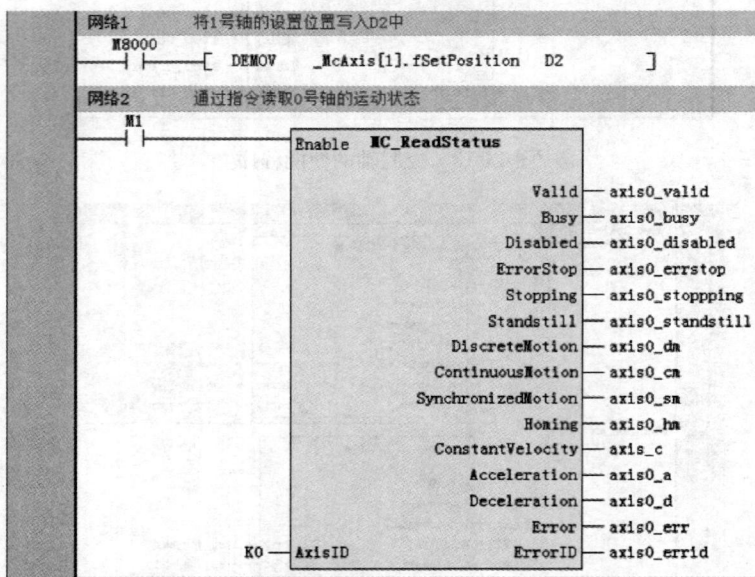

图 14-17　监控轴状态程序

5. 下载工程

完成编程和工程设置后，请按如下步骤执行下载操作。

（1）点击下载 按钮。

（2）编译完成后如果 PLC 处于运行状态弹出下载询问对话框，选择"确定"转步骤 3，如果 PLC 处于停止状态，则直接下载，转步骤 4。

（3）如果下载程序前 PLC 处于运行状态，则下载完成后可以看到下载完成提示，并弹出对话框，选择"确定"将 PLC 切换到运行状态。

（4）如果下载程序前 PLC 处于停止状态，则下载完成后信息输出窗口弹出下载完成提示。需要手动点击启动 按钮将 PLC 切换到运行状态。

三、基本运动控制

1. 准备条件

在实际控制中，要完成基本的动作，首先要进入监控模式，单击监控 按钮可进入监控模式。

进入监控模式后可以看到 EtherCAT 总线启动完成，伺服轴初始化完成，监控总线和伺服轴如图 14-18 所示。

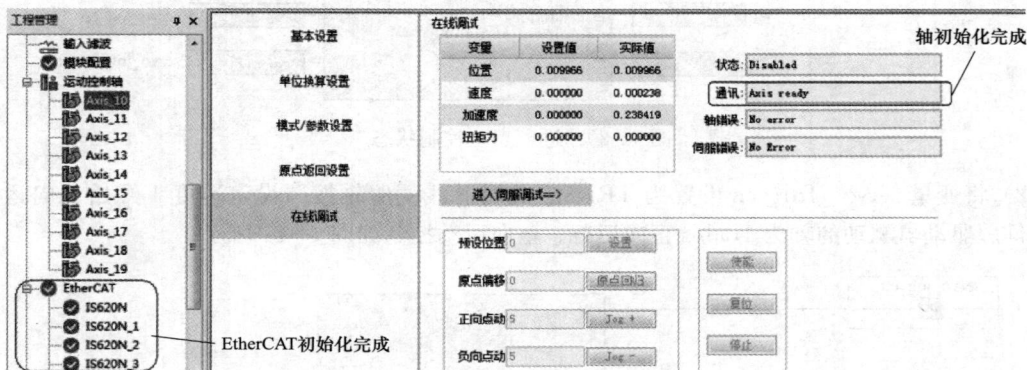

图 14-18 监控总线和伺服轴

下面介绍通过 PLC 程序和在线调试两种方式控制伺服轴运动。

2. PLC 程序控制

（1）使能控制。将 servo_en 和 step_en 两个 BOOL 型变量设置为 TRUE，总线伺服轴和本地脉冲轴使能完成后 servo_on 和 step_on 两个变量输出有效。使能控制如图 14-19 所示。

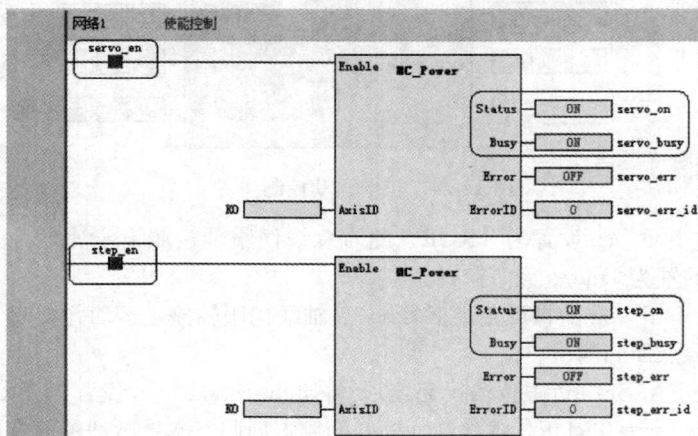

图 14-19 使能控制

265

通过在线调试界面可以看到轴进入 standstill 状态。

（2）总线伺服轴点动操作。

1）将 servo_jog_en 变量设置为 ON，功能块的 servo_jog_busy 变量输出有效，此时总线伺服轴进入点动控制状态，如图 14-20 所示，但是总线伺服轴并没有运动。

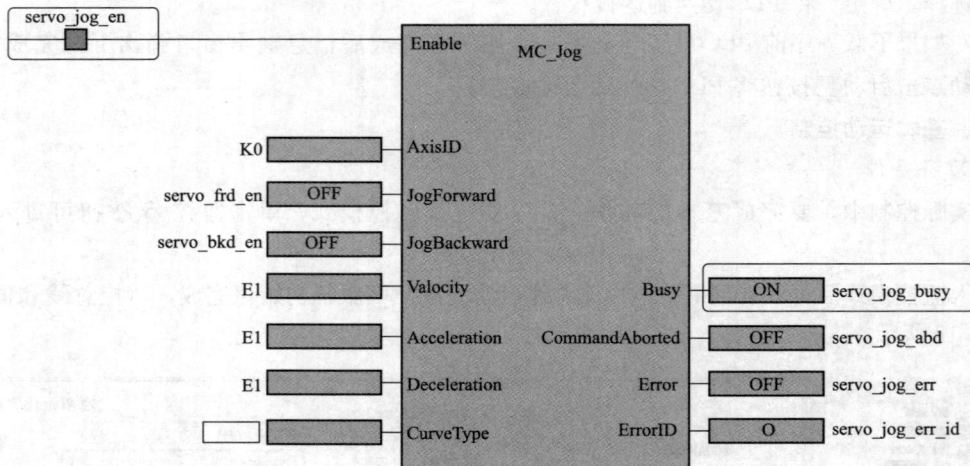

图 14-20　进入点动控制状态

2）将变量 servo_frd_en 设置为 TRUE，此时总线伺服轴按照设定速度 1 开始正向运行，实际伺服驱动器驱动的轴为 1rad/s 正向运行。正向运动控制如图 14-21 所示。

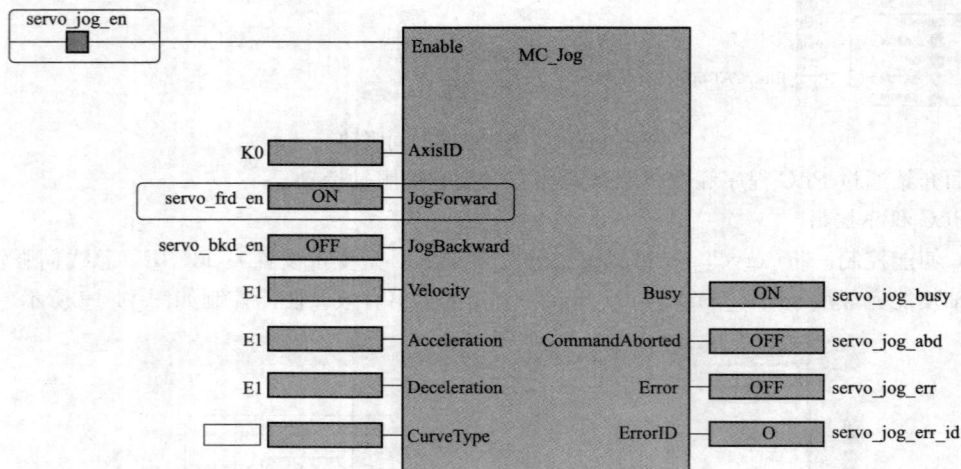

图 14-21　正向运动控制

3）将变量 servo_bkd_en 设置为 TRUE，此时总线伺服轴按照设定速度 1 开始反向运行，实际伺服驱动器驱动的轴为 1rad/s 反向运行。

4）将变量 servo_bkd_on 变量设置为 FALSE 后轴线伺服轴停止运动并恢复 standstill 状态。

（3）本地脉冲轴原点回归测试。

1）M1000 设置为 FALSE（负限位输入无效），将 step_home_en 设置为 TRUE，功能块输出变量 step_home_busy 为 TRUE，本地脉冲轴开始原点回归，本地脉冲轴原点回归如图 14-22 所示。

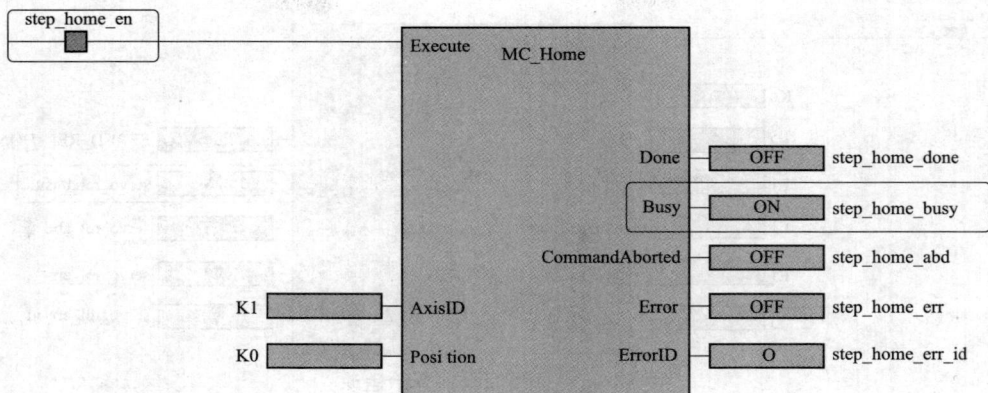

图 14-22 本地脉冲轴原点回归

2）将 M1000 设置为 TRUE（反向限位输入有效），此时本地脉冲轴开始正向运动。反向限位输入有效如图 14-23 所示。

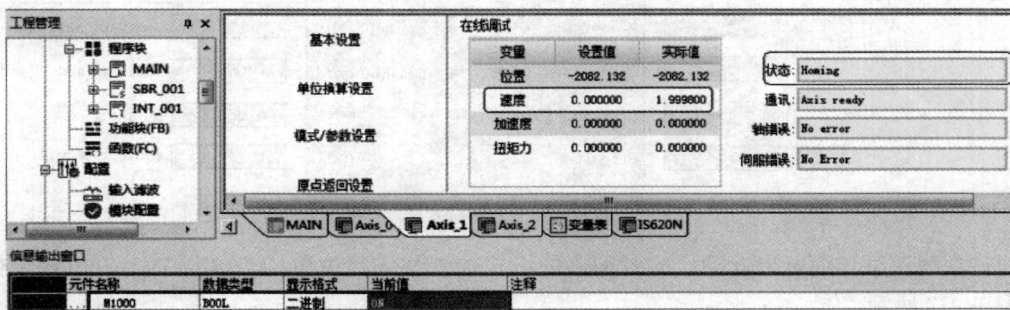

图 14-23 反向限位输入有效

3）将 M1000 设置为 FASLE（反向限位输入无效），此时本地脉冲轴完成原点回归，steo_home_done 输出为 TRUE。

（4）总线伺服轴相对定位测试。

1）总线伺服轴当前位置如图 14-24 所示。

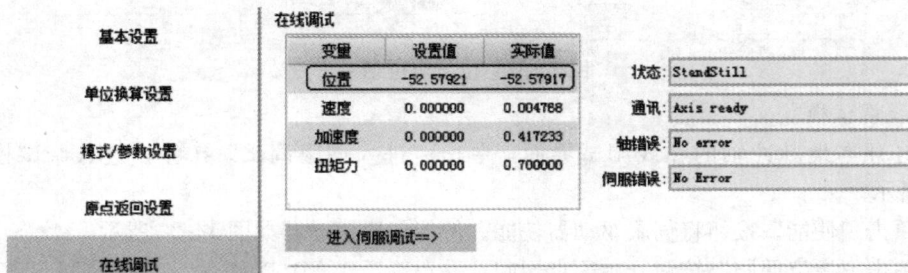

图 14-24 总线伺服轴当前位置

2）将变量 servo_rel_en 设置为 TRUE，功能块输出变量 servo_rel_busy 输出为 TRUE，如图 14-25 所示，此时总线伺服轴开始运动。

定位完成后，servo_rel_done 变量输出为 TRUE，如图 14-26 所示。

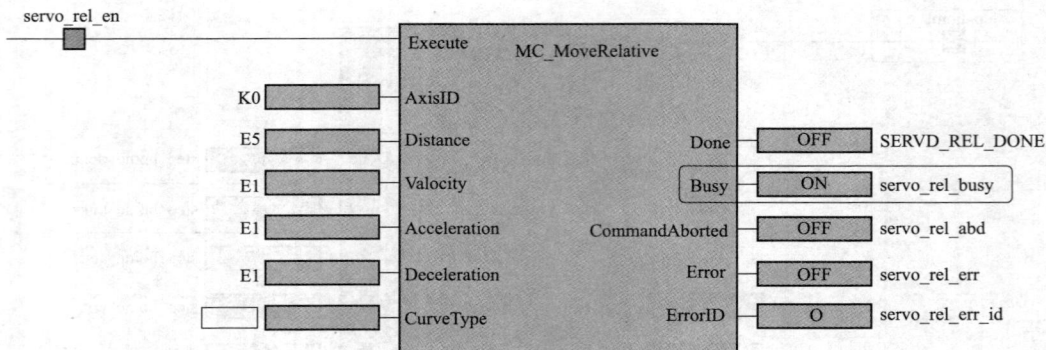

图 14-25　总线伺服轴开始运动

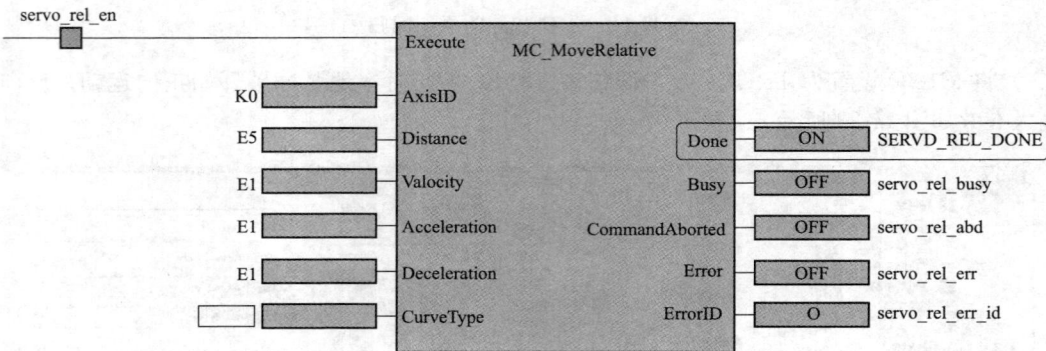

图 14-26　定位完成

通过在线调试界面可以看到，此时伺服的设定位置与实际位置均为-47.57921，位置定位结果如图 14-27 所示。

图 14-27　位置定位结果

3. 在线调试模式

（1）打开本地脉冲轴的在线调试界面，单击"进入伺服调试"按钮，进入调试模式，如图 14-28 所示。

（2）单击"使能"按钮将伺服驱动器使能。使能伺服驱动器如图 14-29 所示。

（3）单击"原点回归"按钮开始原点回归，并正确操作 M1000 变量完成原点回归动作。

1）M1000＝FALSE 时开始原点回归。

2）反向限位输入有效，将 M1000 设置为 TRUE，继续回原点。

3）回到原点，将 M1000 设置为 FALSE，原点回归完成。

（4）选择"相对定位模式"，设置相对定位参数，单击"开始"，完成相对定位测试。相对定位测试如图 14-30 所示。

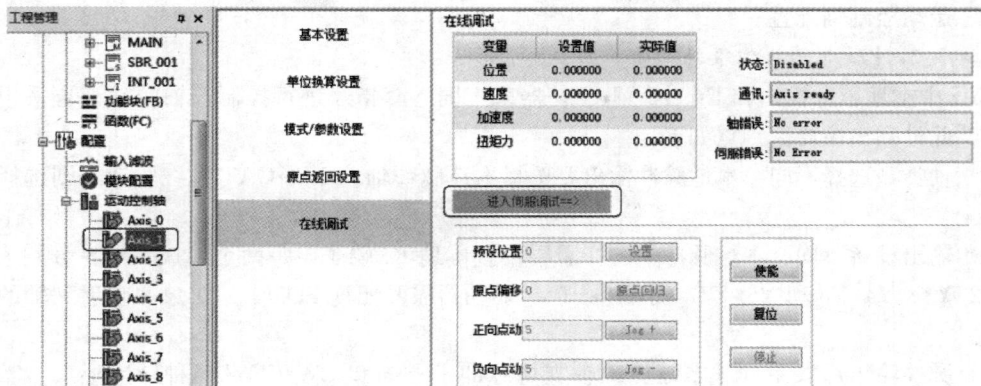

图 14-28　进入调试模式

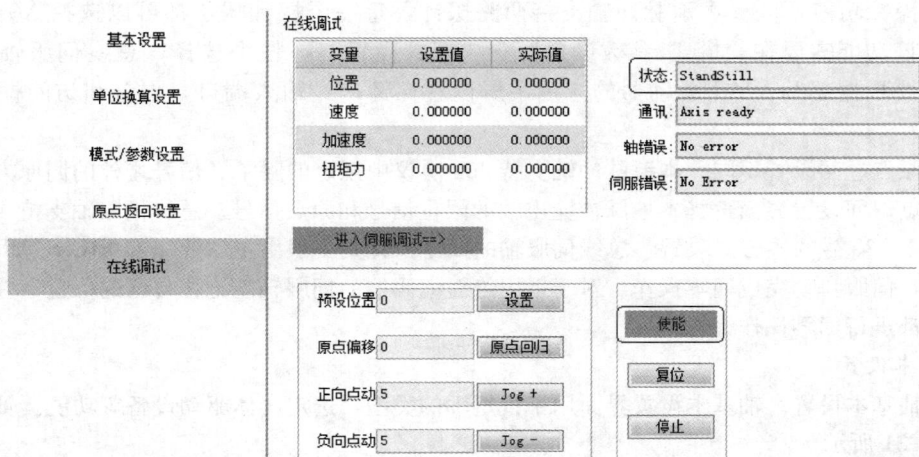

图 14-29　使能伺服驱动器

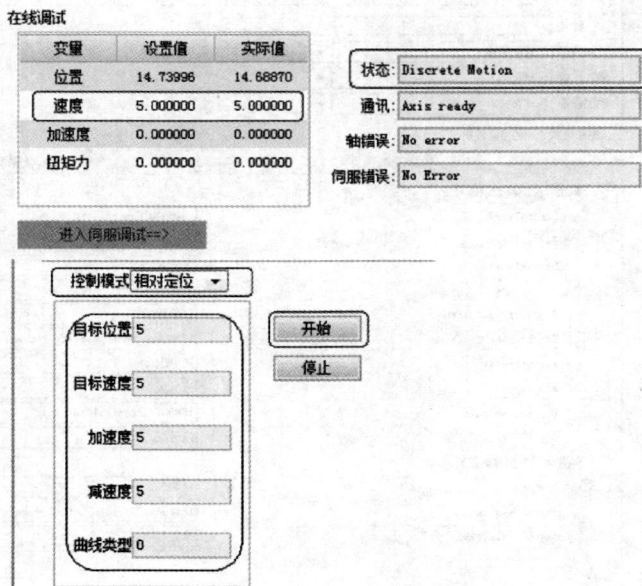

图 14-30　相对定位测试

四、运动控制轴配置

1. 本地脉冲轴与总线伺服轴对比

H5U 中本地脉冲输出和 EtherCAT 驱动器采用同一套指令进行控制，轴的设计也采用相同的结构，此处列出主要区别点如下。

（1）轴类型选择不同。本地脉冲输出要选择本地脉冲轴，EtherCAT 总线驱动器则选择总线伺服轴。

（2）输出设备不同。本地脉冲轴选择需要设置本地 IO 端子，每两个构成一组，分别为 Y0/Y1、Y2/Y3、Y4/Y5 和 Y6/Y7，而 EtherCAT 驱动器需要配置 PD0 中的对象并映射到轴的循环变量中。

（3）脉冲输出形式不同。本地脉冲轴支持脉冲＋方向和 CW/CCW 两种脉冲形式，需要在"模式/参数设置"→"输出设置"一栏中选择，总线伺服轴则不需要设置。

（4）探针功能不同。本地脉冲轴支持两路探针，每一个探针端子都可以选择 X0～X7 中的一个。该功能需要在"模式/参数设置"→"探针设置"一栏中选择，总线伺服轴配置探针端子则要根据 EtherCAT 驱动器的应用手册设置探针信号输入端口，配置和访问探针的数据对象。

（5）原点返回设置不同。本地脉冲轴支持 402 协议中规定的除了 Z 信号之外的回原方式。可以通过原点返回设置界面选择本地脉冲输出轴的限位信号和原点信号。总线伺服轴支持 402 协议中规定的 1～35 号回零方式设置，总线伺服轴的回零操作则一般由主站控制器 EtherCAT 的 PD0 指令触发，伺服自动完成回零操作。对于采用绝对编码器的伺服轴能记住自己的位置，并不需要每次启动都进行回零操作。

2. 基本设置

（1）轴基本设置。轴基本设置界面用于设定轴的类型，选定实体驱动设备等功能。轴基本设置如图 14-31 所示。

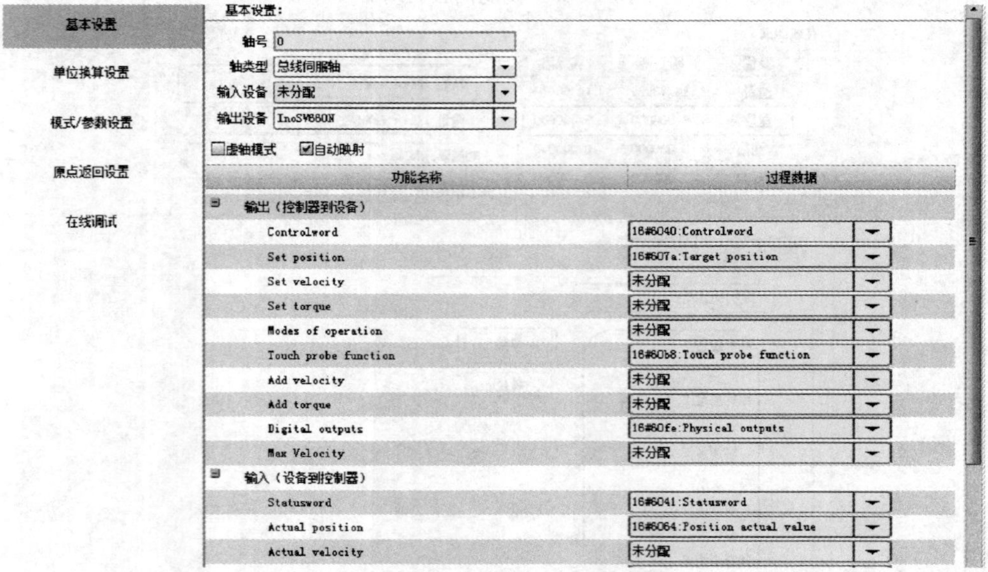

图 14-31 轴基本设置

1）轴号：每一个轴分配一个单独的编号，范围是 0～36。轴号可以作为 MC 指令的输入参数访问轴，具有唯一性。

2）轴类型：轴类型的选项有总线伺服轴、本地脉冲轴、总线编码器轴和本地编码器轴。

3）输入设备：仅用于总线编码器轴和本地编码器轴。

4）输出设备：仅在总线伺服轴和本地脉冲轴模式下有效。如果是总线伺服轴，则用于选择 EtherCAT 伺服驱动器；如果是本地脉冲轴，则用于选择本地高速输出端子。H5U 中有 Y0/Y1、Y2/Y3、Y4/Y5、Y6/Y7 共 44 组高速输出端子可供选择。

5）虚轴模式：仅在总线伺服轴和本地脉冲轴模式下有效。在勾选虚轴模式之后，该轴将不再控制输出设备选择的驱动器（高速输出端子），而是在内部虚拟一个伺服轴执行运动控制命令。

6）循环变量：仅在总线编码器轴和总线伺服轴模式下有效。EtherCAT 从站基于 PDO 进行周期性通信，轴通过循环变量连接到 EtherCAT 从站的对象字典。当选择自动映射后，映射过程自动分配，不可以手动配置。

总线伺服轴循环变量见表 14-5。

表 14-5　　　　　　　　　　　总线伺服轴循环变量

循环变量	对象字典	功能
Controlword	0x6060	控制字
Set position	0x607A	对应于伺服驱动器 CSP 模式下目标位置
Set velocity	0x60FF	保留
Set torque	0x6071	对应于伺服驱动器 CST 模式下的目标力矩
Modes of operation	0x6060	控制模式，设置范围有： 6—原点回归模式； 8—周期性同步位置模式（CSP）； 10—周期性同步力矩模式（CST）
Touch probe function	0x60B8	探针控制字
Add velocity	保留	保留
Add torque	保留	保留
Digital outputs	0x60FE：1	数字量输出
Max Velocity	0x60FF	最大速度
Statusword	0x6041	状态字
Actual position	0x6064	反馈位置
Actual velocity	0x606C	反馈速度
Actual torque	0x6077	反馈力矩
Modes of operation display	0x6061	当前控制模式
Digital inputs	0x60FD	数字量输入端子状态，功能如下： Bit2—原点开关； Bit1—正向限位开关； Bit0—反向限位开关
Touch probe status	0x60B9	探针状态
Touch probe 1 rising edge	0x60BA	探针 1 上升沿位置
Touch probe 1 falling edge	0x60BB	探针 1 下降沿位置
Touch probe 2 rising edge	0x60BC	探针 2 上升沿位置
Touch probe 2 falling edge	0x60BD	探针 2 下降沿位置
Errorcode	0x603F	驱动器故障码

（2）单位换算设置。单位换算需要设置的参数见表 14-6。

表 14-6   单位换算需要设置的参数

参数名称	功能
电机/编码器旋转一圈脉冲数	根据编码器分辨率，设定电动机转 1 圈的脉冲数
是否使用变速装置	指定是否使用变速装置
电机/编码器旋转一圈的移动量	在不使用变速装置时电动机转 1 圈的工件移动量
工作台旋转一圈的移动量	使用变速装置时工件侧转 1 圈的移动量
工件侧齿轮比	设定工件侧的齿轮比
电机侧齿轮比	设定电机侧的齿轮比

总线驱动器（本地脉冲轴）控制电动机时采用脉冲单位，运动控制指令侧使用如 mm、（°）等常见的度量单位，称之为用户单位（Unit）。根据配置参数，轴内部将两种单位进行相互转换。转换的模式分为以下几种情况。

1）不使用变速装置。当不使用变速装置时，用户单位到脉冲单位的转换公式为

$$脉冲数(Pulse) = \frac{电机/编码器旋转一圈的脉冲数(DINT) \times 齿轮比分子(DINT)}{工作台旋转一圈的移动量(REAL) \times 齿轮比分母(DINT)} \times 移动距离(Unit)$$

以汇川 23 位编码器为例，设定参数如下：电机/编码器旋转一圈脉冲数 = 1048576，电机/编码器旋转一圈的移动量 = 1，则当相对定位指令给定的目标位移为 10 时，运动控制轴实际发送的脉冲量为 10485760，此时电动机旋转 10 圈。

2）使用变速装置。在线性模式下的典型工况参考图 9-9。

由用户单位到脉冲单位的计算公式为

$$脉冲数(Pulse) = \frac{电机/编码器旋转一圈的脉冲数[DINT] \times 齿轮比分子[DINT]}{电机/编码器旋转一圈的移动量[REAL] \times 齿轮比分母[DINT]} \times 移动距离(Unit)$$

环形模式下典型工况参考图 9-10。

由用户单位到脉冲单位的计算公式如下：

$$脉冲数(Pulse) = \frac{电机/编码器旋转一圈的脉冲数(DINT) \times 齿轮比分子(DINT)}{工作台旋转一圈的移动量(REAL) \times 齿轮比分母(DINT)} \times 移动距离(Unit)$$

（3）模式/参数设置。模式/参数设置界面如图 14-32 所示，选择的轴类型不同，可见的参数列表也不同，以软件实际显示的为准。

编码器模式仅在总线伺服轴和本地脉冲模式下有效，用于搭配增量编码器型伺服驱动器和绝对值编码器伺服使用，应根据实际使用的伺服驱动器的类型选择。PLC 的处理方式如下。

1）增量模式。PLC 侧不考虑伺服驱动器编码器 32 位计数器的溢出导致的圈数的增加。PLC 在断电重启时不保存编码器的当前位置，重新上电后轴内部仅根据伺服驱动器反馈的单圈的位置计算出轴的当前的位置。

2）绝对模式。PLC 侧考虑伺服驱动器编码器的编码器 32 位计数值溢出导致的圈数的增加。PLC 在断电重启时保存编码器反馈的当前位置，重新上电后轴内部在初始化过程中读取 PLC 内部保存的轴的编码器的位置和伺服驱动器反馈的位置推算出轴的当前的绝对位置。

（4）模式设置。按照实际使用的工况，运动控制轴可以设置为线性模式和环形模式。

1）线性模式。线性模式通常用于 X-Y 直线坐标系下的机械动作有限范围的装置中使用。线性模式下通常包含一个零点。运动时反馈位置增大则表示正向运动，反之为反向运动。允许设置正向软件限位和反向软件限位，当使能软件限位后轴只能在限位范围内运动。

a. 绝对定位方式：当目标位置＞起始位置，则正向移动（目标位置－起始位置）的距离；当目标位置＜起始位置时则反向移动（起始位置－目标位置）的距离。

b. 相对定位方式：当目标位移大于 0 时，正向移动目标位移的距离，当目标位移小于 0 时，反向运动"目标位移"的距离。

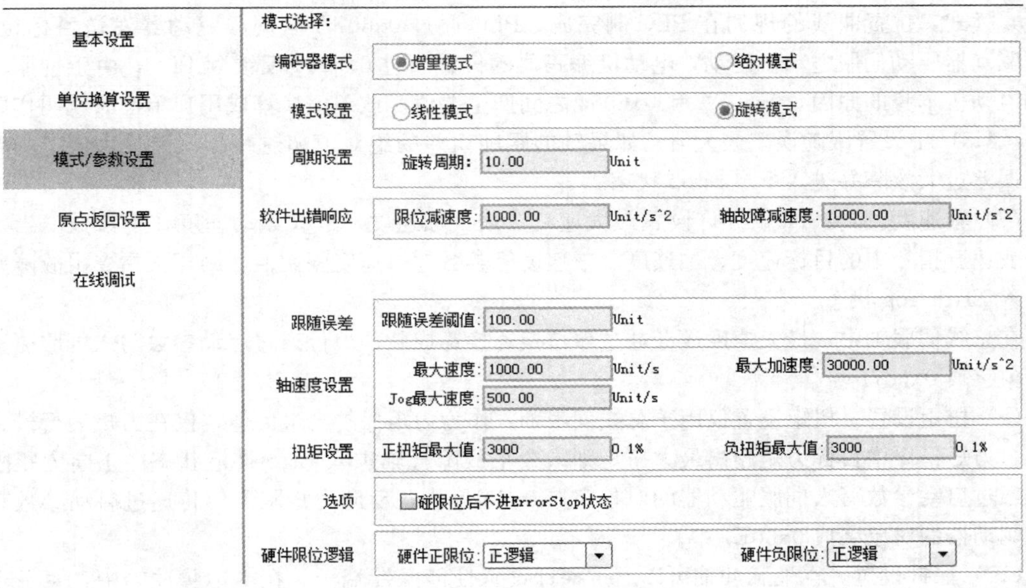

图 14-32　模式/参数设置界面

c. 线性模式下的速度类指令处理方式：目标速度大于 0 则正向运动，目标速度小于 0 则反向运动。

2）环形模式。环形模式是在设定范围内重复无限计数的环计数器形式的模式。通常在转台或卷轴等中使用。环形模式通常包含一个零点和一个旋转周期。环形计数器的反馈位置范围为 0≤反馈位置<旋转周期。环形模式下，如果反馈位置增大则认为是顺时针运动，如果反馈位置减小则认为是逆时针运动。环形模式下没有软件限位。

a. 对定位处理方式：目标位移大于 0 则顺时针移动目标位移的距离，目标位移小于 0 则逆时针移动｜目标位移｜的距离。

b. 绝对定位处理方式：正向时先将目标位置对旋转周期取模数，然后将轴从起始位置按照顺时针的方式运动到目标位置；反向时先将目标位置对旋转周期取模数，然后将轴从起始位置按照逆时针的方式运动到目标位置。

c. 最短距离：首先将目标位置对旋转周期取模得到目标位置 1，然后计算从起始点顺时针运动到目标位置的位移，如果该位移小于等于半周期则顺时针运动，否则采用逆时针运动到目标位置。

d. 当前方向：按照轴最近一次的运动方向运动到目标位置，如果是第一次上电则正向运动到目标位置。

环形模式下的速度指令处理方式：目标速度大于 0 则顺时针运动，目标速度小于 0 则逆时针运动。

（5）软件限位。在线性模式下允许设置软限位。如果软限位有效，在轴的运行过程中会时刻检测从当前速度按照设定的限位减速度做 T 型减速到 0 时轴的绝对位置，如果轴的绝对位置超出限位范围，则轴将执行软件限位减速算法，同时打断当前正在执行的定位或速度指令。原点回归和力矩模式下软限位无效。

（6）轴故障减速。在轴运行期间如果运动指令自身逻辑故障导致轴必须切换到 Errorstop 状态，则轴将按照轴故障减速度设置的减速度做 T 型减速，直到减速到 0 后轴才会进入 Errorstop 状态。

（7）跟随误差。在执行定位指令和速度指令期间，伺服驱动器实际工作在 CSP（周期性同步

273

位置）模式，位置曲线的规划在 PLC 侧完成。PLC 通过 0x607A 向伺服驱动器发送目标位置，伺服驱动器驱动伺服电动机运动，电动机编码器的位置通过 0x6064 反馈到 PLC，由于伺服驱动器和电动机本身的原因，0x607A 和 0x6064 之间产生差值。该差值换算成用户单位后就叫作跟随误差。H5U 中设置跟随误差最大值。如果轴的跟随误差的绝对值超过跟随误差最大值，则轴报跟随误差过大故障并进入 Errorstop 状态。

(8) 轴速度设置。H5U 允许设置最大速度、最大加速度、最大点动速度 3 个参数。当定位指令或速度指令中的目标速度、加速度、减速度等参数超过速度限制值，则相关指令报故障并且轴进入 Errorstop 状态。

在总线伺服轴中，最大速度还会通过单位换算换算成脉冲单位通过启动参数写入伺服驱动器的对象字典 0x607F 中。

(9) 扭矩设置。扭矩设置仅用于总线伺服轴。作为力矩保护的最大值，仅在力矩运行模式下有效。力矩指令中目标力矩超出最大扭矩则指令报故障且轴进入 Errorstop 状态。正向力矩限制值将通过启动参数写入伺服驱动器的对象字典 0x60E0 中，反向力矩限制值将通过启动参数写入伺服驱动器的对象字典 0x60E1 中。

(10) 探针设置。本地脉冲轴可以通过探针设置使能探针端子。在本地脉冲轴中，每一个轴最多可以配置两个探针端子。探针端子源可以选择 X0~X7。探针信号翻转瞬间，会触发时间戳记录，使能探针端子后，本地脉冲轴可以使用探针指令和中断定长指令。

(11) 输出设置。本地脉冲轴允许选择 Y0/Y1、Y2/Y3、Y4/Y5、Y6/Y7 设置为 4 路本地脉冲轴。本地脉冲轴允许输出脉冲＋方向或者 CW/CCW 格式的脉冲。对于已经设置为脉冲轴的通道，选择脉冲＋方向时，Y0、Y2、Y4、Y6 为脉冲端子，Y1、Y3、Y5、Y7 为方向端子。选择 CW/CCW 时，Y0、Y2、Y4、Y6 为 CW 脉冲端子，Y1、Y3、Y5、Y7 为 CCW 端子。

3. 原点返回

H5U 支持 402 协议支持的 1~35 号回原方式。

原点返回设置界面如图 14-33 所示。

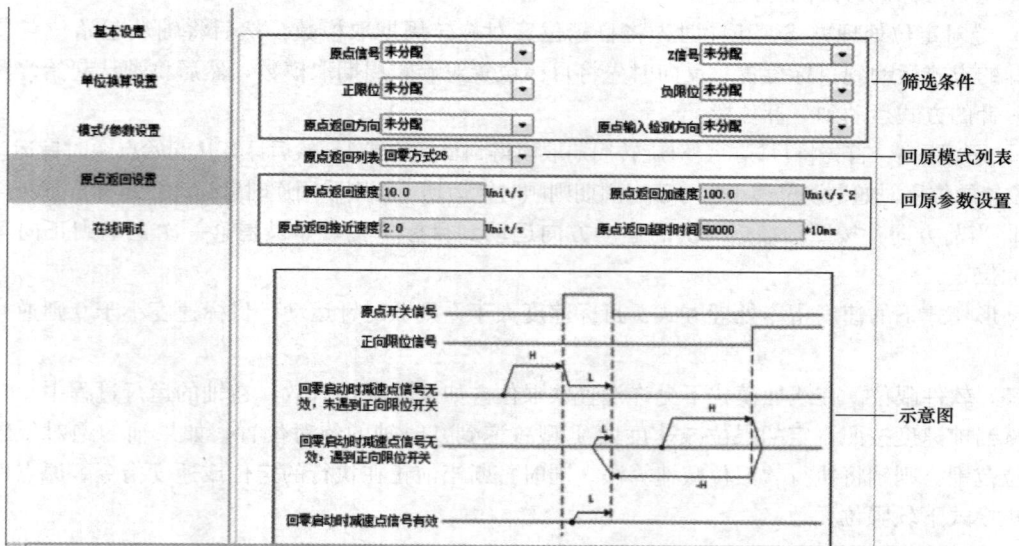

图 14-33　原点返回设置界面

原点返回设置界面中的参数见表 14-7。

表 14-7   原点返回设置界面中的参数

设置参数	描述
原点信号	用于选择是否使用原点信号： 当选择未分配时，不作为强制筛选条件； 当选择不使用时，将除去必须使用原点信号的回原方式； 当选择使用时，将除去不支持原点信号的回原方式
负限位	用于选择是否使用硬件左限位信号： 当选择未分配时，不作为强制筛选条件； 当选择不使用时，将除去必须使用负限位信号的回原方式； 当选择使用时，将除去不支持负限位信号的回原方式
正限位	用于选择是否使用硬件右限位信号： 当选择未分配时，不作为强制筛选条件； 当选择不使用时，将除去必须使用正限位信号的回原方式； 当选择使用时，将除去不支持负限位信号的回原方式
Z信号	用于选择是否使用电机 Z 信号： 当选择未分配时，不作为强制筛选条件； 当选择不使用时，将除去必须使用 Z 信号的回原方式； 当选择使用时，将除去不支持 Z 信号的回原方式
原点回归方向	用于设置在原点回归开始时的运动方向： 正向：限位（原点）信号输入无效时的运动方向为正，否则反向； 负向：限位（原点）信号输入无效时的运动方向为负，否则反向
原点回归检测方向	到达原点信号时的运动方向： 正向：在正向运动过程中碰到原点信号边沿停止； 负向：在负向运动过程中碰到原点信号的边沿停止
原点返回列表	原点返回方式，设置范围是 1~35，通过启动参数的形式写入对象字典 0x6098
回零方式	35 号回零模式下设置相对模式或绝对模式，通过启动参数的形式写入对象字典 0x60E6
原点返回速度	原点返回速度，将用户单位转换为脉冲单位后通过启动参数的形式写入对象字典 0x6099 的 1 号子索引
原点返回接近速度	原点返回接近速度，将用户单位转换为脉冲单位后通过启动参数的形式写入对象字典 0x6099 的 2 号子索引
原点返回加速度	原点返回加速度，将用户单位转换为脉冲单位后通过启动参数的形式写入对象字典 0x609A
原点返回超时时间	汇川驱动器独有，其他厂家写入无效

    在实际使用时通过原点信号、正限位、负限位、Z 信号、原点回归方向、原点回归检测方向几个参数来限定原点回归方法，然后通过原点返回列表选项选出需要的模式。

    需要注意的是当设置完回原筛选条件后仍然有多种回原方式，此时需要通过原点返回列表选择适当的回原方式。原点回归设置参数见表 14-8。

表 14-8   原 点 回 归 设 置 参 数

信号	值
原点信号	使用
负限位	不使用
正限位	使用
Z信号	使用
原点回归方向	正向
原点回归检测方向	正向

根据以上设置，可以筛选出 8 号和 10 号两种回原方式，两者的区别为在回原完成的时候，原点输入信号是否有效。

4. 在线监控

轴的在线监控界面如图 14-34 所示。

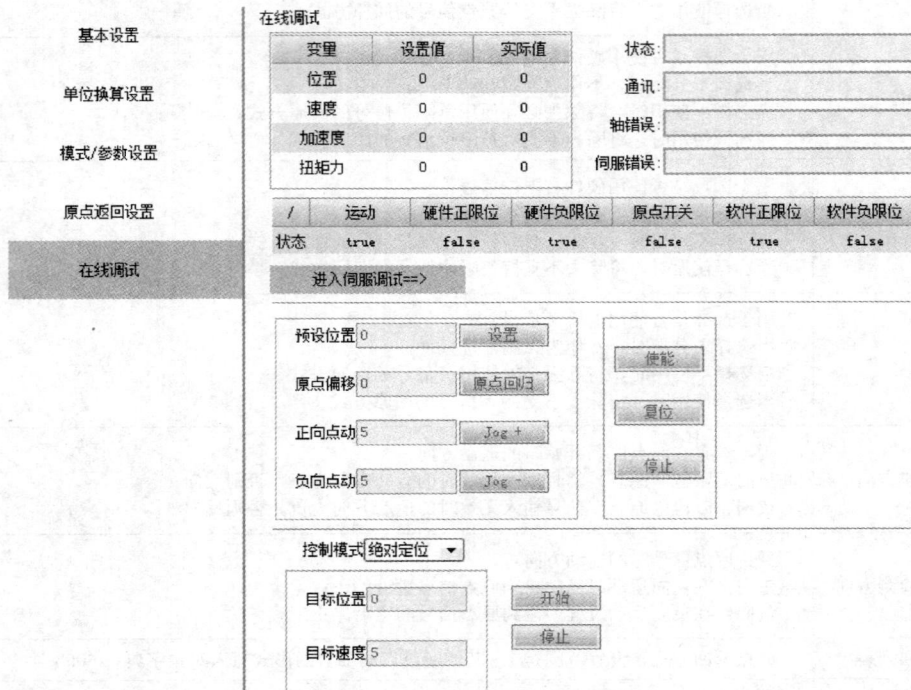

图 14-34　轴的在线监控界面

可供监控的数据见表 14-9。

表 14-9　　　　　　　　　　　可 供 监 控 的 数 据

对象	对应系统变量	功能
设置位置	fSetPosition	PLC 执行路径规划时的目标位置（用户单位）
设置速度	fSetVelocity	PLC 执行路径规划时的目标速度（用户单位）
设置加速度	fSet _ Acc _ Dec	PLC 执行路径规划时的目标加速度（用户单位）
设置力矩	fSetTorque	PLC 执行力矩规划时的目标力矩（%）
实际位置	fActPosition	驱动器反馈的当前位置（用户单位）
实际速度	fActVelocity	根据实际位置计算出的速度（用户单位）
实际加速度	fAct _ Acc _ Dec	根据实际速度计算出的加速度（用户单位）
实际力矩	fActTorque	驱动器反馈的实际力矩（%）
状态	wPLCopenState	PLCopen 状态机的状态： 0—PowerOff，去使能； 1—ErrorStop，故障停机； 2—Stopping，停止； 3—StandStill，使能； 4—DiscreteMotion，点位运动； 5—ContinuousMotion，连续运动； 7—Homing，原点回归； 8—SynchronizedMotion，同步运动

项目十四

对象	对应系统变量	功能
通信	wConfigState	运动控制轴和驱动之间数据通信的状态： 0—Init，轴处于初始化状态； 1—Configure finish，读取配置数据完成； 2—Sync finish，与 EtherCAT 任务完成同步； 3—Wait Communication，与伺服驱动器建立通信； 4—Slave ready，轴控制的伺服驱动器初始化完成； 5—Axis ready，通信建立完成
轴错误	wAxisError	运动控制轴内部错误
伺服错误	wServoError	如果是本地脉冲轴为本地脉冲轴的故障码，如果是总线伺服轴则对应 0x603F 的值，参考使用的驱动器的手册

五、轴控功能

1. 运动轴控制

H5U 中首先可以通过在线调试功能实现一些基本的伺服控制，如使能、停止、点动、点位控制等。在确定基本动作正常之后可以通过运动控制指令实现复杂的逻辑控制。在线调试和 PLC 指令控制不能同时使用，限制如下。

（1）在 PLC 程序中调用 MC _ Stop 指令使轴处于 Stopping 状态时不能通过后台进入在线调试模式。

（2）MC _ Power 指令和在线调试中的使能为逻辑或的关系，即只要有一种方式有效就可以让轴处于使能状态。

（3）运动类指令如 MC _ MoveAbsolute 优先级低于在线调试，当轴处于在线调试模式时调用运动类指令无效，指令报错，但轴不会进入故障状态。

2. 在线调试

在线调试可实现的功能见表 14-10。

表 14-10　　　　　　　　　　在线调试可实现的功能

功能点	系统变量	描述
进入在线调试模式	bEnterDebug	使轴进入在线调试模式，进入在线调试模式后，PLC 运控类指令将不能继续执行
使能	bPowerOn	类似调用 MC _ Powe 指令使轴处于使能或去使能状态
复位	bReset	当轴发生故障后用于复位轴的故障，相当于调用 MC _ Reset 指令
停止	bStop	停止轴的运动，相当于调用 MC _ Stop 指令
原点回归	bHome	执行原点回归动作，相当于调用 MC _ Home 指令
设置当前位置	bSetPos	设置轴的当前位置，相当于调用 MC _ SetPosition 指令
点动	bJogP/bJogN	实现点动功能，相当于调用 MC _ Jog 指令
运动类型	bDebugMotionType	用于选择哪种运动模式，可选项有： 1—绝对定位； 2—相对定位； 3—连续运动； 5—往复运动； 6—力矩模式
绝对定位	bAbsPos	实现相对定位功能，相当于调用 MC _ MoveRelative 指令
相对定位	bRelPos	实现绝对定位功能，相当于调用 MC _ MoveAbsolute 指令

功能点	系统变量	描述
连续运动	bVelocity	以一定速度连续运动，相当于调用 MC_MoveVelocity 指令
往复运动	bRevPos	实现两个绝对位置间的往复运动，相当于循环调用两条 MC_MoveAbsolute 指令
力矩控制	bTorque	实现力矩控制功能，相当于调用 MC_MoveTorque 指令

3. 在线调试操作步骤

（1）进入在线调试模式。

1）双击需要在线调试的运动轴，打开运动轴参数设置界面。

2）单击"进入在线调试"按钮可以使轴进入在线调试模式。后台在接收到进入在线调试的命令后会做以下检查。

a. 如果当前轴处于 stopping 状态，则不能进入在线调试模式。

b. 如果当前轴已经处于运动状态，提示用户是否进入在线调试模式，如果强制进入在线调试模式，则打断原有的运动状态，停止轴的运动。

c. 如果进入在线调试时轴已经处于使能状态，则进入在线调试模式后依然保持使能状态。

（2）基本操作。

1）使能。进入在线调试模式后，单击"使能"按钮可以让轴进入使能状态。使能按钮的执行逻辑如图 14-35 所示。

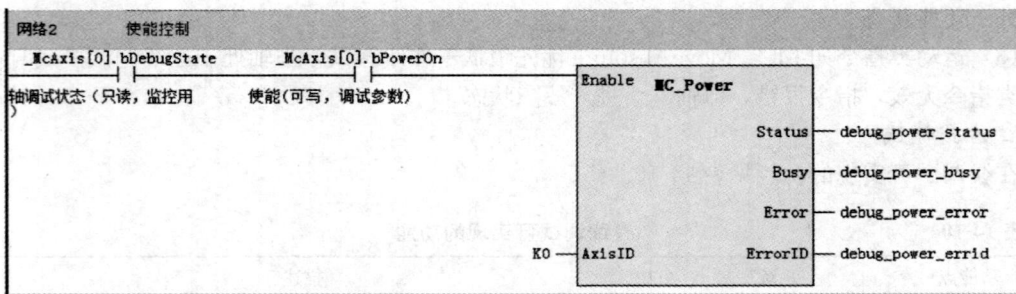

图 14-35　使能按钮的执行逻辑

注：在线调试中的使能控制和 PLC 程序中调用的 MC_Power 指令共同控制轴的使能状态，只要一项输入有效，轴即使能。

2）预设位置。当轴处于非运动模式时，单击"设置"按钮可以将预设位置框中值写入轴中。设置按钮的执行逻辑如图 14-36 所示。

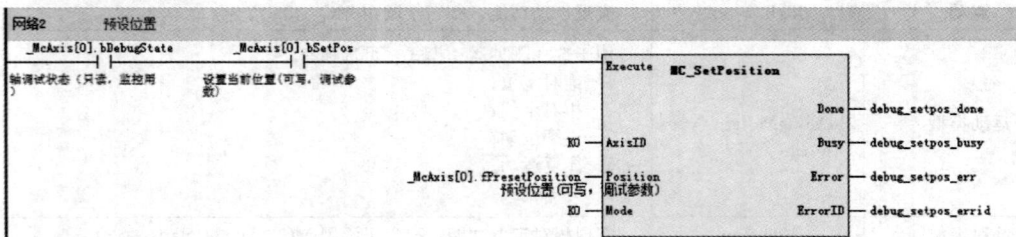

图 14-36　设置按钮的执行逻辑

3) 原点回归控制。当轴处于 Standstill 状态时，单击"原点回归"按钮，轴将控制伺服驱动器执行原点回归操作，当原点回归完成后将"原点偏移"框中设置的值写入伺服驱动器中。原点回归执行逻辑如图 14-37 所示。

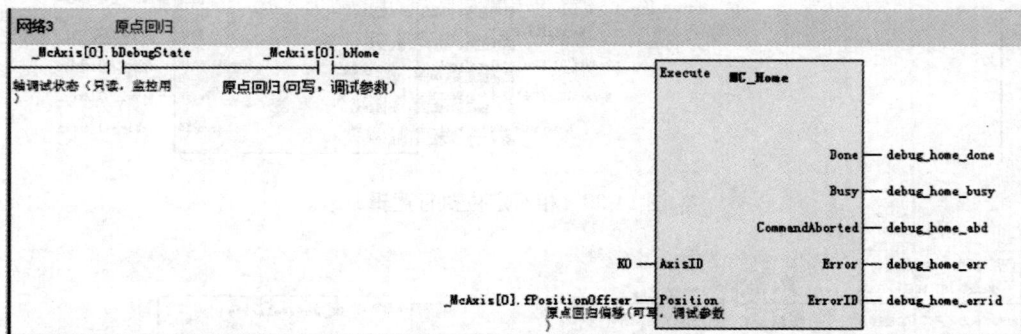

图 14-37 原点回归执行逻辑

4) 点动。当轴处于 Standstill 状态时，单击"Jog＋"按钮轴将按照"正向点动"框设置的目标速度往正方向运动；单击"Jog-"后轴将按照"负向点动"框设置的目标速度往相反方向运动。

5) 复位。当轴处于 Errorstop 状态时，点击"复位"按钮将尝试复位轴的故障，如果伺服驱动器的故障属于不可复位故障，则有可能出现复位失败的情况。

6) 停止。界面中有两个停止按钮，功能相同，都是用于停止轴的运动。

(3) 运动模式。只有轴处于使能状态的情况下才可以设置运动模式。

1) 绝对定位。控制模式选择绝对定位后，可以设置目标位置、目标速度、加速度、减速度、曲线类型 5 个参数，单击"开始"按钮后轴将按照以上参数做绝对定位。绝对定位执行逻辑如图 14-38 所示。

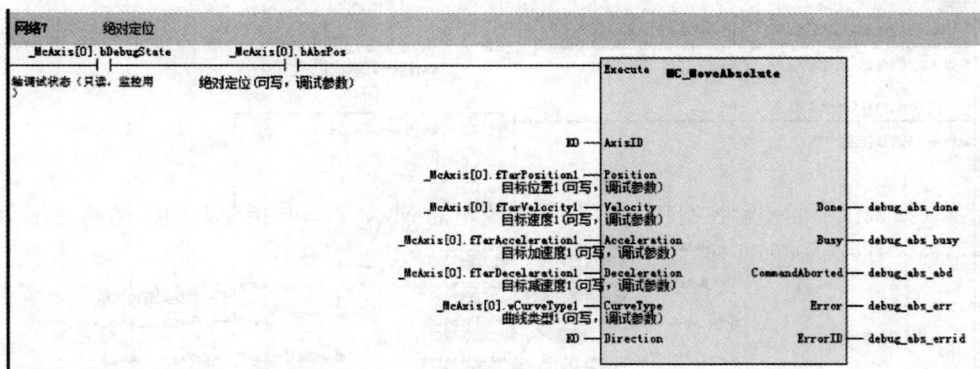

图 14-38 绝对定位执行逻辑

2) 相对定位。控制模式选择相对定位后，可以设置目标位置、目标速度、加速度、减速度、曲线类型 5 个参数，单击"开始"按钮后轴将按照以上参数做相对定位。相对定位执行逻辑如图 14-39 所示。

3) 连续运动。控制模式选择连续运动后，可以设置目标速度、加速度、减速度、曲线类型 4 个参数，单击"开始"按钮后轴将按照如上参数做绝对定位。连续运动执行逻辑如图 14-40 所示。

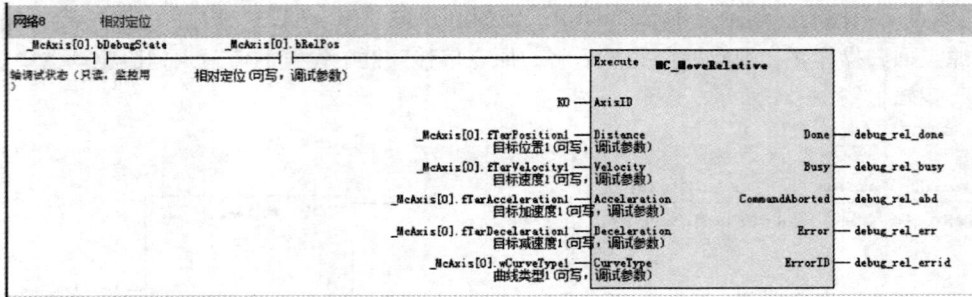

图 14-39　相对定位执行逻辑

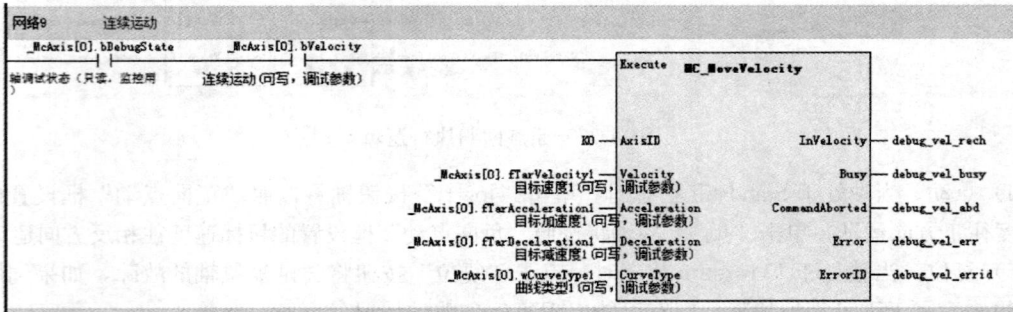

图 14-40　连续运动执行逻辑

4）往复运动。控制模式选择往复运动后，可以设置两组目标位置、两组目标速度、两组加速度、两组减速度、两组曲线类型，单击"开始"按钮后轴将按照以上参数首先定位到目标位置 1，然后定位到目标位置 2，依次往复。往复运动执行逻辑如图 14-41 所示。

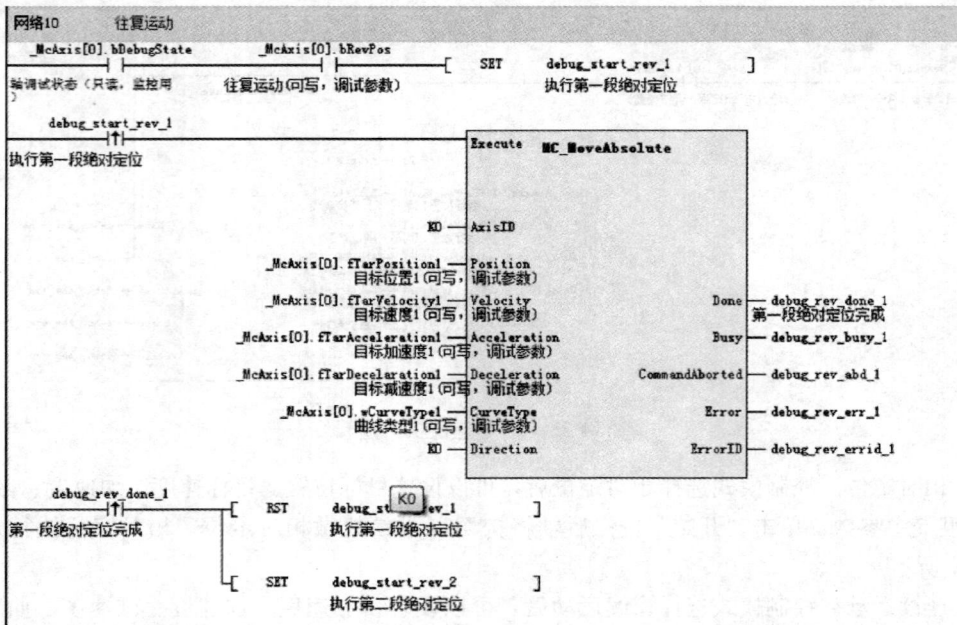

图 14-41　往复运动执行逻辑（一）

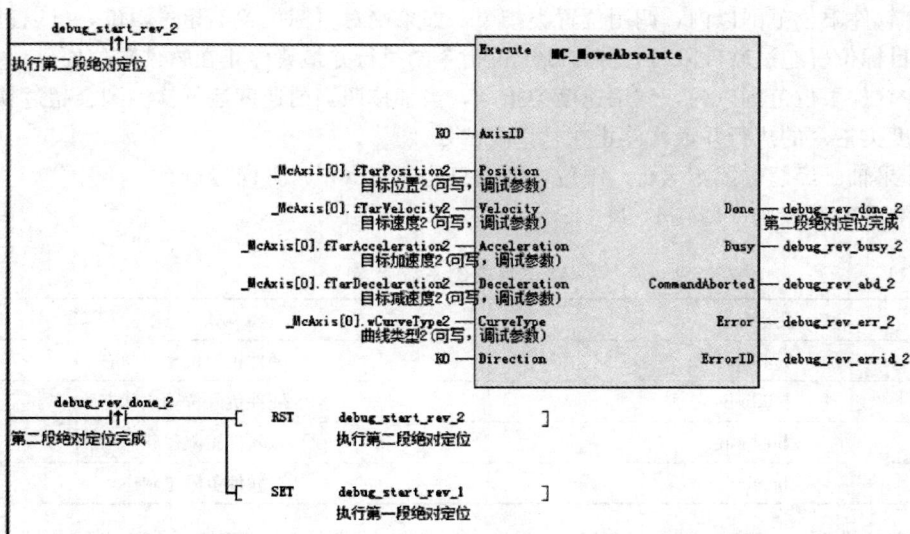

图 14-41 往复运动执行逻辑（二）

5）力矩模式。控制模式选择力矩模式后，可以设置目标力矩、力矩斜坡、限制速度 3 个参数，单击"开始"按钮后轴将按照以上参数做绝对定位。力矩模式执行逻辑如图 14-42 所示。

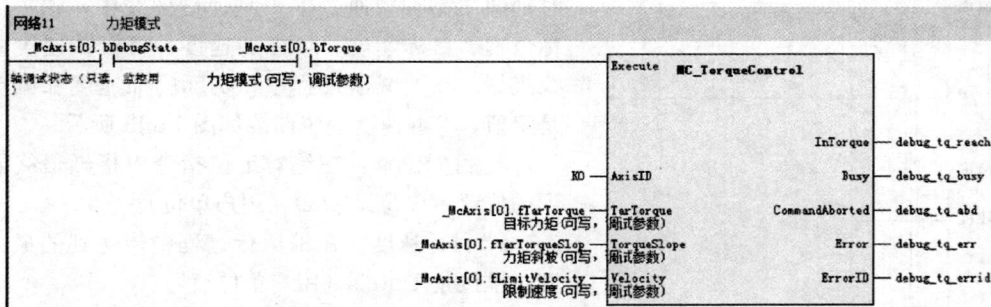

图 14-42 力矩模式执行逻辑

4. 指令控制规则

（1）调用指令规则。在 PLC 中可以通过指令控制轴的运动，调用指令规则如下。

1）指令不需要实例化。

2）在指令中轴号是访问轴的唯一标识。

3）在系统变量中采用组态编号访问轴。

4）运动类指令的优先级一般低于在线调试模式。

5）指令中浮点型参数需要满足浮点数的精度范围，一般认为是 7 位有效数字，最大可以设置为 9999999。

（2）限位处理。H5U 支持软限位和硬件限位检测。

1）为确保正确处理硬件限位信号，过程数据中必须配置 0x60FD。

2）软件限位处理仅在线性模式下调用位置类指令和速度类指令有效，原点回归和力矩指令无效。

3）在软件限位范围以内，调用位置类指令，如果绝对目标位置不超过限位，可以正常执行；如果绝对目标位置超过软件限位，则打断定位指令的执行并最终停止在软件限位处。

4）在软件限位范围以内，调用速度类指令，当轴按照当前速度运行检测到会超过软限位时，将打断速度类指令的执行并最终停止在软件限位处。

5）如果轴已经超过了正（负）限位，则轴只能向负（正）方向运行。

限位有关的系统变量见表 14-11。

表 14-11   限位有关的系统变量

变量名称	功能描述
bphlimit	硬件正限位输入状态
bnhlimit	硬件负限位输入状态
bpslimit	软件正限位状态
bnslimit	软件负限位状态

（3）定位曲线。H5U 支持 T 型加减速和 5 段 S 曲线加减速两种速度曲线，在指令中由 CuriveType 参数确定。

另外，当轴碰到限位或其他需要执行故障减速停机使轴进入 Errorstop 状态时也是按照 T 型曲线执行减速停机。

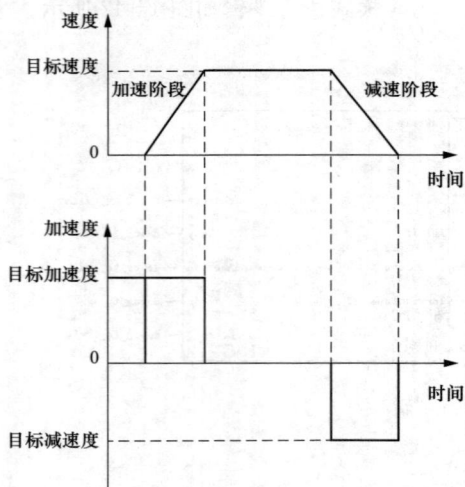

图 14-43   T 型速度定位曲线

1）T 型速度曲线。在指令中，当 CuriveType＝0 时轴做 T 型加减速。在 T 型速度曲线中，轴根据目标位置、目标速度、目标加速度、目标减速度做曲线规划。在加减速过程中，实际的加速度和减速度是定值，T 型速度定位曲线如图 14-43 所示。

a. 目标位置：在绝对定位指令中指轴最终要达到的位置，单位是 Unit（用户单位）。

b. 目标速度：在轴运行过程中能达到的最大速度，单位是 Unit/s（用户单位/秒）。

c. 目标加速度：轴在做加速运行时每秒钟速度的变化量，单位是 Unit/s²。

d. 目标减速度：轴在做减速运行时每秒钟速度的变化量，单位是 Unit/s²。

e. 加速阶段，假设轴的初始速度为 v_s，目标速度为 v_t，目标加速度为 a_{ACC}，则加速阶段的时间为

$$t_{ACC} = (v_t - v_s)/a_{ACC}$$

f. 减速阶段，假设轴的初始速度为 v_s，目标速度为 v_e，目标减速度为 a_{DEC}，则减速阶段的时间为

$$t_{DEC} = (v_s - v_e)/a_{DEC}$$

2）S 型速度曲线。当 CuriveType＝1 时轴做 S 型加减速。在 5 段 S 曲线中，轴根据目标位置、目标速度、目标加速度、目标减速度做曲线规划，其中目标加速度、目标减速度是指在加减速过程中达到的最大值。S 定位曲线如图 14-44 所示。

在 5 段 S 型速度曲线中，根据加速度的状态分为加加速、减加速、匀速、加减速、减减速 5 个阶段，一定不存在匀加速和匀减速阶段，在加加速、加减速等变加速度阶段中实际的 Jerk 是

H5U 内部计算得到的，用户不可以设置。

　　a. 目标位置：在绝对定位指令中指轴最终要达到的位置，单位是 Unit（用户单位）。

　　b. 目标速度：在轴运行过程中能达到的最大速度，单位是 Unit/s（用户单位/秒）。

　　c. 目标加速度：轴在做变加速运行时每秒钟速度的最大变化量，单位是 $Unit/t^2$。速度曲线中速度由加加速阶段变成减加速这一时刻（t_2）的加速度必然是目标加速度。

　　d. 目标减速度：轴在做变减速运行时每秒钟速度的最大变化量，单位是 $Unit/t^2$，速度曲线中速度由减加速阶段变成减减速这一时刻（t_5）的减速度必然是目标减速度。

　　e. 加速阶段，假设轴的初始速度为 v_s，目标速度为 v_t，目标加速度为 a_{ACC}，则加速阶段的时间为

$$t_{ACC} = 2(v_t - v_s)/a_{ACC}$$

　　f. 减速阶段，假设轴的初始速度为 v_s，目标速度为 v_e，目标减速度为 a_{DEC}，则减速阶段的时间为

$$t_{DEC} = 2(v_s - v_e)/a_{DEC}$$

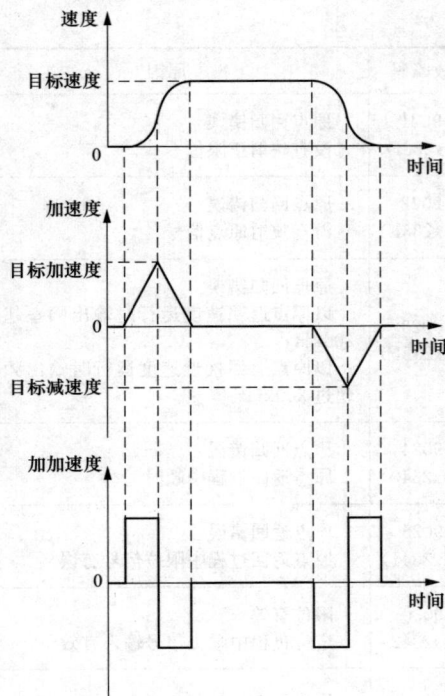

图 14-44　S 定位曲线

5. 故障检测

（1）获取故障。轴故障分成指令故障、轴故障和驱动器故障 3 类。

1）指令故障是 MC 轴控指令本身产生的故障，如指令参数不合理，在运行过程中轴的 PLCopen 状态机发生变化导致指令报错等。可以通过查看故障指令的 ErrorID 获取故障码。

2）轴故障是轴自身报出的故障，如跟随误差过大等。轴故障码有 4 种查看方式：①通过后台"在线调试"界面中"轴故障"一栏获取；②通过 MC＿ReadAxisError 指令中的 AxisErrorID 获取；③通过轴系统变量中的 wAxisError 获取；④通过故障诊断界面获取。

3）驱动器故障是 EtherCAT 总线驱动器或者本地脉冲输出轴的故障。要获取 EtherCAT 总线驱动器的故障，PDO 映射中必须配置 0x603F 并关联到轴中。驱动器故障有 3 种查看方式：①通过后台"在线调试"界面中"伺服错误"一栏获取；②通过 MC＿ReadAxisError 指令中的 ServoErrorID 获取；③通过轴系统变量中的 wServoError 获取。

（2）本地脉冲轴故障码。本地脉冲轴故障码见表 14-12。详细内容可参考《汇川 H5U 系列可编程控制器编程与应用手册》。

表 14-12　　　　　　　　　　　本 地 脉 冲 轴 故 障 码

故障码	原因	触发停机	解决方案
9001 （0x2329）	本地轴急停有效 急停端子输入有效，停止脉冲输出	是	急停输入有效，请在关闭急停端子输入后调用 MC＿Reset 指令复位故障
9003 （0x232B）	超速 脉冲输出频率超过 200kHz	是	检查目标速度乘以齿轮比之后的脉冲频率是否超过 200kHz
9020 （0x233C）	原点回归错误 没有映射负限位	是	该原点回归方式需要映射负限位，请在配置界面映射负限位

续表

故障码	原因	触发停机	解决方案
9021 (0x233D)	原点回归错误 没有映射正限位	是	该原点回归方式需要映射正限位，请在配置界面映射正限位
9022 (0x233E)	原点回归错误 没有映射原点信号	是	该原点回归方式需要映射原点开关，请在配置界面映射原点开关
9023 (0x233F)	原点回归错误 以原点返回速度运行时输出频率超过200kHz 以原点返回接近速度运行时输出频率超过 200kHz	是	修改单位换算设置减小原点返回速度和原点返回接近速速 修改原点返回速度保证输出频率不超过 200kHz 修改原点返回接近速度保证
9024 (0x2340)	原点回归错误 原点返回过程中超时	是	检查限位信号能否正常导通 检查原点返回超时时间设置是否过小
9025 (0x2341)	原点返回错误 原点返回过程中限位信号有误	是	检查是否触发了当前原点回归方式中没有用到的限位信号
9030 (0x2342)	限位有效 定位过程中限位信号输入有效	否	检测是否在正常运行过程中碰到限位
9031 (0x2343)	同步异常 目标发送脉冲数和实际发送脉冲数不匹配	否	检测是否在正常定位过程中碰到限位

（3）运动控制轴故障码。运动控制轴故障码为 9101～9804，详见《汇川 H5U 系列可编程控制器编程与应用手册》。

6. 安全注意事项

（1）采用 EtherCAT 总线控制伺服轴时，建议先使用 MC＿MoveRelative 相对运动指令实验运行，观察运动效果。在没有回零操作的情况下，使用 MC＿MoveAbsolute 绝对运动指令，可能导致电机高速运转，损坏设备。

（2）伺服轴在"力矩运行"模式下，要注意最高运行速度的设置，否则可能不运转，或高速旋转。

技能训练

一、训练目标

（1）能够正确添加 PLC 的 EtherCAT 从站模块。

（2）学会正确配置总线伺服轴。

（3）能够正确使用 PLC 运动控制指令。

（4）学会设计 PLC 运动控制程序。

（5）学会调试 PLC 运动控制程序。

（6）能够独立完成 PLC 的控制线路的安装。

（7）按规定进行通电调试，应能根据设计要求进行检修，并使系统正常工作。

二、训练步骤与内容

1. 组态触摸屏伺服运动控制画面

(1) 新建通信工程。

1) 双击桌面的 InoTouchPad 软件图标，打开软件；

2) 选择"工程"→"新建"，弹出新建工程对话框。

3) 在新建工程对话框根据需要选择触摸屏 IT7070E，然后输入"工程名称"名为"伺服运动控制"并选择工程的保存位置，单击"确定"即可创建好新工程。

(2) 建立连接。

1) 双击项目窗口"通讯"文件夹中的"连接"图标，打开连接编辑器。

2) 单击连接表上方的添加连接 + 按钮，可以添加一个新的"连接"。

3) 修改连接名称为"MC10"，单击通信协议栏右边的下拉列表剪头，选择"莫迪康"下的"Modbus 协议"。

4) 修改通信协议中的从站设备地址为"1"，修改 Modbus_RTU 协议使其与 H5U 的 PLC 的 Modbus 通信协议 8N2 保持一致。

(3) 创建变量。

1) 找到工程视图左侧目录树"通讯"节点中的"变量"节点，打开变量的子选项"变量组_2"，双击变量组，打开变量编辑器。

2) 在变量编辑器的工作区，单击 + 按钮新建一个变量。

3) 创建伺服运动控制工程变量（见表 14-13）。

表 14-13　　　　　　　　　　　　伺服运动控制工程变量

名称	连接	数据类型	长度	数组计数	地址	采集周期	采集模式
M0	MC10	BOOL	1	1	0x0	100ms	循环使用
M1	MC10	BOOL	1	1	0x1	100ms	循环使用
D100	MC10	INT32	4	1	4x100	100ms	循环使用
D104	MC10	INT32	4	1	4x104	100ms	循环使用
D200	MC10	INT32	4	1	4x200	100ms	循环使用
D204	MC10	INT32	4	1	4x204	100ms	循环使用
D208	MC10	INT32	4	1	4x208	100ms	循环使用

(4) 组态画面。

1) 打开工程进入默认画面（画面 1）。

2) 按图 14-45 所示组态伺服运动控制画面。

(5) 下载工程。

1) 创建完工程后，选择"编译"→"编译"，完成编译，编译结果在信息输出栏显示，检查工程设计是否有错。

2) 然后选择"编译"→"下载工程"，将工程下载到触摸屏上运行。

2. 设计和输入 PLC 的伺服运动控制程序

(1) 创建伺服运动控制工程。

1) 打开 AutoShop 软件。

2) 创建新工程，命名为"伺服运动控制"。

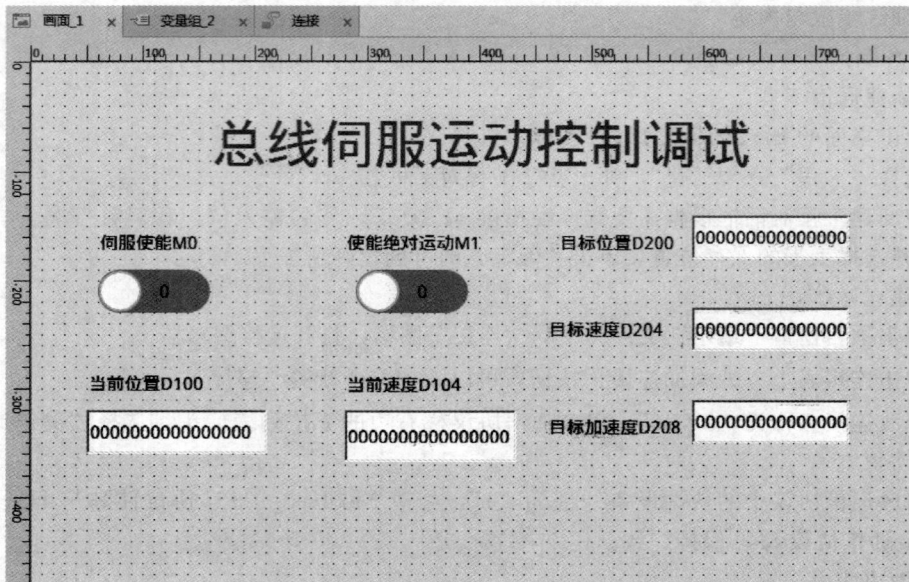

图 14-45　伺服运动控制画面

（2）设置 COM 通信协议。

1）双击项目树配置下 COM，打开 COM 通信参数配置对话框。

2）在协议选择项下，单击下拉列表，选择 Modbus_RTU 从站。

3）Modbus_RTU 从站协议，协议为 8N2，站号设置为 1。

（3）创建运动控制轴。

1）选择"工具"→"系统选项"，打开系统选项对话框。

2）在 EtherCAT 选项下，勾选"新建从站时自动新建轴并关联从站"复选框。

3）展开工具箱下的 EtherCAT Devices，找到 SV660。

4）双击工具箱中的 SV660，可以在设备树 EtherCAT 组态中添加一个 SV660N 伺服运动控制器。如果已经勾选了系统选项中"新建从站时自动创轴并关联从站"，则添加 SV660N 的同时也会添加一个运动控制轴 Axis0。创建运动控制轴如图 14-46 所示。

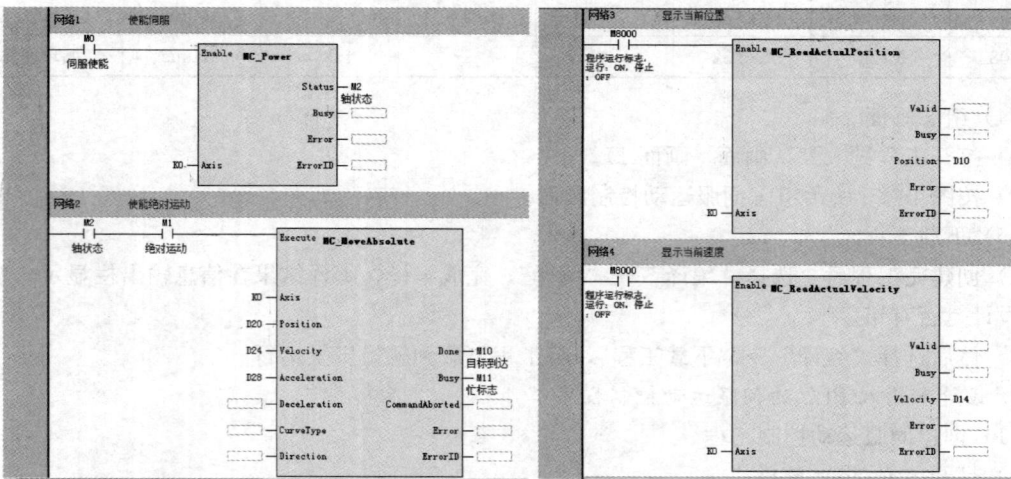

图 14-46　创建运动控制轴

（4）关联运动控制轴。

1）双击运动控制轴"Axis0"，打开运动控制轴配置对话框。

2）在基本配置中，选择轴类型为"总线控制轴"，输出设备选择"InoSV660N"建立运动控制轴与总线伺服控制器的关联。

（5）单位换算。

1）运动控制轴配置对话框中，单击"单位换算设置"，打开单位换算页面。

2）在单位换算页面，设置电机每转脉冲数和工作台转一圈的移动量。

3）实训中，设置电机每转脉冲数为10000，不使用变速器，工作台转一圈的移动量为2，即用户单位为2Unit。

（6）模式/参数设置。

1）在运动控制轴配置对话框中，单击"模式/参数设置"，打开"模式/参数设置"页面。

2）编码器模式选"增量模式"。

3）模式设置选"旋转模式"。

（7）原点返回设置。

1）在运动控制轴配置对话框中，单击"原点返回设置"，打开原点返回设置页面。

2）根据实际情况，设置原点返回参数。

（8）输入如图14-47所示的PLC伺服运动控制程序。

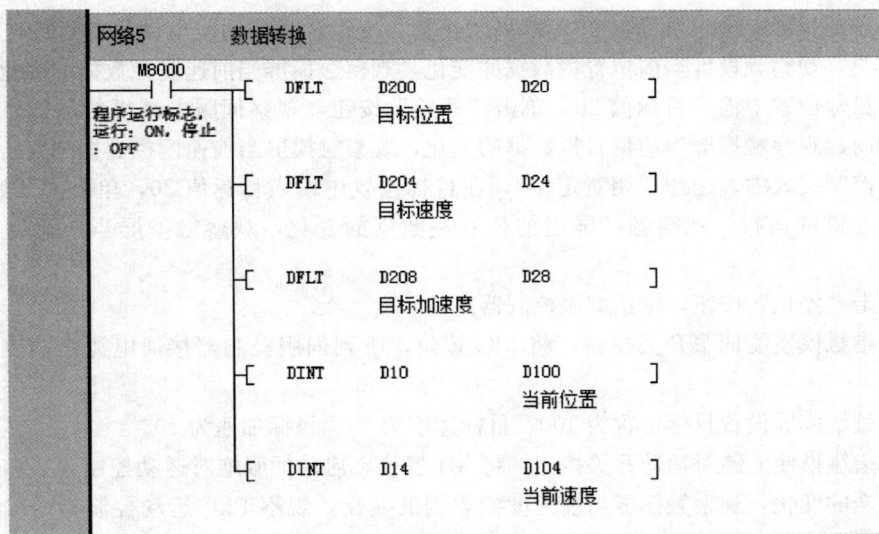

图14-47　PLC伺服运动控制程序

1）输入使能伺服控制程序。

2）输入绝对运动控制程序。

（9）输入数据交换程序。PLC程序中运动控制指令使用的变量是浮点数类型，触摸屏关联的变量是整数类型，在PLC程序中，需要进行数据交换。

1）将触摸屏送过来的数据D200、D204、D208转换为浮点型数据送绝对运动输入侧。

2）将PLC运动控制监控输出的位置D10、速度D14浮点数数据转换为整数型数据送触摸屏。

3. 伺服运动控制调试

（1）伺服运动控制系统接线。

1）伺服运动控制器 EtherCAT 接口通过以太网线连接 PLC 的 EtherCAT 接口。

2）伺服运动控制器接 24V 开关电源和伺服电动机。

3）USB 线连接电脑与 PLC。

4）接通电源，将程序和配置下载到 PLC。

（2）伺服运动控制系统运行调试

1）使 PLC 处于运行状态。

2）在运动控制轴配置对话框中，单击"在线调试"选项，开始在线调试。

3）单击"使能"按钮，启动伺服运动控制器。

4）单击"原点回归"，使伺服电动机回原点。

5）单击"JOG＋"按钮，点动伺服电动机正转。

6）单击"JOG-"按钮，点动伺服电动机反转。

7）运行过程中，出现故障，单击"复位"按钮，是伺服控制器复位。

8）单击"停止"按钮，停止伺服控制器。

9）在控制模式中，选择"绝对定位"，在目标位置中输入目标值 50，单击"开始"按钮，观察伺服电动机的运行，观察触摸屏当前位置栏数据的变化，观察触摸屏当前速度栏数据的变化。

10）在目标位置中输入目标值 30，单击"开始"按钮，观察伺服电动机的运行，观察伺服电动机的转向，观察触摸屏当前位置栏数据的变化，观察触摸屏当前速度栏数据的变化。

11）在目标位置中输入目标值 60，单击"开始"按钮，观察伺服电动机的运行，观察伺服电动机的转向，观察触摸屏当前位置栏数据的变化，观察触摸屏当前速度栏数据的变化。

12）在控制模式中，选择"相对定位"，在目标位置中输入目标值 20，单击"开始"按钮，观察伺服电动机的运行，观察触摸屏当前位置栏数据的变化，观察触摸屏当前速度栏数据的变化。

13）单击"停止"按钮，停止伺服控制器。

14）手指触摸使能伺服开关按钮，将 MO 置位，听到伺服控制器接通电源声，使能伺服控制器。

15）通过触摸屏设置目标位置为 100、目标速度为 20、目标加速为 10。

16）手指触摸使能绝对运动开关按钮，将 M1 置位，启动伺服绝对运动控制，观察触摸屏当前位置栏数据的变化，观察触摸屏当前速度栏数据的变化，观察 PLC 运动控制指令输入侧、输出侧数据的变化。

17）手指再次触摸使能伺服开关按钮，将 MO 复位，停止伺服控制器工作。

习题 14

1. 通过 IT7000 触摸屏与 H5U 的 TCP 监控通信协议，实现轴基本的点动、定位控制。可以通过 HMI 修改目标位置、目标速度等参数，通过 HMI 能监控实时的位置、速度等信息。触摸屏组态画面，轴点动与定位控制如图 14-48 所示。

2. 利用 H5U 轴控指令进行轴运行状态切换，设计实验程序，实现回原点、复位、使能、停止、点动正转、点动反转等轴状态的切换，下载 PLC 调试，观察轴运行状态的变化。

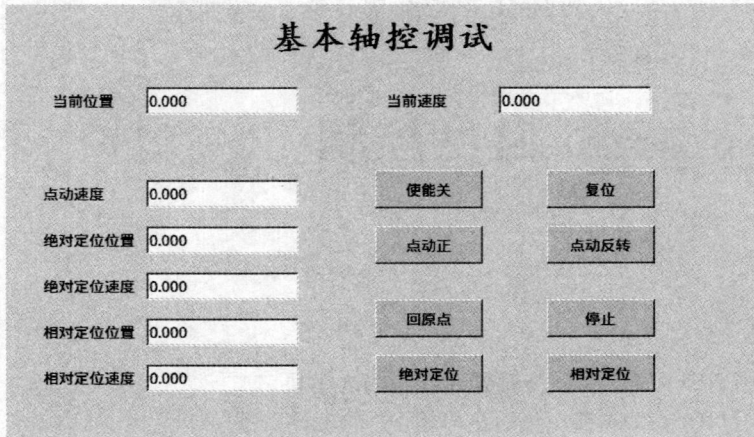

图 14-48　轴点动与定位控制

项目十五 温度控制

学习目标

(1) 学会使用 GL10-4PT 温度传感器模拟量输入模块。

(2) 学会使用 GL10-4DA 模拟量输出模块。

(3) 学会使用脉冲检测指令。

(4) 学会使用触点比较指令。

(5) 学会用 PLC 实现模拟量温度控制。

任务 22 中央空调冷冻泵运行控制

基础知识

控制汇川 MD350 变频器，DA 模拟量输出 0～10V，工作频率 0～50Hz。

一、任务分析

1. 控制要求

(1) 按下启动按钮，全速（50Hz）启动冷冻泵，20s 后转入温差自动控制。

(2) 变频器加速时间为 8s，减速时间为 6s。

(3) 具有手动和自动切换功能，手动时可调节变频器的运行频率。

(4) 冷冻泵进、出水温差和变频器输出频率及 D/A 转换数字量间的关系见表 15-1。

表 15-1 温差、频率、D/A 转换数字量

进、出水温差/℃	变频器输出频率	D/A 转换数字量
$t \leqslant 1$	30	12000
$1 < t \leqslant 1.5$	32.5	13000
$1.5 < t \leqslant 2$	35	14000
$2 < t \leqslant 2.5$	37.5	15000
$2.5 < t \leqslant 3$	40	16000
$3 < t \leqslant 3.5$	42.5	17000
$3.5 < t \leqslant 4$	45	18000
$4 < t \leqslant 4.5$	47.5	19000
$t > 4.5$	50	20000

(5) 按下停止按钮，系统停止运行。

2. 控制分析

(1) 冷冻泵进水、出水温度信号通过铂电阻温度传感器 Pt100 采集，通过模数转换模块将温

度信号转换为线性输出的数字信号。

（2）变频器的运行频率根据温差信号变化而变化，通过数模转换模块将数字信号转换为模拟电压输出信号，通过模拟电压信号控制变频器输出频率。

（3）通过变频器驱动冷冻泵运行，调节中央空调的运行。

二、PLC 中央空调冷冻泵的运行控制

1. GL10-4PT 温度传感器模拟量输入模块

（1）GL10-4PT 4 通道温度检测模块。GL10-4PT 为 4 通道热电阻温度采集，支持多种热电阻类型，分辨率可达 24 位。GL10-4PT 温度扩展模块可实现 4 路 Pt100 温度信号检测。GL10-4PT 模块的一般规格见表 15-2，检测模式规格见表 15-3。

表 15-2　　　　　　　　　　　　　　GL10-4PT 模块的一般规格

项目	规格
输入通道	4
电源电压	24V DC（20.4～28.8V DC）（－15%～20%）
内部 5V 电源功耗	85mA（典型值）
传感器类型	热电阻：Pt100、Pt500、Pt1000、CU100
显示模式	摄氏度（℃），华氏度（℉）
热电阻接线方式	两线/三线
分辨率	24 位
灵敏度	0.1℃、0.1℉
采样周期	250ms、500ms、1000ms/4 通道（可通过软件配置）
滤波时间	0～100s（可通过软件配置，默认 5s）
精度（常温 25℃）	满量程（±0.3%）
精度（环境温度～55℃）	满量程（±1%）
隔离方式	I/O 端子与电源之间隔离；通道之间隔离
系统升级方式	USB 接口升级

表 15-3　　　　　　　　　　GL10-4PT 模块的检测模式规格

项目	传感器名称	摄氏温度范围/℃	华氏温度范围/℉
热电阻类型	Pt100	－200.0～850.0	－328.0～1562.0
	Pt500	－200.0～850.0	－328.0～1562.0
	Pt1000	－200.0～850.0	－328.0～1562.0
	Cu100	－50.0～150.0	－58.0～302.0

（2）GL10-4PT 外部接线如图 15-1 所示。

外部接线说明：①需采用带屏蔽的电缆；②如果采用两线制接法时，需要将 INB 和 INb 通道短接在一起，此时电缆上的电阻会影响测定值；③需采用导线电阻小，且三根导线无电阻差的电缆；④模块需安装在接地良好的金属支架上，并保证模块底部的金属弹片与支架良好接触。

（3）GL10-4PT 编程应用。

1）新建工程，对工程进行硬件组态，GL10-4PT 工程组态如图 15-2 所示。

2）双击 GL10-4PT 模块，在"模块配置"选项卡中可根据实际需求配置模块诊断上报等功能。"模块配置"选项卡如图 15-3 所示。

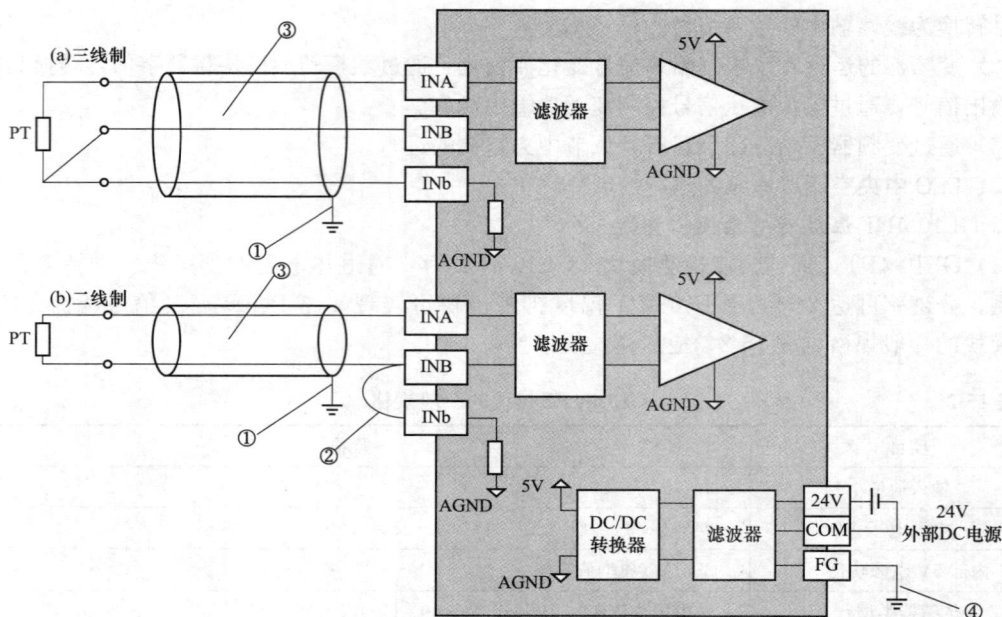

图 15-1　GL10-4PT 外部接线

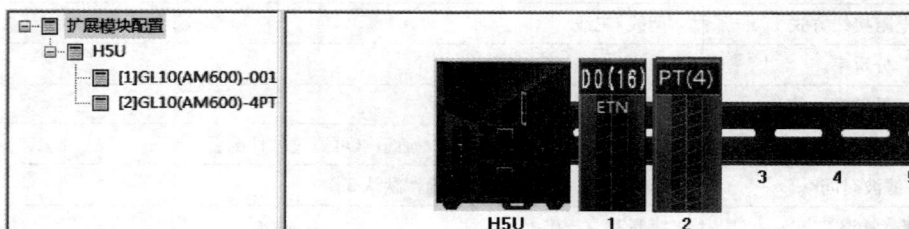

图 15-2　GL10-4PT 工程组态

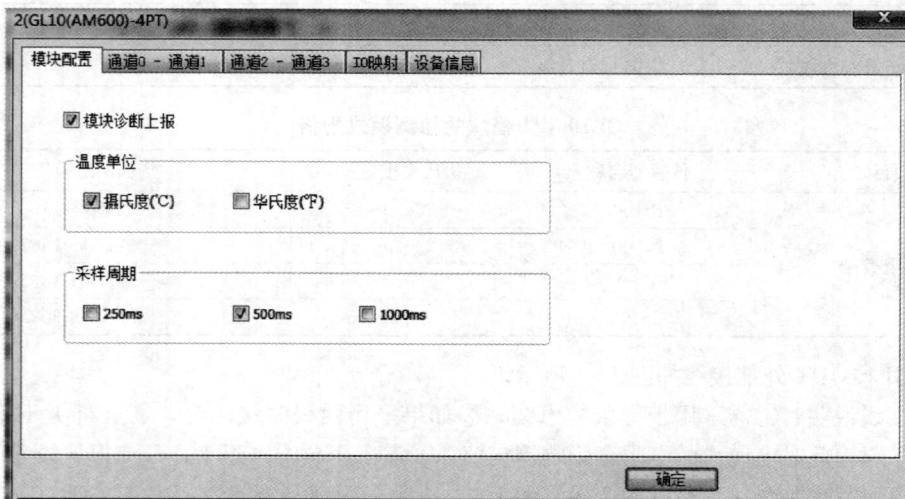

图 15-3　"模块配置"选项卡

3）单击"通道 0-通道 1"选项卡，如图 15-4 所示。使能通道 0，将传感器类型选为 Pt100，其他功能可按需求进行勾选；使能通道 1，将传感器类型选为 Pt100，其他功能可按需求进行勾选。

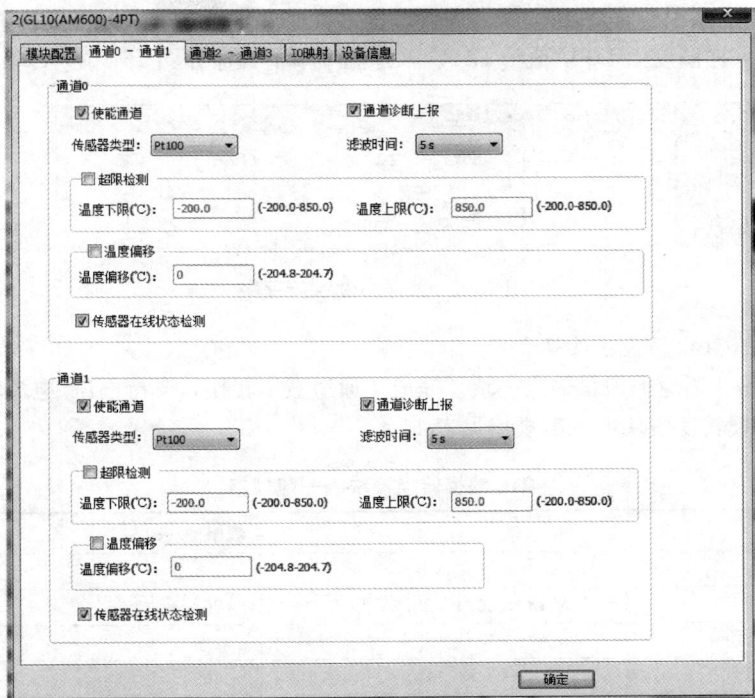

图 15-4 "通道 0-通道 1"选项卡

4）单击"IO 映射"选项卡，如图 15-5 所示。将 4PT 模块的通道 0 映射为 D 元件 D0，将 4PT 模块的通道 1 映射为 D 元件 D2。

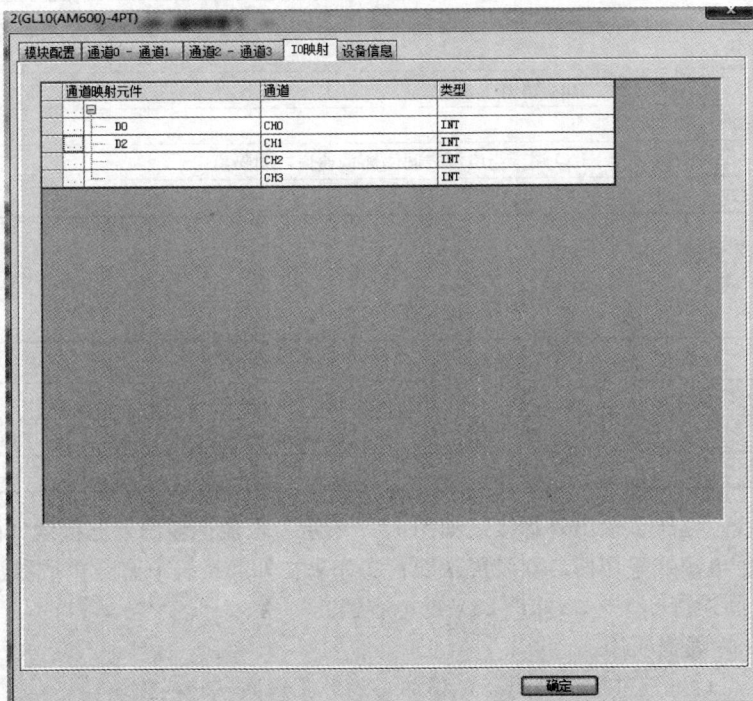

图 15-5 "IO 映射"选项卡

5) 采用梯形图编程语言对 4PT 采样进行编程，将通道 0 的电压采样温度由 D0 赋值给 D10。将通道 1 的电压采样温度由 D2 赋值给 D12。采样温度赋值程序如图 15-6 所示。

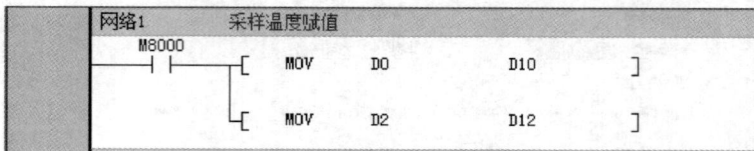

网络1	采样温度赋值		
M8000	MOV	D0	D10
	MOV	D2	D12

图 15-6 采样温度赋值程序

2. GL10-4DA 数模转换扩展模块

GL10-4DA 是 4 通道模拟量输出模块，完成 4 通道数模转换，支持电压/电流输出。

（1）4DA 数模转换模块的一般规格见表 15-4。

表 15-4　　　　　　　　　　4DA 数模转换模块的一般规格

项目	规格
输入通道	4
电源电压	24V DC（20.4～28.8V DC）（−15%～20%）
内部 5V 电源功耗	85mA（典型值）
电压输出负载	1kΩ～1MΩ
电流负载阻抗	0～600Ω
热电阻接线方式	两线/三线
电压输出范围	双极性±5V、±10V，单极性+5V、+10V
电流输出范围	4～20mA，0～20mA
精度（常温 25℃）	电压±0.1%，电流±0.1%（全量程）
精度（环境温度～55℃）	电压±0.15%，电流±0.8%
分辨率	16 位
转换时间	1ms/通道
输出短路保护	有
隔离方式	I/O 端子与电源之间隔离；通道之间隔离
系统升级方式	USB 接口升级

（2）端子定义见表 15-5。

表 15-5　　　　　　　　　　端 子 定 义

序号	网络名	类型	功能	备注
1	V+	输出	第 0 通道 V+	电压输出
2	VI−	输出	第 0 通道 V−/I−	电压/电流输出
3	I+	输出	第 0 通道 I+	电流输出

（3）外部接线。电压型输出外部接线如图 15-7 所示，电流型输出外部接线如图 15-8 所示。

接线说明：①电源线采用两芯双绞屏蔽线；②如果在外部接线中有噪声或纹波，则在 V+/I+端子和 VI−之间连接 0.1～0.47mF 25V 的电容器。

（4）GL10-4DA 编程应用。

1）新建工程，对工程进行硬件组态，添加 GL10-4DA 数模转换模块。

2）双击 GL10-4DA 模块，在弹出的对话框中将通道-0 使能，并将通道转换模式配置为电压

"－10V～10V"输出,停止输出状态均可以配置,配置 GL10-4DA 数模转换模块如图 15-9 所示。

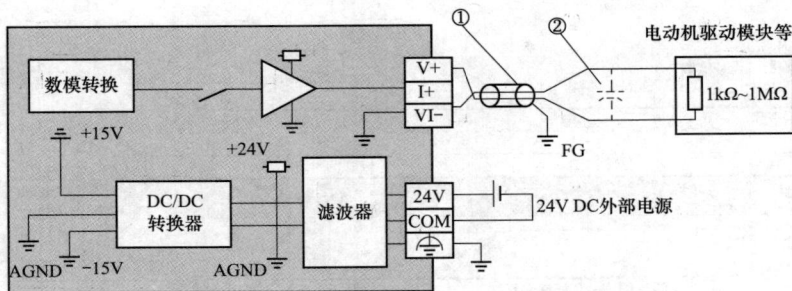

图 15-7　电压型输出外部接线

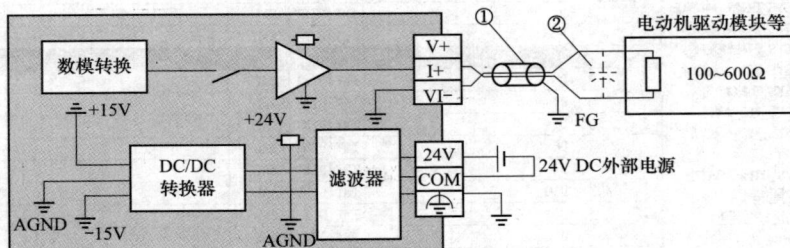

图 15-8　电流型输出外部接线

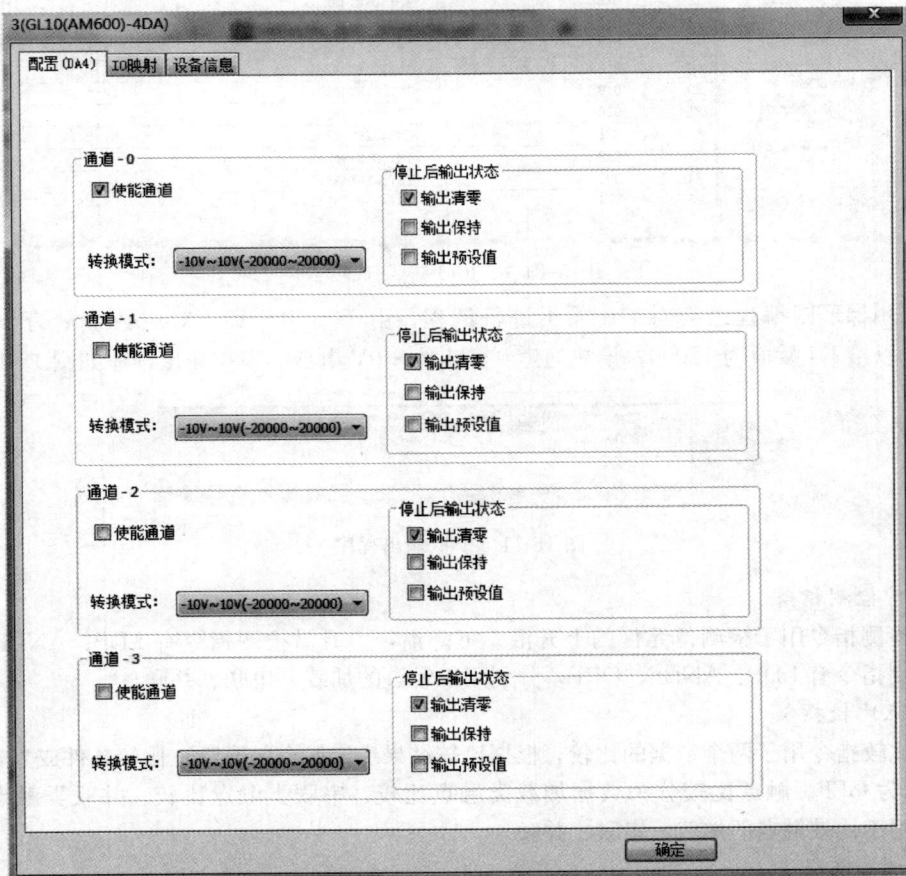

图 15-9　配置 GL10-4DA 数模转换模块

3）单击"IO 映射"，在"IO 映射"选项卡中将 4DA 模块的通道 0 映射为 D 元件 D4，如图 15-10 所示。

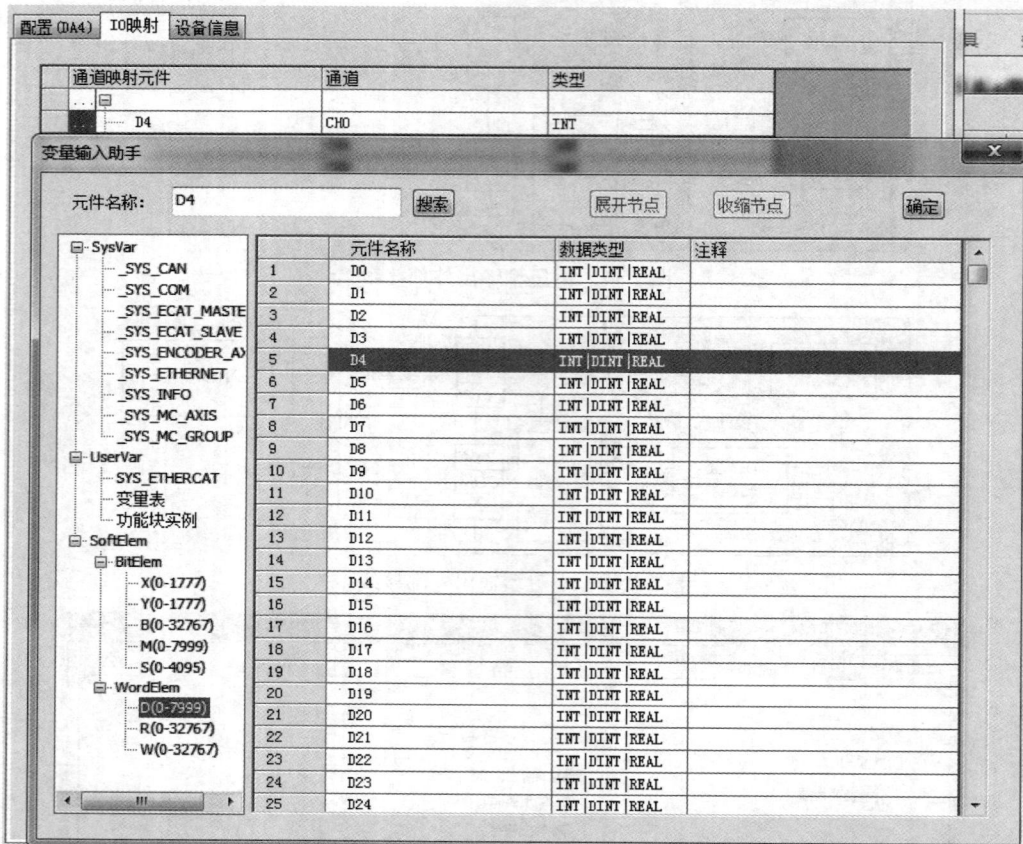

图 15-10 "IO 映射"选项卡

4）采用梯形图编程语言对 DA 输出进行编程，由于 −10～10V 对应数字量为 −20000～20000，所以给 D4 赋值为 12000，模块通道 0 输出为 +6V 电压。模拟输出程序如图 15-11 所示。

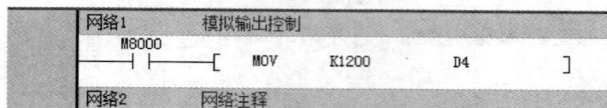

图 15-11 模拟输出程序

3. 脉冲检测指令

脉冲检测指令用于检测位元件的上升沿、下降沿，上升沿检测指令有 LDP、ANDP、ORP，下降沿检测指令有 LDF、ANDF、ORF，分别用于触点的加载、串联、并联。

4. 触点比较指令

触点比较指令用于两个数据的比较，根据比较结果决定触点的通断，比较条件成立，触点为 ON，否则为 OFF。触点比较分为数据加载类触点比较、串联类触点比较、并联类触点比较指令，分别用于比较触点的加载、串联、并联。

5. 设计控制程序

（1）配置 PLC。PLC 的 I/O 分配见表 15-6，其他软元件分配见表 15-7。

项目十五

表 15-6 PLC 的 I/O 分配

输入		输出	
启动按钮	X11	变频器 FWD 控制	Y11
停止按钮	X12		
频率增加按钮	X13		
频率减少按钮	X14		
手动/自动转换	X15		

表 15-7 其他软元件分配

元件名称	软元件
进水温度	D10
回水温度	D12
温差值	D20
温差数字量	D100
辅助继电器	M10

（2）PLC 中央空调冷冻泵控制接线图如图 15-12 所示。

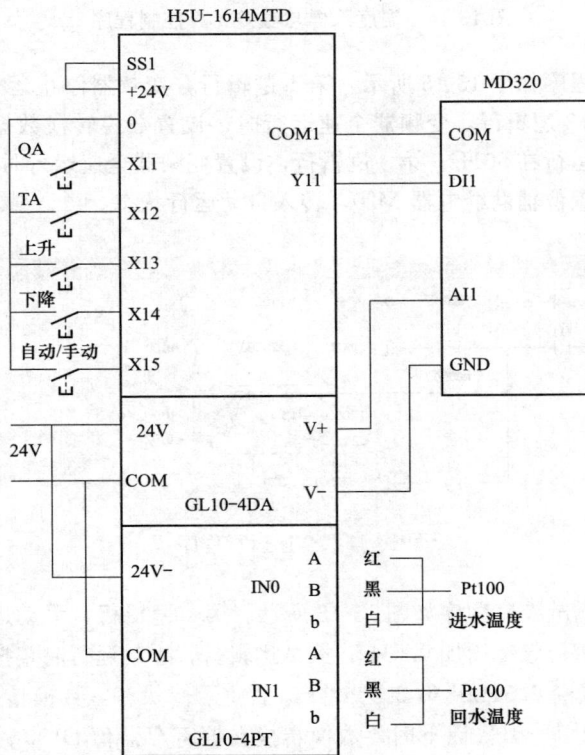

图 15-12　PLC 中央空调冷冻泵控制接线图

（3）设计系统控制程序如图 15-13 所示。其中系统启停通过控制变频器实现，控制 PLC 的 Y11 可以控制变频器的运行。手动/自动转换控制通过交替输出指令实现，按下连接在 X15 的按钮，控制 M20 交替变化。

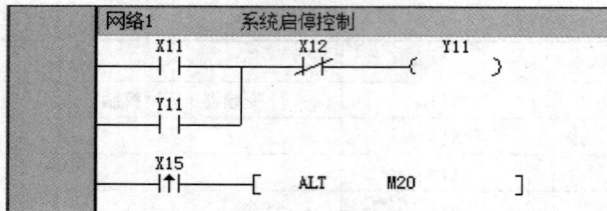

图 15-13　系统控制程序

　　（4）设计温度采样与温差计算控制程序如图 15-14 所示。通过 GL10-4PT 模拟量模块通道 0、通道 1，采集温度数据，分别送 D10、D12，通过减法指令，计算温差送 D20。

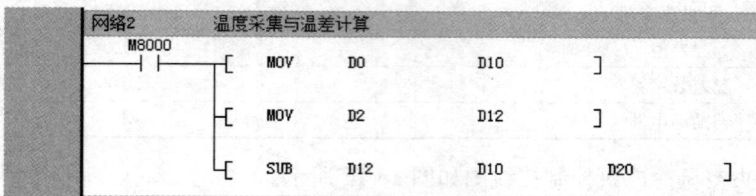

图 15-14　温度采样与温差计算控制程序

　　（5）设计全速运行程序如图 15-15 所示。第 1 逻辑行，变频器停止运行时，将 K0 送数模转换数据寄存器 D100；第 2 逻辑行，变频器全速运行时，设置数模转换数据寄存器为数模转换数据的最大值，使变频器运行在 50Hz；第 3 逻辑行，设置变频器全速运行时间 T 为 20s；第 4 逻辑行，全速运行时间到，置位辅助继电器 M20，转入自动运行状态。

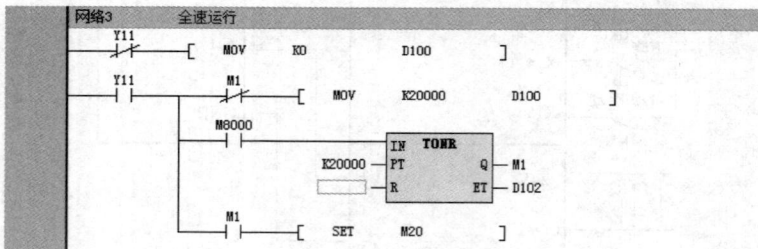

图 15-15　全速运行程序

　　（6）设计手动频率增减控制程序如图 15-16 所示。第 1 逻辑行，手动运行时，按下手动频率增加按钮 1 次，变频器运行频率增加 0.5Hz；第 2 逻辑行，手动运行时，按下手动频率减少按钮 1 次，变频器运行频率减少 0.5Hz；第 3 逻辑行，手动运行状态，数模转换数据寄存器值 D100 低于下限值，即频率减少到 30Hz 以下时，数模转换数据寄存器值 D100 保持为下限值；第 4 逻辑行，手动运行状态，数模转换数据寄存器值 D100 高于上限值，即频率达到 50Hz 时，数模转换数据寄存器值 D100 保持为上限值。

　　（7）设计自动温差转换控制运行程序如图 15-17 所示。第 1 逻辑行，温差小于、等于 1℃时，将变频器 30Hz 频率运行对应的数模转换数据送数模转换数据寄存器；第 2 逻辑行，温差大于 1℃且小于等于 1.5℃时，将变频器 32.5Hz 频率运行对应的数模转换数据送数模转换数据寄存器；第 3 逻辑行，温差大于 1.5℃且小于等于 2℃时，将变频器 35Hz 频率运行对应的数模转换数据送数模转换数据寄存器；第 4 逻辑行，温差大于 2℃且小于等于 2.5℃时，将变频器 37.5Hz 频率运行对应的数模转换数据送数模转换数据寄存器；第 5 逻辑行，温差大于 2.5℃且小于等于 3℃时，将变频器 40Hz 频率运行对应的数模转换数据送数模转换数据寄存器；第 6 逻辑行，温差大于 3℃且小于等于 3.5℃时，将变频器 42.5Hz 频率运行对应的数模转换数据送数模转换数据寄存器；第 7 逻辑行，温差大于 3.5℃且小于等于 4℃时，将变频器 45Hz 频率运行对应的数模转换数据送数模转换数据寄存；第 8 逻辑行，温差大于 4℃且小于等于 4.5℃时，将变频器 47.5Hz 频率运行对应的数模转换数据送数模转换数据寄存器；第 9 逻辑行，温差大于 4.5℃时，将变频器 50Hz 频率运行对应的数模转换数据送数模转换数据寄存器。

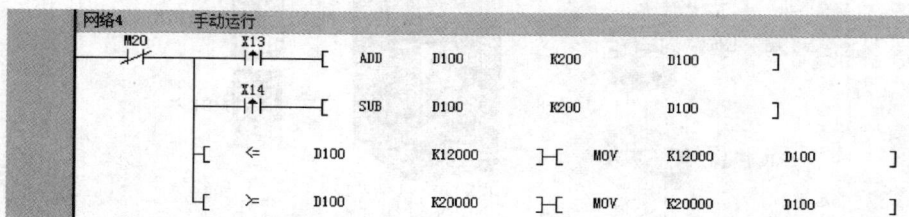

图 15-16　手动频率增减控制程序

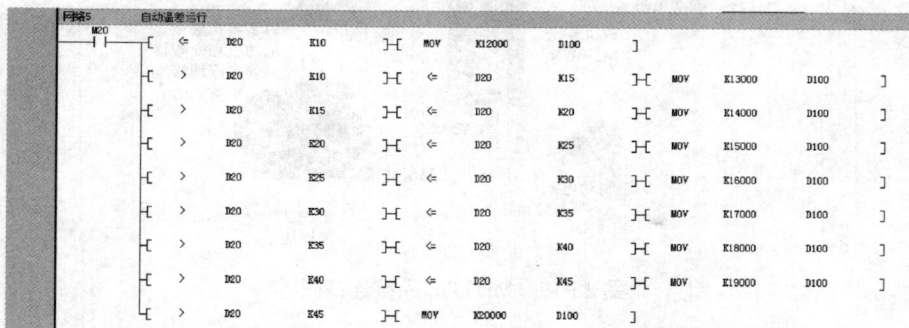

图 15-17　自动温差转换控制运行程序

三、变频器的使用

1. MD350E 系列变频器简介

（1）MD350E 的产品外观如图 15-18 所示。

（2）MD350E 变频器典型接线方式。

1）MD500E 系统连接图。使用 MD500E 系列变频器控制异步电机构成控制系统时，需要在变频器的输入输出侧安装各类电气元件，保证系统的安全稳定。三相 380~480V 0.4kW 及以上功率的产品系统构成如图 15-19 所示。

2）MD500E 变频器典型接线图如图 15-20 所示。请注意三相 380V 的 0.4~75kW 机型和 90~450kW 机型在图中双箭头处的接线部分有区别，三相 220V 的 0.4~37kW 机型和 45~55kW 机型在图中双箭头处的接线部分有区别。

（3）变频器端子说明。

1）三相变频器主回路端子说明（见表 15-8）。

图 15-18　MD350E 的产品外观

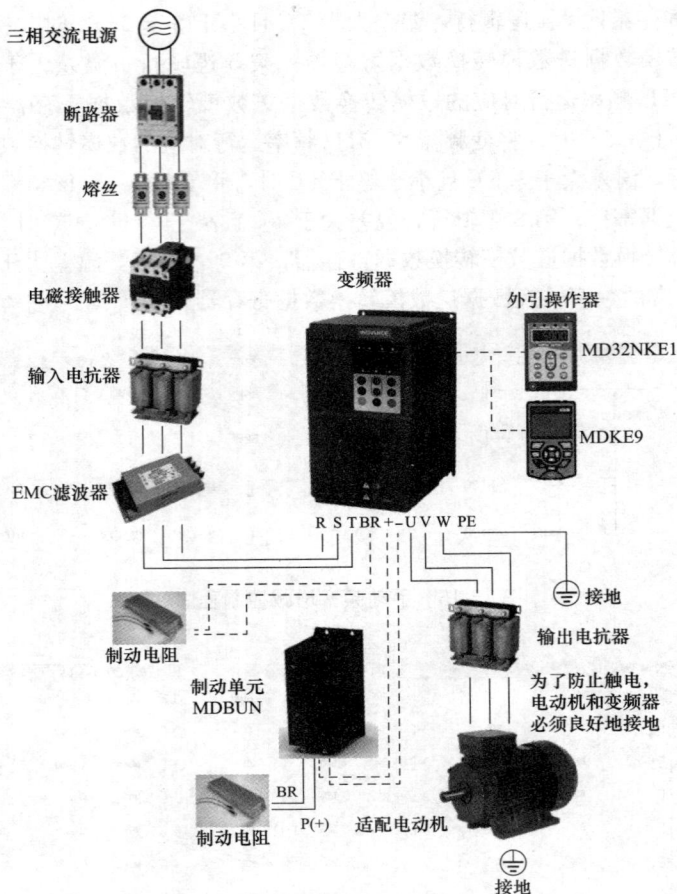

图 15-19　MD500E 系统连接图

2）使用配线注意事项。

a. 输入电源 R、S、T。变频器的输入侧接线，无相序要求。

b. 直流母线（＋）、（－）端子。注意刚停电后直流母线（＋）、（－）端子尚有残余电压，须等 CHARGE 灯灭掉后并确认小于 36V 后方可接触，否则有触电的危险。37kW 以上选用外置制动组件时，注意（＋）、（－）极性不能接反，否则导致变频器损坏甚至火灾。制动单元的配线长度不应超过 10m。应使用双绞线或紧密双线并行配线。不可将制动电阻直接接在直流母线上，可能会引起变频器损坏甚至火灾。

c. 制动电阻连接端子（＋）、BR。75kW 以下且确认已经内置制动单元的机型，其制动电阻连接端子才有效。制动电阻选型参考推荐值且配线距离应小于 5m。否则可能导致变频器损坏。

d. 变频器输出侧 U、V、W。变频器侧出侧不可连接电容器或浪涌吸收器，否则会引起变频器经常保护甚至损坏。电动机电缆过长时，由于分布电容的影响，易产生电气谐振，从而引起电动机绝缘破坏或产生较大漏电流使变频器过流保护。电动机电缆长度大于 100m 时，须加装交流输出电抗器。

e. 接地端子⏚ PE。端子必须可靠接地，接地线阻值必须少于 0.1Ω。否则会导致设备工作异常甚至损坏。不可将接地端子⏚和电源零线 N 端子共用。

三相380V 0.4～75kW机型
三相220V 0.4～37kW机型

三相380V 90～450kW机型
三相220V 45～55kW机型

制动电阻

制动电阻

− ＋ BR

− ＋

断路器　接触器　熔丝

L1 — R

L2 — S

L3 — T

U

V

W

M

MD500E

+24V

OP

J4
PG扩展口

A+
A−
B+
B−
Z+
Z−
+5V
COM
PE

P
G

MD38PGMD
(选配)

正转运行/停止　(F4-00=1)　DI1

正转点动　(F4-01=4)　DI2

故障复位　(F4-02=9)　DI3

多段速指令1　(F4-03=12)　DI4

多段速指令2
可支持100kHz脉冲　(F4-04=13)　DI5

OA+
OA−
OB+
OB−
OZ+
OZ−
OND
OA
OB
OZ

分频输出

COM

J11 RJ45
外引键盘接口

接地小铜排

跳线J7
I V

AO1

GND

0 V

Am

模拟量输出1:0～10V/0～20mA
出厂设定:
运行频率0～10V, F5-07=0

+10V

1～5kΩ

0～10V

AI1

0～20mA

AI2

GND

跳线J9
I V

跳线J10
250Ω500Ω

FM

COM

脉冲序列输出: 0～100kHz
出厂设定:
设定频率0～50kHz, F5-00=0, F5-06=0

DO1

CME

集电极开路输出1:
0～24VDC/0～50mA
出厂设定:
变频器运行中, F5-04=1

Modbus-RTU
最高速率
115200bit/s

485+

485−

CGND

MD38T×1
(选配)

J13
功能扩展口

T/C

T/B

T/A

继电器输出:
250VAC 10mA以上3A以下
30VDC 10mA以上1A以下
出厂设定:
变频器故障, F5-02=2

注: —— 屏蔽层; —— 双绞线

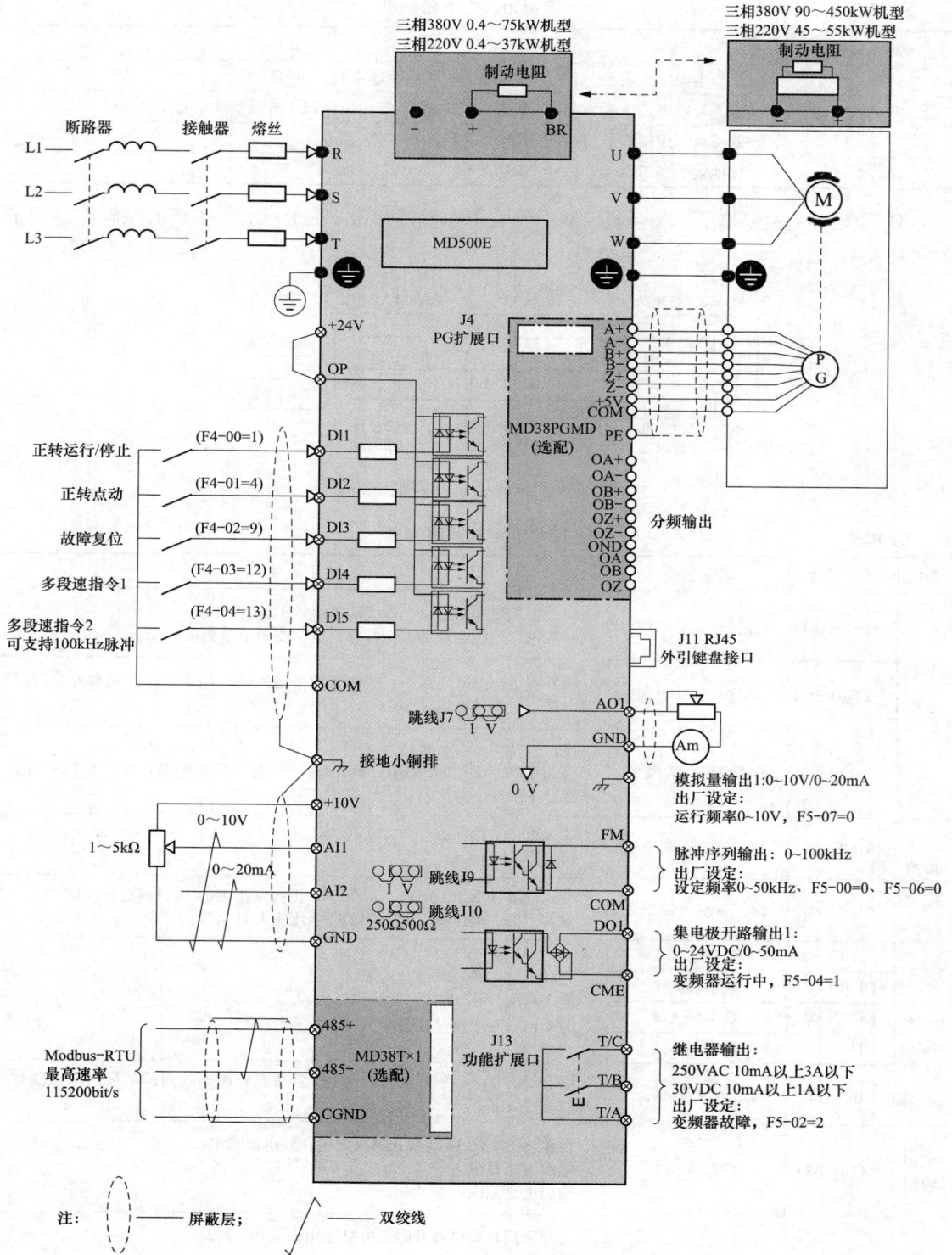

图 15-20　三相 380V 变频器的接线

表 15-8 　　　　　　　　　　　　　三相变频器主回路端子

端子标记	名称	说明
R、S、T	三相电源输入端子	交流输入三相电源连接点
(+)、(一)	直流母线正、负端子	共直流母线输入点，90kW 以上外置制动单元的连接点
(+)、BR	制动电阻连接端子	75kW 以下制动电阻连接点
⏚	接地端子（PE）	保护接地

3）变频器的控制端子。变频器控制回路端子布置图如图 15-21 所示，变频器控制回路端子说明见表 15-9。

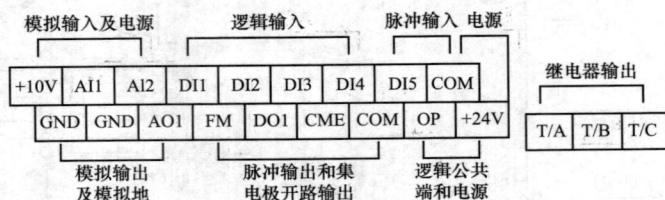

图 15-21　变频器控制回路端子布置图

表 15-9 　　　　　　　　　　　　　变频器控制回路端子

类别	端子符号	端子名称	功能说明
电源	+10V-GND	外接+10V 电源	向外提供+10V 电源，最大输出电流 10mA； 一般用作外接电位器工作电源，电位器阻值范围 1~5kΩ
	+24V-COM	外接+24V 电源	向外提供+24V 电源，一般用作数字输入输出端子工作电源和外接传感器电源，最大输出电流 200mA
	OP	外部电源输入端子	出厂默认与+24V 连接； 当利用外部信号驱动 DI1~DI5 时，OP 需与外部电源连接，且与+24V 电源端子断开
模拟输入	AI1-GND	模拟量输入端子 1	输入电压范围：DC0~10V； 输入阻抗：100kΩ
	AI2-GND	模拟量输入端子 2	输入范围：DC0~10V/4~20mA，由控制板上的 J3 跳线选择决定； 输入阻抗：电压输入时 100kΩ，电流输入时 500Ω
数字输入	DI1-COM	数字输入 1	光耦隔离，兼容双极性输入； 输入阻抗为 3.3kΩ； 电平输入时电压范围为 9~30V
	DI2-COM	数字输入 2	
	DI3-COM	数字输入 3	
	DI4-COM	数字输入 4	
	DI5-COM	高速脉冲输入端子	除有 DI1~DI4 的特点外，还可作为高速脉冲输入通道，最高输入频率 50kHz
模拟输出	AO1-GND	模拟输出 1	由控制板上的 J4 跳线选择决定电压或电流输出； 输出电压范围：0~10V； 输出电流范围：0~20mA
数字输出	DO1-CME	数字输出 1	光耦隔离，双极性开路集电极输出； 输出电压范围：0~24V； 输出电流范围：0~50mA
	FM-COM	高速脉冲输出	当作为高速脉冲输出，最高频率到 50kHz； 当作为集电极开路输出，与 DO1 规格一样

项目十五

续表

类别	端子符号	端子名称	功能说明
继电器输出	T/A-T/B	常闭端子	触点驱动能力： AC 250V，3A，$\cos\varphi=0.4$；
	T/A-T/C	常开端子	DC 30V，1A
辅助接口	J13	功能扩展卡接口	28 芯端子，与可选卡（I/O 扩展卡、PLC 卡、各种总线卡等选配卡）的接口
	J4	PG 卡接口	可选择：差分、旋变等编码器接口
	J11	外引键盘接口	外引键盘
跳线	J7	AO1 输出选择	电压、电流输出可选，默认为电压输出
	J9	AI1 输入选择	电压、电流输入可选，默认为电压输入
	J10	AI2 输入阻抗选择	500、250Ω 可选，默认为 500Ω

4）控制端子接线说明。

a. 模拟量 AI 输入端子。模拟量输入端口，可用于信号给定，比如外接电位器信号，用以调节变频器的输出频率；也可外接传感器的反馈信号，用于 PID 闭环控制，或张力控制等。外接电位器信号如图 15-22 所示。

模拟电压信号容易受到外部干扰，采用屏蔽电缆，缩短配线长度，端口并联高频电容等，均可减少干扰信号的影响。端口并联高频电容如图 15-23 所示。

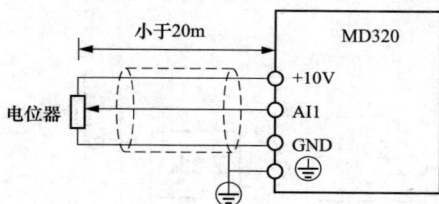

图 15-22　外接电位器信号　　　　图 15-23　端口并联高端电容

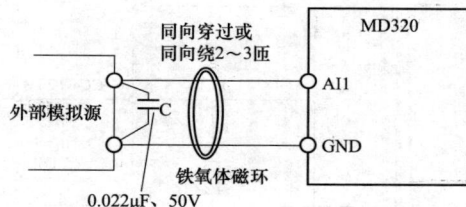

利用 PLC 自动控制变频器的输出频率的设计，可以将 PLC 的 DA 扩展模块输出信号连接到变频器的 AI 输入端口，可实现频率的连续调节。

b. 数字量 DI 输入端子。数字量 DI 输入端口，或称开关量输入端口，可以输入控制变频器运行的各种信号，这些信号功能可以配置为运行启停控制、增速减速命令、多段速命令信号、长度脉冲信号，外部设备故障，状态切换信号等，在 F4 组功能码中对信号定义做灵活的设置。为方便现场信号的接入，可通过外部端子，将信号输入方式配置为源型或漏型输入方式，如同 PLC 的 X 输入端口的使用方法。漏型接线方式如图 15-24 所示，这是一种最常用的接线方式。如果使用外部电源，必须把＋24V 与 OP 间的短路片以及 COM 与 CME 之间的短路片去掉，把外部电源的正极接在 OP 上，外部电源的负极接在 CME 上；源型接线方式如图 15-25 所示，这种接线方式必须把＋24V 与 OP 之间的短路片去掉，把＋24V 与外部控制器的公共端接在一起，同时把 OP 与 CME 连在一起。如果用外部电源，还必须把 CME 与 COM 之间的短路片去掉。

2．显示界面与操作

变频器的操作面板，是人机交互的重要界面，用户通过该面板，可对变频器进行功能参数修改、变频器工作状态监控和变频器运行控制（起动、停止）等操作，观察变频器的运行状态和参数。操作面板示意图如图 15-26 所示。

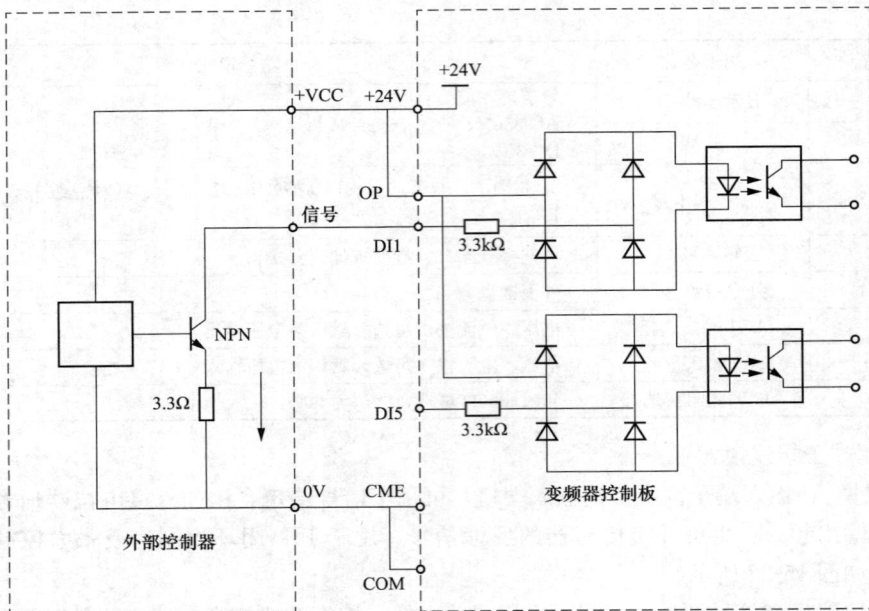

图 15-24　漏型接线方式

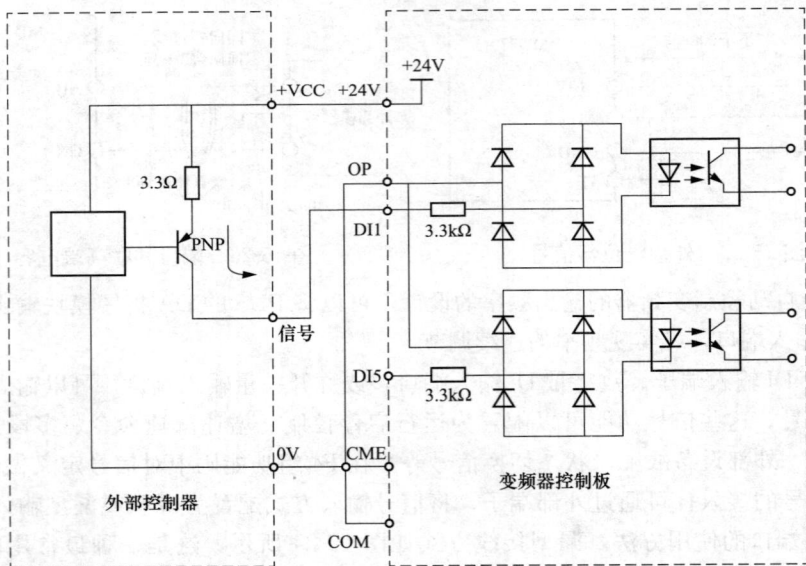

图 15-25　源型接线方式

（1）功能指示灯说明。

1）RUN：灯灭时表示变频器处于停机状态，灯亮时表示变频器处于运转状态。

2）LOCAL/REMOT：命令源指示灯。灯灭表示面板操作控制状态，灯亮表示端子操作控制状态，灯闪烁表示处于远程操作控制状态。

3）FWD/REV：正反转指示灯，灯灭表示处于正转状态，灯亮表示处于反转状态。

4）TUNE/TC：调谐/转矩控制/故障指示灯，灯亮表示处于转矩控制状态，灯灭表示处于正常控制状态。慢闪（1 次/s）表示调谐状态，快闪（4 次/s）表示处于故障状态。

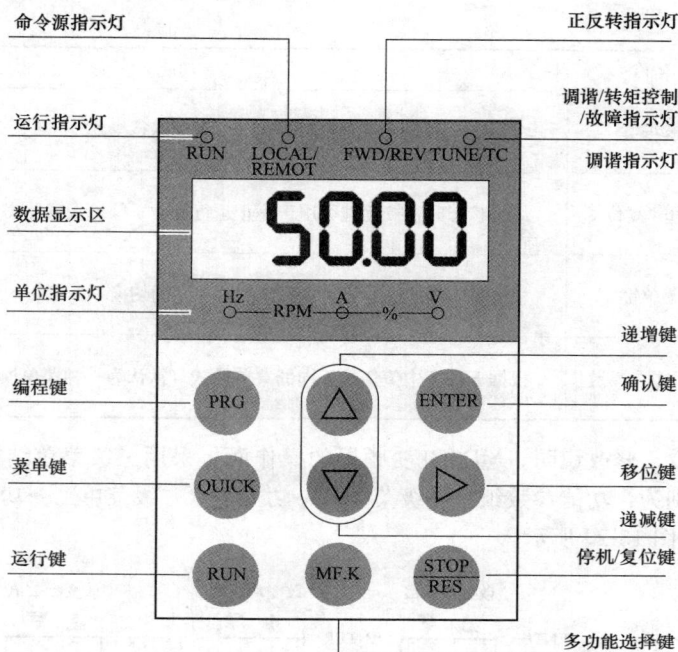

图 15-26　操作面板示意图

（2）单位指示灯说明。

1）Hz：Hz 为频率单位，Hz 灯单独点亮时，表示所显示的读数为频率单位。

2）A：A 为电流单位，A 灯单独点亮时，表示所显示的读数为电流值。

3）V：V 为电压单位，V 灯单独点亮时，表示所显示的读数为电压值。

4）RPM：RPM 为转速单位，当（Hz＋A）两个灯同时点亮时，表示所显示的读数为转速。

5）％：％为百分数，当（A＋V）两个灯同时点亮时，表示所显示的读数为百分数。

（3）数码显示区。5 位 LED 显示，可显示设定频率、输出频率，各种监视数据以及报警代码等。

（4）键盘按钮说明见表 15-10。

表 15-10　　　　　　　　　　　键 盘 按 钮 说 明

按键	名称	功能
PRG	编程键	一级菜单进入或退出
ENTER	确认键	逐级进入菜单画面、设定参数确认
△	递增键	数据或参数的递增
▽	递减键	数据或参数的递减
▷	移位键	在停机显示界面和运行显示界面下，可循环选择显示参数；在修改参数时，可以选择参数的修改位

按键	名称	功能
RUN	运行键	在"操作面板"启停控制方式下，用于运行操作
STOP RES	停止/复位	运行状态时，按此键可用于停止运行操作；故障报警状态时，可用来复位操作
QUICK	菜单键	根据 F7-01 的设定值，在选择的功能之间切换
MF.K	多功能选择键	根据 FP-03 中值切换不同的菜单模式（默认为一种菜单模式）

（5）功能码查看、修改说明。MD350 变频器的操作面板采用三级菜单结构进行参数设置等操作。三级菜单分别为：功能参数组（一级菜单）→功能码（二级菜单）→功能码设定值（三级菜单）。操作流程如图 15-27 所示。

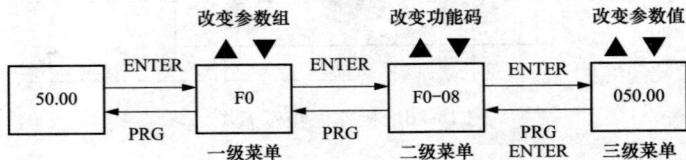

图 15-27　三级菜单操作流程

在三级菜单操作时，可按 PRG 键或 ENTER 键返回二级菜单。两者的区别是：按 ENTER 键将设定参数保存后返回二级菜单，并自动转移到下一个功能码；而按 PRG 键则直接返回二级菜单，不存储参数，并返回到当前功能码。

参数编辑操作示例如图 15-28 所示，该示例将功能码 F3-02 从 10.00Hz 更改设定为 15.00Hz。在第三级菜单状态下，若参数没有闪烁位，表示该功能码不能修改，可能原因为：①该功能码为不可修改参数。如实际检测参数、运行记录参数等；②该功能码在运行状态下不可修改，需停机后才能进行修改。

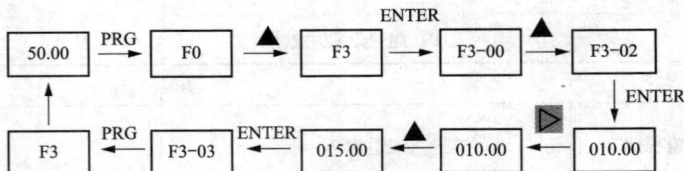

图 15-28　参数编辑操作示例

（6）状态参数的查看方法。

1）变频器在运行状态下，运行频率、设定频率、母线电压、输出电压、输出电流这 5 个常用的运行状态参数可通过 ▷ 键切换显示。其他的参数，由功能码 F7-04 设置为是否显示，按键顺序切换显示选中的参数。

2）变频器在停机状态下，也有多个停机状态参数可以显示，如设定频率、母线电压、DI 输入状态、DO 输出状态、模拟输入 AI1 电压、模拟输入 AI2 电压、模拟输入 AI3 电压、实际计数值、实际长度值及 PLC 运行步数及 6 个保留参数，按键可顺序切换显示选中的参数。其他的参数由功能码 F7-05 设置为是否显示，按键顺序切换显示选中的参数。

3）变频器状态参数的显示属性，具有掉电保持功能。

（7）密码设置。MD350 变频器提供了用户密码保护功能，当 FP-00 设为非零时，即为用户密码，退出功能码编辑状态密码保护即生效，再次按 PRG 键，将显示"----"，必须正确输入用户密码，才能进入普通菜单，否则无法进入。若要取消密码保护功能，只有通过密码进入，并将 FP-00 设为 0。

3. 参数设置

（1）控制方式选择。MD350 变频器可以控制电机工作方式，控制方式选择见表 15-11。

表 15-11　　　　　　　　　　　　　控 制 方 式 选 择

F0-01		出厂值：0
设定范围	0	无速度传感器矢量控制（SVC）
	1	有速度传感器矢量控制（VC）

（2）命令源选择。命令源选择也是变频器控制中的一个重要参数，它决定了从哪里控制变频器的运行和停止。命令源选择见表 15-12。

表 15-12　　　　　　　　　　　　　命 令 源 选 择

F0-02		出厂值：0	说明
设定范围	0	操作面板命令通道	"LOCAL/REMOT"灯灭，由操作面板上的 RUN、STOP/RES 按键进行启动、停机、正转、反转、点动命令控制
	1	端子命令通道	"LOCAL/REMOT"灯亮，由多功能输入端子 FWD、REV、JOGF、JOGR 等进行运行命令控制
	2	串行口通讯命令通道	"LOCAL/REMOT"闪亮，由上位机通信控制变频器的启动、停机、正转、反转、点动命令控制

（3）频率源选择。使用变频器时，要确定其"设定频率源"，也就是要设定以哪种信号方式来调节变频器的频率给定。选择变频器主给定频率的输入通道。共有 10 种主给定频率通道，频率源选择见表 15-13。

表 15-13　　　　　　　　　　　　　频 率 源 选 择

F0-03		出厂值：0	说明
设定范围	0	数字设定，按 UP、DOWN	初始值为 F0-08 设定的频率值，掉电不记忆
	1	数字设定，按 UP、DOWN	初始值为 F0-08 设定的频率值，掉电记忆
	2	AI1	频率由模拟量 AI1 输入端子确定
	3	AI2	频率由模拟量 AI2 输入端子确定
	4	AI3	频率由模拟量 AI3 输入端子确定
	5	脉冲设定（DI5）	频率由端子脉冲频率来给定，范围 0～50kHz
	6	多段速	多段速运行方式，最多可通过 4 个端子的组合实现 16 段速
	7	PLC	频率源内置简易 PLC 功能决定，由 FC 组"多段速和 PLC"参数来确定给定频率
	8	PID	过程 PID 控制模式。由 FA 组"PID 功能"配置，运行频率为 PID 运算后自动调整
	9	通讯给定	主频率源由上位机通过通信方式给定

MD350 变频器还可以设置辅助频率源 Y 选择（F0-04），辅助频率源可以作为独立的频率给定通道，即 Y 通道；当频率源选择由 X 通道切换 Y 通道时，Y 通道的用法与主频率源 X 通道相同。当辅助频率源用作叠加给定，可实现频率源选择为 X＋Y，或 X 到 X＋Y 切换。

（4）端子命令方式。用端子控制变频器的启动、停止、正转或反转运行，是常用的方式之一，操作者可利用开关、按钮控制变频器的启停；PLC 的 Y 输出触点信号接入变频器的 DI 信号端，方便地实现变频器的自动控制。端子命令方式见表 15-14。

表 15-14　　　　　　　　　　　　端子命令方式

F4-11		出厂值：0	说明
设定范围	0	两线式 1	两个开关分别控制正转运行、反转运行
	1	两线式 2	一个开关控制运行、另一个开关控制转向
	2	三线式 1	
	3	三线式 2	

1）两线式控制模式 1。由 FWD、REV 端子命令来决定电机的正、反转，FWD、REV 为 DI1～DI5（若选用多功能输入输出扩展卡则为 DI1～DI10）的多功能输入，端子在 F4.00～F4.09 功能码中定义得到。两线式控制模式 1 如图 15-29 所示，此模式为最常用的两线模式。

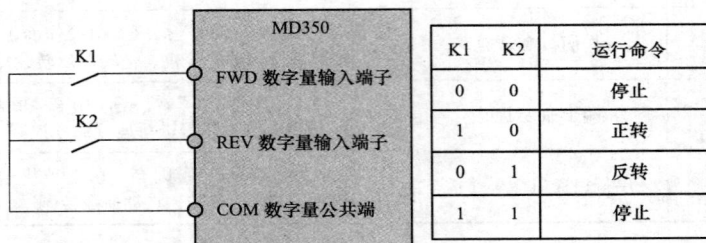

图 15-29　两线式控制模式 1

2）两线式控制模式 2。用此模式时 REV 为使能端子，方向由 FWD 的状态来确定。FWD、REV 为 DI1～DI5（若选用多功能输入输出扩展卡则为 DI1～DI10）的多功能输入端子在 F4.00～F4.09 功能码中定义得到。两线式控制模式 2 如图 15-30 所示。

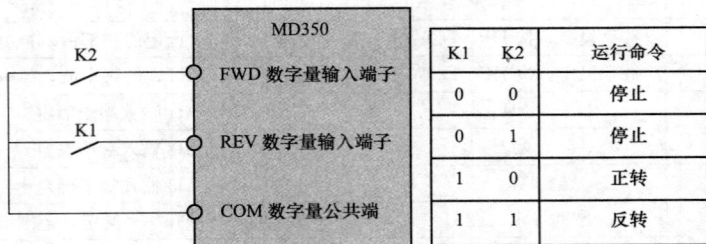

图 15-30　两线式控制模式 2

3）三线式控制模式 1。此模式的使能端子为 DIn，方向分别由 FWD、REV 控制。但是脉冲有效，在停车时须通过断开 DIn 端子信号来完成。FWD、REV、DIn 为 DI1～DI5（若选用多功能输入输出扩展卡则为 DI1～DI10）的多功能输入端子，此时应将其对应的端子功能定义为 3 号功能"三线式运转控制"。三线式控制模式 1 如图 15-31 所示。

4）三线式控制模式 2。此模式的使能端子为 DIn，运行命令由 FWD 来给出，方向的状态由 REV 来决定。停机命令通过断开 DIn 的信号来完成。FWD、REV、DIn 为 DI1～DI5（若选用多功能输入输出扩展卡则为 DI1～DI10）的多功能输入端，此时应将其对应的端子功能定义为 3 号功能"三线式运转控制"。三线式控制模式 2 如图 15-32 所示。

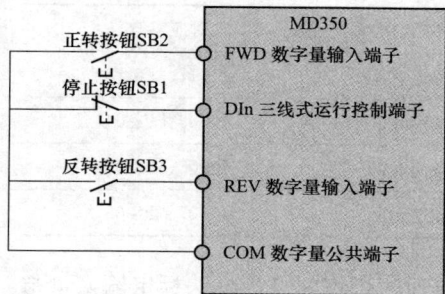

K	运行方向选择
0	正转
1	反转

图 15-31　三线式控制模式 1　　　　　　图 15-32　三线式控制模式 2

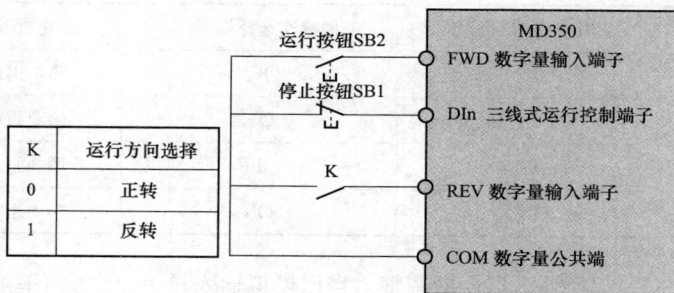

（5）停机方式。停机方式见表 15-15。

表 15-15　　　　　　停 机 方 式

F6-10		出厂值：0	说明
设定范围	0	减速停车	变频器接收到停机命令后，按减速时间，逐渐减速运行，直到频率为 0Hz 而停机
	1	自由停车	变频器接收到停机命令后，立即关闭 PWM 输出。负载按照机械惯性自由停车

（6）加减速设置。加速时间指输出频率从 0 增加到最大频率所用的时间。减速时间指输出频率从最大频率开始见到 0 所用的时间。对于负载惯性比较大的场合，加速时间过短，容易过流；减速时间过短，则因电机的再生能量回馈，容易导致过压。加减速设置见表 15-16。

表 15-16　　　　　　　　加减速设置

F0-17	加速时间 1	出厂值	20.0s
	设定范围	0.0～6500.0s	
F0-18	减速时间 1	出厂值	20.0s
	设定范围	0.0～6500.0s	

加减速时间如图 15-33 所示，加速时间 1 指变频器从 0Hz 加速到最大输出频率（F0-10）所需时间 t_1。减速时间 1 指变频器从最大输出频率（F0-10）减速到 0Hz 所需时间 t_2。

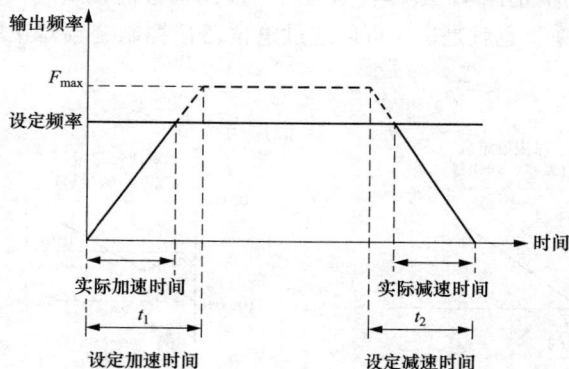

图 15-33　加减速时间

共有 4 组加减速时间选择，可通过多功能数字输入端子（F4-00～F4-08）选择加减速时间。如果没有设定"加减速选择端子"，默认第一组加减速时间有效。加减速时间选择见表 15-17。

表 15-17　　　　　　　　　　　　加减速时间选择

加减速选择端子 2	加减速选择端子 1	加速或减速时间选择	对应参数
OFF	OFF	第 1 组加减速时间	F0-17、F0-18
OFF	ON	第 2 组加减速时间	F8-03、F8-04
ON	OFF	第 3 组加减速时间	F8-05、F8-06
ON	ON	第 4 组加减速时间	F8-07、F8-08

（7）频率指令的调整。当以模拟输入量 AI 作为频率给定时，可用两点坐标法标定输入量与对应频率给定之间的对应关系，免除了复杂的计算，以 AI1 为例进行说明，AI2、AI3 也有对应的功能码进行设定。频率指令的调整见表 15-18。

表 15-18　　　　　　　　　　　　频率指令的调整

F4-13	AI1 最小输入	出厂值	0.00V
	设定范围	0.00～10.00V	
F4-14	AI1 最小输入对应设定	出厂值	0.0%
	设定范围	−100.00%～100.0%	
F4-15	AI1 最大输入	出厂值	10.00V
	设定范围	0.00～10.00V	
F4-16	AI1 最大输入对应设定	出厂值	100.0%
	设定范围	−100.0%～100.0%	
F4-17	AI1 输入滤波时间	出厂值	0.10s
	设定范围	0.00～10.00s	

上述功能码定义了模拟输入电压与模拟输入代表的设定值的关系，当模拟输入电压超过设定的最大输入或最小输入的范围，以外部分将以最大输入或最小输入计算。模拟输入为电流输入时，因内部电流取样电阻为 500Ω，1mA 电流相当于 0.5V 电压。在不同的应用场合，模拟设定的 100% 所对应的标称值有所不同，具体可参考各个应用部分的说明。100% 表示正转最大频率，−100% 表示反转最大频率。也就是说，可以通过电位器接控制变频器正转和反转，对应设定量如图 15-34 所示。

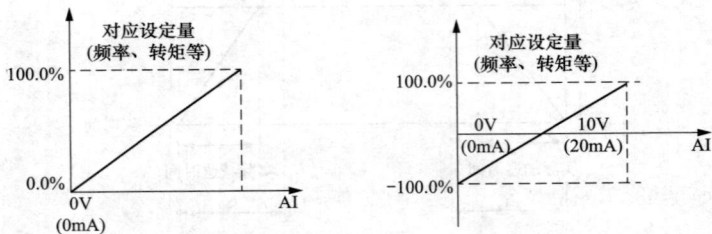

图 15-34　对应设定量

4. 串行口通信命令通道（"LOCAL/REMOT"灯闪烁）

运行命令由上位机通过通信方式给出。选择此项时，必须安装 MD350 变频器专用的通信卡。汇川公司 MD 系列变频器内置的串行通信协议为 MODBUS-RTU 协议。

RS-485 通信卡物理结构及连线方式如图 15-35 所示。RS-485 通信模式提供两种连线方式，两种方式是相通的，用户可以根据需要自行选择通信线连接。

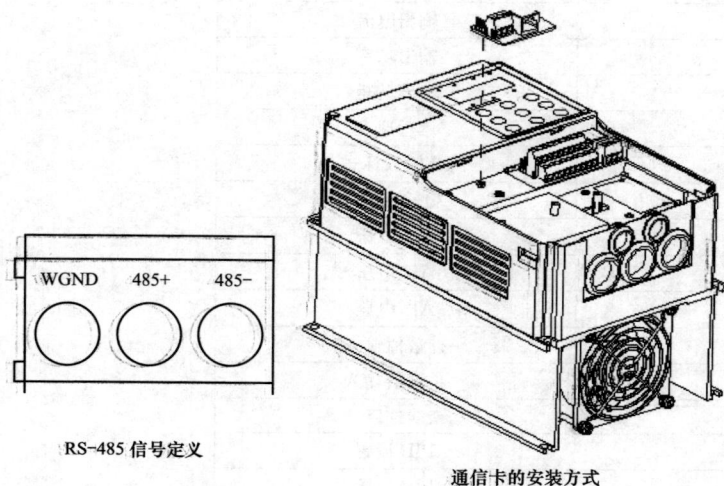

RS-485 信号定义

通信卡的安装方式

图 15-35　RS-485 通信卡物理结构及连线方式

串口通信端口相关的功能码设置为：①通信波特率为 FD－00＝5，即 9600bit/s；②数据格式为 FD－01＝0，即无校验；③本机通信地址（站号）为 FD－02＝1，即 ♯1；④因为是 MODB-US-RTU 协议，固定为 8 位数据位，2 位停止位，无功能码设定或修改。

（1）读取或修改变频器功能码参数。在以 MODBUS 协议访问变频器功能码时，变量的地址索引方法如下：当读取或修改变频器功能码时，"寄存器地址"就是指"功能码"号，如要读取 F0-01 功能码，"寄存器地址"就是 HF001，用 Hex 格式表示，其中高字节为功能码组号，低字节为功能码组内索引号，注意该索引号要有 Hex 格式。如要读取 FB-29 号功能码，"寄存器地址"就是 HFB1D，依此类推。读取或修改变频器功能码参数见表 15-19。

表 15-19　　　　　　　　　读取或修改变频器功能码参数

参数地址	参数描述
HF000	变频器功能码 F0-00 的参数
HF001	变频器功能码 F0-01 的参数
……	
HF711	变频器功能码 F7-17 的参数
HFB1E	变频器功能码 FB-30 的参数

MD350 系列变频器的每个 MODBUS 通信帧只能读取一个 16 位宽度的参数，不支持一个通信帧对连续多个地址的访问操作。变频器的功能码参数存放在 EEPROM 器件中，可以反复读取，但不要反复改写，以免损坏变频器的存储器。

（2）读取运行参数。读取运行参数见表 15-20。

项目十五

311

表 15-20 读 取 运 行 参 数

参数地址	参数描述	读写属性
1000	通信设定值（一10000～10000）	R/W
1001	运行频率	
1002	母线电压	
1003	输出电压	
1004	输出电流	
1005	输出功率	
1006	输出转矩	
1007	运行速度	
1008	DI 输入标志	
1009	DO 输出标志	
100A	AI1 电压	R
100B	AI2 电压	
100C	AI3 电压	
100D	计数值输入	
100E	长度值输入	
100F	线速度	
1010	PID 设置	
1011	PID 反馈	
1012	PLC 步骤	

注 通信设定值是相对值的百分数（一100.00%～100.00%），可做通信读写操作。

（3）控制命令输入到变频器（只写）。控制命令地址、功能见表 15-21。

表 15-21 控制命令地址、功能

命令字地址	命令功能
H2000	0001：正转运行
	0002：反转运行
	0003：正转点动
	0004：反转点动
	0005：自由停机
	0006：减速停机
	0007：故障复位

（4）读取变频器运行状态（只读）。

1）参数地址、描述见表 15-22。

表 15-22 参数地址、描述

参数地址	参数描述
H3000	1：正转
	2：反转
	3：停机
	其他：无意义

2）密码校验。密码地址、内容见表 15-23。如果返回为 8888H，即表示密码校验通过。

表 15-23 密码地址、内容

密码地址	输入密码的内容
4000	＊＊＊＊＊

3）参数锁定命令（只写）。锁定密码命令地址、内容见表 15-24。

表 15-24 锁定密码命令地址、内容

锁定密码命令地址	锁定密码命令内容
5000	0001：锁定系统命令码

4）读取变频器故障报警码（只读）。故障报警码地址、信息见表 15-25。

表 15-25 故障报警码地址、信息

故障告警码地址	变频器故障信息
H8000	0000：无故障
	0001：逆变单元保护
	0002：加速过电流
	0003：减速过电流
	0004：恒速过电流
	0005：加速过电压
	0006：减速过电压
	0007：恒速过电压
	0008：控制电源故障
	0009：欠压故障
	000A：变频器过载
	000B：电机过载
	000C：输入缺向
	000D：输出缺向
	000E：散热器过热
	000F：外部故障
	0010：通信故障
	0011：接触器故障
	0012：电流检测故障

通信故障信息地址、描述见表 15-26。

表 15-26 通信故障信息地址、描述

通信故障地址	故障功能描述
8001	0000：无故障
	0001：密码错误
	0002：命令码错误
	0003：CRC 校验错误
	0004：无效地址
	0005：无效参数
	0006：参数更改无效
	0007：系统被锁定

技能训练

一、训练目标

(1) 能够正确配置 GL10-4PT 温度传感器模块。

(2) 能够正确配置 GL10-4DA 模拟量输出模块。

(3) 学会设计控制中央空调冷冻泵运行的 PLC 程序。

(4) 能正确输入和传输控制中央空调冷冻泵运行 PLC 控制程序。

(5) 能够独立完成控制中央空调冷冻泵运行的线路的安装。

(6) 按规定进行通电调试，出现故障时，应能根据设计要求进行检修，并使系统正常工作。

二、训练步骤与内容

1. 设计 PLC 控制中央空调冷冻泵运行的程序

(1) 新建一个工程，命名为"中央空调冷冻泵运行控制"。

(2) 添加 GL10-4PT 温度传感器模拟量输入模块。

(3) 添加 GL10-4DA 模拟量输出扩展模块。

(4) 配置 PLC 软元件。

(5) 设计用 PLC 控制变频器启停程序。

(6) 设计手动/自动转换控制程序。

(7) 设计全速运行控制程序。

(8) 设计模拟量输入温度采样和温差计算控制程序。

(9) 设计手动频率增减控制程序。

(10) 设计自动运行温差转换控制程序。

2. 设置变频器参数

(1) 上限运行频率 F0-12 为 50Hz。

(2) 加速时间 F0-17 为 8s。

(3) 减速时间 F0-18 为 6s。

(4) 跳跃频率下限 F8-09 为 20Hz。

(5) 跳跃频率上限 F8-10 为 25Hz。

(6) 跳跃频率幅度 F8-11 为 2Hz。

(7) 模拟输入控制电压最大输入 F4-15 为 10.00V。

3. 安装、调试运行

(1) 按图 15-12 所示的 PLC 控制中央空调冷冻泵运行的接线图接线。

(2) 将 PLC 控制中央空调冷冻泵运行的程序下载到 PLC。

(3) 拨动 PLC 的 RUN/STOP 开关，使 PLC 处于运行状态。

(4) 选择"调试"→"监控"，使 PLC 处于监控运行模式。

(5) 按下启动按钮，观察数据寄存器 D100 的数据，观察变频器的全速运行及运行频率。

(6) 20s 后，观察中央空调冷冻泵自动运行模式下的温差自动转换参数的变化，观察进水温度、回水温度、温差值寄存器当前值的变化，观察数模转换数值寄存器 D100 当前值的变化。观察变频器的运行频率。

(7) 切换到手动运行模式。

(8) 按下手动频率增加按钮，观察数模转换数值寄存器 D100 当前值的变化，观察变频器的运行频率。

（9）按下手动频率减少按钮，观察数模转换数值寄存器 D100 当前值的变化。观察变频器的运行频率。

习题 15

1. 使用模拟量输入模块 GL10-4PT 的通道 2、3 检测进水、回水温度，PLC 控制中央空调冷冻泵运行的其他控制要求不变。根据上述控制要求设计 PLC 控制程序。

2. 使用模拟量输出模块 GL10-4DA 的通道 2 控制变频器，PLC 控制中央空调冷冻泵运行的其他控制要求不变。根据上述控制要求设计 PLC 控制程序。

项目十六 模块化程序设计

学习目标

（1）了解编程前准备。

（2）学会搭建 PLC 程序框架。

（3）学会构建触摸屏 HMI 程序框架。

（4）学会编写模块化程序。

（5）学会模块化程序的调试与查错。

任务 23 PLC 模块化程序设计

基础知识

一、模块化程序设计基础

1. 模块化程序设计

模块化程序设计是指在对一定范围内的不同功能或相同功能不同性能、不同规格的产品进行功能分析的基础上，划分并设计出一系列功能模块，通过模块的选择和组合可以构成不同的综合程序，以满足市场的不同需求的设计方法。

程序模块化设计，简单地说就是将程序的某些要素组合在一起，构成一个具有特定功能的子程序，将这个子程序作为通用性的模块与其他产品要素进行多种组合，构成新的程序，产生多种不同功能或相同功能、不同性能的大程序。

程序模块化设计，一方面可以缩短程序研发与设计周期，提高程序质量，快速应对市场变化；另一方面，可以减少或消除对项目工程的不利影响，方便重用、升级、维护。

2. 模块化程序设计原则

（1）力求以少量的模块组成尽可能多的程序，并在满足要求的基础上使子程序性能稳定、结构简单、模块间的联系尽可能简单。

（2）模块程序系列化的目的在于用有限的程序来最大限度又经济合理地满足用户的要求。

3. 模块化程序的特征

（1）相对独立性，可以对模块单独进行设计、制造、调试、修改和存储，这便于由不同的专业化企业分别进行设计。

（2）互换性，模块接口部位的结构、尺寸和参数标准化，容易实现模块间的互换，从而使模块满足更大数量的不同程序的需要。

（3）通用性，有利于实现横系列、纵系列程序间的模块的通用，实现跨系列程序间的模块的通用。

4. 构建 PLC 程序模块框架的目的

（1）将 PLC 工程项目通用部分进行总结归纳，划分为若干部分，每一部分完成一个特定功能。

（2）将这些完成特定功能的程序，编辑成子程序，供其他程序调用或组合应用。

（3）应用模块化子程序，实现 PLC 程序的快速开发。

二、模块化设计 PLC 程序

1. 将 PLC 程序分层分类

（1）按照功能分。按照功能，可分为手动程序、回原程序、自动程序、报警程序及其他的辅助程序。

（2）按工作性质、位置分类。按工作性质、位置，可将复杂的工程项目拆分成多个工位或结构的集合，化繁为简，变成若干个功能完善的子模块，如上料、分拣、测量、检验、加工、下料等。PLC 模块化程序框架如图 16-1 所示。

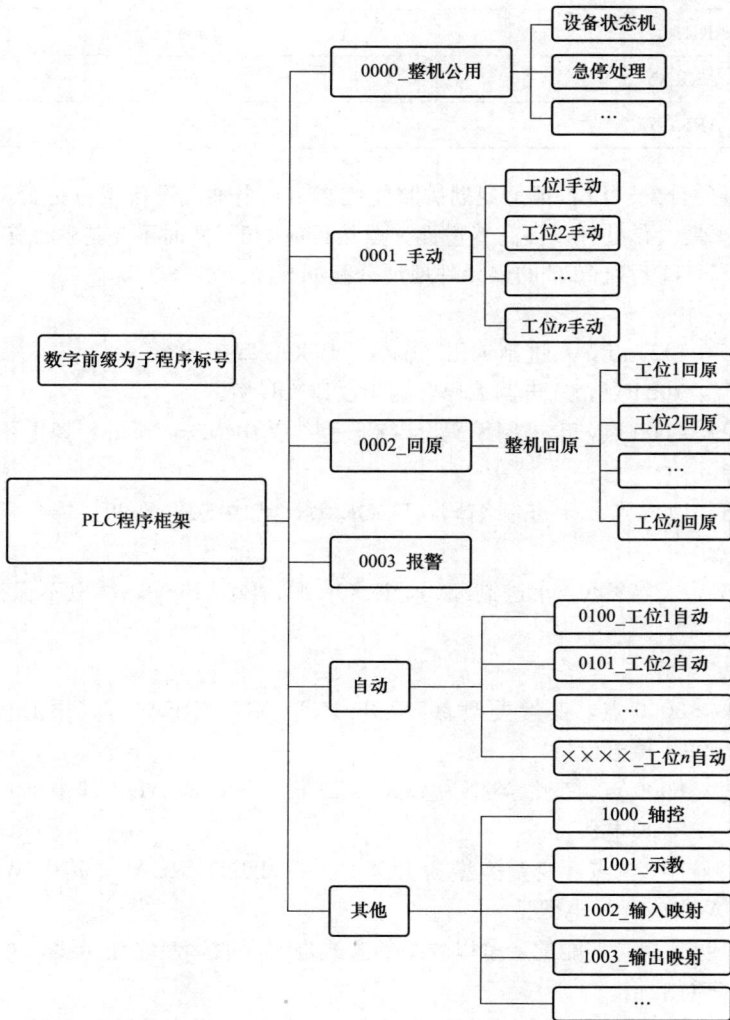

图 16-1　PLC 模块化程序框架

2. PLC 模块化程序设计准备

（1）变量命名规范。将各类数据，使用字符前缀，统一规范表示，简化变量命名，使程序设计者规范变量的命名，使用户一看就明白变量的类型。变量命名规范见表 16-1。

表 16-1 变 量 命 名 规 范

数据类型	数据长度	前缀	备注
BOOL	1 位	x	xExample
INT	16 位	i	iExample
DINT	32 位	di	diExample
REAL	32 位	f	fExample
BOOL ARRAY		ax	axExample
INT ARRAY		ai	aiExample
DINT ARRAY		adi	adiExample
REAL ARRAY		af	afExample
struct ARRAY		as	asExample

（2）PLC 地址的分配。PLC 地址规划按照能控制 100 个轴，设备工位拆分 100 个，输入点、输出点各 5000 个。最大化处理以提高普适性。虽然目前 H5U 暂时不支持这么多轴和点位，但是框架规划要长远。H5U 系列 PLC 的软元件地址分配如下。

1）位软元件。

a. X0～X1777，1024 点，八进制编码，输入、BOOL 型。

b. Y0～Y1777，1024 点，八进制编码，输出、BOOL 型。

c. M0～M7999，8000 点，十进制编码，BOOL 型，其中 M0～M999，掉电不保持；M1000～M7999，掉电保持。

d. S0～S4095，4096 点，十进制编码，BOOL 型，其中 S0～S999，掉电不保持；S1000～M4095，掉电保持。

e. B0～B32767，32768 点，十进制编码，BOOL 型，B0～B999，掉电不保持；B1000 以上，掉电保持。

2）字软元件。

a. D0～D7999，8000 点，变量类型为 BOOL/INT/DINT/REAL，其中 D0～D999，掉电不保持；D1000～D7999，掉电保持。

b. R0～R7999，8000 点，变量类型为 BOOL/INT/DINT/REAL，其中 R0～R999，掉电不保持；R1000～R7999，掉电保持。

c. W0～W7999，8000 点，变量类型为 BOOL/INT/DINT/REAL，其中 W0～W999，掉电不保持；W1000～W7999，掉电保持。

（3）变量的声明。相同功能的变量以数组的方式进行声明，使地址连续，方便指针使用以及与 HMI 数组形式进行通信。

1）轴控变量。轴控数据变量定义如图 16-2 所示。轴控数据变量地址分配见表 16-2。

2	afSetPosition	REAL[100]	. . .	保持	D2000
3	afSetVelocity	REAL[100]	. . .	保持	D2200
4	afActTorque	REAL[100]	. . .	保持	D2400
5	adinAxisState	DINT[100]	. . .	保持	D2600
6	adiJogMode	DINT[100]	. . .	保持	D2800
7	afHomePosition	REAL[100]	. . .	保持	D3000
8	afHomeOffsetPosition	REAL[100]	. . .	保持	D3200
9	adiErrorID_AxisFB	DINT[100]	. . .	保持	D3400
10	adiAxisError	DINT[100]	. . .	保持	D3600
11	afSoftMaxCoordinateLimit	REAL[100]	. . .	保持	D3800
12	afGoPosition	REAL[100]	. . .	保持	D4000
13	afVelocityA	REAL[100]	. . .	保持	D4200
14	afVelocityB	REAL[100]	. . .	保持	D4400
15	afVelocityC	REAL[100]	. . .	保持	D4600
16	afJogVelocity	REAL[100]	. . .	保持	D4800
17	afAcceleration	REAL[100]	. . .	保持	D5000
18	afDeceleration	REAL[100]	. . .	保持	D5200
19	aiPosNumber	INT[100]	. . .	保持	D5400
20	aiPartiaAutoStep	INT[100]	. . .	保持	D5500
21	aiPartiaHomeStep	INT[100]	. . .	保持	D5600

图 16-2　轴控数据变量定义

表 16-2 　　　　　　　　　　　　　轴控数据变量地址分配

编号	变量名	说明
D2000-D2199	afSetPosition	轴当前位置
D2200-D2399	afSetVelocity	轴当前速度
D2400-D2599	afActTorque	轴当前力矩
D2600-D2799	adinAxisState	轴状态机
D2800-D2999	adiJogMode	轴点动模式
D3000-D3199	afHomePosition	轴回原后坐标
D3200-D3399	afHomeOffsetPosition	轴回原偏移
D3400-D3599	adiErrorID_AxisFB	轴功能块 ErrorID
D3600-D3799	adiAxisError	轴故障代码
D3800-D3999	afSoftMaxCoordinateLimit	（备用）
D4000-D4199	afGoPosition	手动定位坐标
D4200-D4399	afVelocityA	运行速度 A
D4400-D4599	afVelocityB	运行速度 B
D4600-D4799	afVelocityC	运行速度 C
D4800-D4999	afJogVelocity	点动速度
D5000-D5199	afAcceleration	加速度
D5200-D5399	afDeceleration	减速度
D5400-D5499	aiPosNumber	点位指针
D5500-D5699	aiPartiaAutoStep	工位自动运行步序
D5700-D5799	aiPartiaHomeStep	工位回原步序

项目十六

2) 轴控位变量。轴控位变量定义如图 16-3 所示，轴控位变量地址分配见表 16-3。

64	axJogForward	BOOL[100]	...	保持	M2100
65	axJogBackward	BOOL[100]	...	保持	M2200
66	axManuHomeExecute	BOOL[100]	...	保持	M2300
67	axHoming	BOOL[100]	...	保持	M2400
68	axHomeDone	BOOL[100]	...	保持	M2500
69	axSavePosition	BOOL[100]	...	保持	M2600
70	axGoPosition	BOOL[100]	...	保持	M2700
71	axGoPositioning	BOOL[100]	...	保持	M2800
72	axNoPowerEnable	BOOL[100]	...	保持	M2900
73	axZeroSensor	BOOL[100]	...	保持	M3000
74	axMinSensor	BOOL[100]	...	保持	M3100
75	axMaxSensor	BOOL[100]	...	保持	M3200
76	axSoftMinLimit	BOOL[100]	...	保持	M3300
77	axSoftMaxLimit	BOOL[100]	...	保持	M3400

图 16-3　轴控位变量定义

表 16-3　　　　　　　　　　　　　　　轴控位变量地址分配

编号	变量名	说明
M2100-M2199	axJogForward	点动正转
M2200-M2399	axJogBackward	点动反转
M2300-M2399	axManuHomeExecute	手动回原触发
M2400-M2499	axHoming	回原中
M2500-M2599	axHomeDone	回原完成
M2600-M2699	axSavePosition	位置保存
M2700-M2799	axGoPosition	手动定位触发
M2800-M2899	axGoPositioning	定位中
M2900-M2999	axNoPowerEnable	使能开关
M3000-M3099	axZeroSensor	原点感应器
M3100-M3199	axMinSensor	负限位感应器
M3200-M3299	axMaxSensor	正限位感应器
M3300-M3399	axSoftMinLimit	负软限位到达
M3400-M3499	axSoftMaxLimit	正软限位到达

3. 轴控功能块

轴控功能块封装有点动、寸动、回原、绝对定位、相对定位、软限位、轴故障复位、轴参数获取等，应尽可能完善。要做到实例化一个功能块就能直接对一个轴进行基本控制。

轴控功能块如图 16-4 所示。

4. 设备状态机

设备状态变化如图 16-5 所示。设备状态分类见表 16-4。

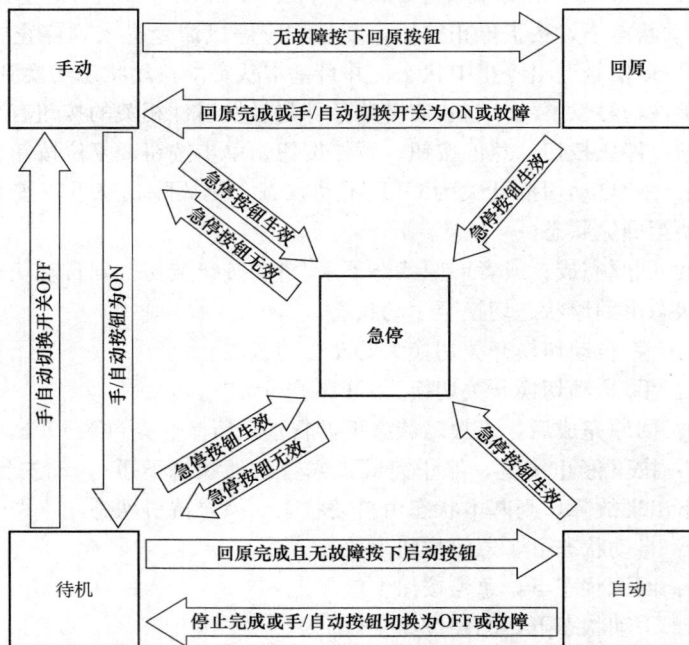

图 16-4 轴控功能块

EtherCAT轴控_FB
- 网络1 手动定位
- 网络2 手动回原触发
- 网络3 回原步序
- 网络4 轴使能 MC_Power
- 网络5 轴复位 MC_Reset
- 网络6 读轴状态 MC_ReadStatus
- 网络7 轴状态机
- 网络8 读轴故障 MC_ReadAxisError
- 网络9 读DI状态 MC_ReadDigitalInput
- 网络10 读当前位置 MC_ReadActualPosition
- 网络11 读当前速度 MC_ReadActualVelocity
- 网络12 读当前力矩 MC_ReadActualTorque
- 网络13 设置当前位置 MC_SetPosition
- 网络14 探针
- 网络15 加减速度数据赋初值，
- 网络16 点动速度参数处理
- 网络17 点动模式 0：连续点动； 1：寸动1?..
- 网络18 软限位处理
- 网络19 点动 MC_Jog
- 网络20 相对定位速度参数处理
- 网络21 相对定位 MC_MoveRelative
- 网络22 绝对定位速度参数处理
- 网络23 绝对定位 MC_MoveAbsolute
- 网络24 速度指令 MC_MoveVelocity
- 网络25 力矩控制指令 MC_TorqueControl
- 网络26 原点回归完成处理
- 网络27 原点回归 MC_Home
- 网络28 停止指令速度处理
- 网络29 停止指令 MC_Stop
- 网络30 暂停指令 减速度处理
- 网络31 暂停-(可被打断) MC_Halt
- 网络32 中断定长 MC_MoveFeed
- 网络33 多段位置 MC_MoveBuffer
- 网络34 急停指令 MC_ImmediateStop
- 网络35 运动叠加 MC_MoveSuperImposed
- 网络36 ErrorID_AxisFB
- 网络37 复位错误代码
- 网络38 急停处理

CANopen轴控_FB

图 16-5 设备状态变化

表 16-4   **设 备 状 态 分 类**

基本状态	叠加态
急停	故障、未回原
手动	故障、未回原
待机	故障、未回原
自动	故障、单步、暂停、停机中
回原	故障、单步、暂停、未回原

（1）设备分为急停、手动、自动、回原、待机 5 种基本状态，这 5 种基本状态互斥，同一时刻只会存在一种基本状态。

1）急停状态：急停按钮生效。

2）手动状态：手/自动切换开关为 OFF 手动状态，且自动运行标 Runing 为 OFF，回原点中标志 Homing 为 OFF。

3）待机状态：手/自动切换开关为 ON 自动状态，且自动运行标志 Runing 为 OFF，回原点中标志 Homing 为 OFF。

4）自动状态：手/自动切换开关为 ON 自动状态，且自动运行标志 Runing 为 ON，回原点中标志 Homing 为 OFF。

5）回原状态：手/自动切换开关为 OFF 手动状态，且自动运行标志 Runing 为 OFF，回原点中标志 Homing 为 ON。

（2）对于叠加态的解释是，叠加态出现时，与基本状态共存。手动状态出现故障，基本状态仍为手动状态。自动状态出现故障，基本状态仍为自动状态。自动状态还可叠加单步和暂停状态。

1）故障状态：有故障报警时置位整机故障标志，切换至手动状态下排除故障后，按下复位按钮清除故障状态。

2）暂停状态：自动/回原状态下，暂停按钮切换至暂停状态。

3）单步状态：自动/回原状态下，单步按钮切换至单步状态。

4）未回原状态：整机回原完成标志为 OFF，当收到 HomeDone 信号时退出该状态。

5）停机中：自动状态下，按下停止按钮，设备响应停机命令进入到停止中状态，设备完全停止后，收到 StopDone 信号退出停止中状态。并且基本状态由自动状态切换到待机状态。

（3）状态转移条件与触发事件。与状态转移条件与触发事件相关的按钮有手/自动切换开关、启动按钮、回原按钮、停止按钮、急停按钮、暂停按钮、单步按钮、复位按钮。

1）手动→回原：手/自动切换开关为 OFF 手动状态，无故障状态下，按下回原按钮。基本状态由手动状态切换至回原状态。

2）回原→手动：回原完成；或者回原状态下手/自动按钮被切换到自动状态；或回原状态下出现故障，则基本状态由回原状态切换至手动状态。

3）手动→待机：手/自动切换开关切换为 ON 自动状态。

4）待机→手动：手/自动切换开关切换为 OFF 手动状态。

5）待机→自动：回原完成后，无故障状态下，自动运行禁止条件为 OFF，按下启动按键。

6）自动→待机：按下停止按键，停止完成；或者自动状态下手/自动按钮被切换到手动状态；或者自动状态下出现故障，则基本状态由自动状态切换至待机状态。

7）自动→急停：自动状态下，急停按钮生效。

8）回原→急停：回原状态下，急停按钮生效。

9）手动→急停：手动状态下，急停按钮生效。

10）待机→急停：待机状态下，急停按钮生效。

11) 急停→手动：手/自动切换开关为 OFF 手动状态下，急停按钮由生效变更为不生效。

12) 急停→待机：手/自动切换开关为 ON 自动状态下，急停按钮由生效变更为不生效。

(4) 叠加态的优先级。急停状态时：急停＞故障＞未回原；手动状态时：故障＞未回原＞手动；待机状态时：故障＞未回原＞待机；回原状态时：故障＞暂停＞单步＞回原＞未回原；自动状态时：故障＞暂停＞单步＞停机中＞自动。如当故障、暂停、自动状态同时存在时，根据优先级当前状态显示为故障状态。

当暂停、自动状态共存时，根据优先级当前状态显示为暂停状态。

(5) 设备状态机实现。设备状态机转换通过"MachineState_FB"功能块完成控制。设备状态机实现如图 16-6 所示。

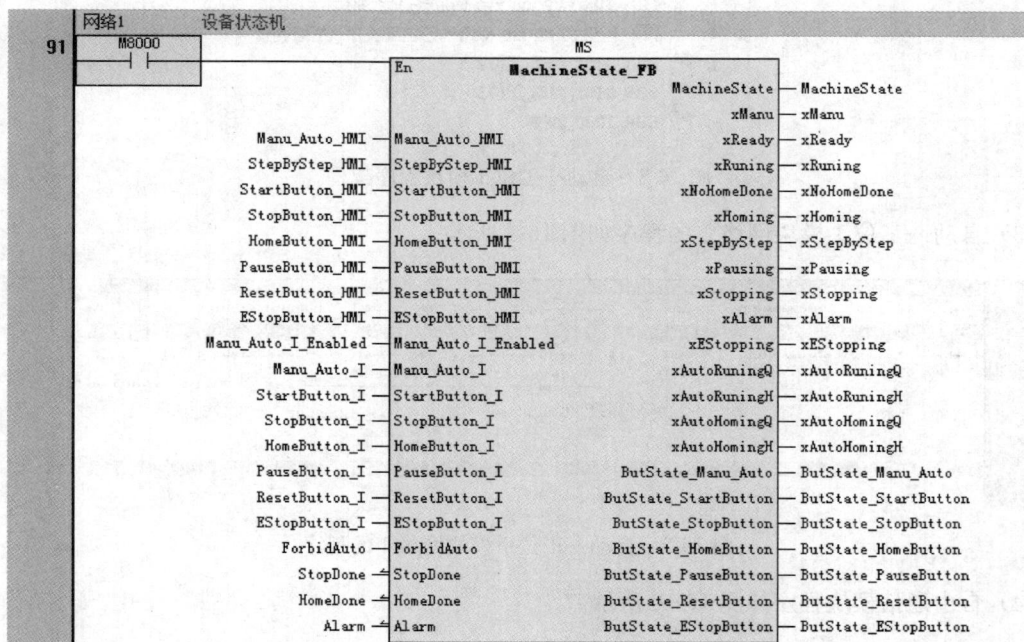

图 16-6　设备状态机实现

(6) 部分模块程序。

1) 手动模块程序如图 16-7 所示。

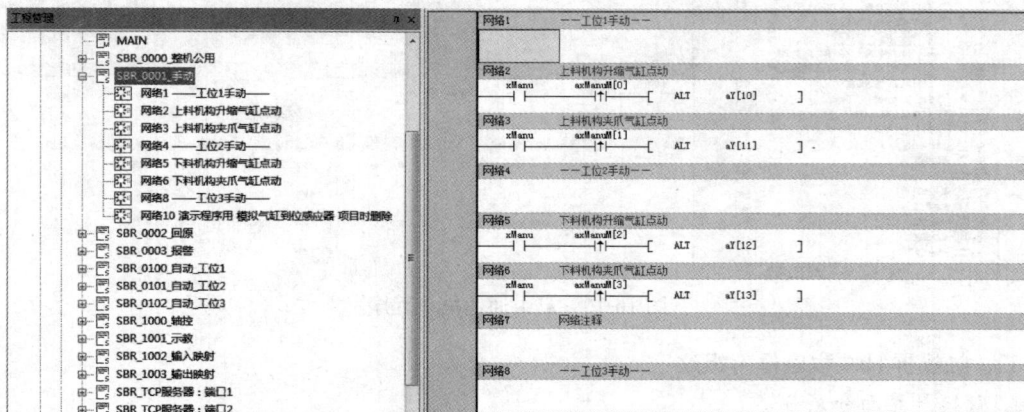

图 16-7　手动模块程序

2）自动—工位 1 模块程序架构如图 16-8 所示。

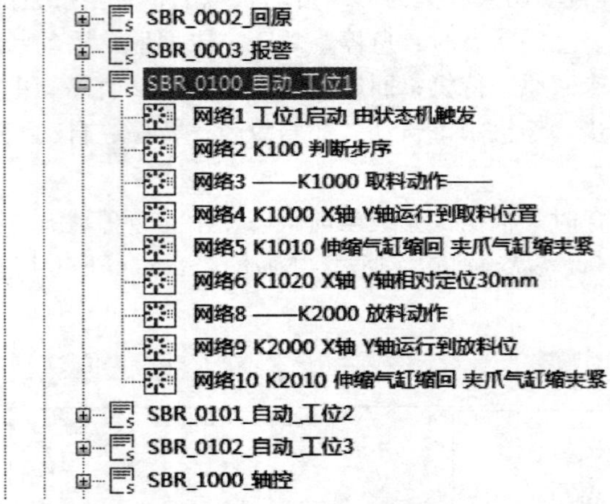

图 16-8　自动—工位 1 模块程序架构

3）自动—工位 1 模块网络 1 的程序如图 16-9 所示。

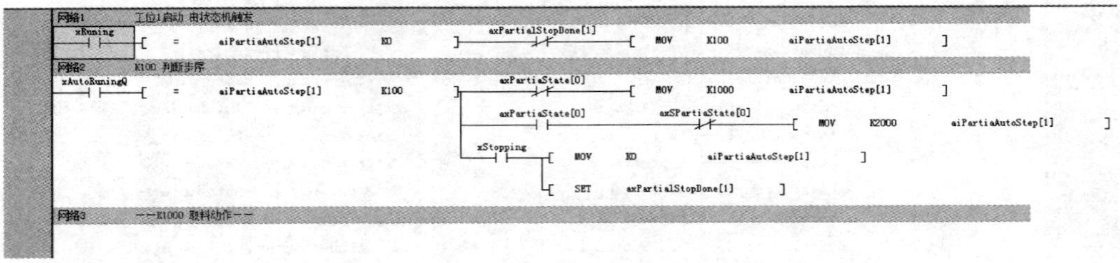

图 16-9　自动—工位 1 模块网络 1 的程序

4）自由通信模块程序如图 16-10 所示。

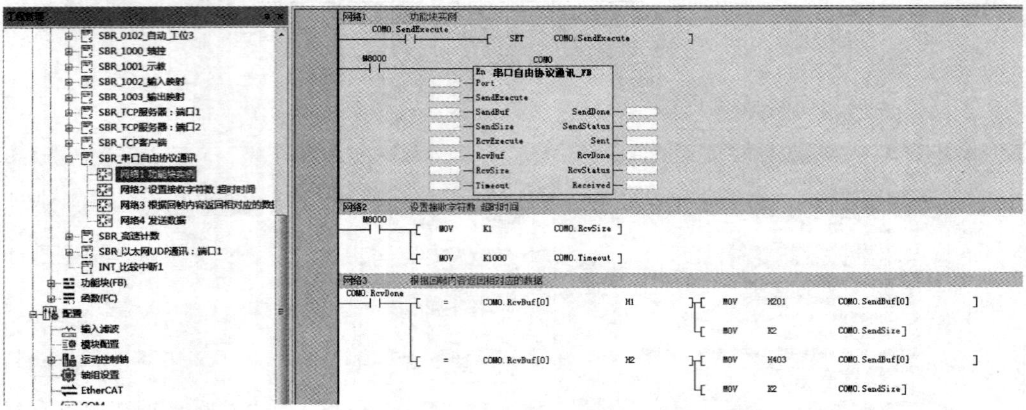

图 16-10　自由通信模块程序

三、触摸屏 HMI 程序框架组建

1. 触摸屏界面分层分类

触摸屏界面分层分类如图 16-11 所示。

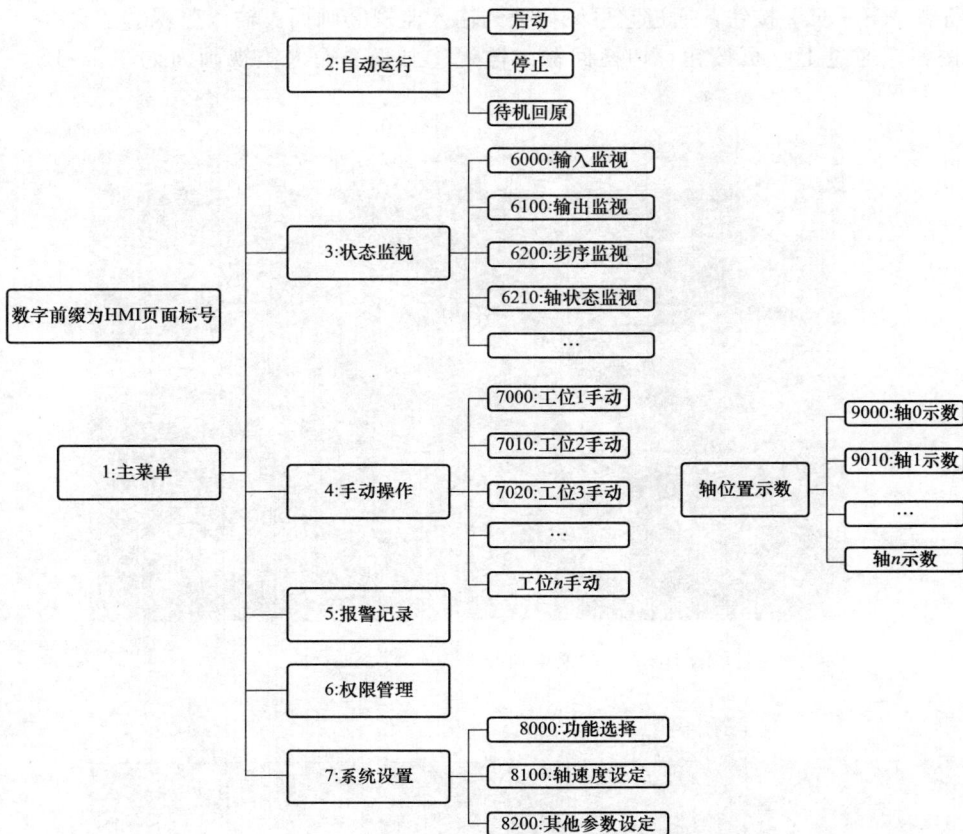

图 16-11 触摸屏界面分层分类

按照功能规划界面，可分为以下 3 级。

（1）一级界面：主菜单。

（2）二级界面：自动运行、状态监视、手动操作、报警记录、权限管理、系统设置。

（3）三级界面：具体实例。

2. 触摸屏部分画面展示

（1）主菜单画面。主菜单画面设置 6 个画面切换按钮，分别是手动操作、自动运行、状态监视、报警记录、权限管理和系统设置。触摸"手动操作"画面切换按钮，切换到手动操作页面；触摸"自动运行"画面切换按钮，切换到自动运行页面；触摸"状态监视"画面切换按钮，切换到状态监视页面。触摸其他的画面切换按钮，切换到其他画面。主菜单画面如图 16-12 所示。

（2）自动运行画面。自动运行画面设置了急停、手动、启动、停止、回原点、暂停、复位等按钮，设置了 4 个仿真模拟按钮，设置了设备状态监控、轴 0～轴 3 的当前位置和当前速度的数据监视窗口，设置回原点步进、自动运行步进程序状态监视等。自动运行画面如图 16-13 所示。

（3）状态监视画面。状态监视画面设置了输入监视、输出监视、步序监控、轴状态监视 4 个画面切换按钮，通过触摸这些按钮，可以分别切换的相应的监视画面。状态监视画面如图 16-14 所示。

（4）输入监视画面。输入监视画面主要对输入元件进行监视。输入监视有多个画面，输入监视①画面右下角有"下一页"按钮，通过它可以切换到输入监视②画面。输入监视②上会有上一页或下一页按钮，通过上一页按钮，切换回输入监视①画面。输入监视画面如图 16-15 所示。

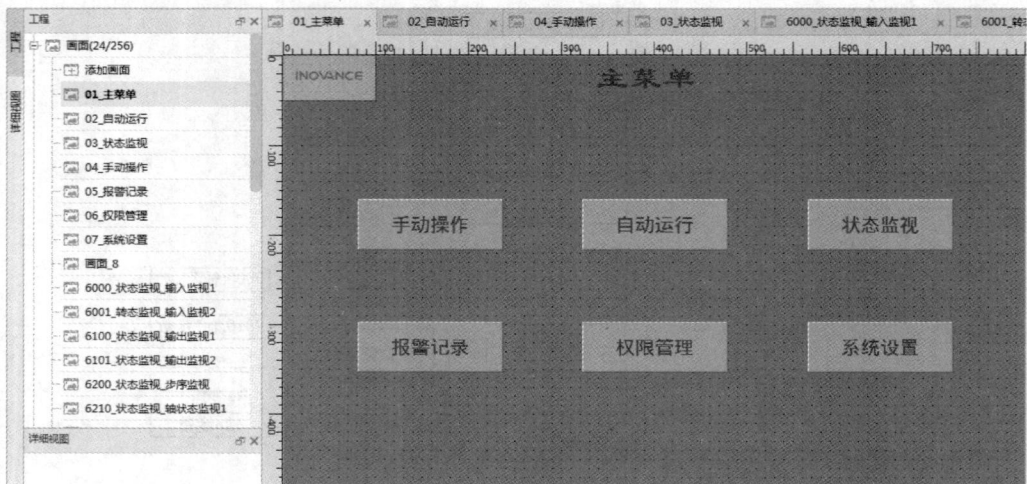

图 16-12　主菜单画面

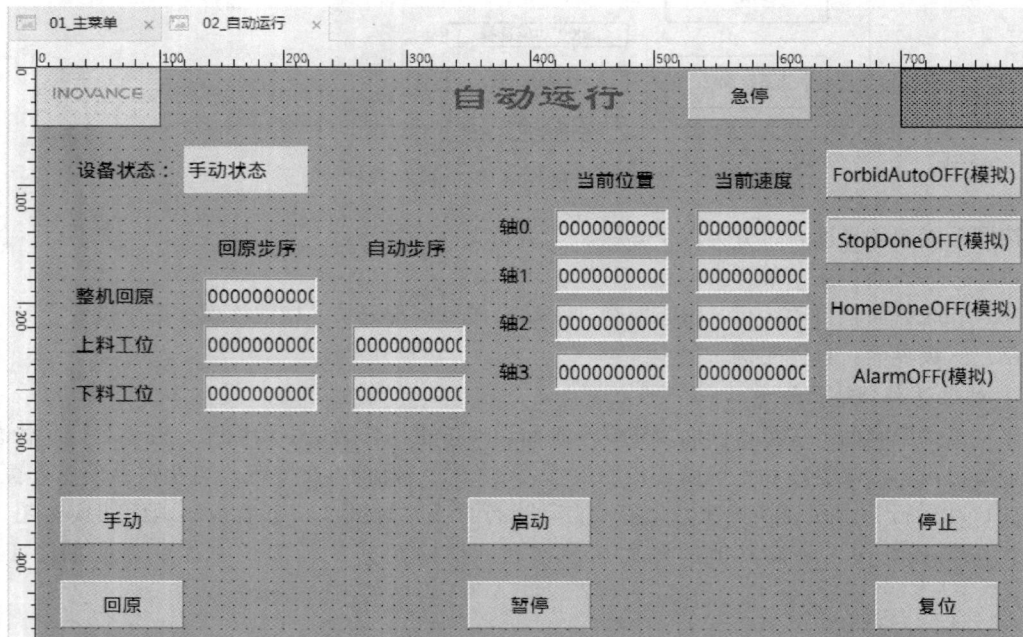

图 16-13　自动运行画面

（5）速度设定画面。速度设定画面用于设置和监视各个轴的自动高速、自动中速、自动低速、手动速度、加速度、减速度等，方便系统的调试运行。速度设定画面如图 16-16 所示。

（6）实际运行画面效果。实际运行画面效果如图 16-17 所示。

3. 触摸屏画面的可拓展性

触摸屏画面拓展如图 16-18 所示，将标号为 6000～9030 画面作为可拓展画面。

图 16-14　状态监视画面

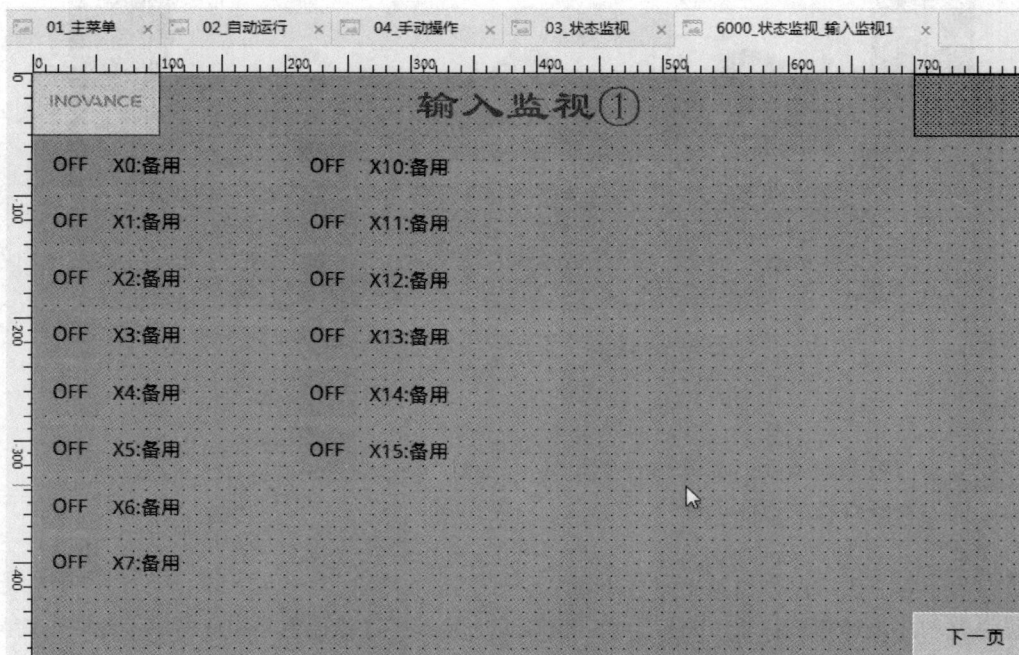

图 16-15　输入监视画面

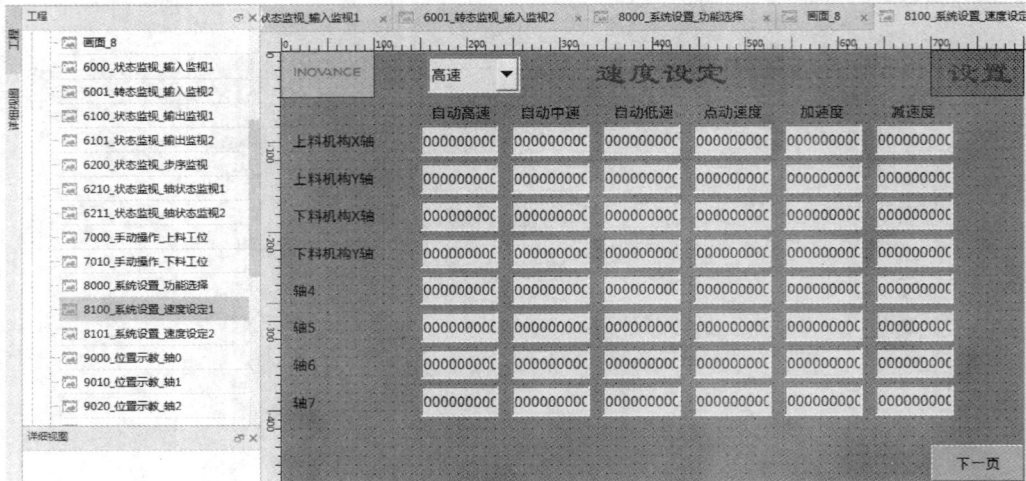

图 16-16　速度设定画面

图 16-17　实际运行画面效果

（1）输入监视分配 100 个页面，标号为 6000～6099。

（2）输出监视分配 100 个页面，标号为 6100～6199。

四、简易交通灯模块程序设计

1. 工程需求分析

实现城市多个十字路口简易交通灯控制。

模块化程序设计分析：城市的多个十字路口，简易交通灯的控制是相似的。设计一个简易交通灯控制功能模块 FB _ light，供各个路口调用控制，即可实现城市多个十字路口简易交通灯控制。

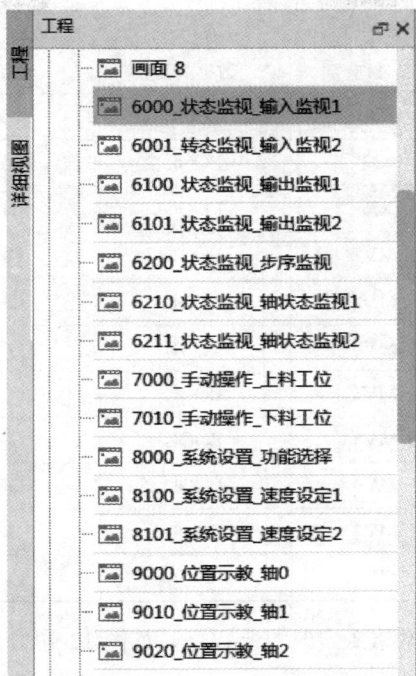

图 16-18　触摸屏画面拓展

2. 模块化程序设计

（1）新建一个工程，命名为"MH16"。

（2）添加一个 GL10-0016ER 扩展模块。

（3）新建一个功能块 FB_Light

1）右击功能块（FB），在弹出的菜单中选择"新建"，弹出"新建功能块"对话框；

2）在"新建功能块"对话框，输入新功能块名"FB_Light"，单击"确定"按钮，在功能块选项下出现新功能块"FB_Light"。

3）新建功能块 FB_Light 变量表，见表 16-5。

表 16-5　　　　　　　　　　　　　　功能块 FB_Light 变量表

序号	类别	名称	数据类型	初始值	掉电
1	IN	T1	DINT	0	不保持
2	IN	T2	DINT	0	不保持
3	IN	T3	DINT	0	不保持
4	IN	T4	DINT	0	不保持
5	IN	T5	DINT	0	不保持
6	IN	LE	BOOL	OFF	不保持
7	OUT	Q1	BOOL	OFF	不保持
8	OUT	Q2	BOOL	OFF	不保持
9	OUT	Q3	BOOL	OFF	不保持

序号	类别	名称	数据类型	初始值	掉电
10	OUT	Q4	BOOL	OFF	不保持
11	OUT	Q5	BOOL	OFF	不保持
12	OUT	Q6	BOOL	OFF	不保持
13	VAR	MV1	BOOL	OFF	不保持
14	VAR	MV2	BOOL	OFF	不保持
15	VAR	MV3	BOOL	OFF	不保持
16	VAR	MV4	BOOL	OFF	不保持
17	VAR	MV5	BOOL	OFF	不保持
18	VAR	MV6	BOOL	OFF	不保持
19	VAR	MV7	BOOL	OFF	不保持
20	VAR	MV8	BOOL	OFF	不保持

4）编辑功能块 FB_Light 网络 1 定时控制程序，如图 16-19 所示。

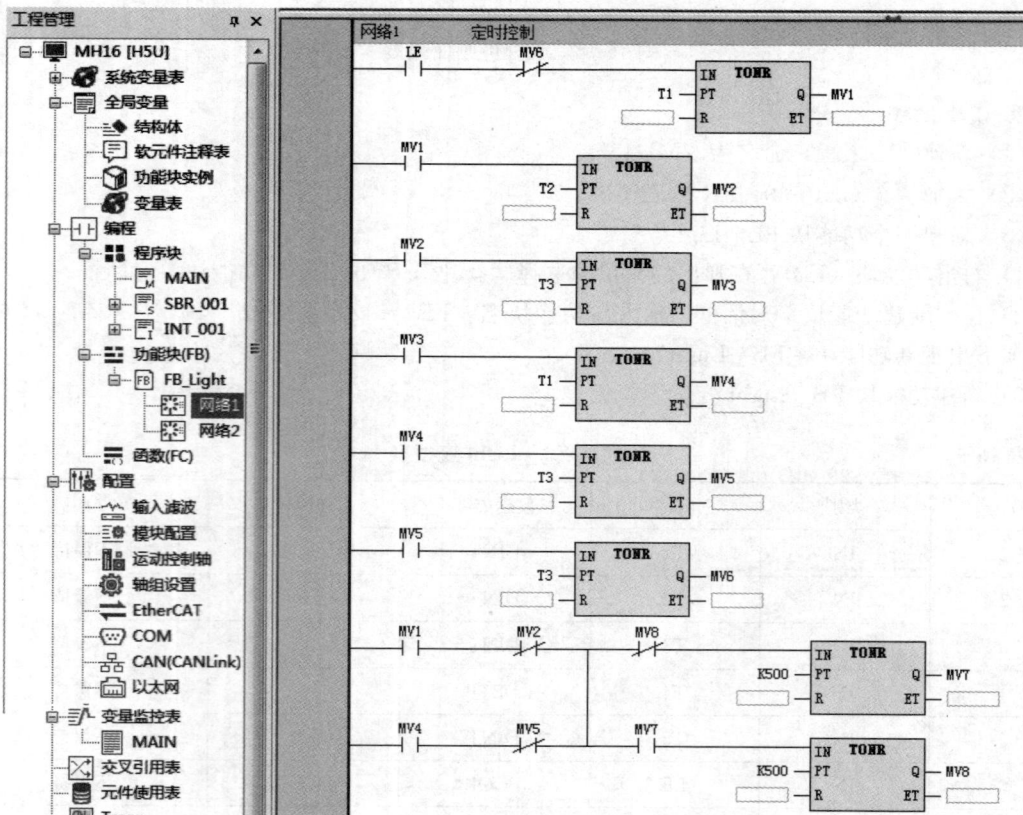

图 16-19　网络 1 定时控制程序

在功能块程序设计中，使用了局部变量 MV1～MV8，实例化时，自动分配内存地址。如果使用固定软件地址，可能会造成软元件使用冲突。

5）编辑功能块 FB_Light 网络 2 输出控制程序，如图 16-20 所示。

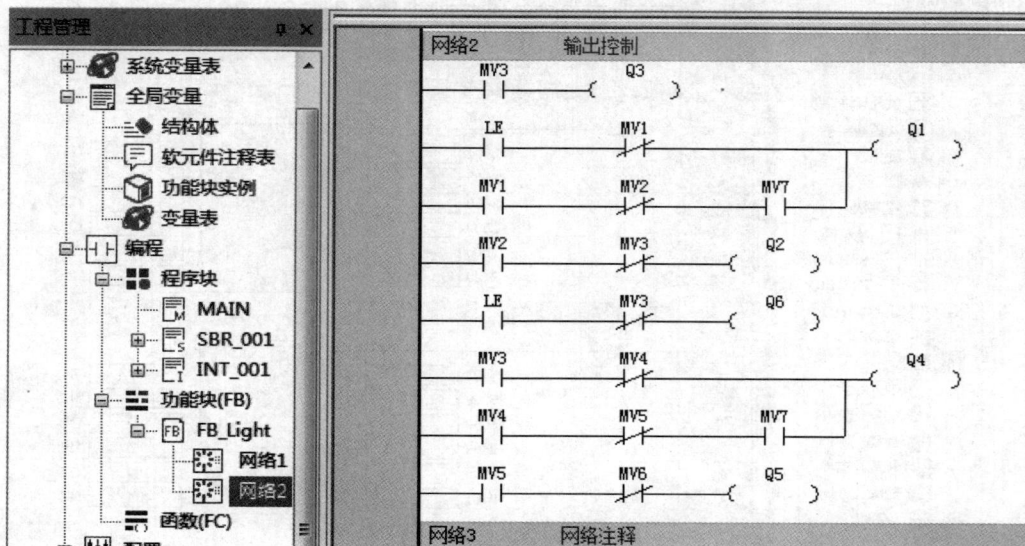

图 16-20　网络 2 输出控制程序

这是根据简易交通灯控制要求，设计的简易交通灯控制输出程序。

（4）功能块 FB_Light 应用如图 16-21 所示。

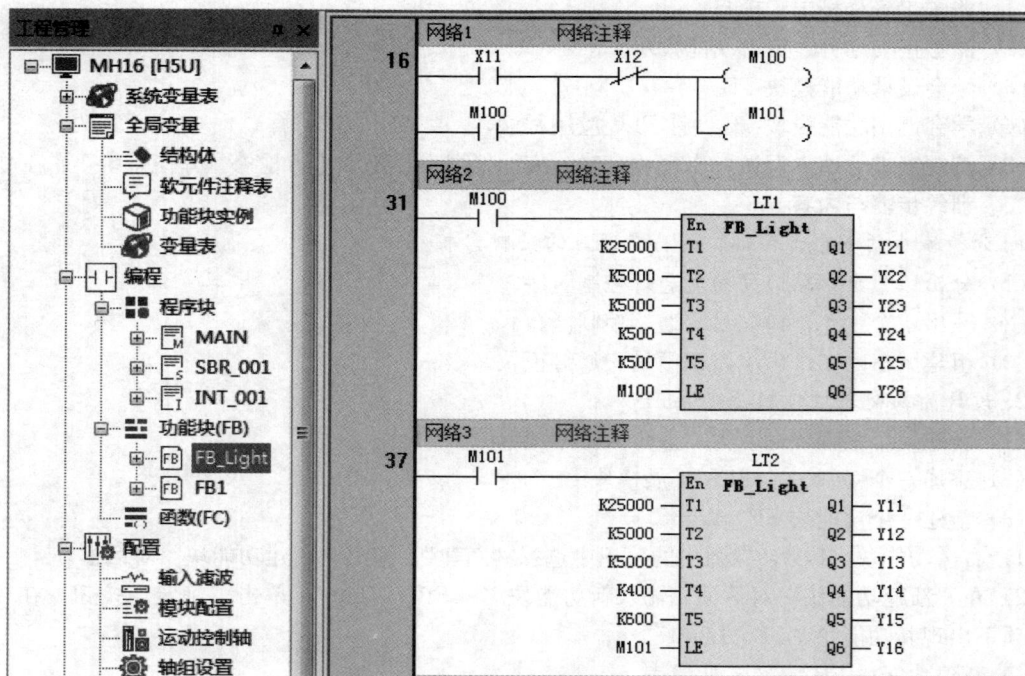

图 16-21　功能块 FB_Light 应用

程序中，应用功能块 FB_Light，分别实现 LT1 和 LT2 十字路口的控制。

（5）PLC 实际运行监控。PLC 实际运行监控如图 16-22 所示。

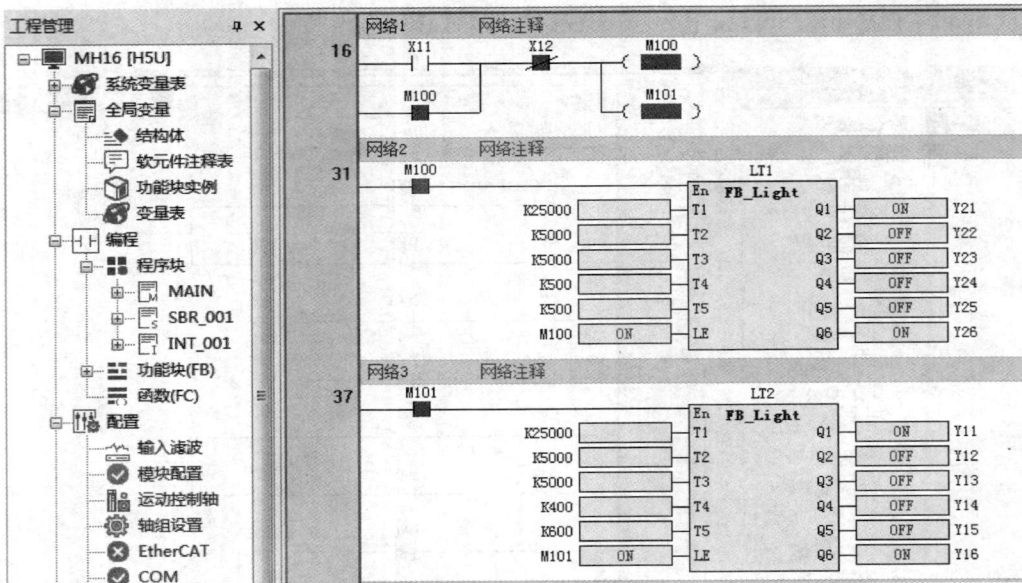

图 16-22　PLC 实际运行监控

技能训练

一、训练目标

（1）能够正确分析工程项目。

（2）能够正确划分、拆解功能模块。

（3）学会设计功能模块 FB。

（4）学会调用功能模块 FB 设计 PLC 应用程序。

（5）按规定进行通电调试，出现故障时，应能根据设计要求进行检修，并使系统正常工作。

二、训练步骤与内容

1. 分析城市的多个十字路口简易交通灯的控制需求

（1）分析单个十字路口简易交通灯控制时序。

（2）写出单个十字路口简易交通灯控制函数。

（3）组建城市的多个十字路口简易交通灯模块。

2. 设计简易交通灯控制功能块 FB

（1）新建一个工程，命名为"JTD16"。

（2）添加一个 GL10-0016ER 扩展模块。

（3）新建一个功能块 FB_Light。

1）右击功能块（FB），在弹出的菜单中选择"新建"，弹出"新建功能块"对话框。

2）在"新建功能块"对话框，输入新功能块名"FB_Light"，单击"确定"按钮，在功能块选项下出现新功能块"FB_Light"。

3）新建功能块 FB_Light 变量表。

4）编辑功能块 FB_Light 定时控制程序。

6）编辑功能块 FB_Light 输出控制程序。

3. 应用简易交通灯控制功能块 FB

（1）根据需求，设计应用 FB_Light 功能块进行多路口简易交通灯控制的应用程序。

（2）下载程序到 PLC，并使 PLC 处于运行状态。

（3）选择"调试"→"监控"，监控程序的运行。

（4）监控各个路口控制输出状态的变化，看是否符合设计要求，不断修改输入参数，使控制输出状态合乎设计需求。

任务 24　PLC 程序规划设计

基础知识

一、模块化程序设计方法

1. 自顶向下的编程思想

通俗地说，自顶向下的编程思想就是先掌握全局，大事化小，繁事化简，分而治之，各个击破，再系统综合，完成程序的设计，具体如下。

（1）先观察设备的工艺、结构特点和动作原理，理解设备全局的控制需求。

（2）分析归纳设备的工艺流程、控制要求、时序特点等，分析控制的关键点。

（3）将控制功能进行系统级的功能分块，界定每个控制程序块的功能。

（4）确定程序块之间的数据交互，时序配合等全局性的逻辑设计。

（5）确定程序框架，按功能定义，逐个功能块进行代码编写、调试。

（6）如果设备工艺复杂，可先作主要工艺的控制，再完善保护功能，再作辅助功能。

2. 抓住设备的工艺要点

每种加工设备，都有其工艺特点，对控制器需要完成的功能、性能、操作等方面的要求，按照如下几个方面，对应到设备特点，可以提炼得到控制程序的要点。为了使得设备加工效能达到要求的指标，设计控制程序时，以达成指标作为控制软件的主要考量。

（1）尺寸精度、张力精度、同步误差、响应时间、温度精度、波动误差等。

（2）生产效率，单位时间内的产量。

（3）成品合格率，产品不良率高低。

（4）运行稳定性，如设备能长期可靠运行，能自动判断异常情况，及时保护等。

（5）操作便利性，如智能误差检测补偿，操作简单，维保方便等。

3. 将系统分为简单功能的组合

（1）按设备运行过程分解为若干个状态。设备运行状态的定义如下。

1）设备的"运行状态"是一个广义的状态，有时与"步骤"的含义比较相似。

2）一个由 PLC 控制的机械设备，即使其控制很简单，从上电、开始运行，再到停机，也可以将它分为上电自检、停机等待、手动设置调试、自动运行准备、自动连续运行、停机准备、正常停机、故障停机等"状态"。

3）每个状态内需要处理的逻辑相对单纯，"状态"之间的跳转条件明确。

（2）设备的运行状态与转移。设备的运行状态与转移如图 16-23 所示。

1）描述设备运行状态与转移关系的图是状态与转换关系图，它与逻辑关系图有所不同，它给出了状态转移的方向和转移条件。当某个状态为有效状态时，转移条件满足，就向满足条件的那个方向的状态转移。比如在系统自检状态 ST0，系统正常自检完成，就转移到 ST2 停机状态，系统自检发生故障，就转移到 ST1 停机故障告警状态。

2）设备一个时刻，只在一个状态框中运行。设备运行的各个状态是彼此互斥的，设备运行的某个时刻，只可处于某个固定状态。比如设备处于自动运行状态时，手动调试指令是无效的，否则，设备就会错误动作，严重时，导致设备损坏或安全事故。

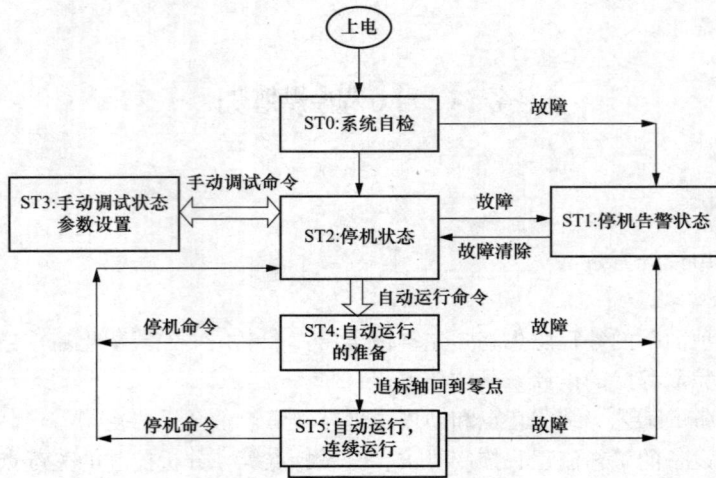

图 16-23　设备的运行状态与转移

3）一个状态框的 PLC 程序语句，不会对另一个状态的程序构成"双线圈"影响。

（3）状态关系的 PLC 程序实现。程序流程图如图 16-24 所示。根据程序流程图的状态关系，编写 PLC 程序的要点如下。

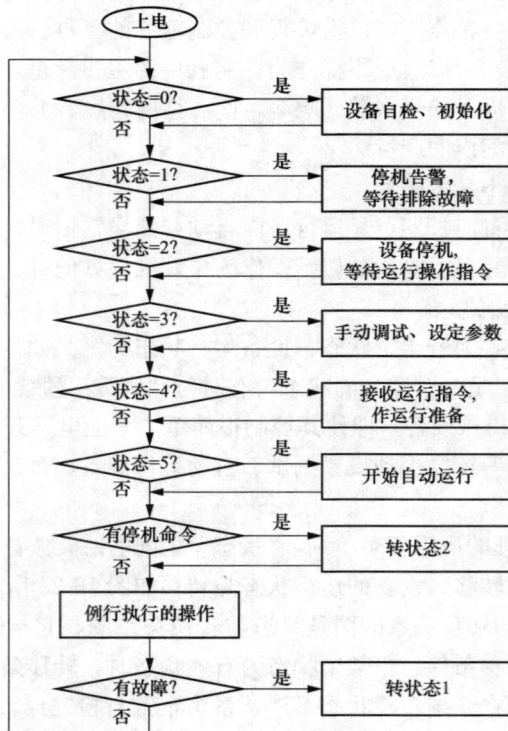

图 16-24　程序流程图

1）采用 PLC 的一个 D 变量作为状态"指针"，其每一个读数值（整型数），代表一个状态。

2）每个状态采用一个或多个子程序来编写，当满足切换条件后，对该指针 D 变量赋予下一状态值。

3）在主程序中，根据当前指针值，调用对应的子程序。

4）对于需要反复执行的操作，则放在主循环中无条件执行。

二、模块化程序设计

1. 按功能分块的编写方法

按程序状态功能分块，可以将程序分解为初始状态 ST0、停机告警状态 ST1、停机状态 ST2、手动调试状态 ST3、自动运行准备 ST4、自动连续运行 ST5 等。

（1）初始状态 ST0。初始状态 ST0 即初始化与自检状态，需要处理的典型功能如下。

1）若变频器在运行，停止其运行。

2）若变频器有告警，清除告警。

3）初始化变频器功能码参数，直到参数初始化完成。

4）若与变频器通信无法建立通信，置通信异常告警。

5）检查润滑油位信号，若缺油，置缺油告警；检查冷却水位信号，若缺水，置缺水告警。

6）若都正常，转状态 2。

7）有异常告警，且持续时间超过 40s，转状态 1。

（2）停机告警状态 ST1。停机告警状态 ST1 中需要处理的逻辑功能如下。

1）将设备停机到安全的 IO 状态。

2）若变频器在运行，发停机命令。

3）响应操作人员的复位告警操作。

4）其他设备的告警操作。

5）检查设备的油位水位信号、变频器告警信号。

6）告警信号若消失，进入状态 2（正常停机状态）。

（3）停机状态 ST2。停机状态 ST2 即正常停机状态，其中需要处理的逻辑功能如下

1）将设备停机到安全的 IO 状态。

2）若用户当前有权限，若有 SetupKey 命令，进入状态 3。

3）若无 RUNKey 命令，发变频器停机命令。

4）清除 STOPKey 命令信号。

5）若有 RUNKey 命令，发变频器运行命令，当变频器开始运行，进入状态 4。

（4）手动调试状态 ST3。手动调试状态 3 即手动调试与参数设置状态，其中需要处理的逻辑功能如下。

1）可以响应面板的变频器 JOG 命令。

2）响应手动按钮调试命令。

3）可以响应逻辑输出端口的开启和关闭命令。

4）若 SETUPKey 命令复位，将设备停机到安全的 IO 状态，变频器也为停机状态，转状态 2（停机状态）。

（5）自动运行状态 ST4。自动运行状态 ST4 即运行准备状态，其中需要处理的逻辑功能如下。

1）开启润滑油泵。

2）开启冷却水泵。

3）发送变频器启动运行命令。

4）让加工刀具运行到等待位置。

5）其他设备运行准备操作。

6）当油压水压满足要求，工具到位，转状态 5。

2. 将系统分为多个状态的组合举例

（1）可以按照控制对象的运行状态来分组。比如工频驱动的螺杆空压机，没有明显的控制分组，但可仍按运行特性分为若干状态，如 ST0，上电自检；ST1，正常停机状态；ST2，故障停机状态；ST4，调试状态；ST20，工频星形起动状态；ST21，工频三角形起动状态；ST22，工频加载运行状态；ST23，工频卸载运行状态；ST24，工频休眠状态；ST25，工频停机准备状态。

ST20 及之后的状态安排为自动运行状态，在自动运行中，可以有选择分支与选择汇合，有并行分支与并行汇合，或者其他的分支与汇合的组合。

（2）状态编程。根据状态编程的程序如图 16-25 所示。

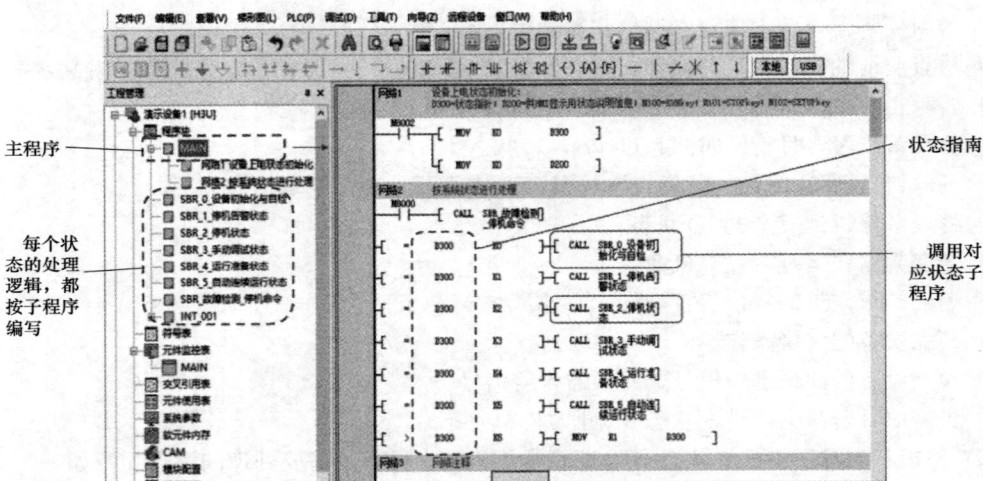

图 16-25　根据状态编程的程序

1）在主程序中，主要进行程序初始化，根据状态指针调用各个状态子程序。

2）每个状态的处理逻辑，都按子程序编写，方便程序编辑和主程序调用。

3）若有中断，再设计各种中断子程序。

（3）按状态关系编程的好处总结。

1）PLC 控制程序通过状态转移图描述，状态转移关系清晰，转移条件明确。

2）可以一个状态一个状态的编写，需要实现的功能明确而清晰。

3）调试验证简单，将状态指针强制为需要的状态，可以反复验证其功能，直到正常。

4）添加新的状态处理程序后，不会影响已经调试好的程序的执行效果。

5）整机程序联调时，容易定位出现异常的状态、程序语句。

6）易于触摸屏 HMI 显示设备的运行状态，若有异常，可以快速定位问题所在。

7）PLC 系统只执行当前状态对应的程序，不会扫描其他状态的程序语句，执行效率更高。

8）添加新的功能或状态比较容易。

9）不需借助文档说明，其他人员"想当然"，就可读懂程序。

3. 将系统分为简单功能的组合

（1）按设备结构功能分区块。下面以垂直电梯的控制问题为例说明。

1）控制要求。

a. 一个控制程序只需修改楼层数设置，能适应对应层数电梯。

b. 能在线设置其中部分楼层不响应停留。

c. 多种控制模式：自动/手动/检修/消防等模式。

d. 群控功能，自动协调和节能，避免多梯同时响应。

e. 权限管理：门禁刷卡才能到达指定楼层，可以自由下到一楼；锁梯功能。

f. 人性化功能：多梯联控时，若有楼层召唤等待时间过久，空闲梯主动响应；空闲一定时间后，自动运行到设定层等待；允许取消目标层等。

2）垂直电梯的控制程序架构。可将电梯的控制功能分为 5 个功能模块来简化程序，则每个功能块的功能明确，逻辑设计容易，修改与调试比较方便。

a. 功能块 1：楼层召唤、轿内召唤的登记显示。

b. 功能块 2：目标停靠层的选择。

c. 功能块 3：轿厢开关门控制。

d. 功能块 4：轿厢起停运行控制。

e. 功能块 5：电梯运行安全保护。

3）垂直电梯的控制程序逻辑图。可将电梯的控制功能归纳分为 5 个功能模块，每个功能块只负责完成对应的逻辑功能。

垂直电梯的控制程序逻辑框图如图 16-26 所示，控制器每次扫描用户程序，依次执行各功能块。其中的轿厢运行与轿厢开关门，是两个互斥的功能块，任一时刻，只执行其中一个，可避免没关门轿厢运行，或轿厢运行中误开门的问题。

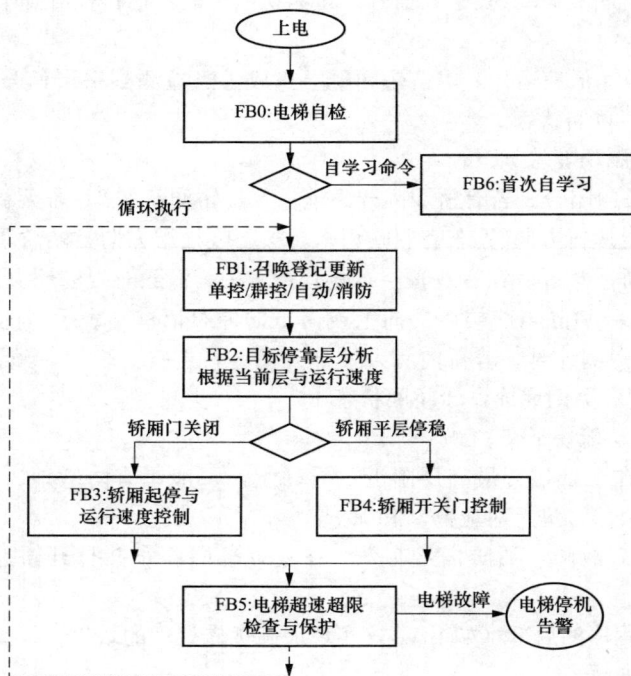

图 16-26　垂直电梯的控制程序逻辑框图

4）电梯召唤登记功能块 FB1。

a. 若为自动运行模式，每个楼层的电梯上/下请求登记。

b. 轿厢内召楼层的目标楼层请求登记。

c. 若设置了闲时等待楼层，轿厢处于空闲状态，延时自动置等待楼层请求。

d. 若为多梯群控，登记刷新其他电梯楼层的召梯请求。

e. 轿厢内召的个别楼层信号的撤销/不允许停留楼层的限制处理等。

f. 若为人工控制模式，只登记轿厢内召请求。

g. 若为消防运行模式，清除约定的不响应楼层请求。

h. 若为检修调试模式，只响应轿顶板检修人请求。

i. 若有被有效登记的楼层请求，轿厢运行请求命令 RunCmdF 标志置位，否则清 0。

j. 清除不能响应的楼层请求，分别送给内招/外招显示板。

5）轿厢运行停靠目标层选择功能块 FB2。

a. 若轿厢为静止状态，根据有效登记的请求楼层号，确定为轿厢运行方向。

b. 根据轿厢运行方向，检查离当前楼层最近的有效请求层，作为运行目标层。

c. 若轿厢运行方向没有召唤，轿厢开门，让相反方向召唤客人进梯。

d. 若轿厢为运行状态，根据轿厢运行方向和速度，由当前速度及最小减速楼层距离，判断能响应的最近有效请求层，作为运行目标层。

e. 轿厢不能急停，运行中可以忽略过于接近的楼层请求。

6）轿厢运行起停控制功能块 FB3。

a. 轿厢状态 1：轿厢低速起步加速，直到最大速度运行；在轿厢关闭的情况下，开曳引锁，按 UD_Dir 方向低速启动，开始计时 t；在低速状态，当 t 大于 5s，轿厢切换为高速挡；若低速指令有效，轿厢切换为低速挡，转轿厢状态 2。

b. 轿厢状态 2：轿厢减速/寻找平层信号。轿厢切换为低速挡；检测到平层信号（断开），转轿厢状态 3（平层完成）。

c. 轿厢状态 3：轿厢低速运行，等待轿厢平层完成。当检测到平层信号完成则：轿厢停止，锁曳引，开轿厢门，转轿厢状态 1。

7）轿厢开关门控制功能块 FB4。

a. 轿门状态 1：轿门闭合。若有轿厢内开门请求，转轿厢状态 2；若无召唤请求），置轿厢当前运行方向为"无确定运行方向"；若有召唤请求，按召唤楼层方向，转轿厢状态 2。

b. 轿门状态 2：轿门打开。在有效楼层召唤登记表中，清除对当前楼层请求的登记（当前层已到达）；根据 UD_Dir 清除当前楼层的向上或向下的外召请求（表示当前层请求已响应）；打开轿门，预置 8s 的开门倒计时；若轿内有人按下开门键，再打开轿门，预置 5s 的开门倒计时；倒计时为 0，自动关门；关门完成，转轿厢状态 1。

8）电梯运行保护功能块 FB5。

a. 电梯井道中，在最低层、最高层附近的导轨上，一般设有防墩地、冲顶的保护信号块，控制程序要根据这两个信号进行对应判断和保护。

b. 若检测到电梯有故障，消防信号有效，在就近楼层停车并打开轿厢门的情况下，停止运行。

c. 判断处理放在程序的后部（如 FB5），实现最高优先处理的效果。

（2）按工位分区块。

1）分拣机。可以按照控制对象设备的结构、工艺特点、动作特性来分组。比如，各种分拣机，工件对象各不相同，按工艺特点分为若干个基本工艺段，分拣机工艺分段如图 16-27 所示。

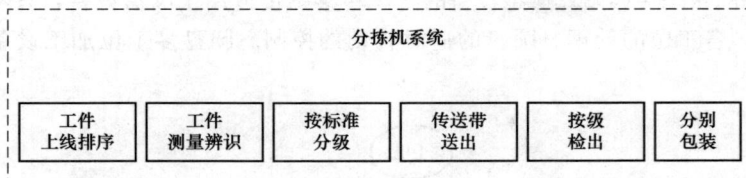

图 16-27　分拣机工艺分段

不同工艺段的控制要点分别是：机械排序、条理、在线测量与分级、加载到传输带、分级剔出、装箱计数。可以按照控制功能分工，分别完成不同功能。比如，分拣机的控制，可以按功能分块，每个功能块只负责指定的功能处理：FB1，工件检测分级、工件等级数据与传送盒关联；FB2，传送带控制、传送盒所在工位更新；FB3，工件数据与工位设定数据匹配对比；FB4：匹配工位的捡出；等级外异常品剔出。PLC 的主控制程序，每次依次调用执行这几个功能块，这样每个功能块的控制逻辑就容易设计、方便程序调试。对于规模更大的分拣系统，采用多个 PLC 协调控制，控制程序功能分块的编程思路仍然适用。

2）圆盘多工位加工设备——多色移印。圆盘多工位加工设备如图 16-28 所示，是常见的设备结构类型，具有工件传递效率高、定位准确的特点，其加工组装的产品可能各有不同，但这类设备的动作逻辑时序基本相同的。

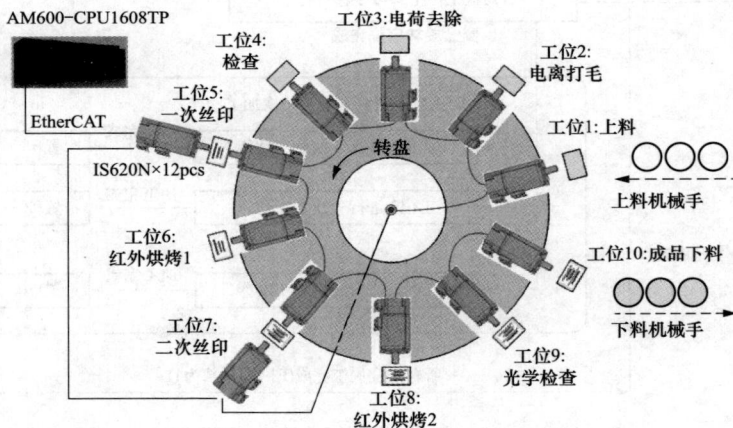

图 16-28　圆盘多工位加工设备

圆盘多工位加工设备的每个工位完成固定的加工工艺，圆盘作为传送工件到下一工位的载体。动作特点如下。

a. 步骤 1：所有工位各自开始不同工序的加工，所有工位都完成后转步骤 2。

b. 步骤 2：圆盘转动一个工位，到位后，锁定转盘，转步骤 1 循环运行。

3）圆盘多工位加工设备——零件组装。可以按照机械的工位分块，分别完成各自功能。比如，多工位组装机械控制，可以按工位分块，每个功能块只负责指定的功能处理：FB1，工位 1 控制，负责工件上料；FB2，工位 2 控制，负责装配第 1 个零件；FB3，工位 3 控制，负责装配第 2 个零件；……FB8，工位 8 控制，负责成品下料；FB9：负责圆盘转动一个工位。动作特点如下。

　　a. 步骤 1：同时执行 FB1～F8。

　　b. 步骤 2：当所有工位加工完成，执行 F9，转动一个工位，转步骤 1。

　　4）典型设备的状态转移图。典型设备的状态转移图仍适用于圆盘设备，只不过其运行状态的处理逻辑包含了各工位的处理、圆盘的适时转动的控制。圆盘多工位加工设备状态转移图如图 16-29 所示。

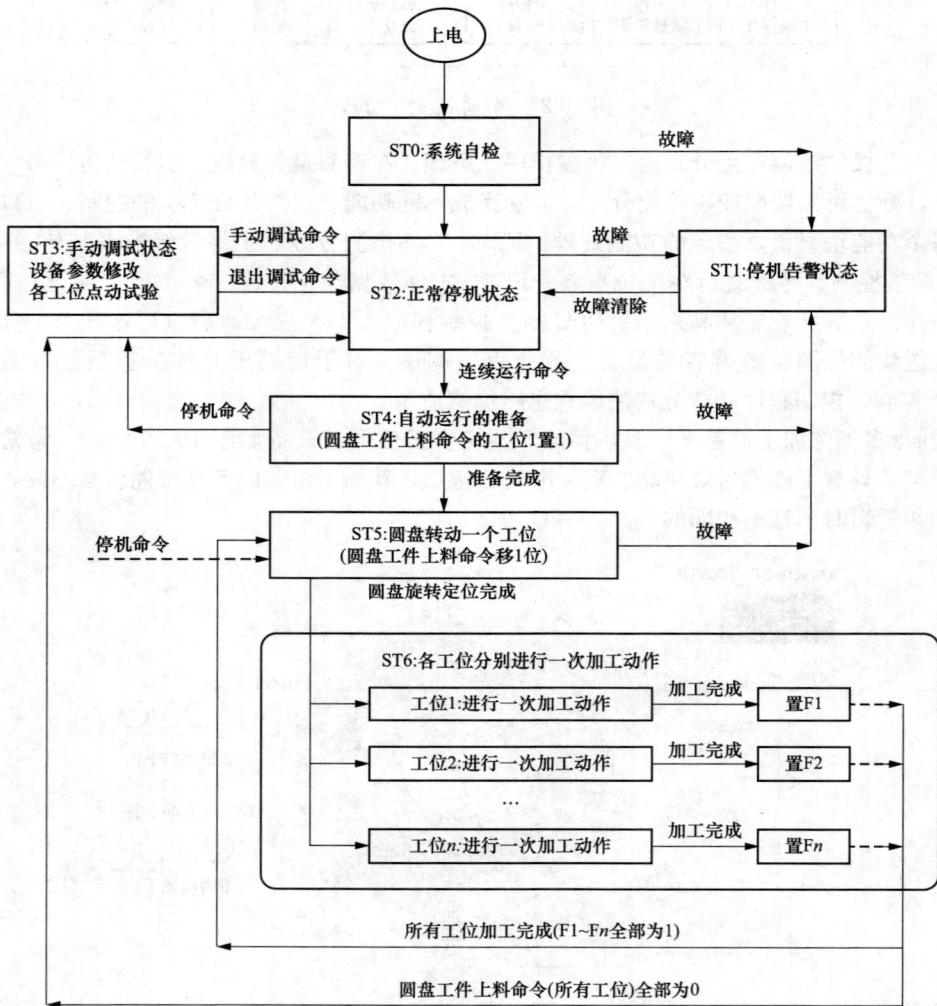

图 16-29　圆盘多工位加工设备状态转移图

　　5）圆盘转动与工位加工的配合逻辑。圆盘转动与工位加工的配合逻辑图如图 16-30 所示。圆盘固定时，进行零件加工，加工完成，圆盘转动一个位置。

　　按照机械的工位分块，每个工位一个程序块，分别完成各自工位的加工动作控制。FB1，工位 1 控制，负责工件上料；FB2，工位 2 控制，负责装配第 1 个零件；FB3，工位 3 控制，负责装配第 2 个零件……FB8，工位 8 控制，负责成品下料；FB9，负责圆盘转动一个工位。动作特点如下。

　　a. 步骤 1：同时执行 FB1～F8，当所有工位加工完成，转步骤 2。

　　b. 步骤 2：执行 F9，转动一个工位，转步骤 1。

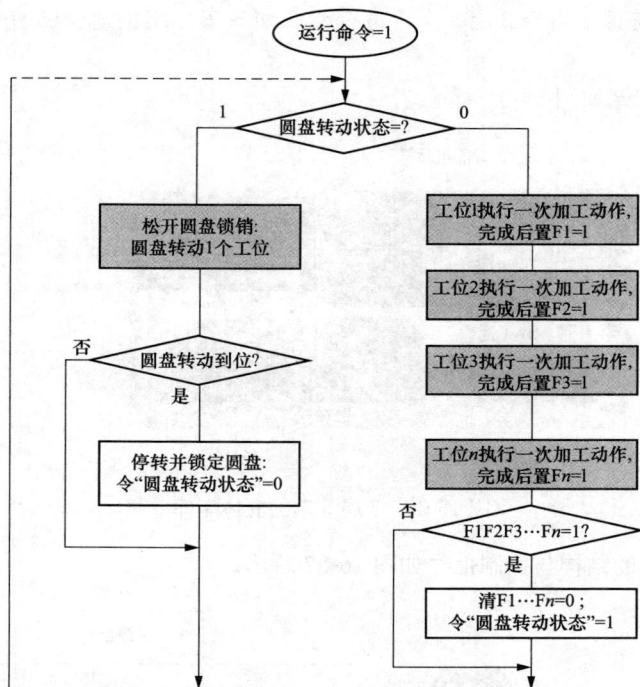

图 16-30 圆盘转动与工位加工的配合逻辑图

6）多工位加工需要考虑的问题。设备开始运行、命令停机，需要考虑不能损坏设备、浪费工件。多工位加工问题如下。

a. 在圆盘起动运行时，所有工位全空，各工位加工应依次起动运行，避免空位动作损坏设备。

b. 设备接到停机命令后，要依次停止工位的加工，待所有工位空料后才整机才停止，避免浪费材料。

7）多工位加工编程对策。给工件赋一个状态"软标签"（有无缺件/有无加工），用户程序中定义一个与工位数量相同的环形数据队列，用于登记传递"软标签"，转盘每转动一个工位，队列环形移动一次。从工件加载到转盘，就刷新软标签，后续每个工位接到开始加工的命令后，先检查工件状态软件标签，判断是否缺料、判断前一工序是否已正常加工等，根据标签信息响应是否进行加工，就可以解决依次起动、逐个停止加工的问题。

8）将系统分为多个功能的组合。可以按照水磨机结构分工，分别完成各加工单元的控制功能：FB1，空夹具换手，右侧转左侧；FB2，毛坯工件上料；FB3，粗磨1；FB4，精磨1；FB5，抛光1；FB6，工件换手，左侧转右侧；FB7，粗磨2；FB8，精磨2；FB9，抛光2；FB10，成品下料；FB11，左右两侧工件夹具的传送一次。执行安排如下。

a. 步骤1：同时执行 FB2～FB5，FB7～FB10，结束后，转步骤2。

b. 步骤2：执行 FB1、FB6，结束后，转步骤3。

c. 步骤3：执行 FB11，结束后，转步骤1。

提示：6个滚筒磨工位的功能动作是相同的，若采用基于 IEC 语言编程，就只需编写调试一个工位的控制功能块 FB，再实例化 6 次就可以得到 6 个工位的控制程序，即（FB3/FB4/FB5/FB7/FB8/FB9），编程效率大为提高。

（3）按人工处理的逻辑步骤划分。

1）多层立体车库的 PLC 控制。立体车库是缓解公共场合停车压力的有效设施，常见的是升降横移式结构。市场统计，由于2层5车（也有称3列5车）结构适合已有车库的立体化改造，市场销量最大。

2层5车的立体车库如图 16-31 所示。

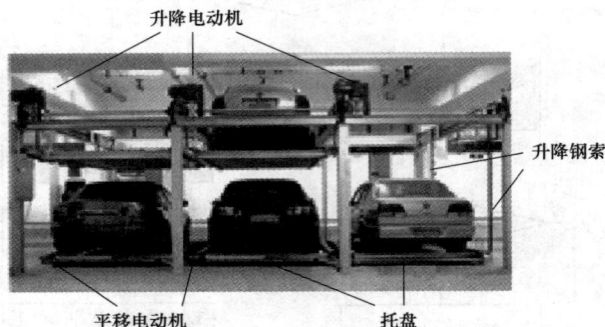

图 16-31　2层5车的立体车库

2）多层立体车库的结构与控制信号如图 16-32 所示。

	检测信号	控制信号
顶层的每个托盘，只需升降运动	托盘上升到位信号 安全挂钩到位	托盘上升控制 托盘挂钩释放控制 托盘下降控制
中间层的每个托盘，需要有左右移动、升降运动驱动	托盘左移到位信号 托盘右移到位信号 托盘上升到位信号 托盘挂钩到位信号	托盘左移控制 托盘右移控制 托盘上升控制 托盘挂钩释放控制 托盘下降控制
底层的每个托盘，只需有横移运动驱动	托盘下降到位信号 托盘左移到位信号 托盘右移到位信号	托盘左移控制 托盘右移控制
系统总体信号	紧急停车信号，安全光栅信号、暂停请求信号；停车取车召唤键盘	

图 16-32　多层立体车库的结构与控制信号

顶层每列配一个可升降的托盘；中间层配可升降、可平移的托盘，但留有一个托盘空位，便于形成升降通路；底层配可平移的托盘，也留有一个托盘空位。

3）立体车库编程思路。2层5车的立体车库，因只有2层，只需考虑第二层的3个托盘的取车问题，用枚举法编程就可以轻松实现了。这里以具有代表性的4层3列立体车库为例，讨论编程思路，仍参考前面已介绍的方法步骤。

a. 了解并理解立体车库的响应动作原理。

b. 如果需要手动操作车库，把顶层、中层的车放到下面，应如何操作？分别写出操作步骤。

c. 将记录下来的步骤，归纳分解成"控制状态"。

d. 分析每个状态需要处理的逻辑功能、需要交互的数据。

e. 编写程序框架，用代码实现功能。

4）多层立体车库的动作响应。

a. 若车主要取的车处于底层地面托盘上，可以直接取走。

b. 若底层地面托盘上有空位，车主要存车时，可直接开进空托盘。

c. 当车主要存取车的托盘不在地面时，在车库的操作面板上，输入自己要取车的托盘号码，召唤托盘。

d. 车库控制器响应召唤请求，自动进行升降横移，将召唤的托盘下放到地面，供车主存放车辆。

e. 响应举例。要取顶层最左边托盘（401 号）停放的小车，动作顺序是：①将停放在底层的 402 号托盘上升归位，让出留空通道；②将 301 号、201 号、101 号等托盘右移到位，腾出 401 号托盘下降通道；③将 401 号托盘下降到底，提示车主可以取车；④若无其他请求，401 号托盘将一直停留在底层位置。

5）将多层立体车库的响应动作分解为若干个连续的状态。按状态转移方式来编写程序架构，ST5～ST10 实现一个完整的取车逻辑过程的处理，根据经验，这部分的程序编写调试完毕后，再编写其余部分的程序时，可借用已有状态的功能实现，就比较容易了。

按状态转移方式来编写程序架构，ST0～ST4 是基本的状态；ST5～ST10 则是根据一个完整的取车逻辑过程划分的处理状态，具体如下。

a. ST0：自检，托盘锁钩位置、松链、侧开关检查。

b. ST1：故障告警，保护停车。

c. ST2：手动调试。

d. ST3：循环动作演示，动作参数自学习。

e. ST4：停止运行。若开锁，转 ST5 自动运行。

f. ST5：召唤合法性检查，若请求有效，转 ST6，非法则清除。

g. ST6：上位托盘归位，完成托盘锁钩后转 ST7。

h. ST7：目标盘调整位置，便于回避遮挡，完成后转 ST8。

i. ST8：目标层以下托盘平移让路，完成后转 ST9。

j. ST9：目标托盘开锁钩、下降，到底后转 ST10。

k. ST10：等待车主存取车辆，延时 40s 后，若有按键操作，Beep 提醒转 ST5。

6）程序高级功能的提示。

a. 编写的程序按最大允许 5 层×9 列规划，在此范围内，层数列数可以在线设定，让一个程序满足多种配置，减少程序版本数量。

b. 采用小型 PLC 的梯形图编程，由于程序中的 IO 信号都为绝对编址，为适应不同配置，程序中的变量均采用中间 M 继电器编写；外部再将 M 与实际接入的 X、Y 端口进行关联，这个程序实现简单而灵活。

c. 事先规划好 PLC 的 M、D 变量规划，变量按用途、按区域成片定义，便于采用循环语句的寻址操作。

d. 有的车库结构，受限于现场环境的布局，可能在上部有些托盘位置不能使用，要方便表格设置。

4. 小型 PLC 编程的经验

小型 PLC，通常都是用梯形图编程，有如下经验。

（1）采用梯形图 LD 语言编程，常用的指令不超过 30 个，可轻松上路，新手不推荐首选 SFC 编程语言。

（2）多用子程序，便于编写结构化的程序，提高程序的可读性，执行效率高，调试容易。

（3）多用状态划分的编程风格，尽量采用典型的状态排序。

（4）先定义程序架构，将状态分块、界定每个程序块的功能、算法、接口变量，并以程序注释的方式记录。

技能训练

一、训练目标

（1）学会自顶向下的程序规划思路。

（2）学会抓住设备的工艺要点。

（3）学会将系统分为简单功能的组合。

（4）学会分解控制功能的方法。

二、训练内容和步骤

（1）根据 4 层 3 列立体车库需求，自顶向下的进行程序规划。

（2）分析 4 层 3 列立体车库的结构与控制信号。

1）画出 4 层 3 列立体车库的结构。

2）写出 4 层 3 列立体车库的控制信号。

（3）将多层立体车库的响应动作分解为若干个连续的状态。

1）根据 4 层 3 列立体车库的控制需求，画出 4 层 3 列立体车库的状态转移图。

2）写出 4 层 3 列立体车库的各个状态的需求，各个状态转移信号，转移目标状态。

3）根据一个完整的取车逻辑过程，写出状态转移过程。

4）根据一个完整的存车逻辑过程，写出状态转移过程。

习题 16

1. PLC 模块化程序设计要点有哪些？

2. PLC 模块化程序设计方法有哪些？

3. 试用模块化程序设计方法，设计多台不同用途的简易机械手控制程序。简易机械手控制要求如下。

（1）具有启动、停止控制功能。

（2）具有手动调试功能。

（3）机械手爪具有夹紧、放松功能。

（4）具有单周运行功能。

（5）具有自动连续运行功能。

（6）具有暂停、急停功能。

（7）具有选择分支运行控制功能。

（8）具有并行分支控制功能。

（9）具有定位控制功能。

注：上述（1）～（6）为基本要求，（7）～（9）为拓展要求。每台机械手控制需求会有差异，并不要求所有的机械手完全满足 9 项要求。

项目十七 电子凸轮控制

学习目标

（1）了解电子凸轮的配置。

（2）学会应用电子凸轮。

任务 25 电子凸轮控制

基础知识

一、电子凸轮的配置

1. 电子凸轮概述

在机械传动中，齿轮、皮带、丝杆等传动只能实现线性的运动变换，这种运动特性有时难以满足工艺需求，因此就需要非线性机构来实现较复杂的相对位置同步运动。目前常用的凸轮机构，具有结构简单，分度定位精度高，稳定性好的特点。

但是，机械凸轮机构加工费时，调试修改麻烦，一套凸轮机构仅仅对应于一种从轴的运动规律，当需要改变系统的输出运动规律时，就得重新设计制作另一套凸轮机构，非常不方便。因此，基于软件实现的"电子凸轮表"及其控制特性，摈弃了机械凸轮的所有缺点，成了一种具有价值的控制功能。

凸轮运动如图 17-1 所示，一定有主轴和从轴，主轴作为运动的参考，在凸轮同步状态，从轴按照凸轮关系，跟随主轴运动。所谓凸轮关系，就是由电子凸轮表描述的主轴—从轴位置非线性对应关系。若主轴—从轴的位置的对应关系是线性的，我们称之为"齿轮同步"。

主轴—从轴的相对位置关系，可用曲线或表格来描述，编程时可以通过设定若干个关键点，以及相邻关键点之间的线型，AutoShop 编程软件就会自动拟合平滑的多项式曲线显示出来，供编程者确认。

凸轮控制，控制的是从轴的运动位置，从轴的起停

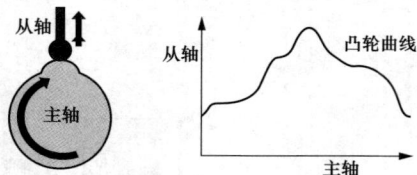

图 17-1 凸轮运动

也可以由程序来控制，就如有一个离合器一样，需要同步的时候让离合器闭合，不需要同步的时候，让从轴退出同步。

H5U 系列 PLC 提供了电子凸轮控制功能，利用该功能可以实现追剪、飞剪、定长切割、套色印刷等多轴同步运动控制。H5U 系列 PLC 电子凸轮特性为：①通过后台可配置 16 个凸轮表；②程序中可以同时使用 8 个电子凸轮；③每一个凸轮表最大关键点的数量达 360 个。

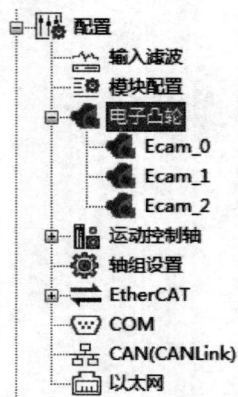

图 17-2　添加新的电子凸轮

凸轮执行过程中允许增加、删除、修改凸轮表的关键点，修改后的凸轮表在下一个凸轮周期生效。

2. PLC 后台配置

（1）添加电子凸轮。工程管理浏览器的配置选项下，右击电子凸轮选项，在弹出的菜单中，选择执行添加凸轮子菜单命令，可以在电子凸轮下，添加新的电子凸轮，如图 17-2 所示。

（2）配置电子凸轮表。右击电子凸轮选项下的凸轮，在弹出的菜单中，选择执行打开子菜单命令，可以打开电子凸轮界面，在电子凸轮界面下配置相关的凸轮表。凸轮表界面功能划分为图形编辑区和参数点编辑区，如图 17-3 所示。

（3）凸轮点设置。在凸轮点编辑工具箱，可以增加或删除凸轮点设置，凸轮点设置如图 17-4 所示。凸轮节点设置参数见表 17-1。

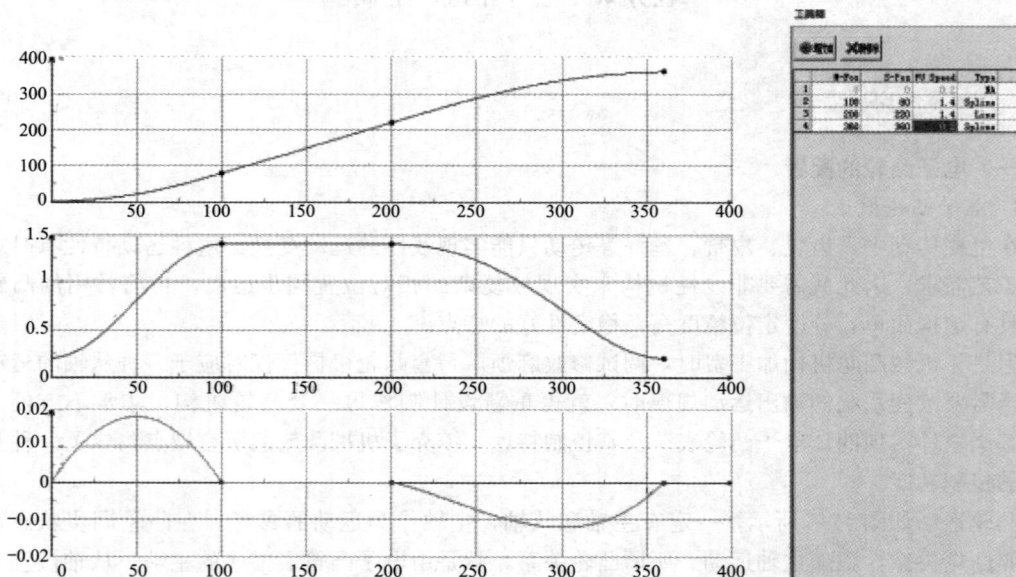

图 17-3　凸轮表界面

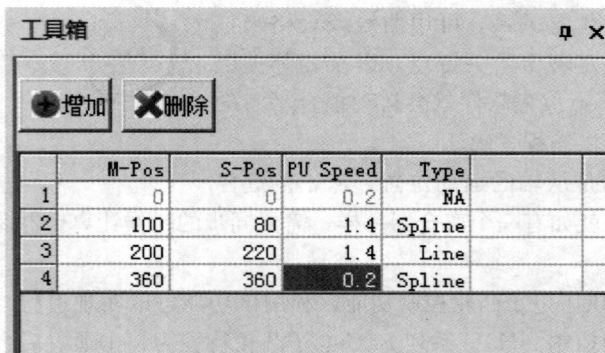

图 17-4　凸轮点设置

表 17-1 凸 轮 节 点 设 置 参 数

参数	功能
M-Pos	主轴相位： 设置主轴的相位（相对模式）
S-Pos	从轴位移： 用于设置从轴偏移（相对模式）
PU-Speed	连接速度： 曲线类型选择直线时自动生成，选择 5 次曲线时手动设置
Type	设置曲线类型： Line 为直线；Spline 为 5 次曲线

1）第一个点主轴相位和从轴偏移默认为 0，不可更改。

2）主轴相位采用升序排列。

3）主轴的最后一个点决定了主轴的周期的大小，不需要单独设置周期。

（4）凸轮曲线设置。可以显示位置、速度比、加速度比曲线，如图 17-5 所示。

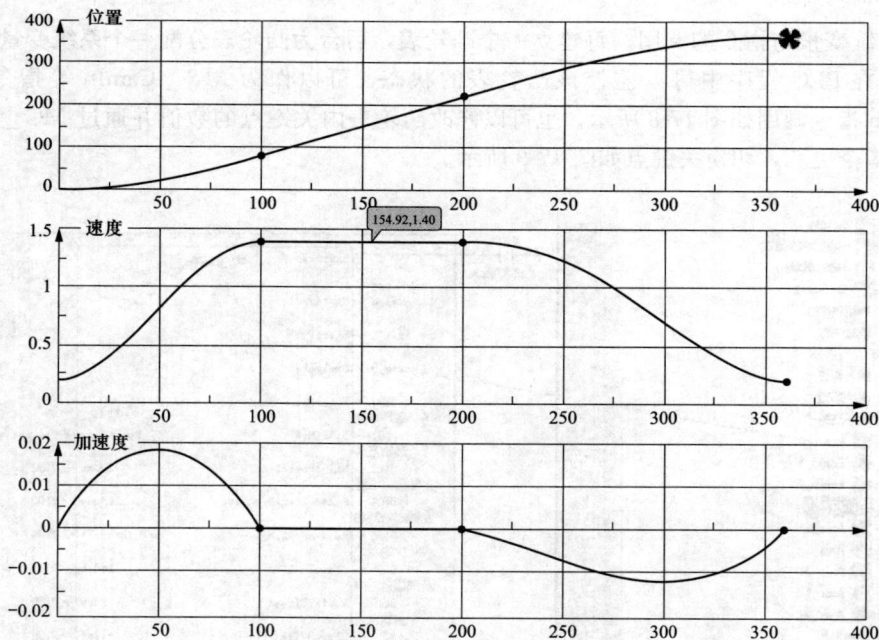

图 17-5 位置、速度比、加速度比曲线

1）位置和速度曲线中允许上下左右移动凸轮关键点。

2）最后一个点只允许上下拖动，不可以左右拖动，如需左右改变大小，可以手动修改右侧工具栏最后一个点的数据。

3）鼠标移至坐标任何区域提示具体坐标信息。

4）右击可选择执行插入点、删除点。

5）单击两点间线段，选中三坐标区域内所有该两点的线段并加粗显示。

（5）导入导出凸轮表文件。单个凸轮表的导出和导入如图 17-6 所示。

（6）上载凸轮表。通过上载可以将保存在控制器存储器中的凸轮表全部上载上来。上载凸轮表如图 17-7 所示。

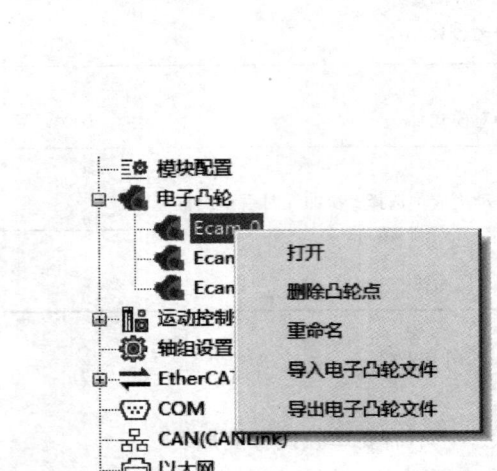

图 17-6　单个凸轮表的导出和导入　　　　图 17-7　上载凸轮表

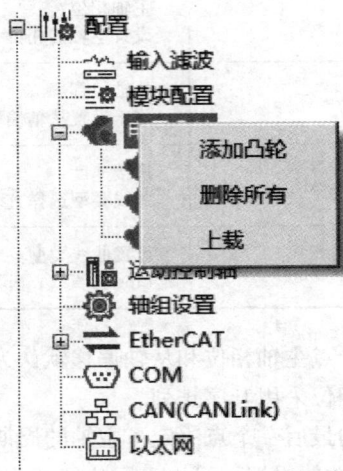

（7）系统变量与指令的调用。每建立一个凸轮表，后台为凸轮表分配一个系统变量用于表示该凸轮表。在 PLC 程序中可以监控该凸轮表的状态，可以作为 MC＿CamIn 等指令的参数，MC＿CamIn 指令调用如图 17-8 所示，也可以修改凸轮表内关键点的数值并通过 MC＿Generate-CamTable 指令更新，切换关键点如图 17-9 所示。

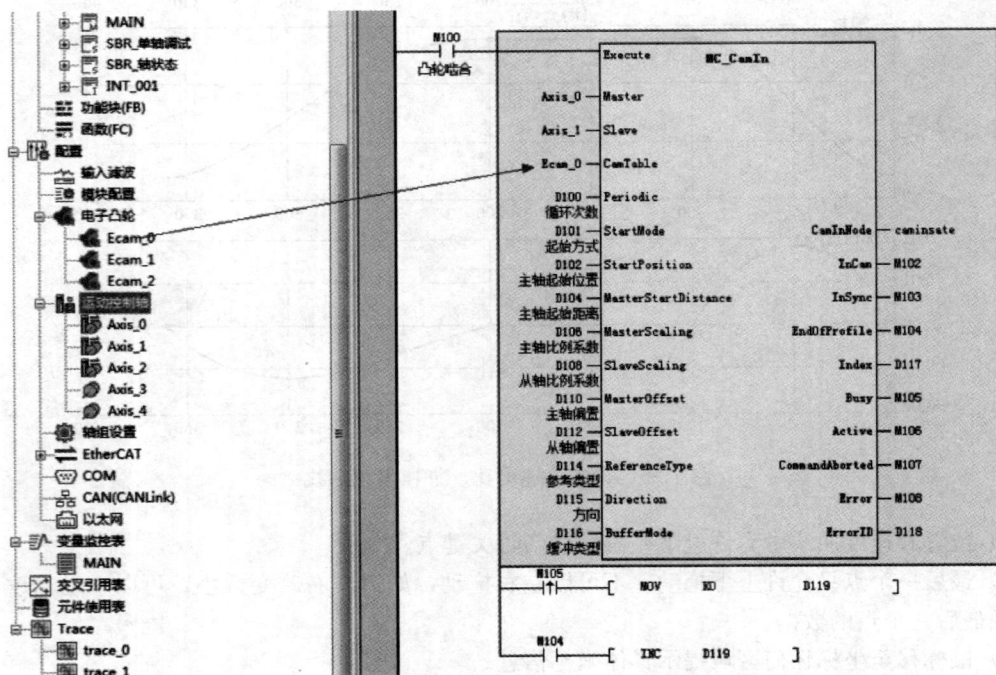

图 17-8　MC＿CamIn 指令调用

3. 数据结构

（1）凸轮节点。每一个关键点可以用一个凸轮节点变量表示，数据类型为 _sMC_CAM_ NODE，该结构体的成员变量见表 17-2。凸轮节点结构体作为凸轮表结构体的成员变量用于存储凸轮表的关键点数据。

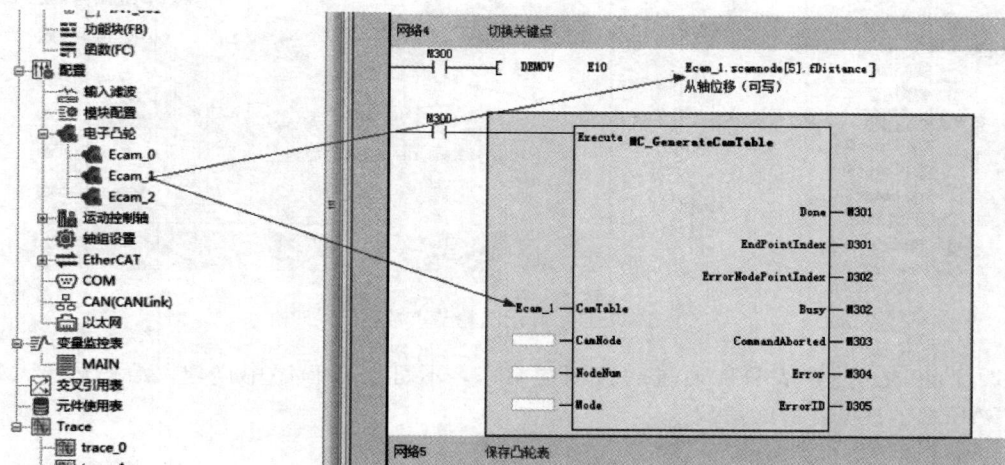

图 17-9　切换关键点

表 17-2　　　　　　　　　　　结构体 _sMC_CAM_NODE 的成员变量

变量名称	数据类型	功能描述
fPhase	REAL	主轴相位
fDistance	REAL	从轴位移
fVel	REAL	连接速度
fAcc	REAL	连接加速度
iCuve	INT	曲线类型： 0—保留； 1—直线； 2—5 次曲线

在程序中也可以自定义凸轮节点数组用于更新凸轮表，定义凸轮节点数据如图 17-10 所示。

图 17-10　定义凸轮节点数据

通过 MC_GenerateCamTable 指令将定义好的 camnode_1 凸轮节点数组覆盖原有的 Ecam_ 1 中的凸轮节点数组，应用凸轮节点数据如图 17-11 所示。

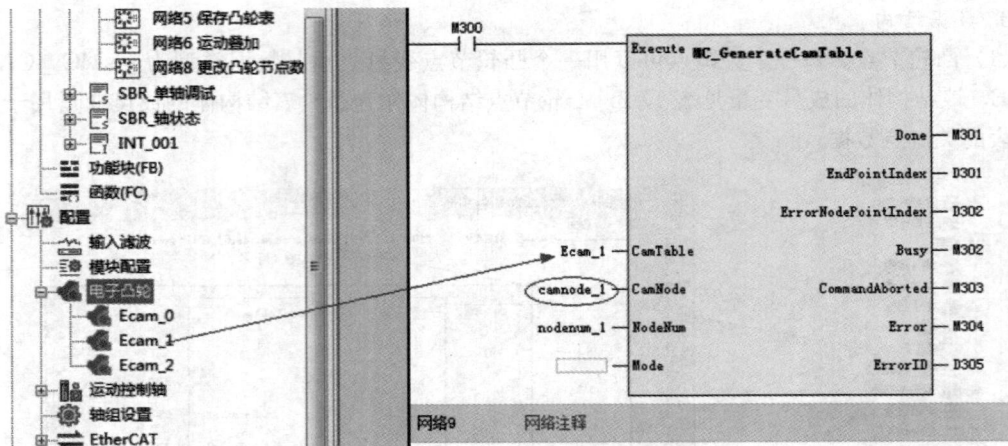

图 17-11　应用凸轮节点数据

（2）凸轮表。凸轮表只能通过后台创建组态，不可以在程序中创建。结构体 _ sMC _ CAMTABLE 的成员变量见表 17-3。

表 17-3　　　　　　　　　　　结构体 _ sMC _ CAMTABLE 的成员变量

变量名称	数据类型	读写属性	功能描述
iCamID	INT	RO	ID 号
bSaveState	BOOL	RO	凸轮表保存中： TRUE—保存执行中； FALSE—空闲
bCheckState	BOOL	RO	凸轮表检查中： TRUE—检查中； FALSE—空闲
bNew	BOOL	RO	凸轮表更新中： TRUE—更新凸轮表数据中； FALSE—空闲
iErrorCode	INT	RO	凸轮检查/保存失败时的错误码
iSetNodeNum	INT	RW	设置的关键点的总数
iActNodeNum	INT	RW	实际的关键点的总数： 在第一次运行和执行 MC _ GenerateCamTable 指令后更新
fMaxPhase	REAL	RO	主轴的周期
sCamPoint	_ sMC _ CAM _ NODE［361］	RW	凸轮关键点数组： 通过程序修改后需调用 MC _ GenerateCamTable 指令更新； 主轴相位必须升序排列，否则报错

通过后台创建的凸轮表自动生成凸轮表变量，应用凸轮表变量如图 17-12 所示。

（3）凸轮啮合节点。结构体 _ sMC _ CAMIN 的成员变量见表 17-4。本结构体不分配系统变量，只能在程序中定义，作为 MC _ CamIn 指令的输出变量。

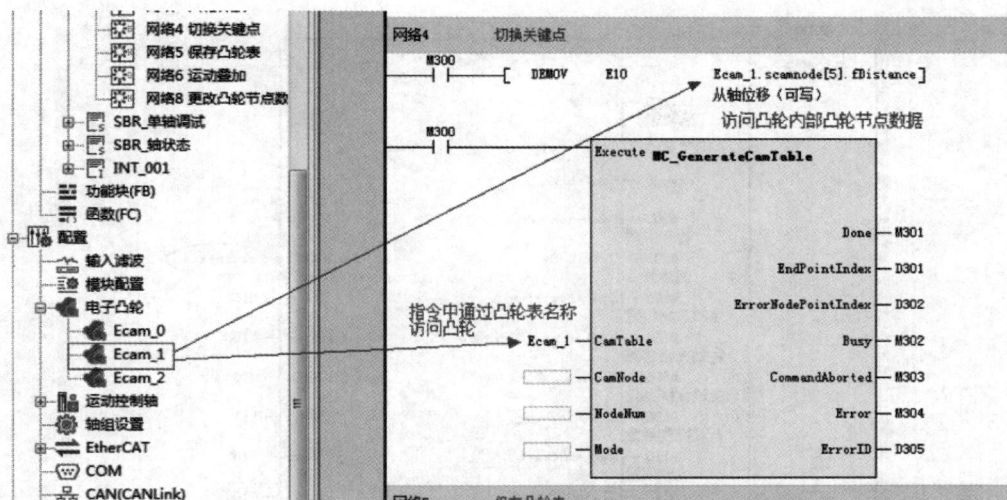

图 17-12　应用凸轮表变量

表 17-4 　　　　　　　　　　　　　　结构体 _ sMC _ CAMIN 的成员变量

变量名称	数据类型	读写属性	功能描述
iCamInID	INT	R0	凸轮组合 ID
iCAMTableID	INT	R0	当前正在执行的凸轮表
iMasterID	INT	R0	主轴 ID
iSlaveID	INT	R0	从轴 ID
iState	INT	R0	保留，未定义
iCamCnt	INT	R0	已经执行过的凸轮周期数
iNodeCnt	INT	R0	等待执行的关键点
fMasterStartpos	REAL	R0	主轴起始位置
fSlaveStartPos	REAL	R0	从轴起始位置
fphase	REAL	R0	主轴当前相位
fDistance	REAL	R0	从轴当前位移
fPhaseShift	REAL	R0	相位偏移的叠加量
fPhaseVelocity	REAL	R0	相位偏移的叠加速度
fPhaseAcc	REAL	R0	相位偏移的叠加加速度

凸轮齿合如图 17-13 所示。

二、电子凸轮应用

1. 状态机

电子凸轮状态变化如图 17-14 所示。

只有 MC _ CamOut 指令的 OutMode＝0 时，调用 MC-CamOut 指令才会进入 Discrete Motion 状态。

状态功能描述见表 17-5。

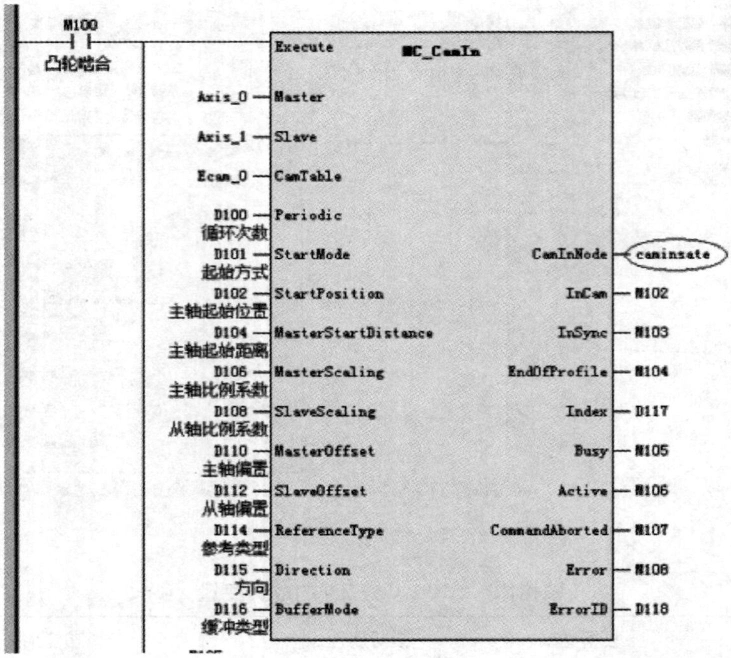

图 17-13　凸轮齿合

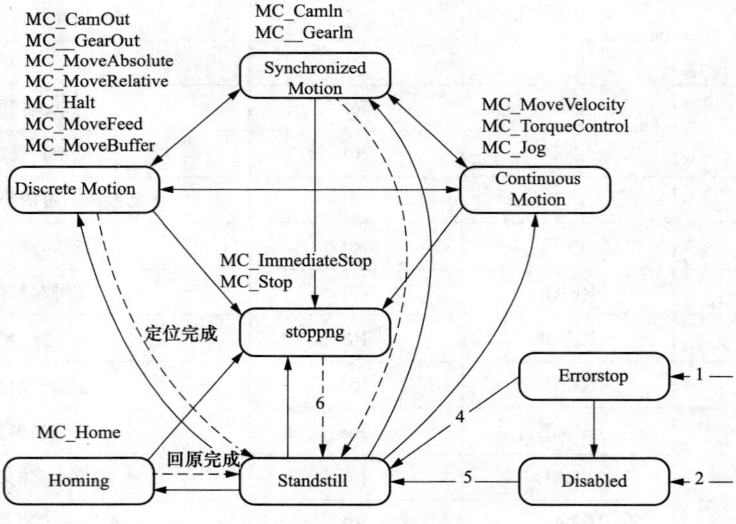

图 17-14　电子凸轮状态变化

表 17-5　　　　　　　　　　　状 态 功 能 描 述

状态	功能描述
Disabled	未使能状态
ErrorStop	故障停机状态
Standstill	使能状态
Homing	原点回归状态
Stopping	停止状态
Discrete Motion	离散运动
Continuous Motion	连续运行状态
Synchronized Motion	同步运行状态

状态转移条件见表 17-6。

表 17-6 　　　　　　　　　　　　　　　　状 态 转 移 条 件

转换	转换条件
1	当轴的故障检测逻辑检测到故障时立即进入该状态
2	当轴无故障且 MC＿Power.Enable＝FALSE 时
3	当调用 MC＿Reset 复位轴故障且 MC＿Power.Status＝FASLE 时
4	当调用 MC＿Reset 复位轴故障且 MC＿Power.Status＝TRUE 时
5	当 MC＿Power.Enable＝TRUE 且 MC＿Power.Status＝TRUE 时
6	当 MC＿Stop（MC＿ImmediateStop）.Done＝TRUE 且 MC＿Stop（MC＿ImmediateStop）.Execute＝FALSE 时
7	当 MC＿CamOut 的 OutMode 设置为 1 且 MC＿CamOut.Done＝TRUE 时

2. 齿轮功能介绍

（1）齿轮动作。齿轮动作基本框图如图 17-15 所示。

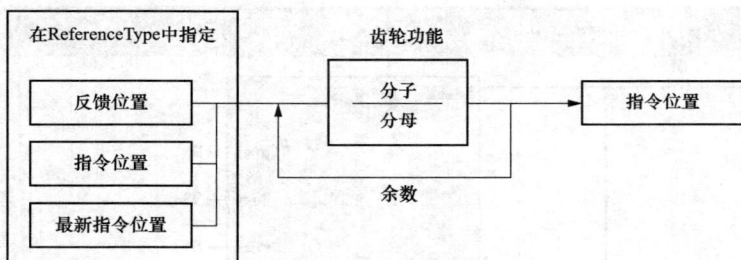

图 17-15　齿轮动作基本框图

（2）齿轮控制。

1）齿轮主轴类型：总线伺服轴、本地脉冲轴和本地编码器轴。

2）齿轮从轴类型：总线伺服轴和本地脉冲轴。

3）齿轮控制操作：①设定主轴和从轴间的齿轮比，进行齿轮动作的功能；②通过 MC＿GearIn（齿轮动作开始）指令开始齿轮动作，通过 MC＿GearOut（齿轮动作解除）指令或 MC＿Stop（强制停止）指令解除同步；③开始动作后，从轴以主轴速度乘以齿轮比得到的速度为目标速度，进行加减速动作；④达到目标速度之前称为 Catching phase（追赶中），达到后称为 InGear phase（齿轮同步中）；⑤齿轮比为正数时，Slave（从轴）沿 Master（主轴）的同方向移动；为负数时，Slave（从轴）沿 Master（主轴）的反方向移动。齿轮动作的详细功能介绍可参考 MC＿GearIn 指令的描述。

3. 齿轮控制操作实例

主要实现的功能：新建两个总线伺服轴，第二个轴按照 1∶1 的齿轮比跟随第一个轴进行齿轮动作。

（1）新建组态，建立两个总线伺服轴，一个作为主轴，一个作为从轴，如图 17-16 所示。

（2）调用 MC＿Power 指令控制主轴和从轴的使能，使能主从轴程序如图 17-17 所示。

（3）调用 MC＿Jog 指令控制主轴的正反向运动，主轴点动程序如图 17-18 所示。

（4）调用 MC＿GearIn 指令执行齿轮操作，齿轮比设置为 1∶1，执行齿轮操作程序如图 17-19 所示。

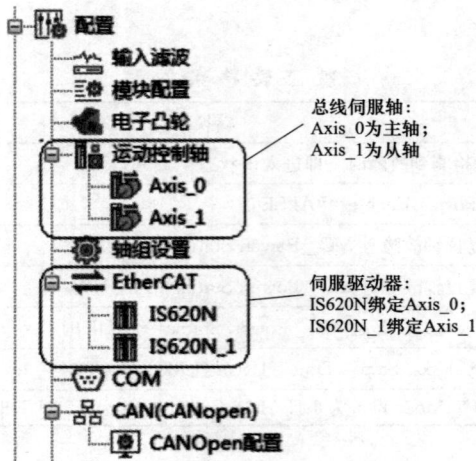

总线伺服轴：
Axis_0为主轴；
Axis_1为从轴

伺服驱动器：
IS620N绑定Axis_0；
IS620N_1绑定Axis_1

图 17-16　建立两个总线伺服轴

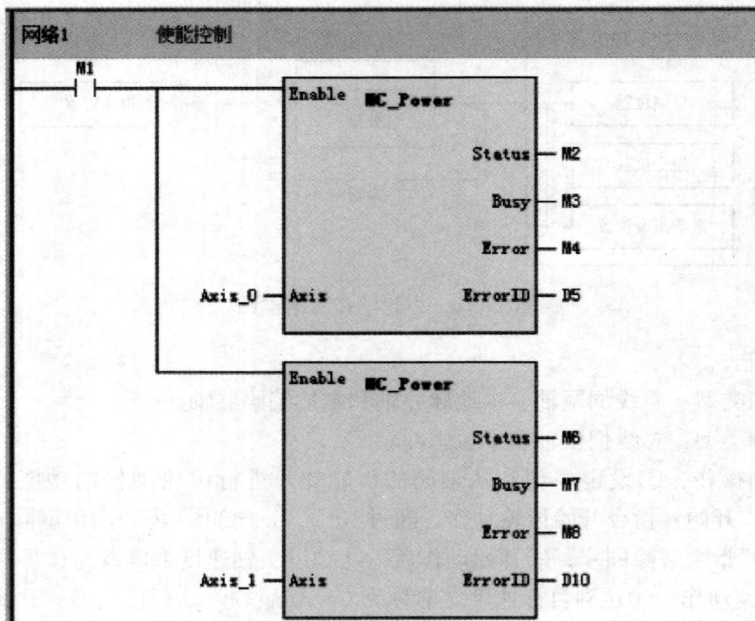

图 17-17　使能主从轴程序

（5）调用 MC _ GearOut 指令解除齿轮操作，解除齿轮操作程序如图 17-20 所示。

4. 凸轮动作

从轴根据凸轮表与主轴位置同步进行动作的功能。

主轴类型：总线伺服轴、本地脉冲轴和本地编码器轴。

从轴类型：运动控制轴。

通过 MC _ CamIn（凸轮动作开始）指令开始凸轮动作或者更换凸轮表，通过 MC _ CamOut（凸轮动作解除）指令或 MC _ Stop（强制停止）指令解除凸轮动作。

凸轮动作基本框图如图 17-21 所示。

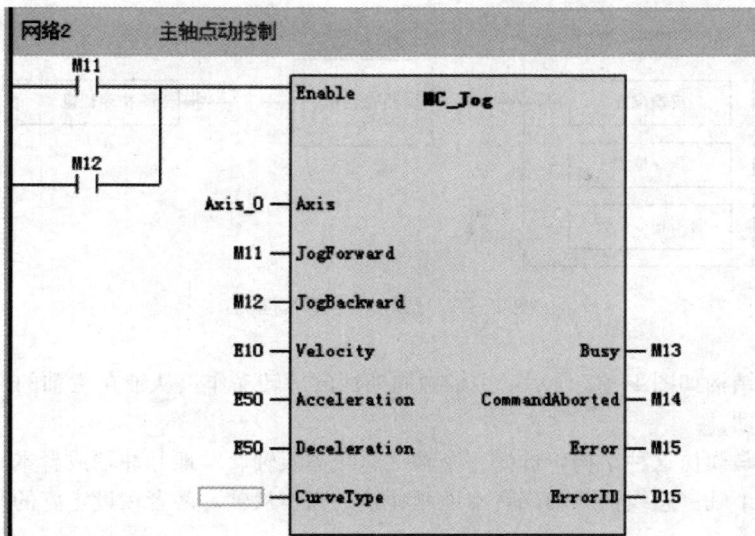

图 17-18　主轴点动程序

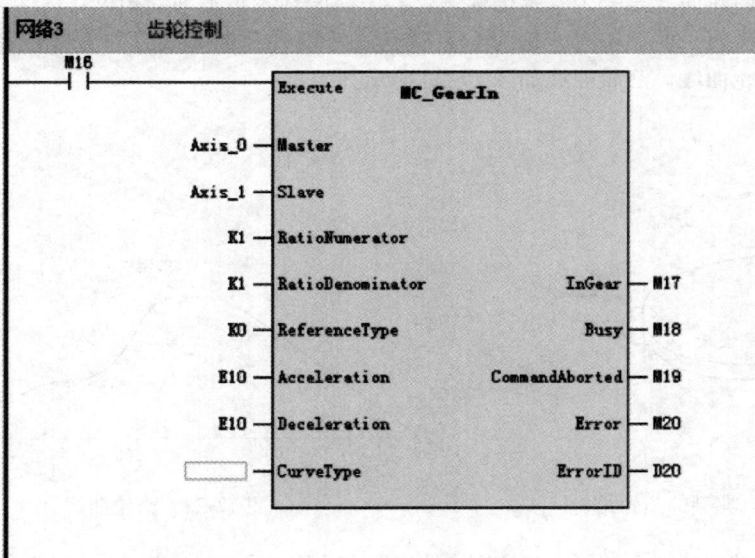

图 17-19　执行齿轮操作程序

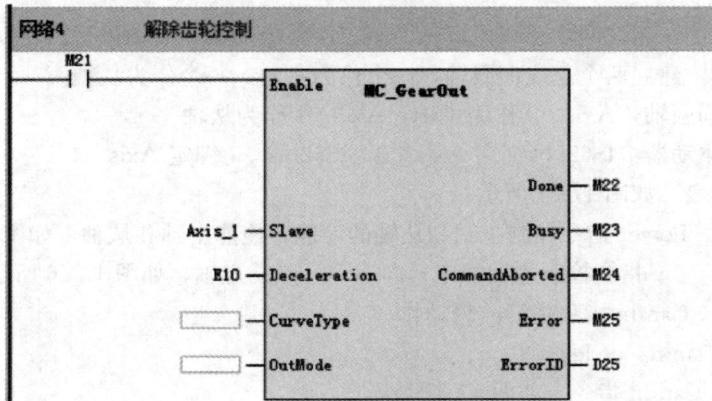

图 17-20　解除齿轮操作程序

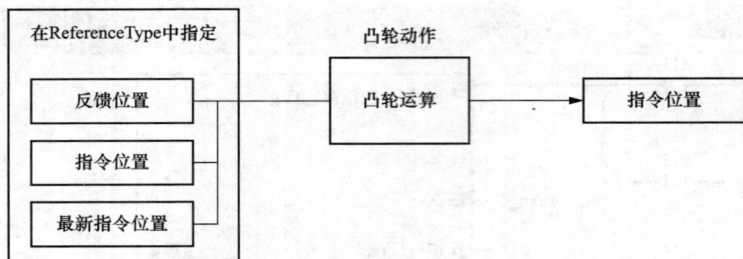

图 17-21　凸轮动作基本框图

典型的凸轮结构如图 17-22 所示，主轴做周期性的旋转动作，从轴在主轴的控制下则沿着一个方向做往复运动。

电子凸轮正是模仿这种结构，选择一个轴（总线伺服轴、本地脉冲轴或者本地编码器轴）当做主轴，选择一个轴（总线伺服轴或者本地脉冲轴）当作从轴，两者在设定好的凸轮曲线下做同步运动。

凸轮曲线：凸轮曲线是一个二维坐标系，其中横坐标表示主轴的相位，纵坐标表示从轴的位移。在坐标系中设置一些关键点，每两个关键点之间用设定的曲线（如直线或者 5 次曲线）连接，便构成了凸轮曲线，凸轮曲线如图 17-23 所示。

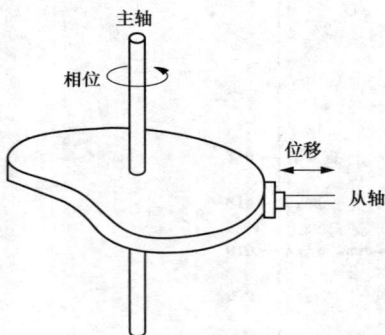

图 17-22　典型的凸轮结构

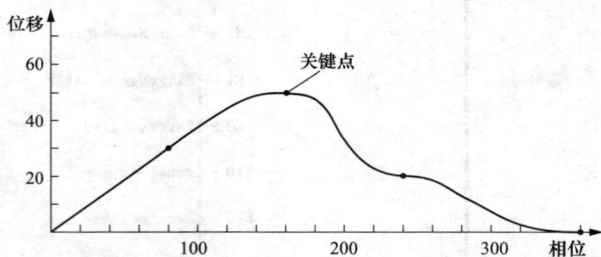

图 17-23　凸轮曲线

凸轮动作的详细功能介绍可参考 MC＿CamIn 和 MC＿CamOut 指令。

5. 凸轮控制实例

主要实现的功能：新建两个总线伺服轴，第二个轴跟随第一个轴进行凸轮动作。

(1) 新建组态，建立两个总线伺服轴，一个作为主轴，一个作为从轴。

1) 两个总线伺服轴，Axis＿0 作为主轴，Axis＿1 作为从轴。

2) 两个伺服驱动器：IS620N 绑定 Axis＿0，IS620N＿1 绑定 Axis＿1。

(2) 新建凸轮表，如图 17-24 所示。

(3) 调用 MC＿Power 指令控制主轴和从轴的使能，使能主轴和从轴，如图 17-25 所示。

(4) 调用 MC＿Jog 指令控制主轴的正反向运动，点动主轴，如图 17-26 所示。

(5) 调用 MC＿CamIn 指令执行凸轮动作。

1) 创建变量 camin＿node。

2) 调用 MC＿CamIn 指令，如图 17-27 所示。

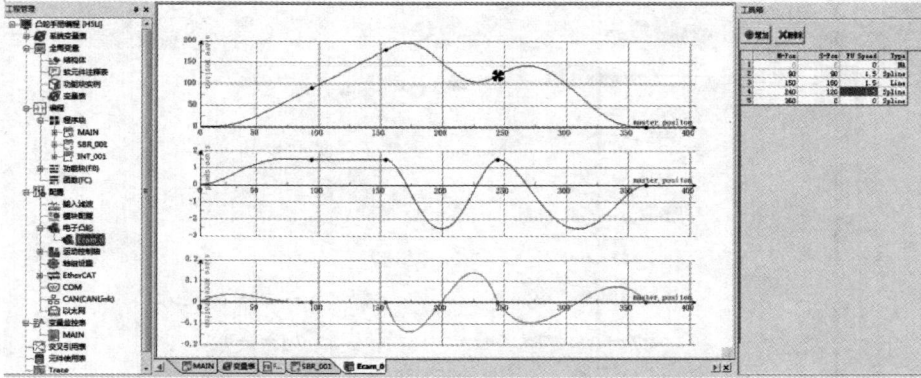

图 17-24 新建凸轮表

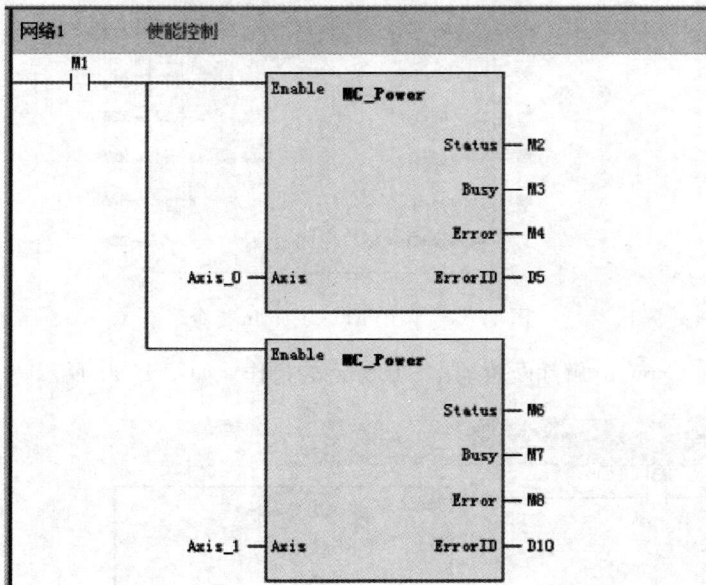

图 17-25 使能主轴和从轴

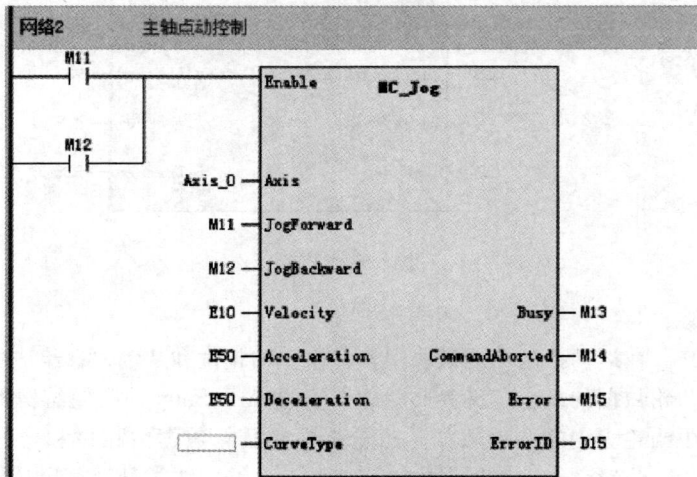

图 17-26 点动主轴

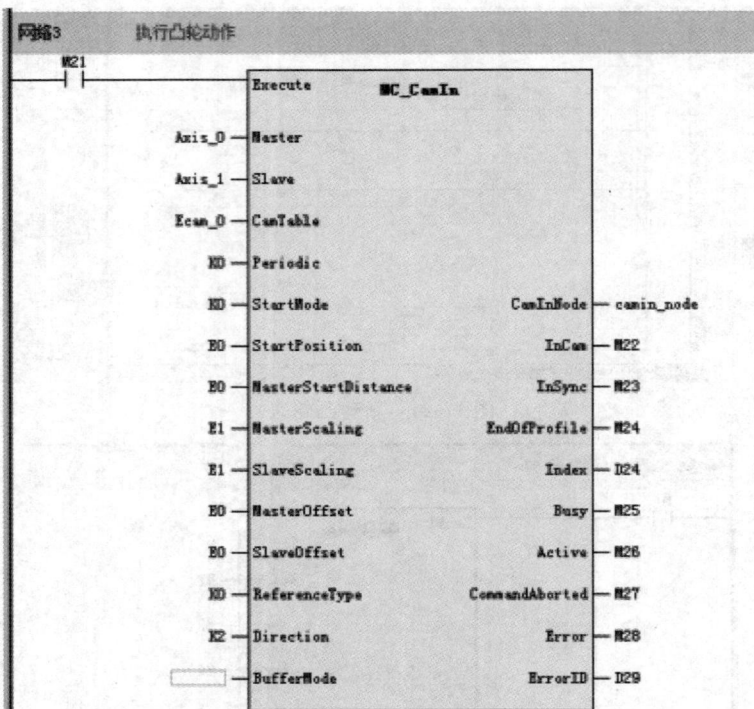

图 17-27　调用 MC_CamIn 指令

（6）调用 MC_CamOut 解除凸轮动作，解除凸轮操作，如图 17-28 所示。

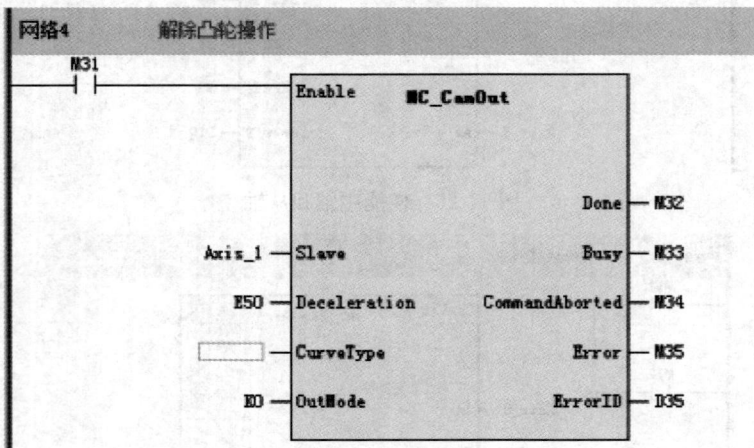

图 17-28　解除凸轮操作

6. 凸轮表

（1）凸轮表简介。在运动控制功能模块中，将由主轴相位和从轴位移组成的 1 对数据定义为凸轮数据，将多个凸轮数据的组合定义为凸轮表。通过 AutoShop 的凸轮编辑器创建凸轮表，还可通过用户程序变更凸轮表内的凸轮数据。凸轮表中的凸轮数据的相位和位移值表示为从起点"0.0"开始的相对量。凸轮动作中，根据主轴相位和设定的曲线类型计算出从轴的位移，从而控制从轴的动作。凸轮动作描述如图 17-29 所示。

每一个任务周期根据关键点之间的曲线类型计算出电子凸轮动作时的指令位置

● 设置的关键点
■ 计算出的指令位置

凸轮表

	相位	位移
起点	0	0
	80	30
	160	50
	240	20
终点	360	0

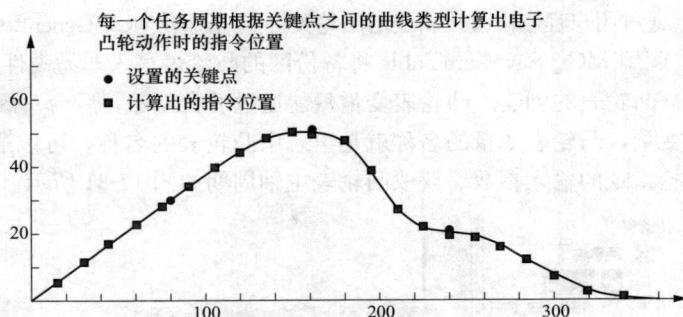

图 17-29　凸轮动作描述

（2）凸轮表规格见表 17-7。

表 17-7　　　　　　　　　　　凸 轮 表 规 格

项目	说明
每个凸轮表支持的凸轮关键点总数	360 个
支持的凸轮表的总数量	16 个
PLC 中允许同时执行的凸轮表数量	8 个
凸轮动作中凸轮表切换的规则	调用 MC_CamIn 指令切换凸轮表，并在下一个凸轮周期生效
凸轮数据的读写	通过以凸轮表名称命名的全局变量查看凸轮表的状态，关键点的数据；可以直接修改凸轮表中凸轮关键点的数据然后通过 MC_Generate-CamTable 指令生效，并在下一个凸轮周期按照新的凸轮表动作
凸轮表的保存	可以将修改后的凸轮表通过 MC_SaveCamTable 指令保存到 PLC 的非易失性存储器中

（3）凸轮表的数据流如图 17-30 所示。

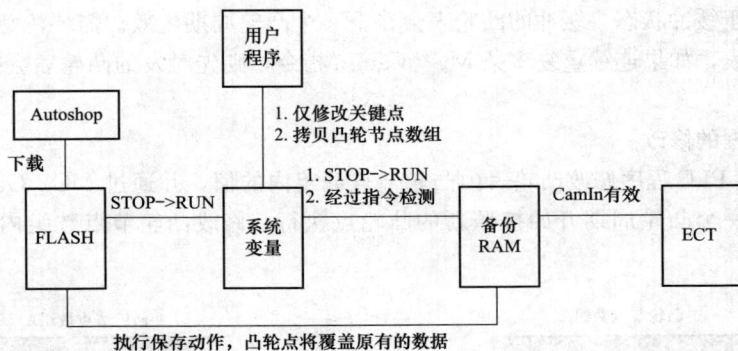

图 17-30　凸轮表的数据流

1）通过后台将凸轮曲线下载到非易失性存储区。

2）通过后台将非易失性存储区的凸轮表文件上载上来。

3）非易失性存储区的凸轮表在下载完成后由停止切换到运行时加载到凸轮表系统变量中，并初始化到备份区。

4）用户区的凸轮表在 MC_CamIn 执行的开始或者一个凸轮运动循环完成后更新到 Ether-CAT 内存区，EtherCAT 按照新的凸轮节点执行。

5）用户程序可以通过程序修改系统变量中的凸轮表关键点或拷贝一个新的凸轮节点数组到已经存在的凸轮表中，并通过 MC_GenerateCamTable 指令将修改后的凸轮表复制到备份 RAM 中。

6）通过用户程序修改或新建的凸轮关键点需调用 MC _ GenerateCamTable 检查凸轮表的合理性。

7）调用 MC _ SaveCamTable 将备份区的凸轮表写入非易失性存储区。

（4）凸轮表的创建。凸轮表变量只能通过后台创建，后台每添加一个凸轮表，默认创建一个凸轮表变量，凸轮表变量的名称就是组态中凸轮表的名称，可以通过该变量获取凸轮表的状态、作为凸轮指令的输入参数。获取凸轮表主轴周期如图 17-31 所示。

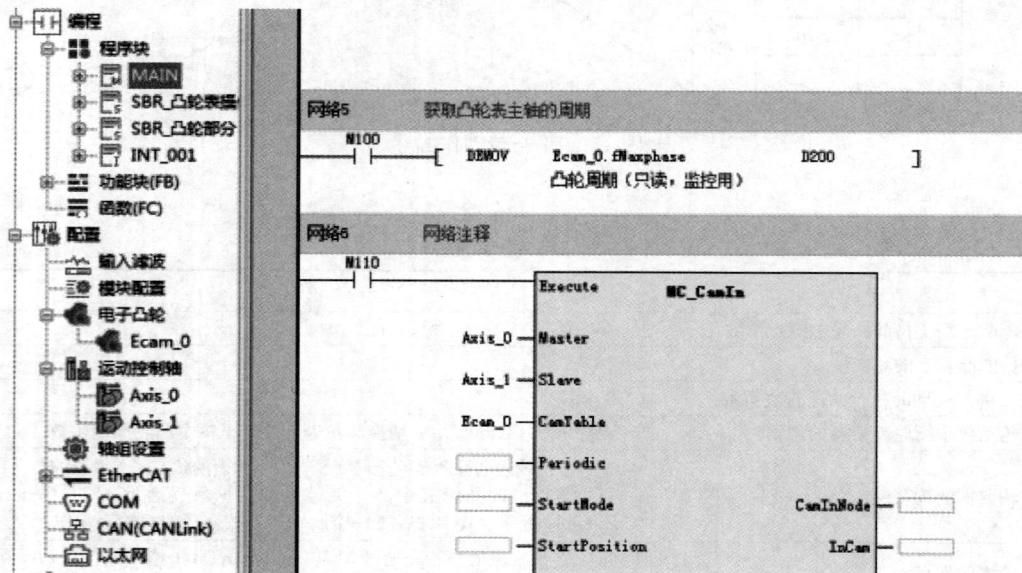

图 17-31　获取凸轮表主轴周期

（5）凸轮表的切换。在凸轮的执行过程中，可以通过触发 MC _ CamIn 指令更换凸轮表，触发后该凸轮表处于缓冲状态，缓冲的凸轮表会在下一个凸轮周期生效。需要注意的是 H5U 仅支持缓冲一个凸轮表，如果连续重复多条 MC _ CamIn 指令，则先触发的凸轮表会被后触发的凸轮表覆盖掉。

（6）凸轮数据的修改。

1）可以通过 PLC 程序修改凸轮表内凸轮节点数组内的值，并通过 MC _ GenerateCamTable 指令生效，在下一个凸轮周期开始按照新的凸轮点执行。修改凸轮节点数组内的值如图 17-32 所示。

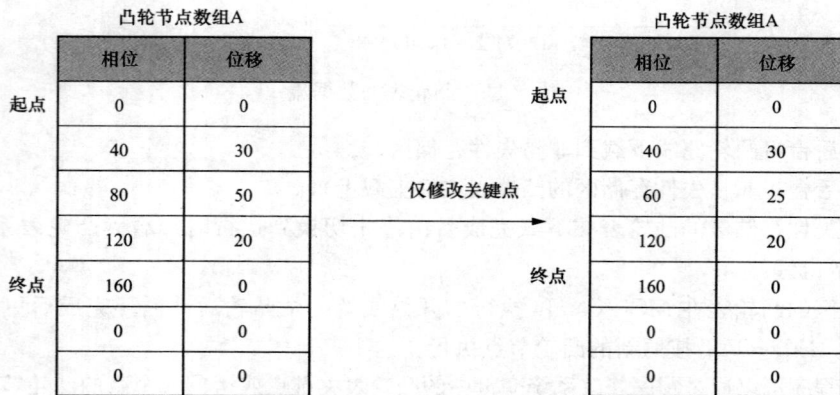

凸轮节点数组A

	相位	位移
起点	0	0
	40	30
	80	50
	120	20
终点	160	0
	0	0
	0	0

仅修改关键点 →

凸轮节点数组A

	相位	位移
起点	0	0
	40	30
	60	25
	120	20
终点	160	0
	0	0
	0	0

图 17-32　修改凸轮节点数组内的值

通过 PLC 修改凸轮表程序如图 17-33 所示。

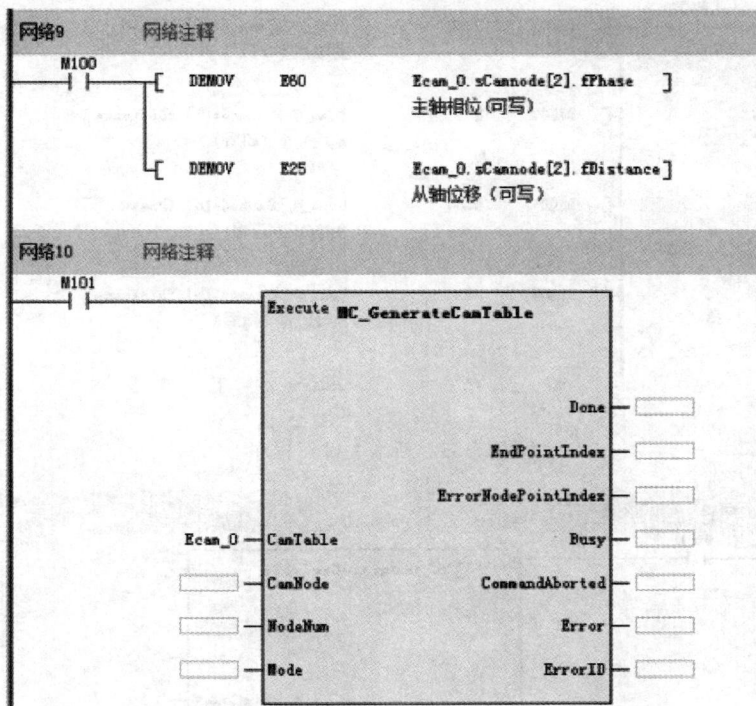

图 17-33 通过 PLC 修改凸轮表程序

2）修改凸轮表关键点的数量，并通过 MC＿GenerateCamTable 指令生效，在下一个凸轮周期开始按照新的凸轮点执行，如图 17-34 所示。

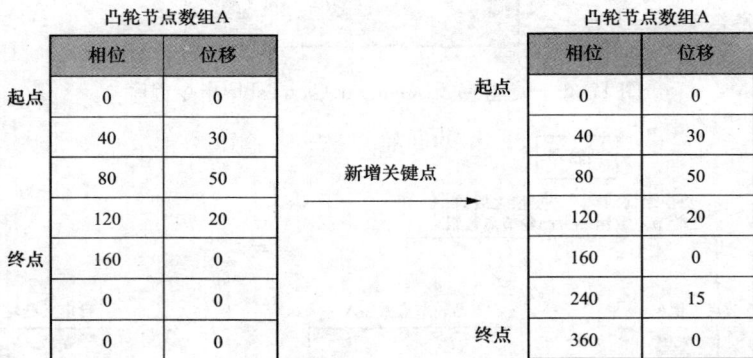

凸轮节点数组A	
相位	位移
起点 0	0
40	30
80	50
120	20
终点 160	0
0	0
0	0

新增关键点 →

凸轮节点数组A	
相位	位移
起点 0	0
40	30
80	50
120	20
160	0
240	15
终点 360	0

图 17-34 修改凸轮表关键点的数量

新增关键点程序如图 17-35 所示。

使能 MC＿GenerateCamTable 指令程序如图 17-36 所示。

3）通过 PLC 程序创建一个全新的凸轮节点数组，通过 MC＿GenerateCamTable 指令将该凸轮节点数组内的值复制到凸轮表中，并在下一个凸轮周期开始执行。使用凸轮节点数组如图 17-37 所示。

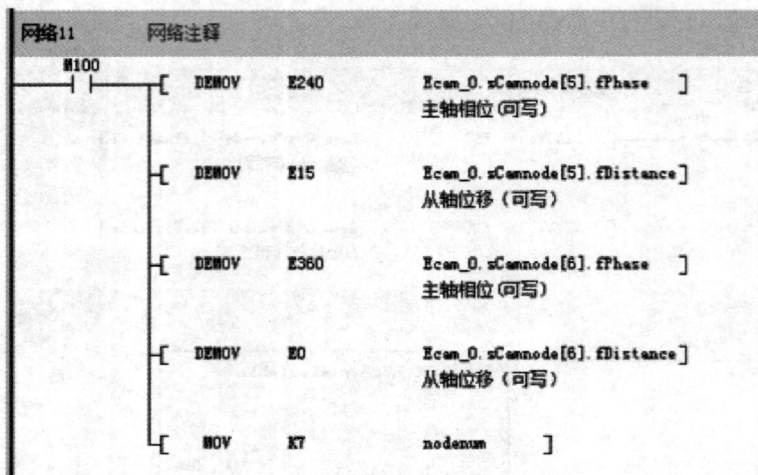

图 17-35　新增关键点程序

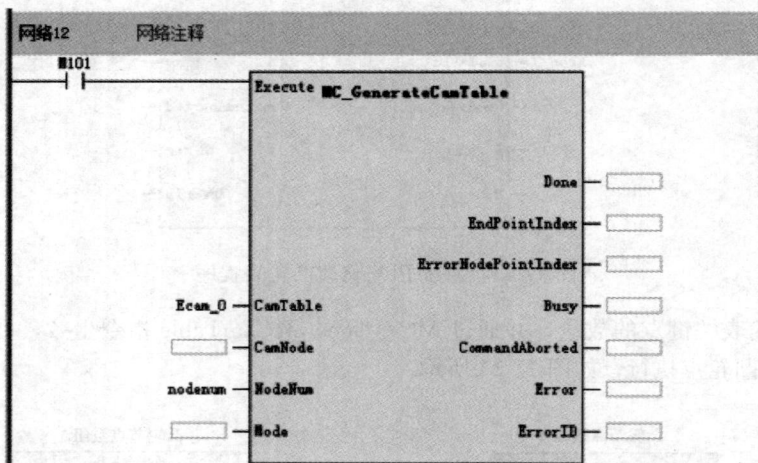

图 17-36　使能 MC ＿ GenerateCamTable 指令程序

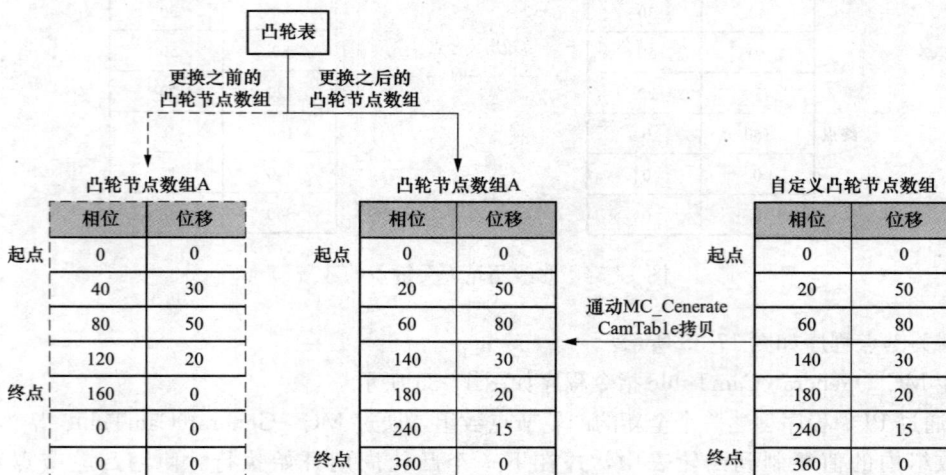

图 17-37　使用凸轮节点数组

查看凸轮节点数据如图 17-38 所示。

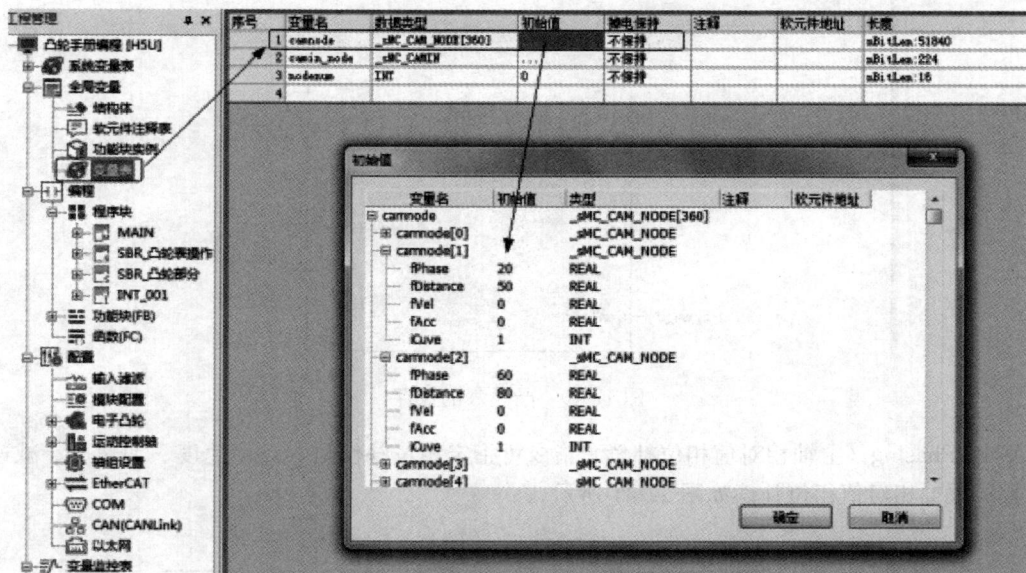

图 17-38　查看凸轮节点数据

节点数据复制程序如图 17-39 所示。

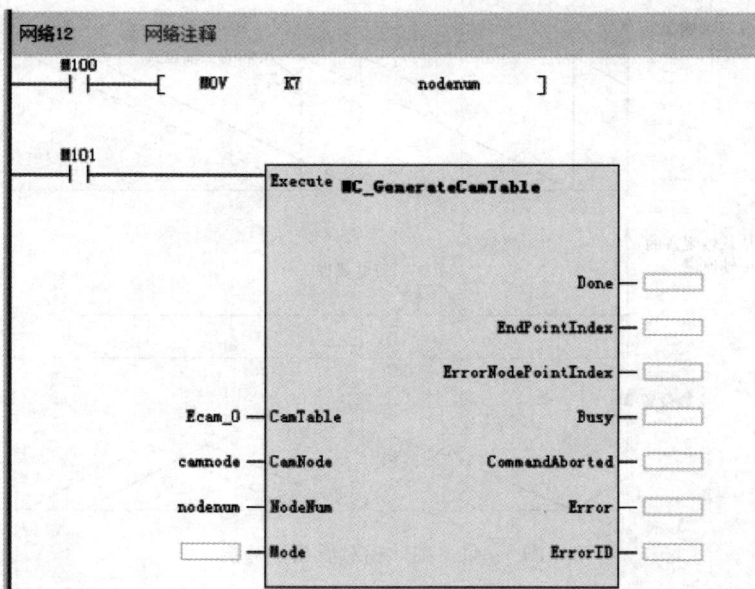

图 17-39　节点数据复制程序

4）凸轮表的保存如图 17-40 所示。通过 MC_SaveCamTable 指令可以将修改过的凸轮表写入非易失性存储空间。

7. 主轴相位补偿

对动作中的指令，执行主轴（从轴观察）的相位补偿的功能。

通过启动 MC_Phasing（主轴相对值相位补偿）指令，可对同步控制指令进行相位补偿。

363

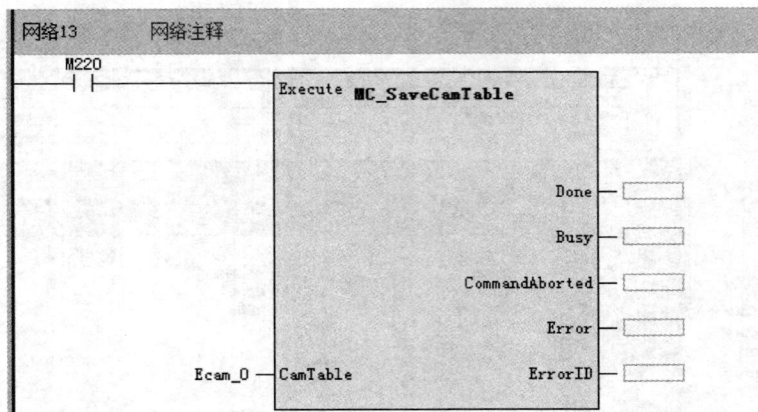

图 17-40　凸轮表的保存

MC _ Phasing（主轴相对值相位补偿）指令可指定相位补偿量、目标速度、加速度、减速度等参数，主轴相对值相位补偿如图 17-41 所示。

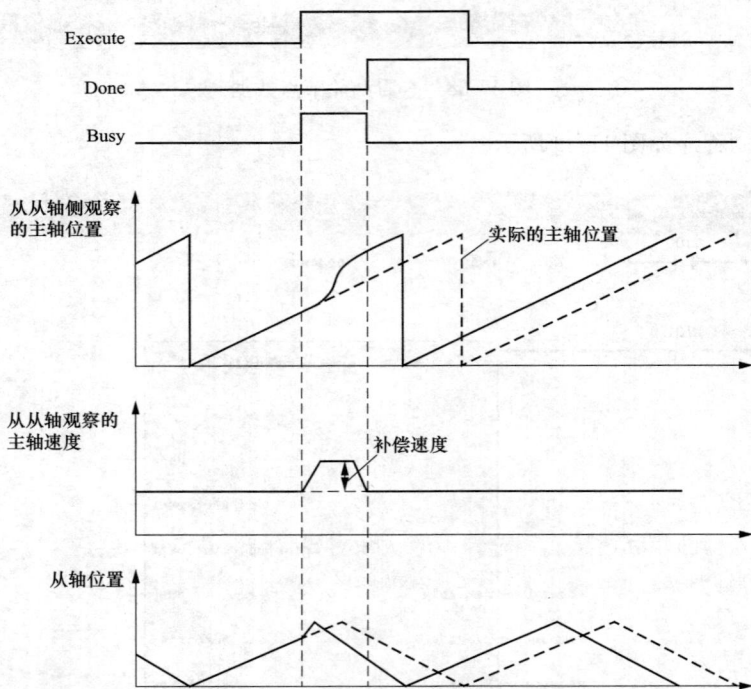

图 17-41　主轴相对值相位补偿

8. 运动叠加

通过调用 MC _ MoveSuperImposed 指令实现对运动控制轴的运动叠加功能。

MC _ MoveSuperImposed（运动叠加）指令可指定位移补偿量、目标速度、加速度、减速度等参数，运动叠加如图 17-42 所示。

9. 单轴配置参数在凸轮/齿轮中的处理方案

（1）齿轮比设置。凸轮和齿轮的主从轴支持齿轮比修改，需要在各自的"单位换算设置"界面设置。

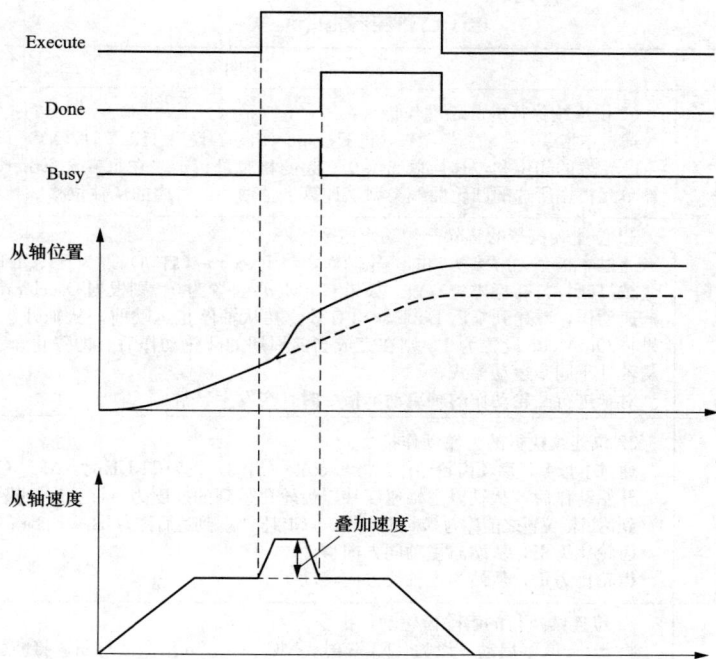

图 17-42　运动叠加

（2）编码器模式选择。凸轮和齿轮的主从轴支持驱动器的编码器模式设置，可以设置增量和绝对两种模式，需要在各自的"模式/参数设置"界面设置。

（3）环形线性模式设置。凸轮和齿轮的主从轴支持线性模式和环形模式两种，需要在各自的"模式/参数设置"界面设置。

（4）限位处理。凸轮和齿轮的从轴在线性模式下支持软件限位，不支持限位减速度，遇限位后立即停机；凸轮和齿轮的从轴在线性模式和环形模式下均支持硬限位，遇到硬限位后立即停机。

（5）轴故障减速度。当指令参数异常等导致的从轴进入故障状态时，从轴按照轴故障减速度设置的减速度值进行减速，然后进入故障停机状态。

（6）跟随误差。凸轮和齿轮运行过程中的从轴支持跟随误差。

（7）速度限制。凸轮和齿轮相关的指令不受配置参数中最大速度的限制。

（8）加速度限制。

1）MC_CamOut 指令的减速度受从轴配置参数中最大加速度的限制，超过设定值指令报错，轴进入故障停机状态。

2）MC_GearIn 指令的加速度和减速度受从轴配置参数中最大加速度的限制，超过设定值指令报错，轴进入故障停机状态。

3）MC_GearOut 指令的减速度受从轴配置参数中最大减速度的限制，超过设定值指令报错，轴进入故障停机状态。

（9）扭矩限制。仅将扭矩限制值作为启动参数写入伺服驱动器中，由伺服驱动器自行限制。

10. 指令汇总

电子凸轮控制指令汇总见表 17-8。

表 17-8   电子凸轮控制指令汇总

指令	说明
MC_CamIn	32 位连续执行的凸轮动作指令： 通过本指令，启动凸轮动作，将 Execute（启动）设为 TRUE 时，MC_CamIn 指令执行； 凸轮表的相位和位移均以起点 0.0 起的相对量指定，在每一个 EtherCAT 周期，凸轮计算单元根据所选的凸轮曲线类型，计算出主轴相位对应的从轴位移
MC_GearOut	32 位连续执行的解除凸轮动作指令： 通过本指令，解除从轴的凸轮动作，将 Execute（启动）设为 TRUE 时，MC_CamIn 指令被打断，打断标志位有效。如果 OutMode 设置为 0，则根据 Deceleration（减速度）执行减速动作，减速到 0 后 Done 输出有效，在从轴停止运动前，从轴处于离散运动模式；如果将 OutMode 设置为 1，则在完成当前周期的凸轮动作后立即停止，在凸轮动作结束前，从轴处于同步运动模式； 对未进行凸轮动作的轴启动本指令时，会发生异常
MC_GearIn	32 位连续执行的齿轮动作指令： 通过本指令，启动齿轮动作，将 Execute（启动）设为 TRUE 时，MC_CamIn 指令开始执行； 开始动作后，从轴以主轴速度乘以齿轮比得到的速度为目标速度，进行加减速动作； 到达目标位置之前称为 Catching phase（追赶中）、到达后称为 InGear phase（齿轮同步中）； 齿轮比为正，从站与主轴同方向移动； 齿轮比为负，从站与主轴反方向移动
MC_GearOut	32 位连续执行的解除齿轮动作指令： 将 Execute（启动）设为 TRUE 时，MC_GearIn 指令被打断，打断标志位有效
MC_Phasing	32 位连续执行的相位补偿指令： 如果在单轴同步控制中启动本指令，则根据设定的 PhaseShift（相位补偿量）、Velocity（目标速度）、Acceleration（加速度）、Deceleration（减速度），对主轴相位进行补偿； 主轴的指令当前位置和反馈当前位置保持不变，以相对量对这两个位置进行补偿的值即为"主轴的相位"，从轴与已补偿的"主轴的相位"同步； 达到 PhaseShift（相位补偿量）时，Done（完成）变为 TRUE； 执行中的同步控制指令完成时，补偿结束。再次执行同步控制指令时，之前的补偿量无影响； 主轴相位补偿有效的同步控制指令分为：MC_CamIn（凸轮动作开始）指令、MC_GearIn（齿轮动作开始）指令两个； 在用户程序中记载本指令时，请在同步控制指令之后描述 MC_Phasing（主轴相对值相位补偿）指令
MC_MoveSuperImposed	32 位连续执行的运动叠加指令： 本指令为单轴定位类指令； 单独调用本指令，运动控制轴执行相对定位动作，PLCopen 状态机由 StandStill 状态进入 Discrete Motion 状态； 其他可以让伺服轴处于同步周期位置 CSP 模式的指令在运行中调用本指令，本指令执行叠加动作； 本指令在执行期间触发其他的可以使轴处于 CSP 模式的指令，本指令被打断； 本指令可以被 MC_Stop、MC_Halt、MC_ImmediateStop 指令停止； MC_Halt 指令有效期间不能执行运动叠加指令； 在执行本指令期间执行如 MC_TorqueControl、MC_Home 等非 CSP 类运动，规则应该参考相对定位指令的方式处理
MC_SaveCamTable	32 位连续执行的保存凸轮表指令
MC_GenerateCamTable	32 位连续执行的生成凸轮表指令： 调用本指令，首先检查凸轮表数据合理性； 第一个点相位和位移必须是 0，否则报错； 相位、位移和速均不能大于 9999999，否则报错； 节点数量不能大于 360，否则报错； 节点数量最少为 2，否则报错； 相位非升序排列，要求相邻两个主轴相位差必须大于 0.0001，否则报错； 节点的曲线类型只能设置为直线或者 5 次曲线，否则报错； 调用本指令，在关键点的速度设置不合理时，将自动调整凸轮点的速度

项目十七

技能训练

一、训练目标

(1) 了解电子凸轮控制。

(2) 了解齿轮控制。

(3) 学会创建凸轮控制表。

(4) 学会设计凸轮控制程序。

(5) 学会调试凸轮控制程序。

二、训练内容和步骤

1. 凸轮控制要求

新建两个总线伺服轴，第二个轴跟随第一个轴进行凸轮动作。

2. 凸轮控制实验

(1) 新建组态，建立两个总线伺服轴，一个作为主轴，一个作为从轴。

1) 两个总线伺服轴，Axis_0 作为主轴，Axis_1 作为从轴。

2) 两个伺服驱动器：IS620N 绑定 Axis_0，IS620N_1 绑定 Axis_1。

(2) 新建凸轮控制表 cam1，见表 17-9。

表 17-9 　　　　　　　　　　　　　　凸轮控制表 cam1

序号	M_Pos	S_Pos	PU_Speed	Type
1	0	0		
2	40	15	1.0	Spline
3	80	30	1.5	Line
4	120	60	1.5	Line
5	160	40	1.2	Spline
6	200	30	1.2	Line
7	240	15	0.6	Line
8	360	0	0.2	Spline

(3) 调用 MC_Power 指令控制主轴和从轴的使能，使能主轴和从轴。

(4) 调用 MC_Jog 指令控制主轴的正反向运动，点动主轴。

(5) 调用 MC_CamIn 指令，执行凸轮动作。

1) 创建变量 camin_node。

2) 调用 MC_CamIn 指令。

(6) 调用 MC_CamOut 指令，解除凸轮动作。

习题 17

1. 如何使用机械凸轮控制器控制家用洗衣机？

2. 什么电子凸轮控制？

3. 如何使用 PLC 实现电子凸轮控制？